interstellarum
Deep Sky Atlas

Ronald Stoyan, Stephan Schurig

OCULUM

CAMBRIDGE
UNIVERSITY PRESS

About the authors:

Ronald Stoyan is editor-in-chief of Germany's leading magazine for practical astronomy, *interstellarum*, which he co-founded in 1994. He has been an avid visual deep sky observer for more than 25 years and is currently observing with a range of instruments from small binoculars to a 20-inch Dobsonian. He has recorded observations on more than 3000 objects and has drawn many of them. During several trips to Namibia and Australia, he has also observed the southern sky in detail. Ronald has written twelve books on observational astronomy. In Germany, he is best known for his guidebook *Deep Sky Reiseführer*, while his most popular English language work is the *Atlas of the Messier Objects*.

Stephan Schurig is a web and graphics design expert. Being an observer himself, he understands the specific needs of celestial cartography and its presentation. Stephan was a member of the editorial board of *interstellarum* between 2001 and 2008. He is co-author of Germany's most popular planisphere, and is the designing author of a unique annual poster showing events in the night sky.

Oculum-Verlag GmbH, Spardorfer Straße 67, D-91054 Erlangen, Germany
www.oculum.de, astronomie@oculum.de

In collaboration with

University Printing House, Shaftesbury Road, Cambridge CB2 8BS, UK

Cambridge University Press is part of the University of Cambridge.
It furthers the University's mission by disseminating knowledge in the pursuit of
education, learning and research at the highest international levels of excellence.

www.cambridge.org
Information on this title: www.cambridge.org/9781107503380

First published in German by Oculum-Verlag GmbH, Erlangen, 2013.
English edition published 2014.

A catalog record for this publication is available from the British Library.

Desk edition ISBN   978-1-107-50338-0 (Cambridge)   978-3-938469-79-8 (Oculum)
Field edition ISBN   978-1-107-50339-7 (Cambridge)   978-3-938469-80-4 (Oculum)
Additional resources for this publication at www.deepskyatlas.com

Preface

A dark night. A perfect sky. An observer sitting by the telescope. The red beam of a flashlight highlights the page of a star atlas. Between all these stars, numerous star clusters, nebulae, and galaxies are labeled. But which of these can actually be seen with this telescope?

Until recently, star charts gave no answer to this question. Undertaking cumbersome research using observing guide books or reports published on the internet was the only way to get this information. Out in the dark at the telescope, this is too impractical.

In the past couple of years, two notable amateur projects changed this situation. In the *Deep-Sky-Liste*, German-speaking amateurs collected 18 000 observations on 5000 objects over the course of two decades. The results were standardized and easily comparable. With the revolutionary software *Eye & Telescope*, Thomas Pfleger established a powerful tool which, for the first time ever, allowed calculations of the visual perceptibility of deep-sky objects. The algorithm that governs this program is surprisingly accurate.

This atlas is a combination of these two projects and brings deep-sky observing to a new level. Using the calculations from *Eye & Telescope*, all deep-sky objects can be classed according to their actual visibilities. By matching the results with the observations contained in *Deep-Sky-Liste*, the classification is calibrated by the experience of a large group of seasoned observers. The outcome is a unique atlas that gives visibility information on 15 000 deep-sky targets.

This atlas revolutionizes visual deep-sky observing. The objects between the stars aren't bland labels any more. The observer sees instantly whether an object is visibly with his telescope or not.

I hope that this atlas will change the way you observe, and enlighten your path to the wonders of the night sky.

Clear skies,
Ronald Stoyan

Acknowledgements

This atlas is the result of more than 12 years of labor. It has become a reality only through the help of many people.

A special thank you is due to Thomas Pfleger and Matthias Kronberger. Thomas has modified his fantastic software *Eye & Telescope* in order to create an "atlas tool" for this work. Matthias helped tremendously with the object catalog, notably on star clusters, asterisms, and globular clusters. Without their work, this atlas would never have been published.

Many observers have helped with special information, suggestions, comments, and support. They are in alphabetical order: Andreas Alzner, Glenn Chaple, David Eicher, Sue French, Uwe Glahn, Peter Haberberger, Joachim Hübscher and the BAV, Thomas Jäger, Matthias Juchert, Timo Karhula, David Kriege, Jürgen Lamprecht, Arndt Latußeck, Constantin Lazzari, Mati Morel, Alex and James Pierce, Ante Perkovic, Yann Pothier, Stefan Schick, Brian Skiff, Auke Slotegraaf, Mikkel Steine, Magda Streicher, Reiner Vogel, Wolfgang Vollmann, Christopher Watson and the AAVSO, and Klaus Wenzel.

The team of Oculum-Verlag, notably Hans-Georg Purucker, Christian Fürst, and Stefan Sasse, helped substantially during the final stages. Finally, I would like to thank Vince Higgs from our co-publisher Cambridge University Press for his support.

Introduction

I Philosophy

Categories of deep sky objects: *interstellarum Deep Sky Atlas* puts all deep sky targets in three categories: objects visible in 4-inch telescopes, in 8-inch telescopes, and 12-inch telescopes under a reasonably dark rural sky (fst 6.5 mag, SQM 21.3 mag/sq.arcsec). The three categories can be discerned by font size, outline strength, and color intensity. At a glance, you can see if the desired object is visible in your telescope or not. Additional objects of interest which are not visible in 12-inch scopes are displayed in a fourth category.

Number of deep sky objects: Consequently, the atlas will show all deep sky objects in the sky that are visible in 4-inch, 8-inch, and 12-inch telescopes. Unlike other atlases, you will not miss any object in reach. At the same time, the atlas does not show objects that cannot be seen with a 12-inch telescope. While other star atlases boast of exceptional numbers of deep sky objects, most of them are out of reach of most users. About 1000 objects of special interest to the visual observer, that are beyond a 12-inch scope, are covered nevertheless: These include all galaxies of the Local Group, M 81 group, Abell planetaries, Arp galaxies, and many more that are of interest to users of large telescopes.

Features for visual deep sky observers: *interstellarum Deep Sky Atlas* has been designed with the visual observer in mind: Object outlines, especially of bright and dark nebulae, are given according to actual visual observations. For all emission nebulae, there is a label naming the preferred nebula filter. Small objects that cannot be found with the atlas alone are depicted as a cross, so deeper finding charts can be prepared in advance. There is a set of 29 detailed charts of densely populated regions of the sky. In contrast to other atlases, *interstellarum Deep Sky Atlas* contains more than 500 galaxy groups and 530 asterisms. For several hundred objects, popular names are given. And finally, many catalogs with special appeal to visual observers are covered completely: Abell planetaries, Arp galaxies, Barnard dark nebulae, Hickson galaxy groups, Holmberg galaxies, Palomar globulars, Stock open clusters, Terzan globulars, and many more.

II Layout of maps

Scale and limiting magnitude: 114 double spreads cover the entire sky at a scale of 1.5 cm per degree. The maps run right to the edge of the sheets to allow maximum overlap. The limiting magnitude is 9.5 mag, with about 200 000 stars covered. The page size is a generous 26 cm × 28 cm (10.2" by 11.0").

Projection: The maps are plotted with a stereographic projection. This projection type is often used for star charts, as it comes with two important features: it preserves angles and circles.

www.deepskyatlas.com
On our website, there is a lot of additional information, including a video featuring the author and a comprehensive FAQ section.

Navigation: The maps are arranged in a very simple and straightforward manner: Each double spread shows 2h in R.A. and 15° in Decl. This is indicated by the labels on the edge of each page.
Due to the large page size, many constellations are covered by just one double spread. Browsing through the atlas is as simple as using a road atlas: If you want to go to the right (west on the sky), simply scroll right. If you want to go to the left (east on the sky), scroll left. There is always exactly one chart in each direction, except in the polar regions.

Key maps: Much emphasis has been laid on the 6 key maps. As in the main charts, they show constellation lines, so it's easy to find your way and you'll rarely get lost.

Detail maps: There are 29 special maps, arranged after the main section, indicated by a grey side bar. They cover densely populated areas of the Milky Way, groups of galaxies, clusters of galaxies, and both of the Magellanic Clouds.
The scale and limiting magnitude of these maps vary and are indicated on each chart. On the main maps, their positions are shown by gray outlines.

III Selection of objects

While other star atlases boast of exceptional numbers of deep sky objects, most of them are out of reach of most users. This atlas will show all deep sky objects in the sky that are visible in 4-inch, 8-inch, and 12-inch telescopes. With this atlas, you will not miss any objects in reach.
At the same time, the atlas does not show objects that cannot be seen with a 12-inch telescope. However, about 1000 objects of special interest to the visual observer, that are beyond a 12-inch scope, are covered.

Stars: The atlas contains 201 719 stars to magnitude 9.5, taken from the Tycho-2 catalog.

Double stars: The atlas contains 2950 double and multiple stars. The selection covers all pairs with separation between 0.5" and 60", if the main component is brighter than magnitude 8.5 and the secondary brighter than 10.0. The direction of the symbol shows the position angle, its length indicates the separation, and the strength hints at the magnitude difference. In multiple systems, all stars that fit into the selection criteria are plotted.

Variable stars: 1168 variable stars are shown with their catalog designations. The selection covers all variables with amplitudes larger than 0.5 magnitudes, with a maximum magnitude brighter than 9.0. The symbol indicates maximum and minimum magnitude. Only stars with reliable data on visual magnitude were selected; novae and supernovae are not shown.

Stars with exoplanets: The atlas covers 371 stars with known exoplanets as of April 2013, if the magnitude of the parent star is within the limit of the atlas.

Open clusters: Altogether, 1903 open clusters in the Milky Way and both of the Magellanic Clouds are shown. The atlas covers the catalogs of Basel, Bochum, King, Stock, Tombaugh, and Trümpler completely.

Globular clusters: The atlas shows 181 globular clusters of the Milky Way, as well as the brightest objects of the Magellanic Clouds and the Fornax Dwarf Galaxy. The Palomar and Terzan catalogs are contained completely.

Galactic nebulae: The atlas shows 530 bright galactic nebulae of the Milky Way and the Magellanic Clouds. There are different symbols for reflection and emission nebulae. For the latter, there is a recommendation on which nebula filter to use (UHC, OIII or Hβ). The nebula outlines are given according to visual observations. Photographic sizes and shapes can differ greatly.

Planetary nebulae: 755 planetary nebulae of the Milky Way and both Magellanic Clouds are shown. Very small objects (<10" diameter) that look like stars are indicated by different cross-like symbols. The catalogs of Abell, Fleming, and Menzel are covered completely.

Dark nebulae: 526 dark galactic nebulae of the Milky Way are shown. The Barnard catalog is contained completely. The nebula outlines are shown according to visual observations. Photographic sizes and shapes can differ greatly.

Asterisms: 536 asterisms are plotted in total. These aren't physical objects, but only chance alignments of stars as viewed from Earth. A minimum diameter of 5' was chosen for the selection. There is no visibility classification on asterisms.

Star clouds: The atlas contains 58 star clouds. Most of them aren't physical objects; they only look like clouds as viewed from Earth. There is no visibility classification on star clouds.

Galaxies: 9599 galaxies are plotted in the atlas. Very small objects (<30" diameter) that look like stars are indicated by different cross-like symbols. The galaxies of the Local Group, as well as the Arp and Holmberg galaxies are all included.

Groups of galaxies: There are 508 groups of galaxies indicated in the atlas. All groups contain at least two (Arp groups) or four (Hickson groups) members. If no galaxies are plotted, they may be beyond the galaxies' selection criteria. All Arp and Hickson groups are shown, as well as a selection of Shakhbazian and Klemola groups.

Clusters of galaxies: The atlas shows 117 galaxy clusters. All clusters contain at least ten members. If no galaxies are plotted, they may be beyond the galaxies' selection criteria. The atlas contains all Abell clusters with members brighter than magnitude 13, as well as some more difficult targets.

Nicknames: If there is a widely used common name or nickname, it is plotted next to the official designation. For the stars, these are the classical names mainly of Arabic origin. For deep-sky objects, nicknames have mainly originated from American amateur astronomers. Some readers may not be familiar with some of the nicknames plotted here, while others are widely used.

Selection of deep-sky objects

Object type	Visible in 4-inch	Visible in 8-inch	Visible in 12-inch	Additional objects	Total
Open clusters (OC)	985	1474	1664	239	1903
Globular clusters (GC)	111	125	145	36	181
Galactic nebulae (GN)	72	229	311	219	530
Dark nebulae (DN)	101	248	313	213	526
Planetary nebulae (PN)	102	261	496	259	755
Galaxies (Gx)	660	3398	9378	221	9599
Quasars (Qs)	4	23	78	44	122
Asterisms (Ast)					536
Star clouds (StC)					58
Galaxy groups (GxG)					508
Galaxy clusters (GxC)					117

IV How to use the atlas

Choosing targets: Start with a key map according to your observing site, season of year, and time of night. Bear in mind that on most places on Earth, only part of the sky is visible.

Look at the map:

- all objects printed in bold labels are visible in a 4-inch (100 mm) telescope if you observe under a reasonably dark sky
- all objects printed in medium labels are visible in a 8-inch (200 mm) telescope if you observe under a reasonably dark sky
- all objects printed in fine labels are visible in a 12-inch (300 mm) telescope if you observe under a reasonably dark sky
- additional objects may require very large telescopes.

If observing with a telescope of different aperture, choose objects of the next aperture class. E.g. when observing with a 6-inch telescope, attempt 8-inch class targets, if observing with a 10-inch telescope, go for 12-inch class objects.

If you are not an experienced observer, or are observing under less-than-perfect conditions, you may not be able to see many objects listed for your aperture class. We strongly recommend you use *Eye & Telescope*, which will calculate the actual visibility for all sizes of telescopes and all kinds of viewing conditions!
    Very small objects, indicated by a cross symbol on the maps (quasars, small galaxies, small planetary nebulae) will look like stars at low or medium power. Use high power to identify the object from surrounding stars. A more

Feedback – we appreciate your comments!
Have you seen an object with a smaller telescope than indicated in the atlas? Or has it been impossible to detect an object of a lower aperture class despite favorable observing conditions?
    Tell us about your experiences! We'd also like to learn about errors you have discovered. Please use the feedback form at www.deepskyatlas.com.
    Thank you!

detailed finder chart, generated with *Eye & Telescope* software, will be very handy!

Locating targets: If you are looking for a particular object, choose from one of these methods for locating it:

- look at the index list. Objects are grouped according to their object type.
- if you know the object's coordinates, first browse the atlas for the right declination zone. The labels on the edge of each map will help. Then choose the correct R.A.
- if you know the constellation, refer to the key maps and choose the corresponding maps.

V Sources

Stars
- Høg, E.; Fabricius, C.; et al.: The Tycho-2 Catalogue of the 2.5 Million Brightest Stars, Astron. Astrophys. 355, L27 (2000)
- Fabricius, C.; Høg, E.; Makarov; et al.: The Tycho Double Star Catalogue, Astron. Astrophys. 384, 180 (2002)
- Kostjuk, N.D.: HD-DM-GC-HR-HIP-Bayer-Flamsteed Cross Index, Institute of Astronomy of Russian Academy of Sciences (2002)
- Fabricius, C.; Makarov, V.V.; Knude, J.; Wycoff, G.L.: Henry Draper Catalogue identifications for Tycho-2 stars, Astron. Astrophys. 386, 709 (2002)
- Samus, N.N.; Durlevich, O.V.; et al.: General Catalog of Variable Stars, The cross-identification tables, 2012

Double stars
- Mason, B. D.; Wycoff, G. L.; et al.: The Washington Double Star Catalog (WDS), 2012

Variable stars
- Samus, N. N.; Durlevich, O. V.; et al.: General Catalog of Variable Stars (GCVS), 2012
- Watson, C.; Henden, A. A.; Price, A.: AAVSO International Variable Star Index VSX (2012)

Stars with exoplanets
- Schneider, J.: Catalog of Exoplanets, www.exoplanet.eu (2013)

Deep-sky objects
The basis for positions, sizes, and the visibility calculation was obtained with *Eye & Telescope* software. The classification was revised by comparison with the observations of *Deep-Sky-Liste* project and own visual observations.

In addition, a wide range of sources was used:

Open clusters
- Dias, W. S.; Alessi, B. S.; Moitinho, A.; Lepine, J. R. D.: New Catalog of Optically Visible Open Clusters and Candidates (2012)
- Kronberger, M.; Teutsch, P.; et al.: Galactic Open Cluster Candidates, 2006

Globular clusters
- Archinal, B.A.; Hynes, S.H.: Star Clusters, Willmann-Bell, 2003
- Glahn, U.; Stoyan, R.: Extreme Kugelsternhaufen, Teil 1: Palomar-Katalog, interstellarum 46 (2006)
- Stoyan, R.: Extreme Kugelsternhaufen, Teil 2: Terzan-Katalog, interstellarum 47 (2006)
- Stoyan, R.: Extreme Kugelsternhaufen, Teil 3: Exotische Objekte, interstellarum 48 (2006)

Asterisms
- Deep Sky Hunters Asterism List, 2010

Planetary nebulae
- Kronberger, M.; Jacoby, et al.: New faint planetary nebulae from the DSS and SDSS, 2012

Galactic nebulae
- Parker, R. A. R.; Gull, T. R.; Kirshner, R. P.: An Emission Line Survey of the Milky Way, 1979

Dark nebulae
- Barnard, E. E.: A Photographic Atlas of Selected Regions of the Milky Way, 1927
- Lynds, B. T.: Catalogue of Dark Nebulae, 1962
- Sandqvist, A.: New Southern Dark Dust Clouds Discovered on the ESO (B) Atlas, 1977
- Sandqvist, A.; Lindroos, R. T.: Interstellar formaldehyde in southern dark dust clouds, 1977

Galaxies
- Müller, J.; Richardsen, F.; Stoyan, R.; Veit, K.: Die Holmberg-Galaxien, Zwerggalaxien auf der Spur, interstellarum 22, 50 (2002)
- Kanipe, J.; Webb, D.: The Arp Atlas of Peculiar Galaxies,

Galaxy groups
- Hickson, P.: Atlas of Compact Groups of Galaxies, 1994
- Müller, J.; Stoyan, R.; Wenzel, K.: Digital-visueller Atlas der Hickson-Gruppen, interstellarum 17–20 (2001)

Galaxy clusters
- Abell, G. O.; Corwin, H. G., Jr.; Olowin, R. P.: Rich Clusters of Galaxies, 1994
- Abell, G. O.; Corwin, H. G., Jr.: The Southern Cluster Survey, 1984
- Stoyan, R.; Veit, K.: Galaxienhaufen visuell, interstellarum 5, 7, 9 (1995/6)
- Stoyan, Ronald: Galaxienhaufen im Amateurteleskop, interstellarum 39–44 (2005/6)

Quasars
- Veron-Cetty, M. P.; Veron, P.: Quasars and Active Galactic Nuclei, 2010
- Flesch, E.: The Million Quasars (MILLIQUAS) Catalog, 2012

Nicknames
- Maddocks, H.C.: Deep-Sky Name Index 2000.0, 1991

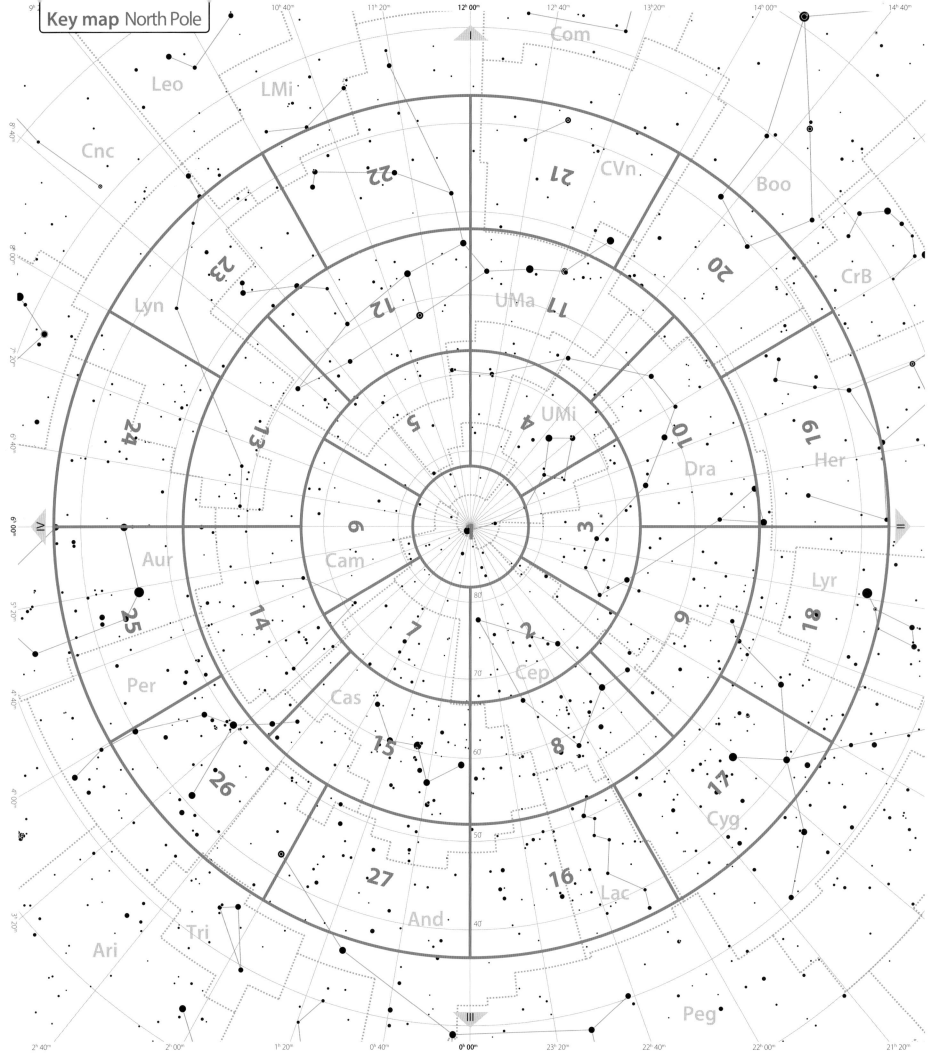

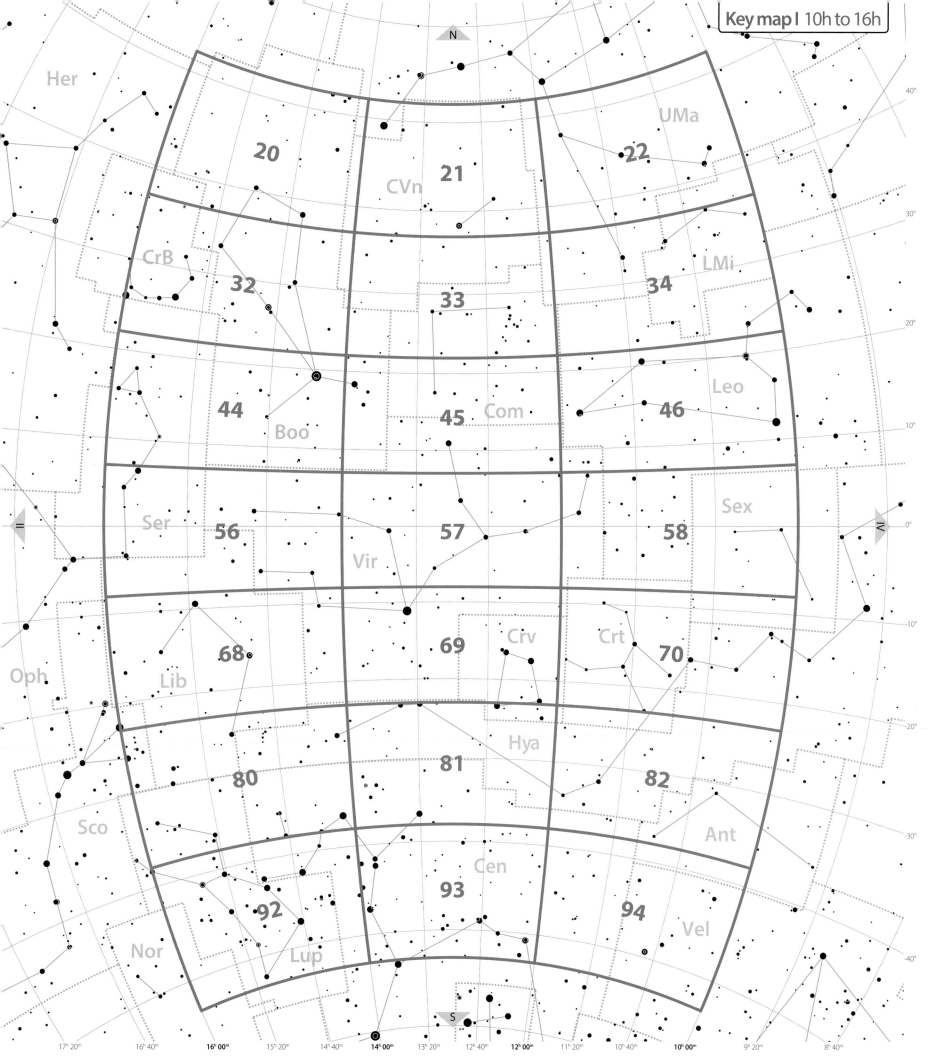

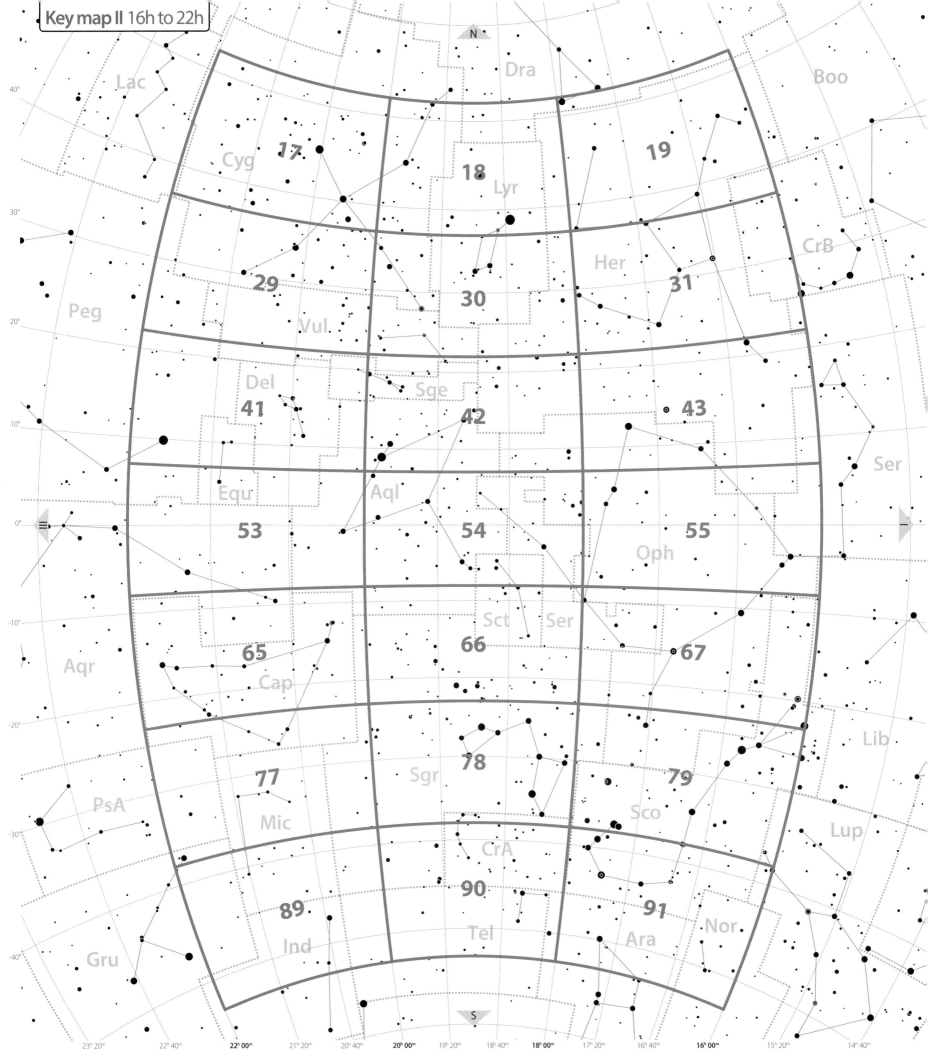

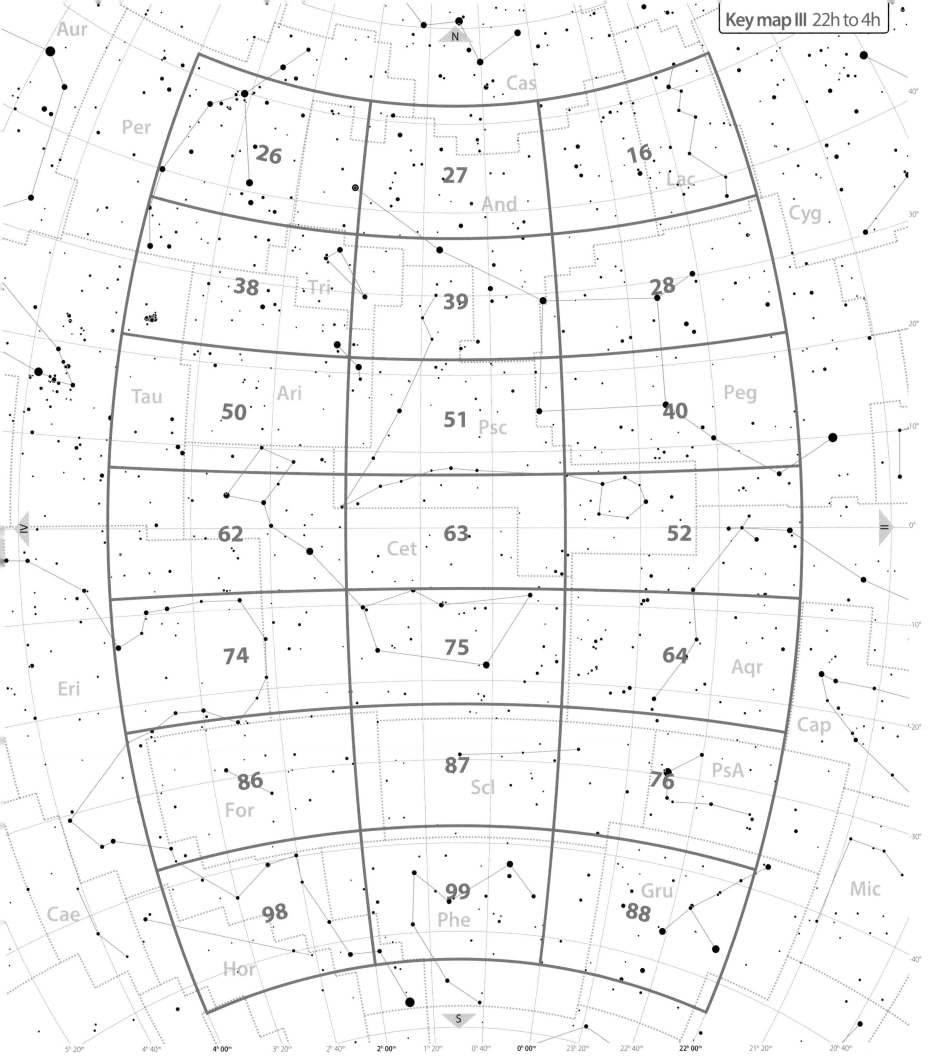

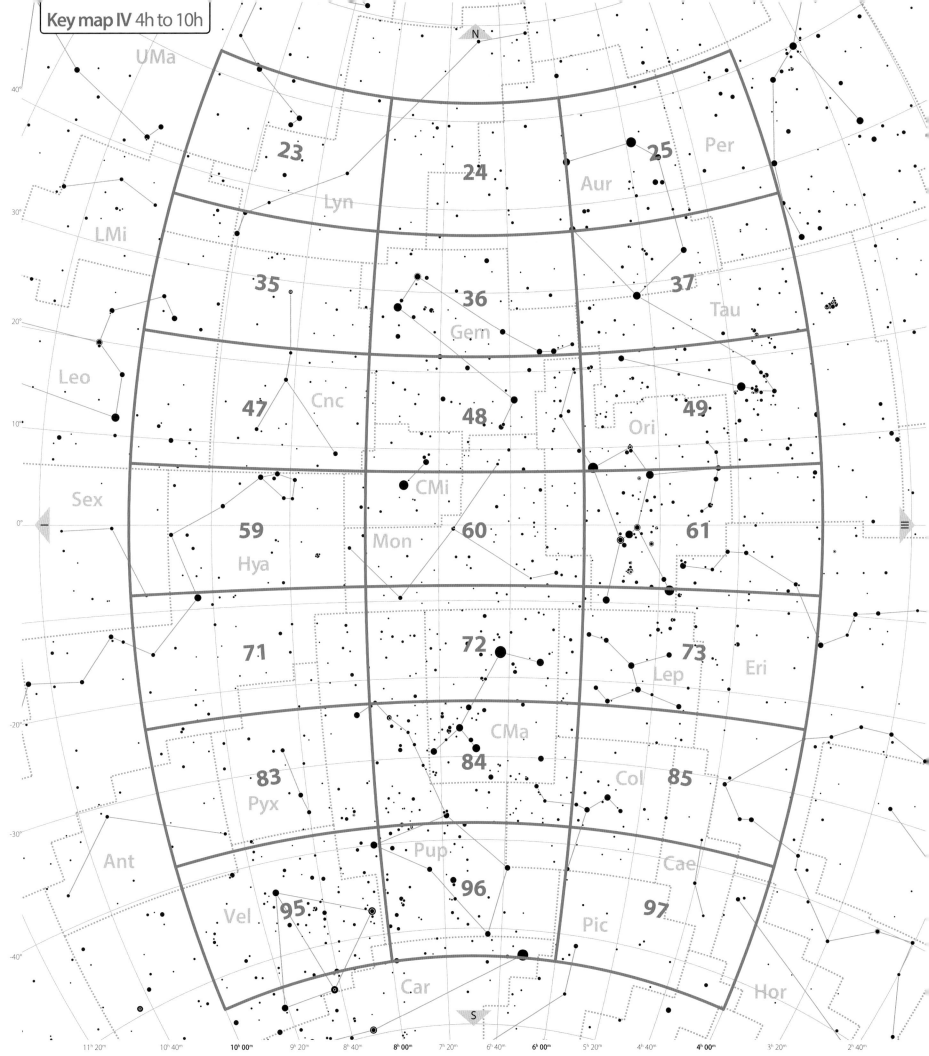

Key map IV 4h to 10h

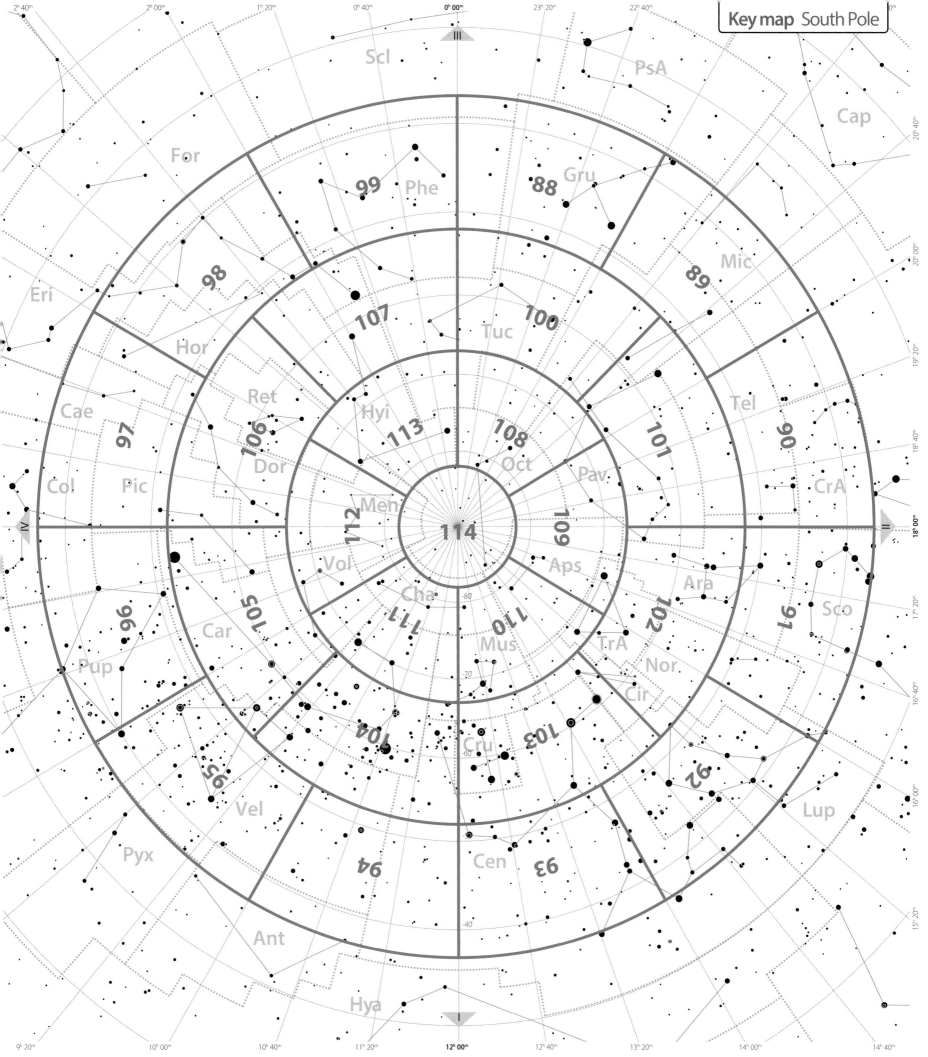

List of catalog abbreviations

This list contains the most important abbreviations for object designations.

Miscellaneous object types

ESO	European Southern Observatory Survey
IC	Index Catalogue
IRAS	Infrared Astronomical Satellite
M	Messier
NGC	New General Catalogue

Open clusters, asterisms, and star clouds

Al	Alessi
Al-Teu	Alessi-Teutsch
ASCC	All-Sky Compiled Catalogue
Bar	Barkhatova
Bas	Basel
BCDSP	Bica-Claria-Dottori-Santos-Piatti
Be	Berkeley
Bi	Biurakan
Bo	Bochum
BRHT	Bhatia-Read-Hatzidimitriou-Tritton
BSDL	Bica-Schmitt-Dutra-Oliveira
C	Cluster
Cz	Czernik
DC	Drake Cluster
Dias	Dias
DoDz	Dolidze-Dzimselejsvili
Elo	Elosser
FSR	Froebrich-Scholz-Raftery
H	Harvard
Ho	Hogg
Hrr	Harrington
HS	Hodge-Sexton
HW	Hodge-Wright
Kar	Karhula
KMHK	Kontizas-Morgan-Hatzidimitiou-Kontizas
KMK	Kontizas-Metaxa-Kontizas
KMK88	Kontizas-Metaxa-Kontizas, 1988
Kp	Koposov
Kron	Kron
Le-Wa	Levy-Wallach
Lin	Lindsay
Lor	Lorenzin
LW	Lynga-Westerlund
Ly	Lynga
Mel	Melotte
Mrk	Markarian
Pfl	Pfleiderer
Pi	Pismis
Pot	Pothier
Ray	Raymond
Ren	Renou
Ro	Roslund
SAI	Sternberg Astronomical Institute
Sal	Saloranta
Sher	Sher
Sk	Skiff
SL	Shapley-Lindsay
Slo	Slotegraaf
Sn	Steine
Spano	Spano
Sr	Saurer
St	Stock
Steph	Stephenson
Stn	Steine
Str	Streicher
Teu	Teutsch
Tom	Tombaugh
TPK	Teutsch-Patchick-Kronberger
Tu	Turner
Wa	Waterloo
We	Westerlund

Planetary nebulae

Ap	Apriamasvili
BlDz	Blaauw-Danziger
BoBn	Boeshaar-Bond
BV	Böhm-Vitense
CGMW	Candidate Galaxy behind the Milky Way
Cn	Cannon
CRL	Cambridge Research Lab
CTSS	Capellaro-Turatto-Salvadori-Sabbadin
DD	Dolidze
DdDm	Dolidze-Dzimselejsvili
DeHt	Dengl-Hartl
EGB	Ellis-Gray-Bond
Fg	Fleming
GLMP	Garcia-Lario-Manchado-Pych
H	Haro
HaTr	Hartl-Tritton
HaWe	Hartl-Weinberger
Hb	Hubble
HBC	Herbig-Bell Catalogue
He	Henize
HFG	Heckathorn-Fesen-Gull
HoCr	Howell-Crisp
Hu	Humason
HuBi	Hu-Bibo
HuDo	Hu-Dong
IPHASX	INT/WFC Photometric Hα Survey eXtended object
IsWe	Ishida-Weinberger
J	Jonckheere
Jn	Jones
JnEr	Jones-Emberson
K	Kohoutek
KFR	Kerber-Furlan-Roth
KjPn	Kazarjan-Parsamjan
Kron	Kronberger
LMC-SMP	Large Magellanic Cloud, Sanduleak-McConnell-Philip
Lo	Longmore
LoTr	Longmore-Tritton
LSA	Lundstrom-Stenholm-Acker
M	Minkowski
MA	Maehara
MaC	MacConnell
Me	Merrill
MGP	Manchado-Garcia-Lario-Pottasch
MRMG	Manchado-Riera-Mampaso-Garcia-Lario
MWP	Motch-Werner-Pakull
MyCn	Mayall-Cannon
Mz	Menzel
NeVe	Neckel-Vehrenberg
P	Perek
PB	Peimbert-Batiz
PBOZ	Pottasch-Bignell-Olling-Zijlstra
PC	Peimbert-Costero
Pe	Perek
PHR	Parker-Hartley-Russell
PM	Preite-Martinez
PPA	Peynaud-Parker-Acker
PuWe	Purgathofer-Weinberger
RCW	Rodgers-Campbell-Whiteoak
Sa	Sanduleak
SaSt	Sanduleak-Stephenson
SaWe	Sanduleak-Weinberger
SB	Sylvie Beaulieu
ShWi	Shaw-Wirth
SMC-MG	Small Magellanic Cloud, Morgan-Good
SMC-SMP	Small Magellanic Cloud, Sanduleak-McConnell-Philip
Sp	Shapley
Steph	Stephenson
StWr	Stock-Wroblewski
SwSt	Swings-Struve
TDC	Thompson-Djorgopvski-Carvalho
TeJu	Terzan-Ju
Th	The
VBRC	van den Bergh-Racine
Vd	Vandervoort
V-V	Vorontsov-Veljaminov
Vy	Vyssotski
W	Weinberger
WeBo	Webbink-Bond
WeDe	Weinberger-Dengl
WeSb	Weinberger-Sabbadin
Y-C	Yale Columbia Observatory

Galactic nebulae

BFS	Blitz-Fich-Stark
Ced	Cederblad
CG	Cometary Globule
CTB	Caltech Observatory, list B
DG	Dorschner-Gürtler
DWB	Dickel-Wendker-Bieritz
GM	Gyulbudaghian-Magakian
GN	Atlas Galaktischer Nebel
Hen	Henize
HH	Herbig-Haro
LBN	Lynds Bright Nebula
MWC	Mount Wilson Observatory, Catalogue
PKS	Parkes Observatory
RCW	Rodgers-Campbell-Whiteoak
Sh	Sharpless
vdB	van den Bergh
vdBH	van den Bergh-Herbst

Dark nebulae

B	Barnard
LDN	Lynds Dark Nebula
Sa	Sandqvist
SDC	Southern Dark Cloud
SL	Sandqvist-Lindroos

Globular clusters

AL	Andrews-Lindsay
AM	Arp-Madore
Bol	Bologna Observatory
G	(M 31) Globular
HP	Haute Provence
Pal	Palomar
PWM	Pfleiderer-Weinberger-Ross
Ter	Terzan
Ton	Tonantzintla
UKS	United Kingdom Schmidt

Galaxies, groups, and clusters of galaxies

CGCG	Catalogue of Galaxies and Clusters of Galaxies
HCG	Hickson Compact Group
MCG	Morphological Galaxies Catalogue
Mrk	Markarian
PGC	Principal Galaxies Catalogue
Shk	Shakhbazian
UGC	Uppsala General Catalogue of Galaxies

Quasars

3C	3rd Cambridge Catalogue
PG	Palomar-Green

Double stars

A	Aitken
AC	Alvan Clark
B	van den Bos
BrsO	Brisbane Observatory
β	Burnham
CorO	Cordoba Observatory
Δ	Dunlop
Es	T. Espin
Gli	J. M. Giliss
H	William Herschel
h	John Herschel
Lac	G. B. Lacchini
OΣ	Otto Struve
Rmk	C. Rümker
S	James South
Σ	Friedrich Wilhelm Struve
Sh	South-Herschel

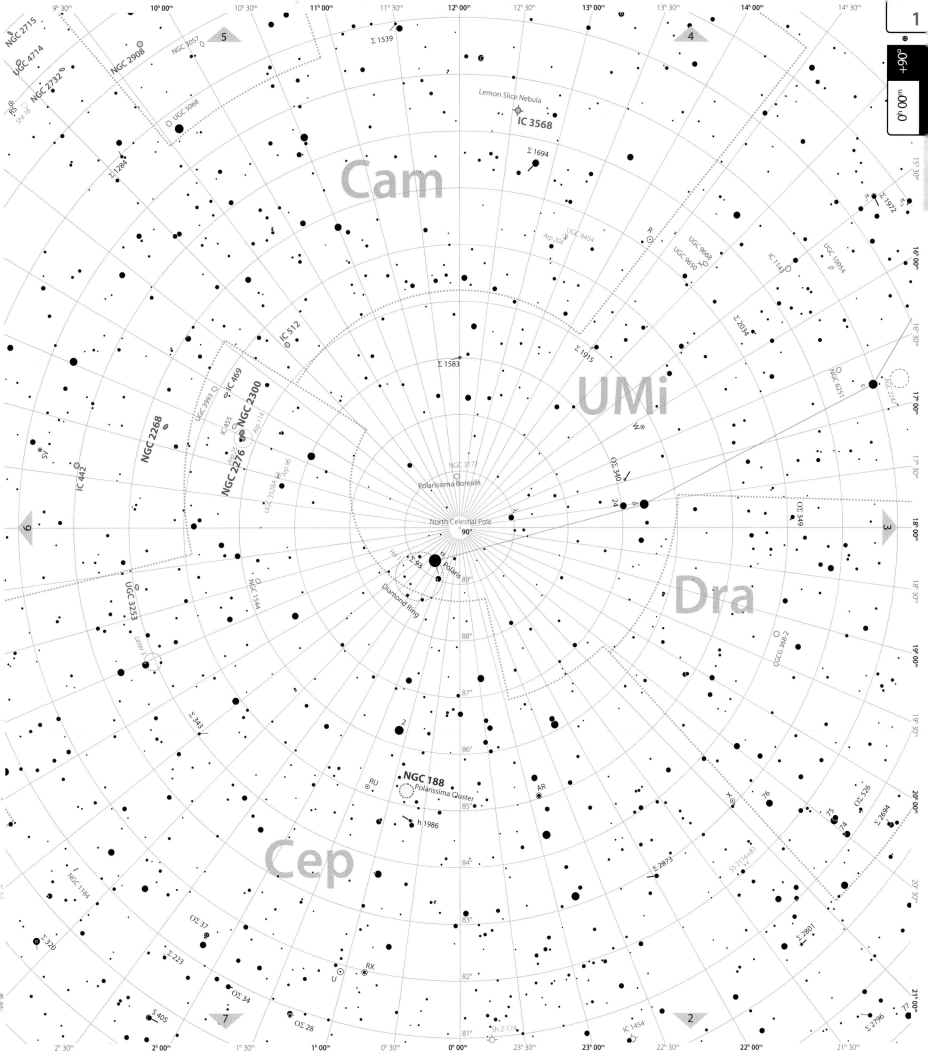

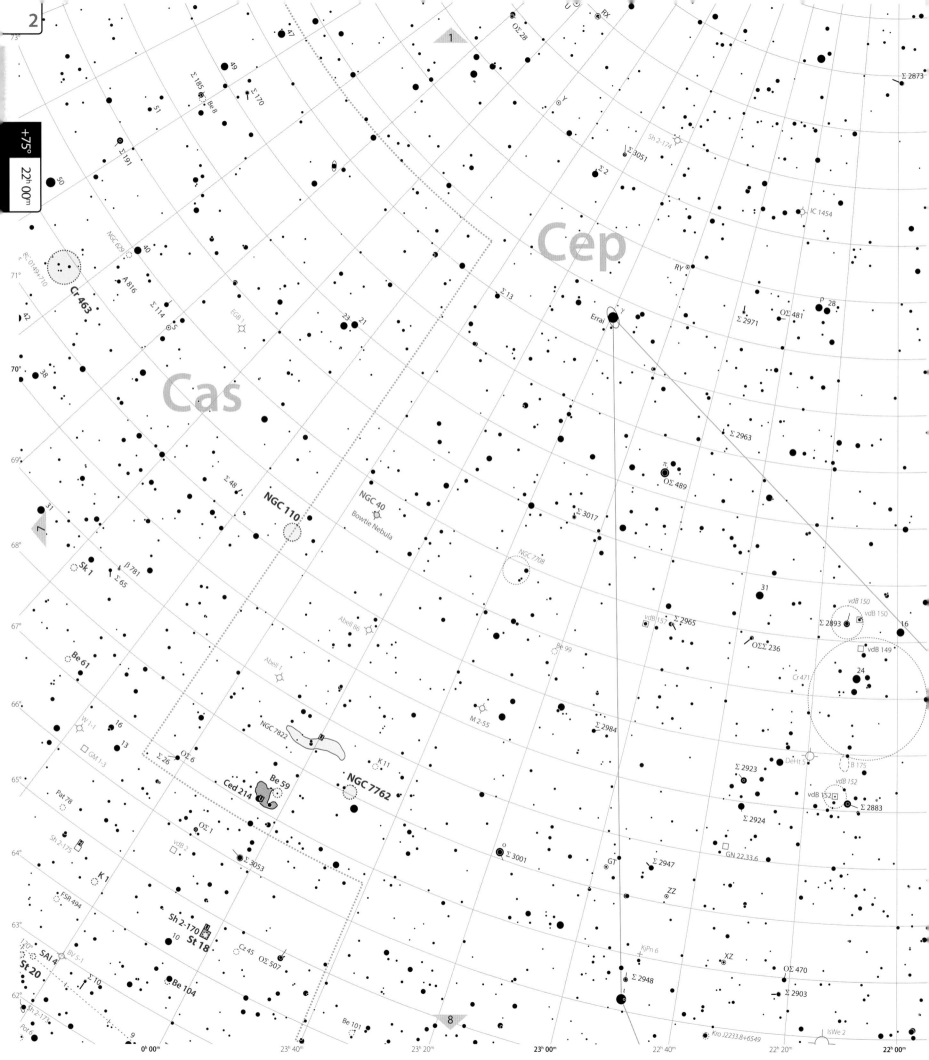

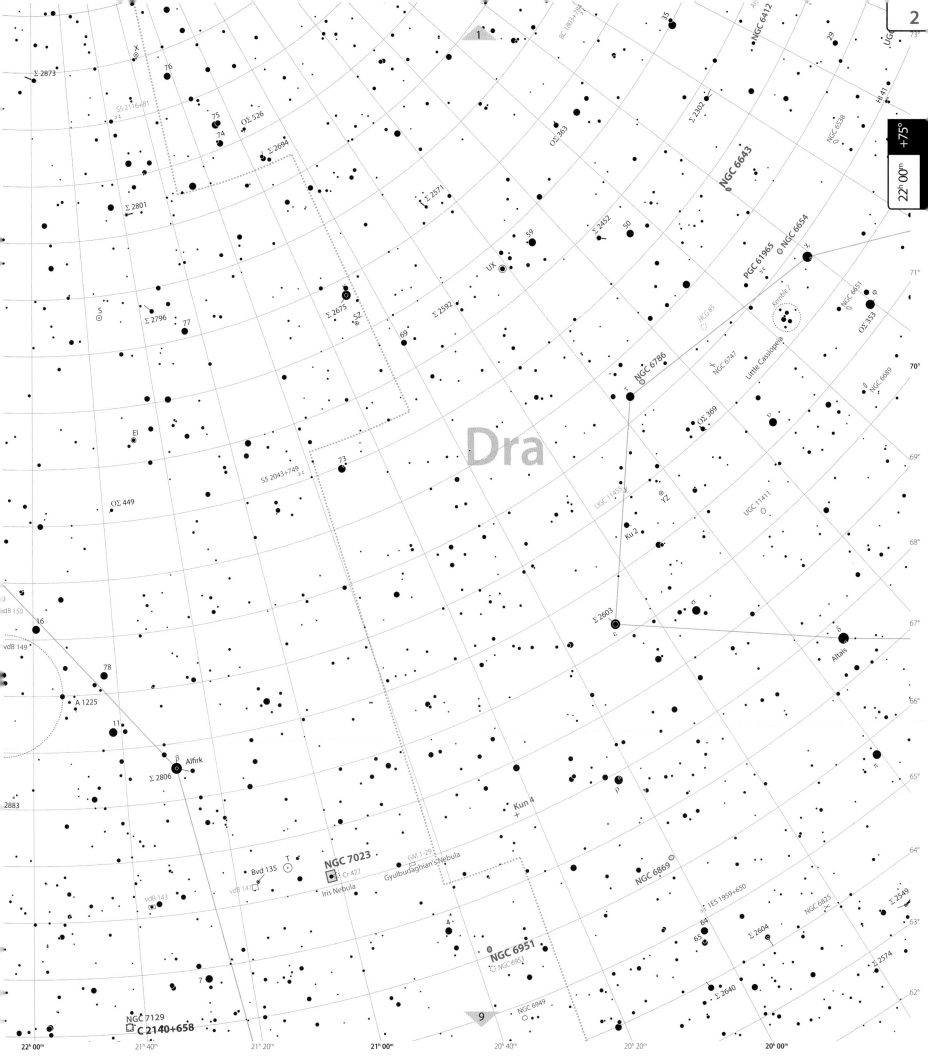

Dra

+75°

22ʰ00ᵐ

Σ 2873

X

76

75

74

OΣ 526

Σ 2694

Σ 2801

SS 2116+81

Σ 2796

77

S

El

73

OΣ 449

SS 2043+749

16

vdB 150

vdB 149

78

A 1225

11

β Alfirk

Σ 2806

2883

7

NGC 7129

C 2140+658

Bvd 135

T

vdB 141

vdB 143

NGC 7023

Cr 427

Iris Nebula

GM 1-29

Gyulbudaghian's Nebula

4

NGC 6951

NGC 6953

Σ 2571

Σ 2675

SZ

69

59

UX

Σ 2592

Kun 4

NGC 6869

NGC 6949

1

8C 1803+794

35

NGC 6412

29

UGC

73°

Σ 2302

NGC 6538

NGC 6643

Σ 2452

50

NGC 6654

PGC 61965

χ

71°

HCG 85

Kemble 2

Little Cassiopeia

NGC 6651

φ

OΣ 353

NGC 6786

τ

NGC 6747

OΣ 369

υ

ν

NGC 6689

70°

UGC 11455

χ

YZ

UGC 11411

69°

Ku2

68°

Σ 2603

3

σ

67°

δ

Altais

66°

65°

ρ

IES 1959+650

64

65

Σ 2604

NGC 6825

Σ 2549

64°

Σ 2640

63°

Σ 2574

9

22ʰ00ᵐ   21ʰ40ᵐ   21ʰ20ᵐ   21ʰ00ᵐ   20ʰ40ᵐ   20ʰ20ᵐ   20ʰ00ᵐ

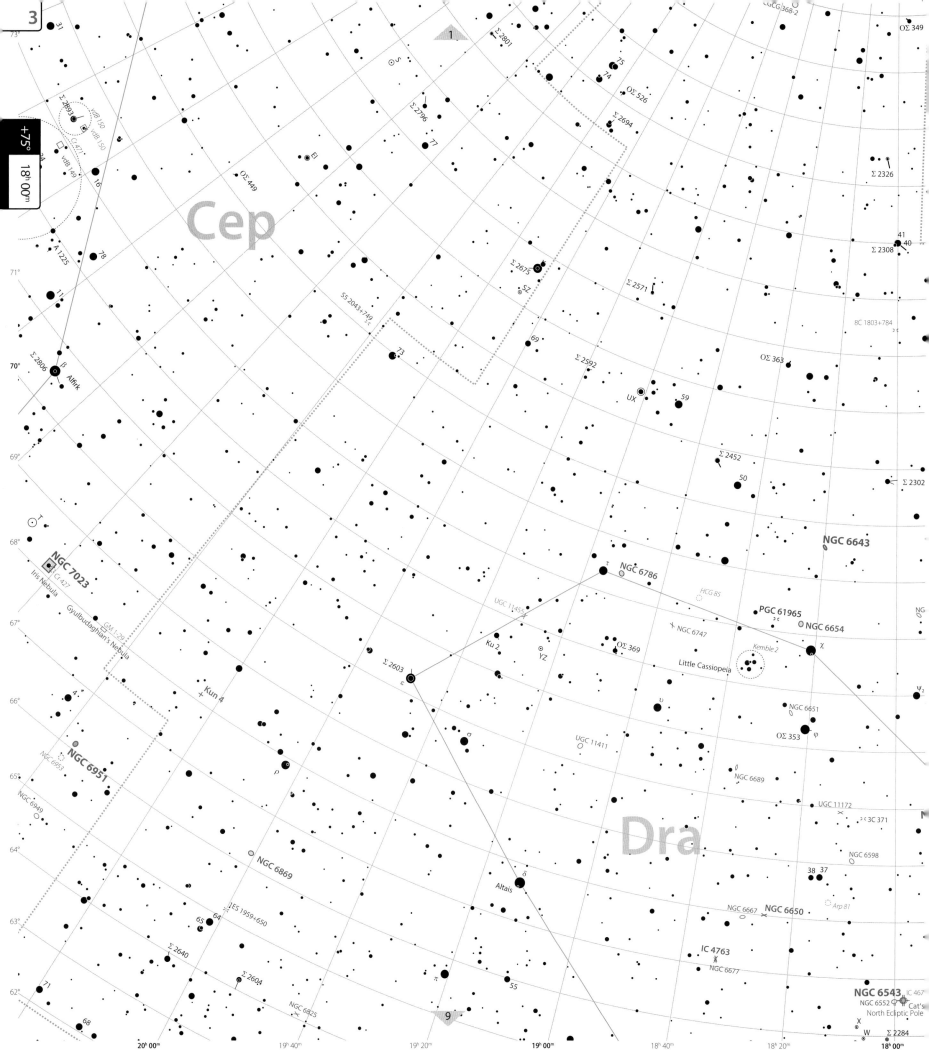

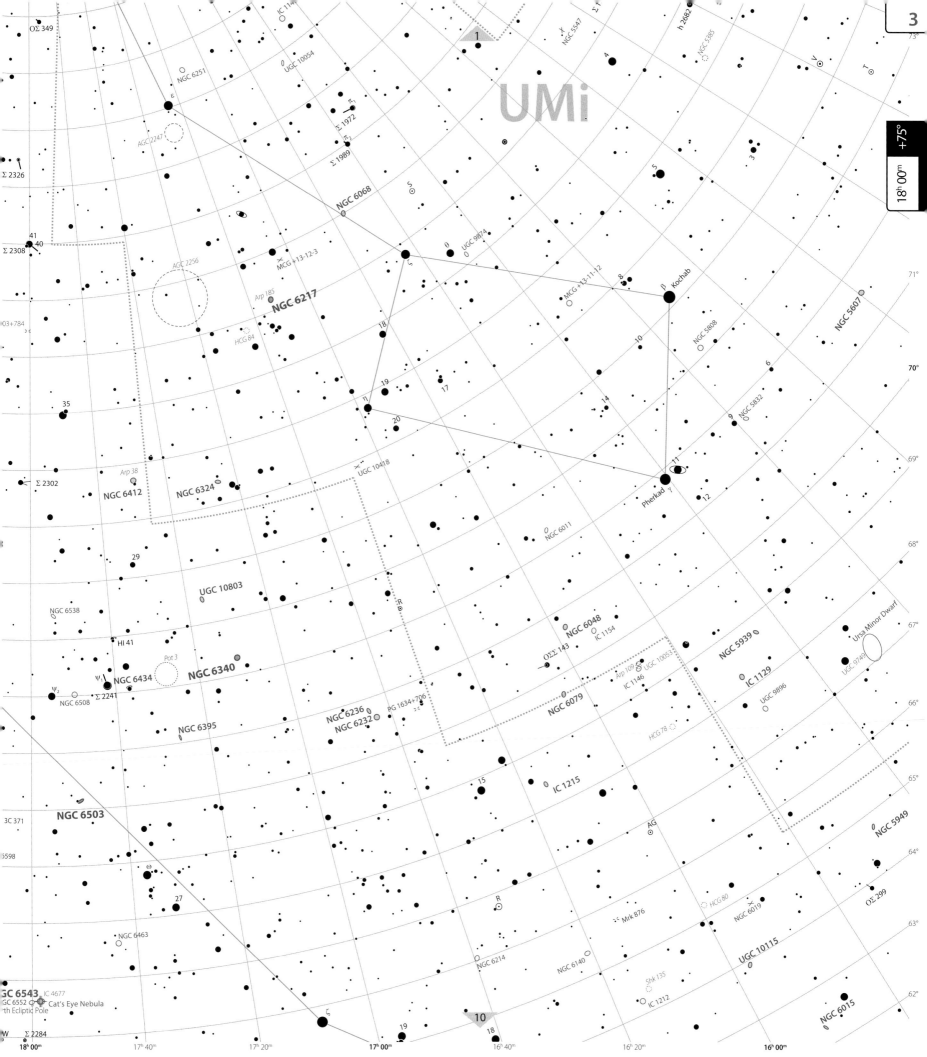

UMi

+75°

18ʰ 00ᵐ

OΣ 349

IC 1114

NGC 6251

UGC 10054

Σ 1972

Σ 1989

Σ 2326

AGC 2247

NGC 6068

ς

UGC 9874

θ

5

3

41

Σ 2308

40

AGC 2256

MCG +13-12-3

Arp 185   NGC 6217

ζ

MCG +13-11-12

8

β Kochab

71°

HCG 84

18

10

NGC 5808

NGC 5607

03+784

35

η   19

17

14

9   NGC 5832

6   70°

20

NGC 5547

Σ 2302

Arp 38

UGC 10418

11

12   69°

NGC 6412   NGC 6324

Pherkad γ

29

NGC 6011

68°

UGC 10803

R

NGC 6538

NGC 6048

IC 1154

NGC 5939

Ursa Minor Dwarf   67°

HI 41

Pot 3

OΣΣ 143

UGC 9749

ψ₁   NGC 6434   NGC 6340

Arp 109   UGC 10053

IC 1129

ψ₂   Σ 2241

IC 1146

UGC 9896

NGC 6508

NGC 6236   PG 1634+706

NGC 6079   HCG 78   66°

NGC 6232

NGC 6395

15   IC 1215

3C 371   NGC 6503

AG

65°

6598   NGC 5949

ω   R

64°

27   HCG 80

Mrk 876   NGC 6019   OΣ 299

NGC 6463   63°

UGC 10115

GC 6543   IC 4677

GC 6552   Cat's Eye Nebula   NGC 6214   NGC 6140

th Ecliptic Pole   Shk 135

ζ   NGC 6015   62°

W   Σ 2284   19   18   IC 1212

17ʰ 40ᵐ   17ʰ 20ᵐ   17ʰ 00ᵐ   16ʰ 40ᵐ   16ʰ 20ᵐ   16ʰ 00ᵐ

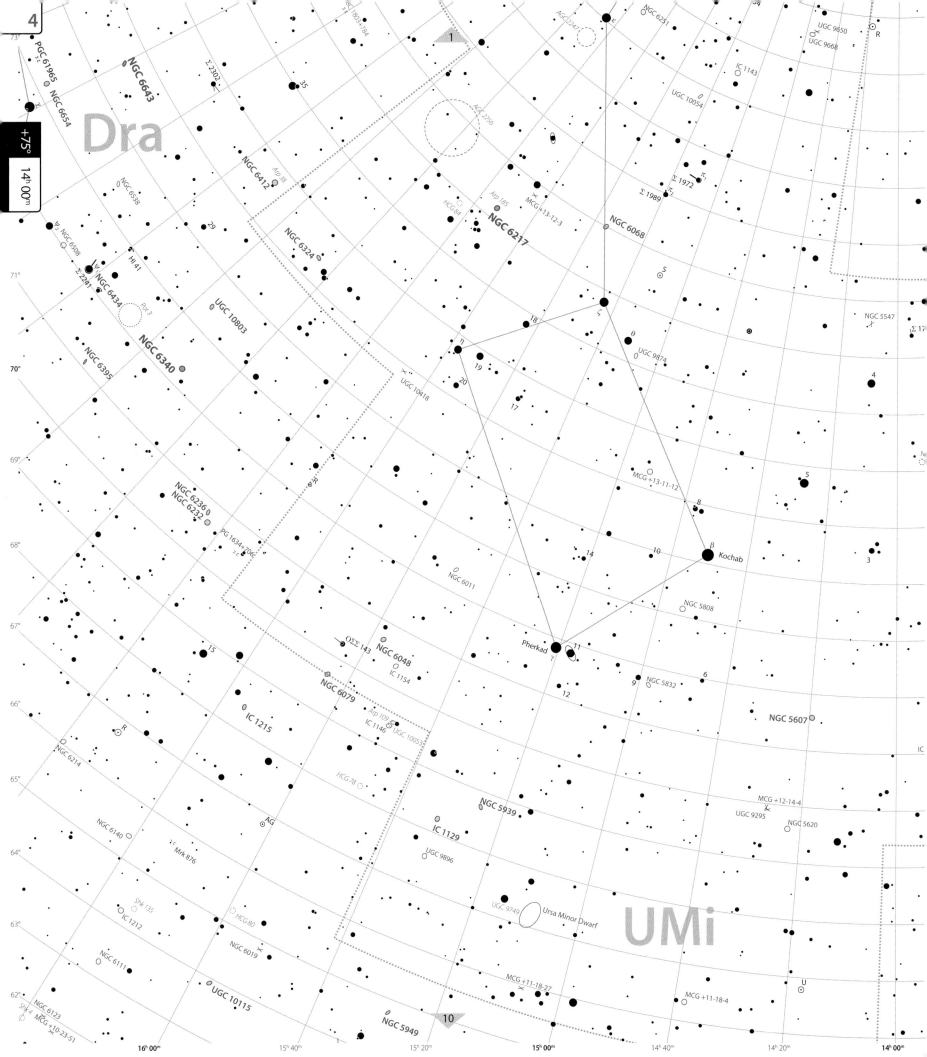

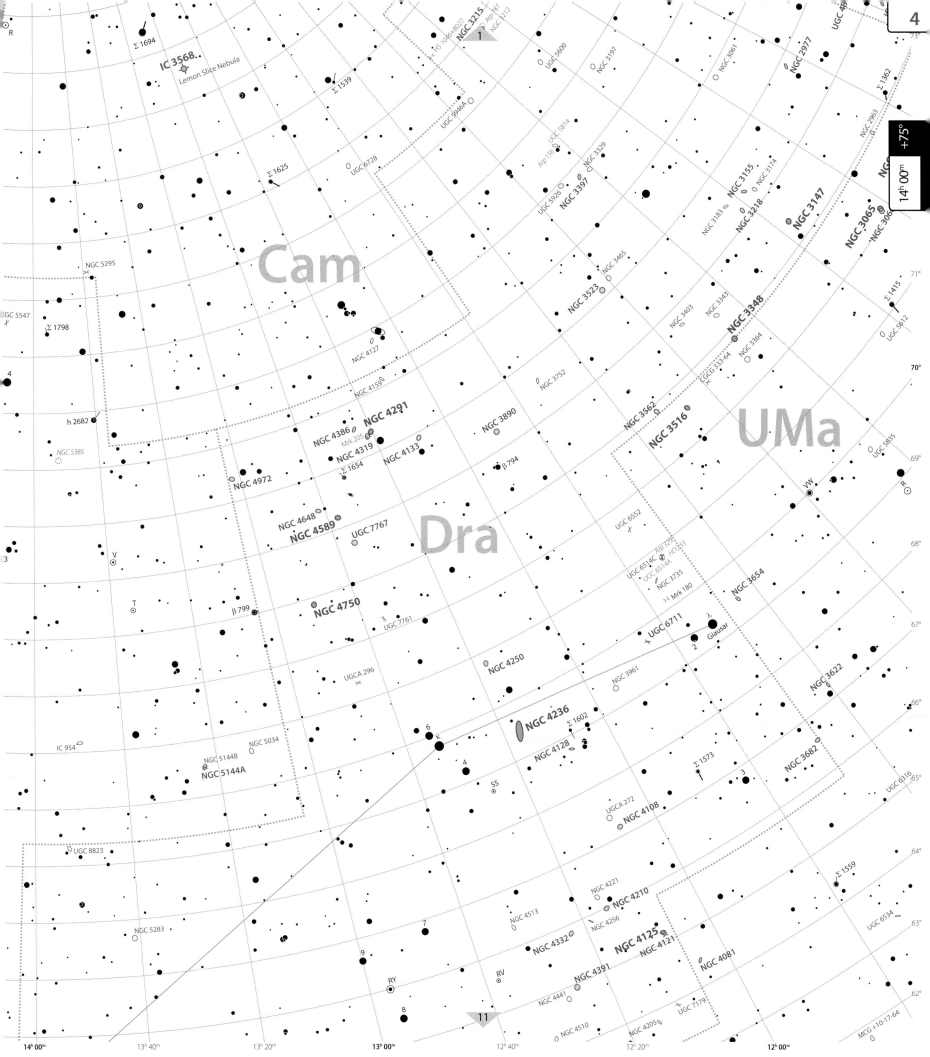

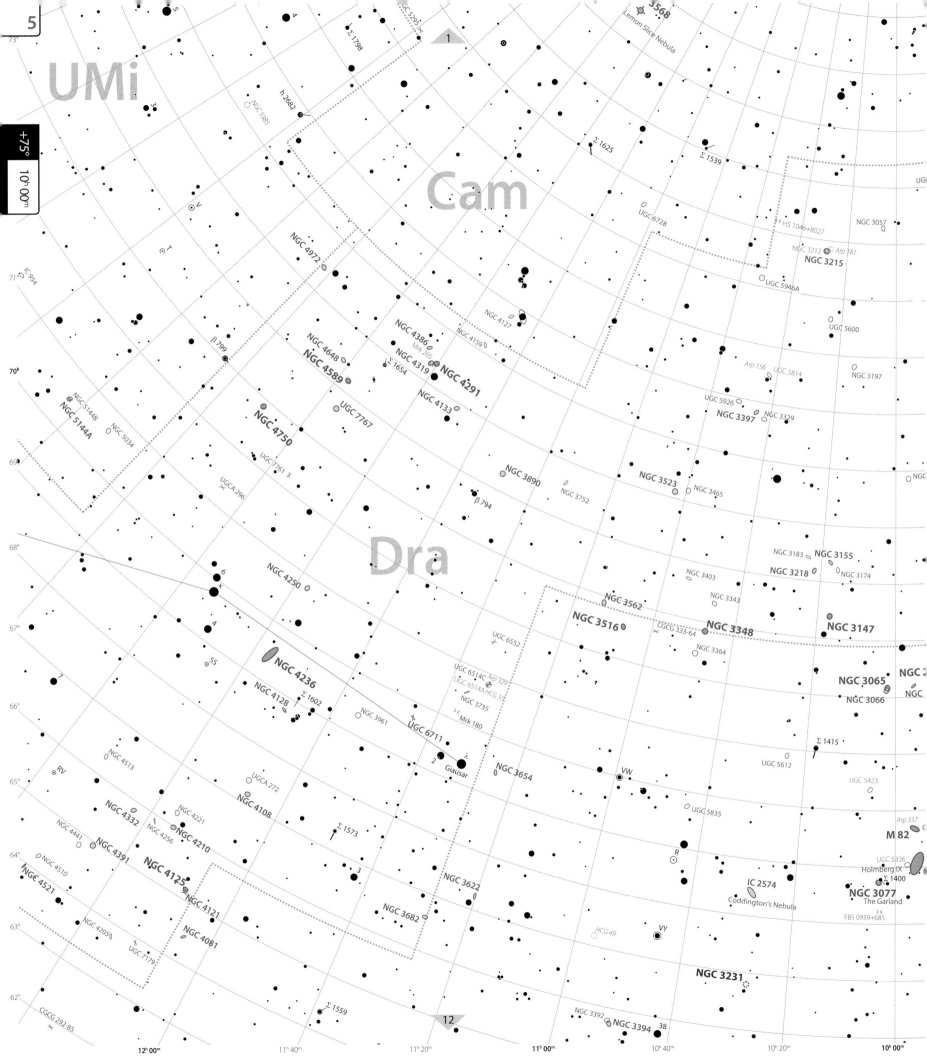

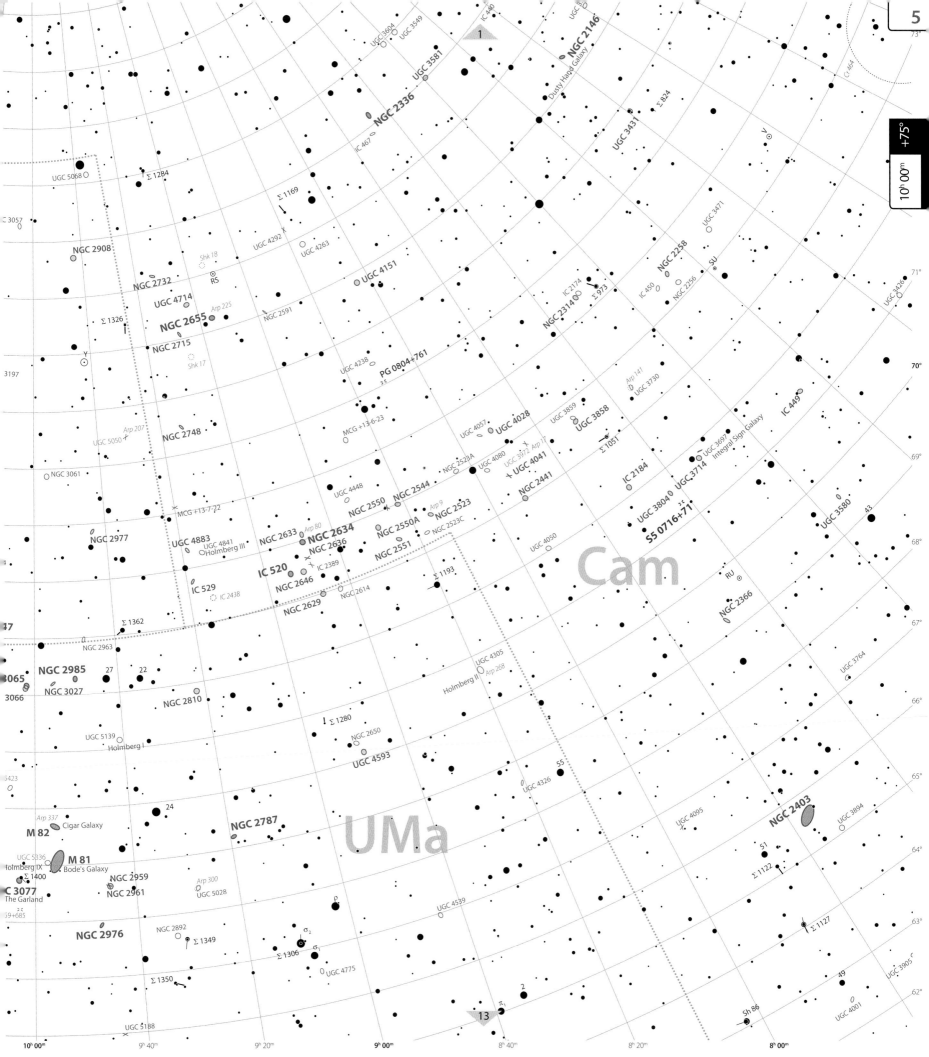

+75°

10h 00m

Cam

UMa

M 82
Cigar Galaxy
M 81
Bode's Galaxy
The Garland

NGC 2403

NGC 2146
Dusty Hand Galaxy

NGC 2336

NGC 2908
NGC 2732
UGC 4714
NGC 2655
NGC 2715
NGC 2748
NGC 2977
NGC 2985
NGC 3027
NGC 2810
NGC 2787
NGC 2959
NGC 2961
NGC 2976
NGC 2366

Integral Sign Galaxy
IC 449

UGC 4151
UGC 4028
UGC 4041
UGC 4551
UGC 2441

NGC 2258
NGC 2256
NGC 2314

NGC 2550
NGC 2544
NGC 2523
NGC 2523C
NGC 2550A
NGC 2551
NGC 2634
NGC 2636
NGC 2633
NGC 2646
NGC 2629
NGC 2614
IC 520
IC 529
UGC 4883
Holmberg III

S5 0716+71
UGC 3804
UGC 3714
IC 2184
UGC 3697
UGC 3580
UGC 3894
NGC 2650
UGC 4593
Holmberg I
Holmberg II

Σ 1284
Σ 1169
Σ 1326
Σ 1362
Σ 1400
Σ 1350
Σ 1349
Σ 1306
Σ 1280
Σ 1193
Σ 1051
Σ 973
Σ 824
Σ 1122
Σ 1127

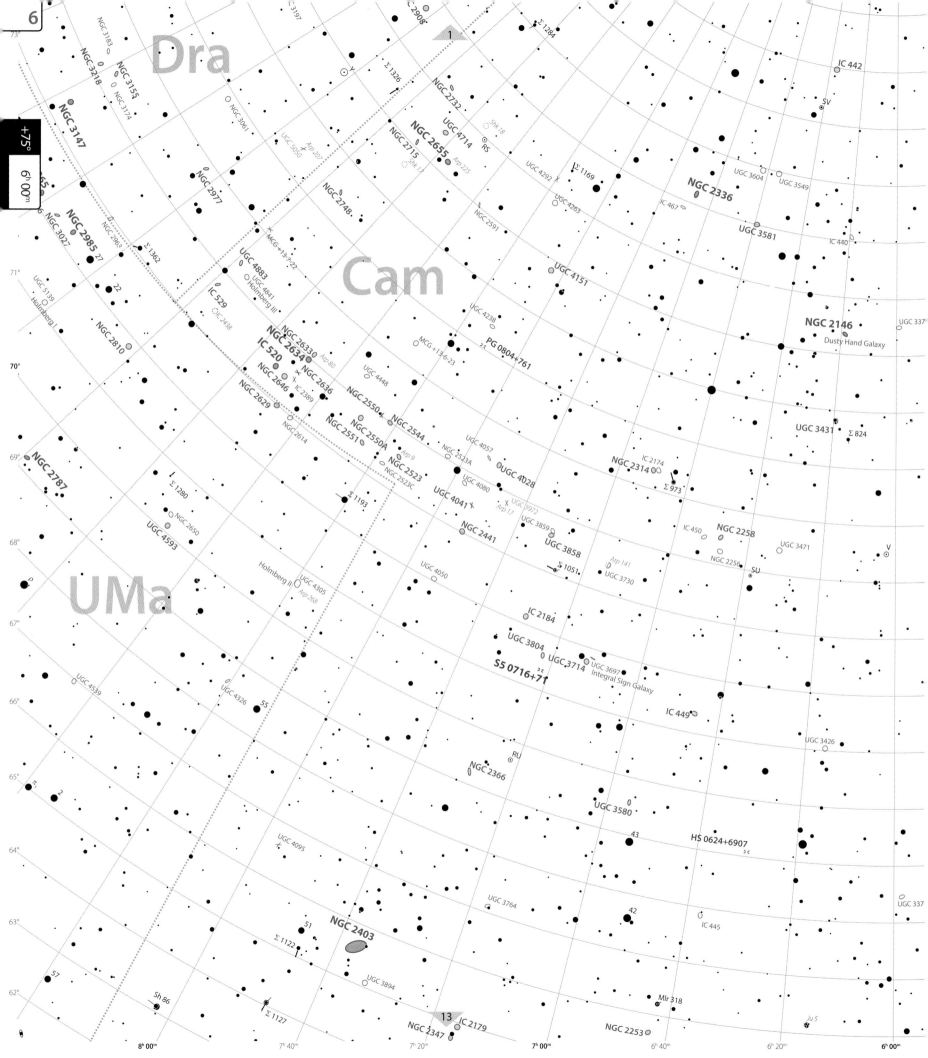

Cep

Cas

Cam

UGC 3253

Σ 40

1

47

Σ 170

Δ 49

Σ 185

Be 8

40

+75°

73°

NGC 629?

6h 00m

NGC 1184

Σ 320

Σ 345

Pal 1

Σ 460

51

Σ 191

50

54

71°

Σ 634

δ

UGC 3373

Σ 632

IC 391

IC 334

Mlr 377

alaxy

70°

Pot 8

Σ 312

UGC 3302

UGC 3137

RZ

69°

UGC 3230

IC 381

NGC 1530

OΣ 50

X

NGC 1343

Σ 317

V

68°

Cr 464

NGC 1573

KKH 41
Cam A

γ

RX

67°

NGC 1560

NGC 1485

h 1139

Σ 419

Bvd 31

OΣ 109

Arp 213

IC 356

NGC 1469

OΣ 54

Σ 374

66°

IC 342

OΣ 52

Be 10

65°

Zannin 5

UGCA 86

Kro J0347.6+6635

Σ 638

AS

64°

NGC 1961 Arp 184

IC 396

UGC 3349

S

KKH 44
Cam B

OΣΣ 36

63°

UGC 3379

Kemble 1

Σ 584

T

α

62°

Kemble's Cascade

14

Arp 210 NGC 1569

6h 00m   5h 40m   5h 20m   5h 00m   4h 40m   4h 20m   4h 00m

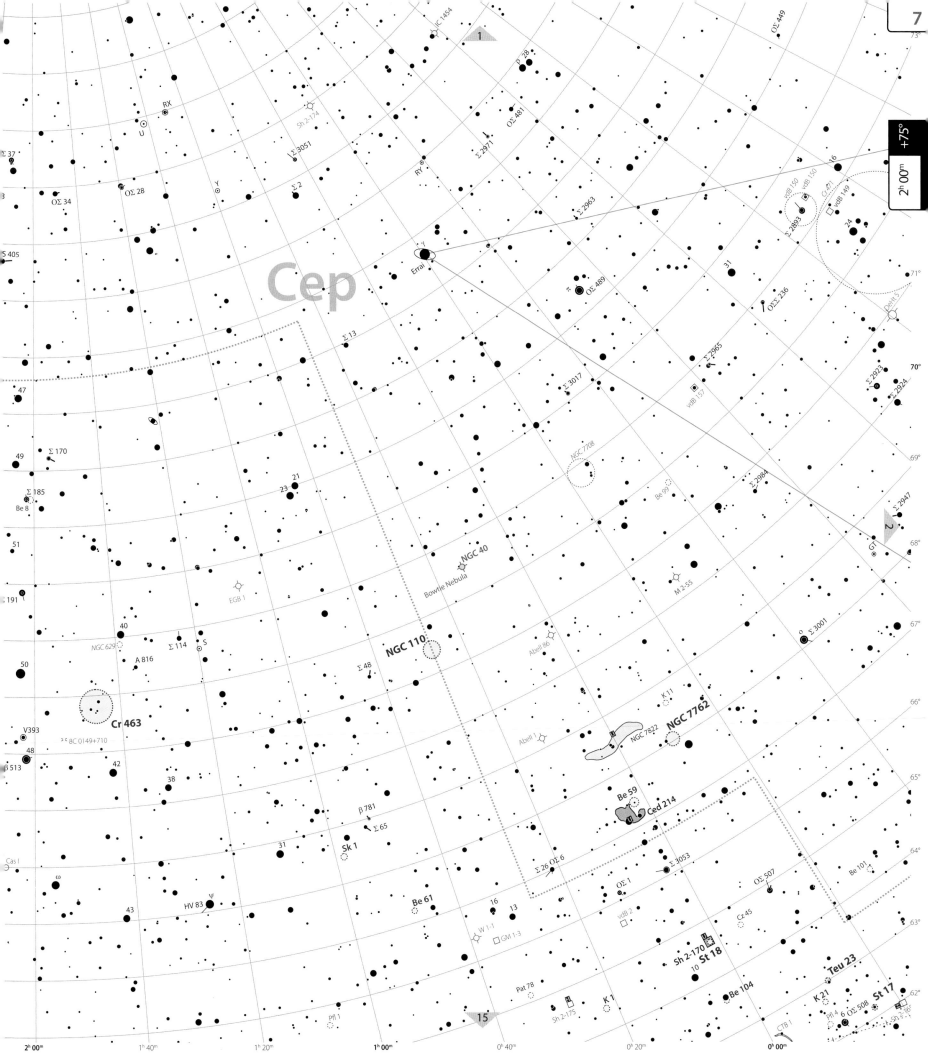

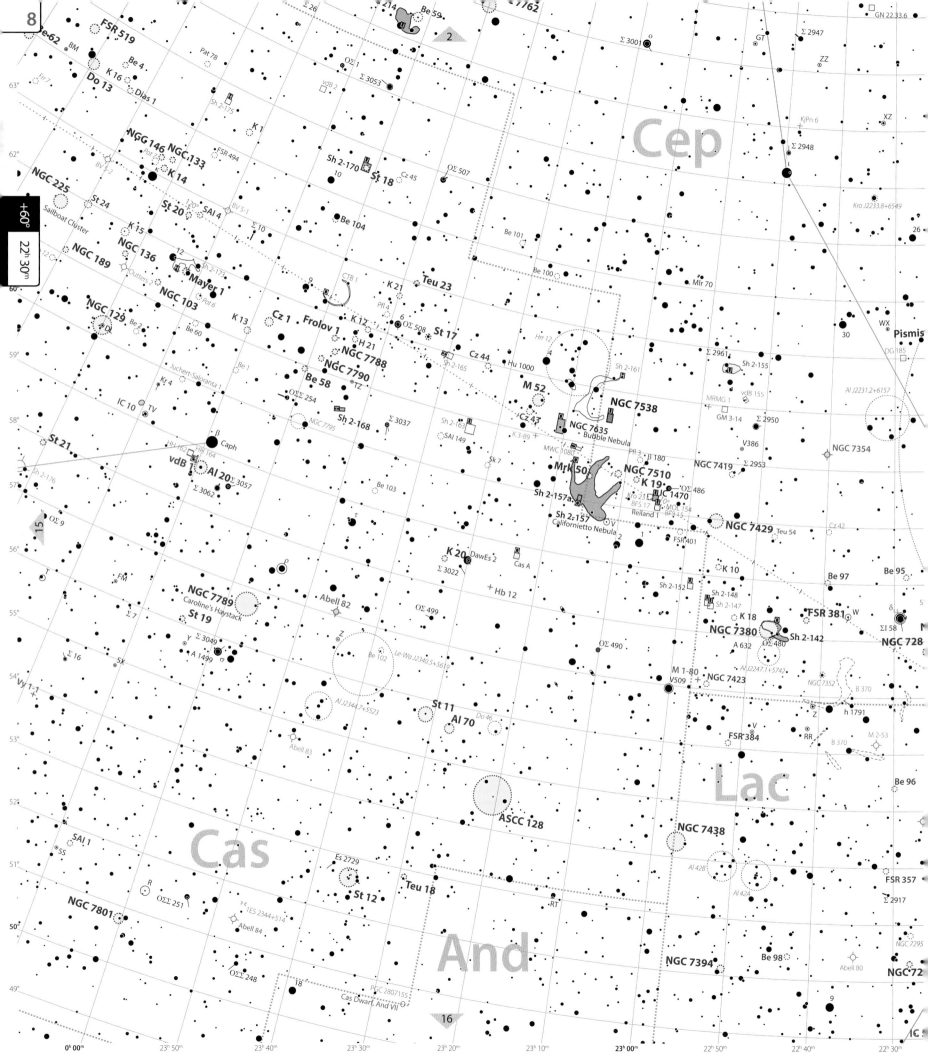

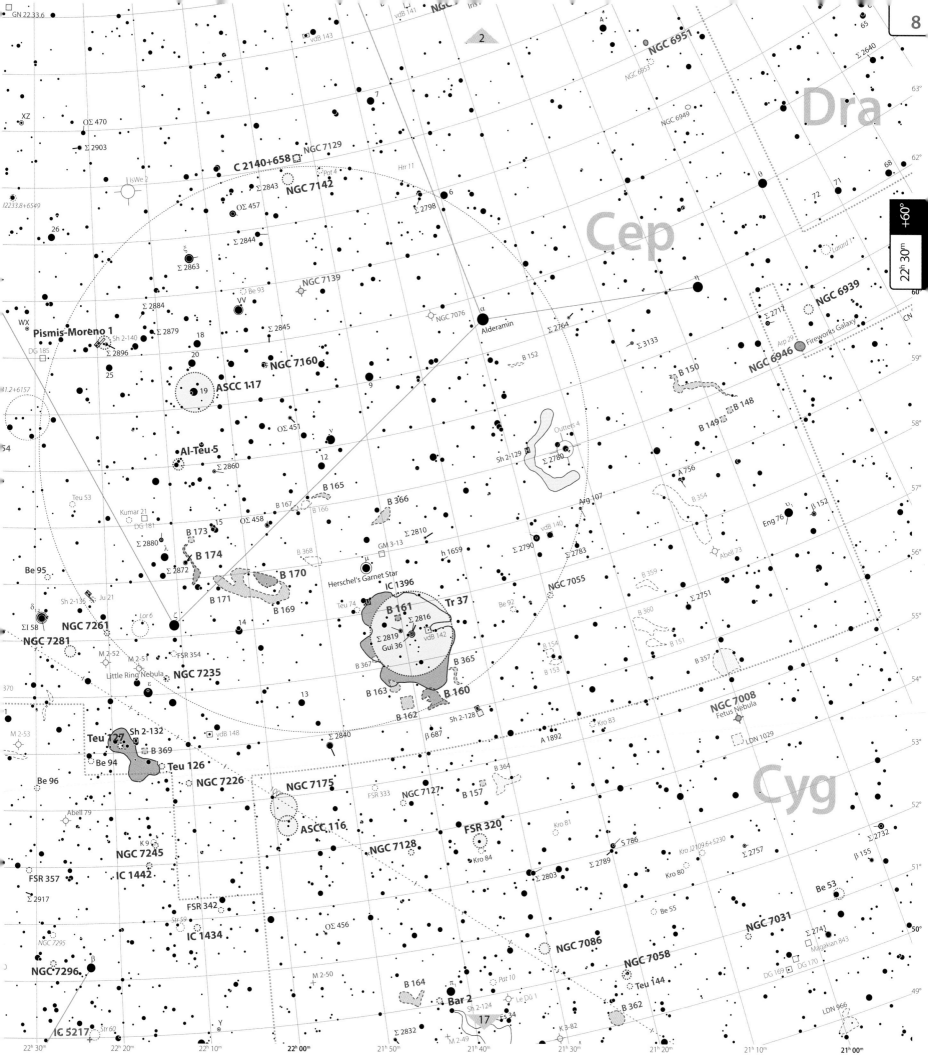

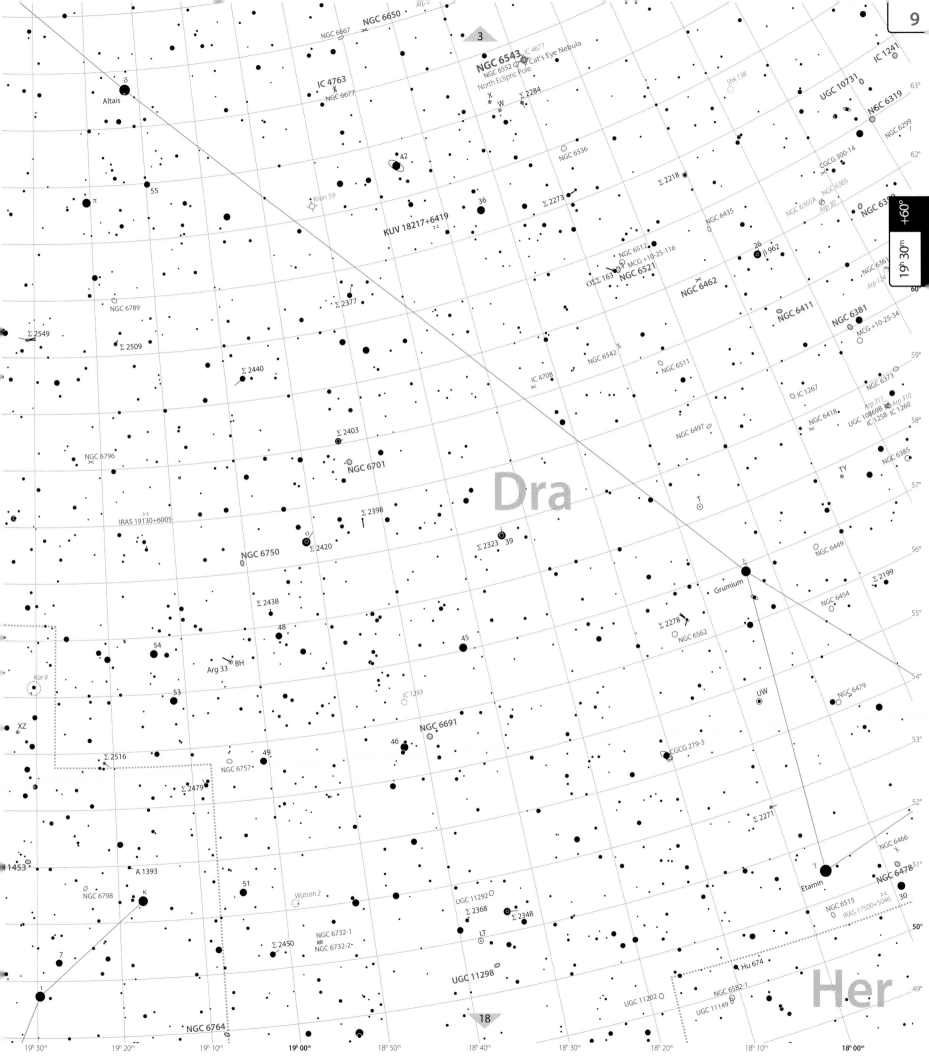

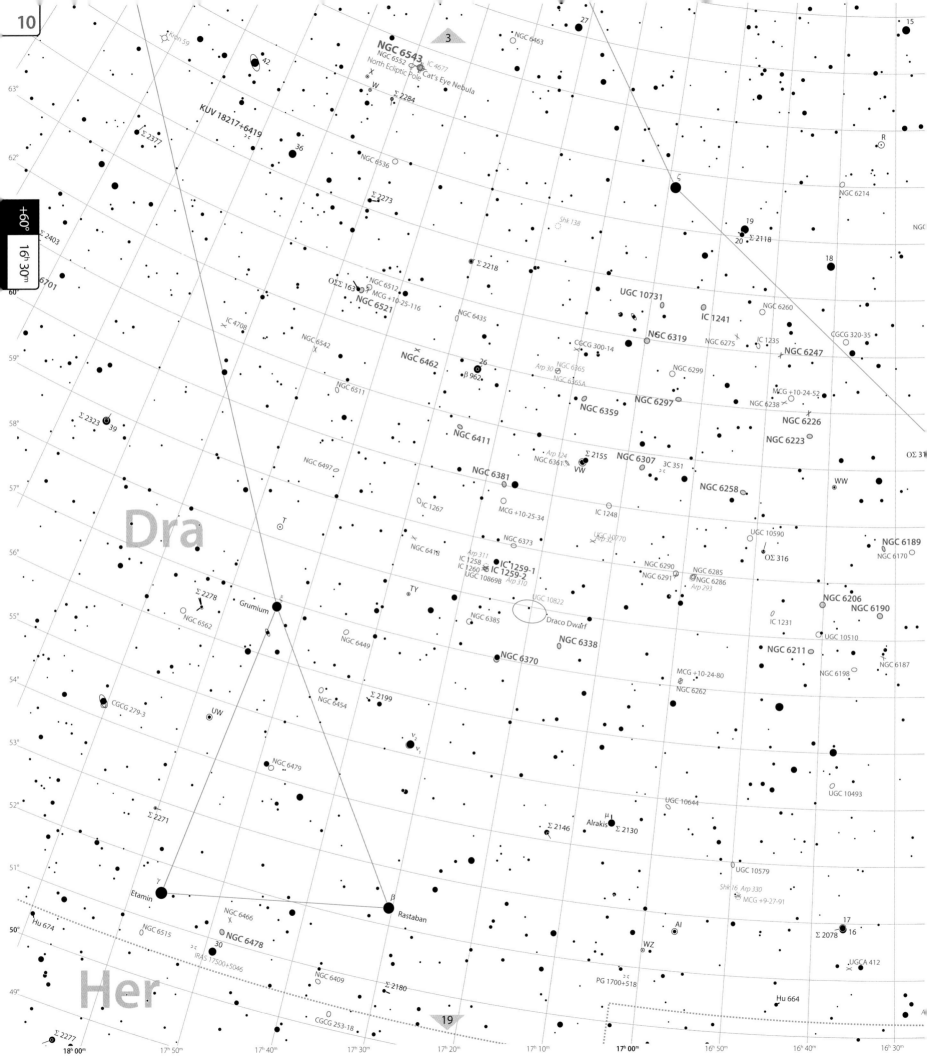

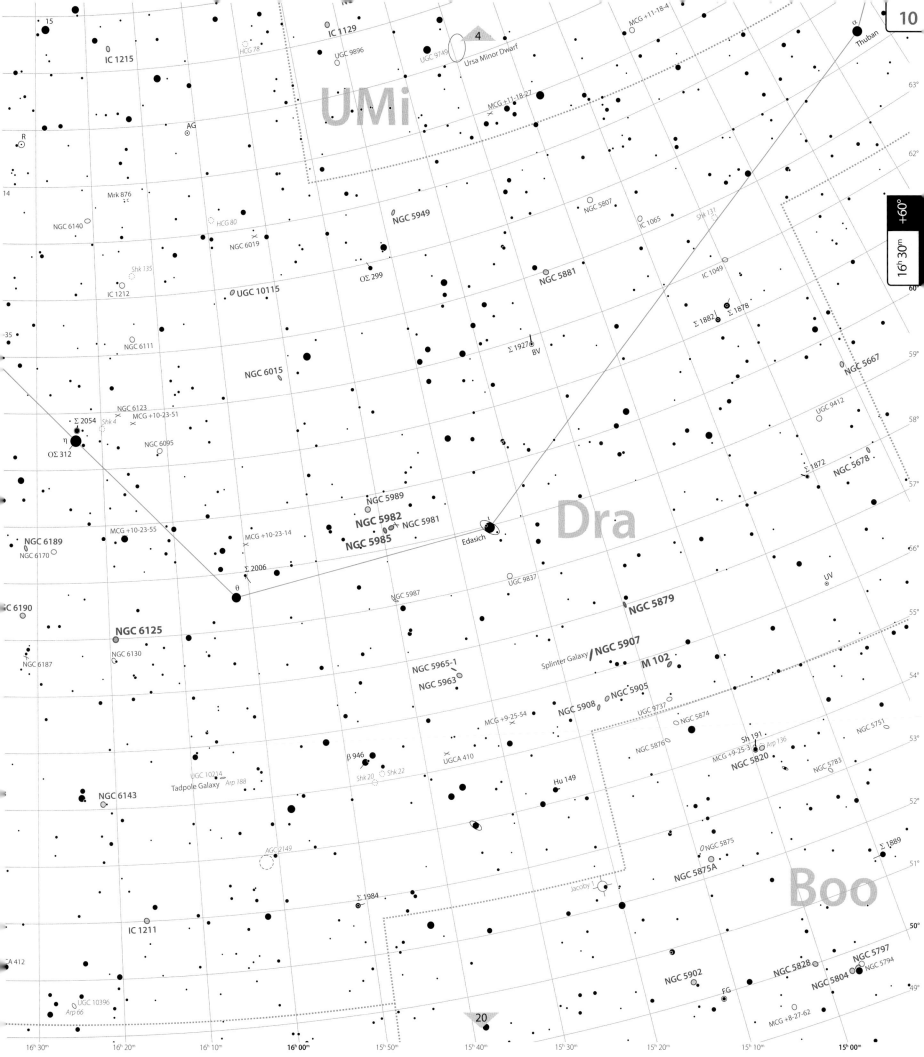

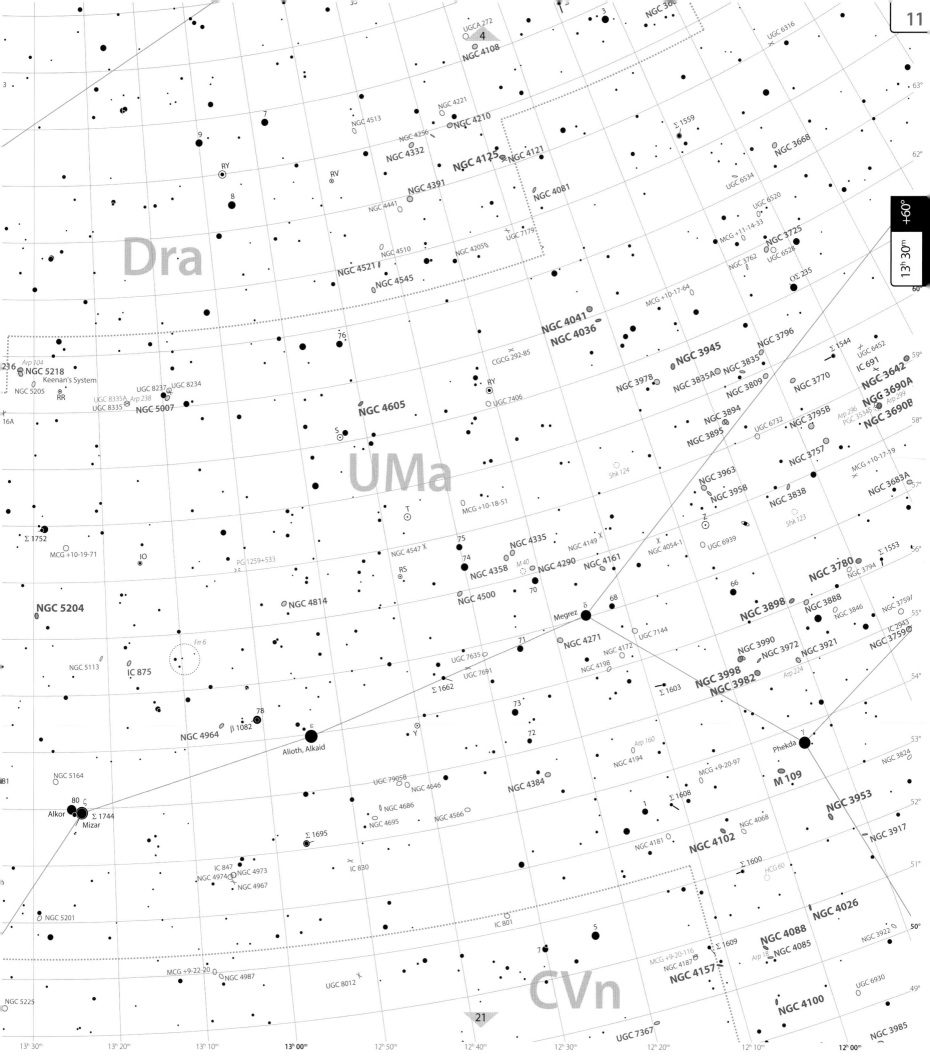

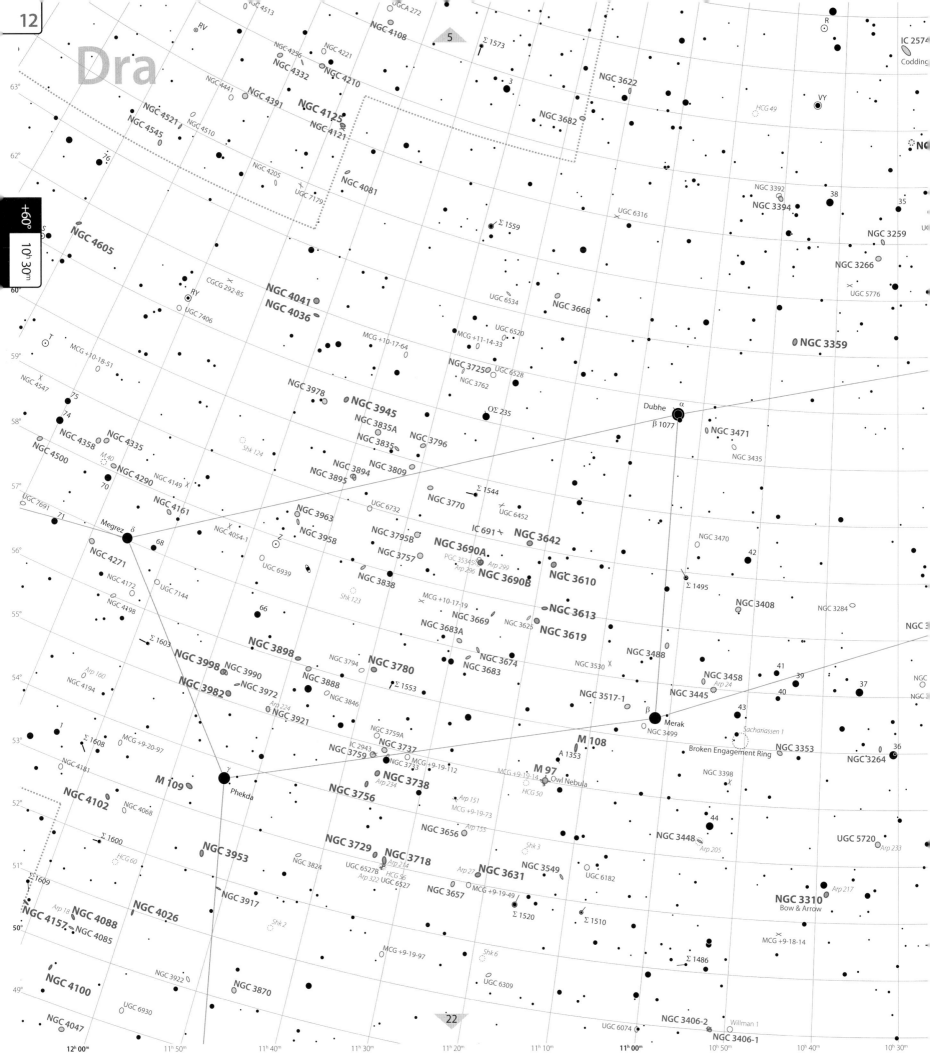

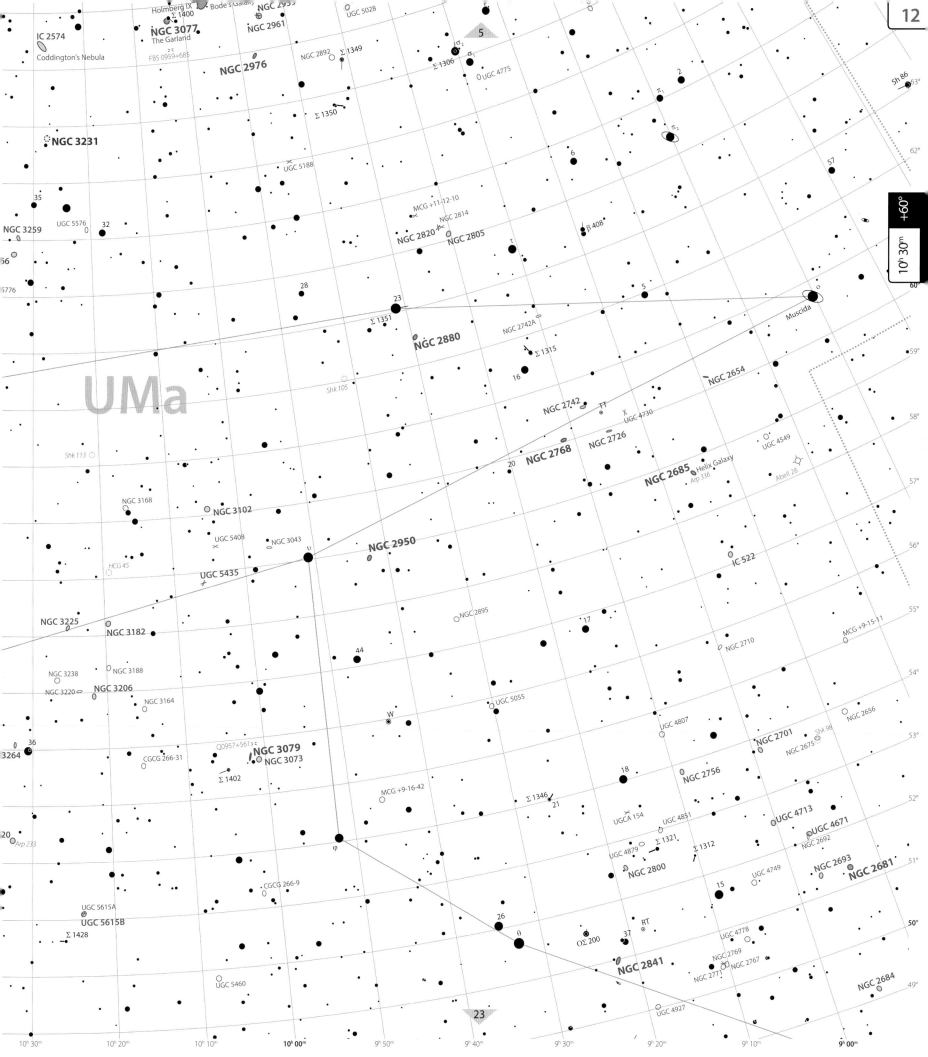

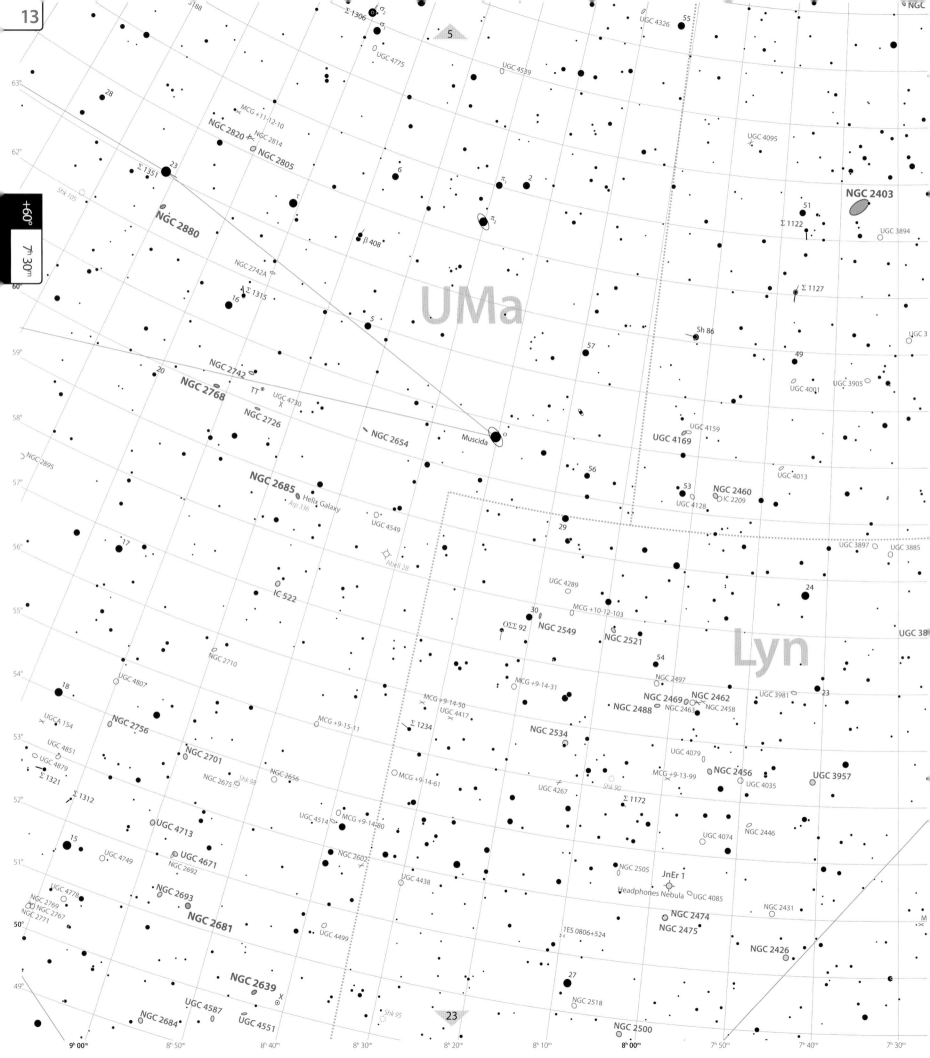

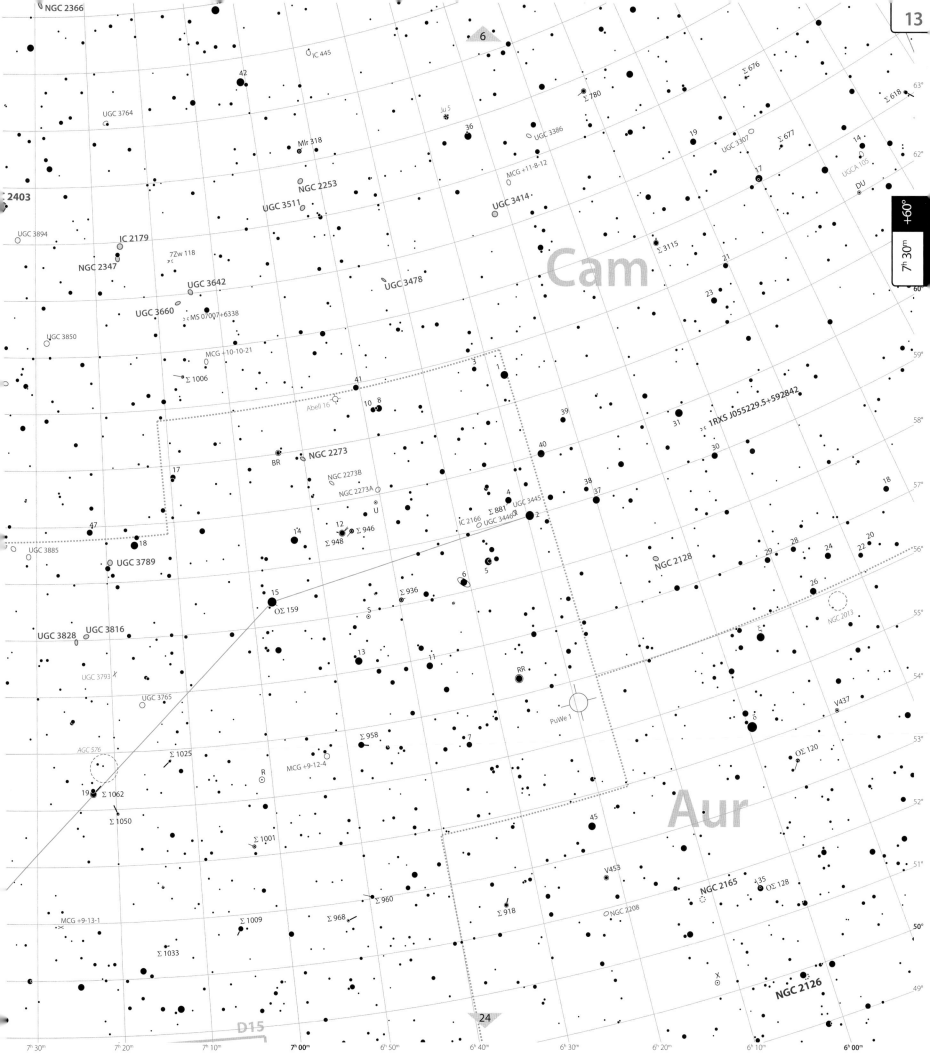

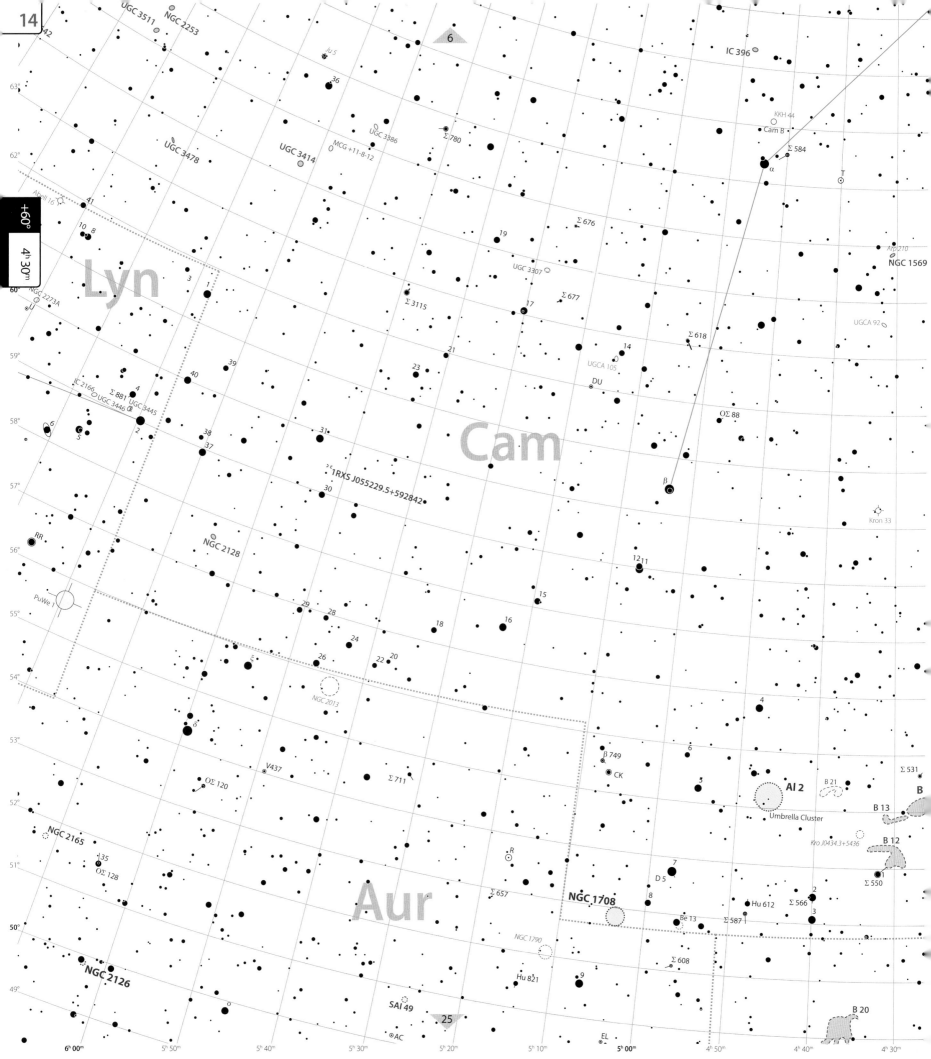

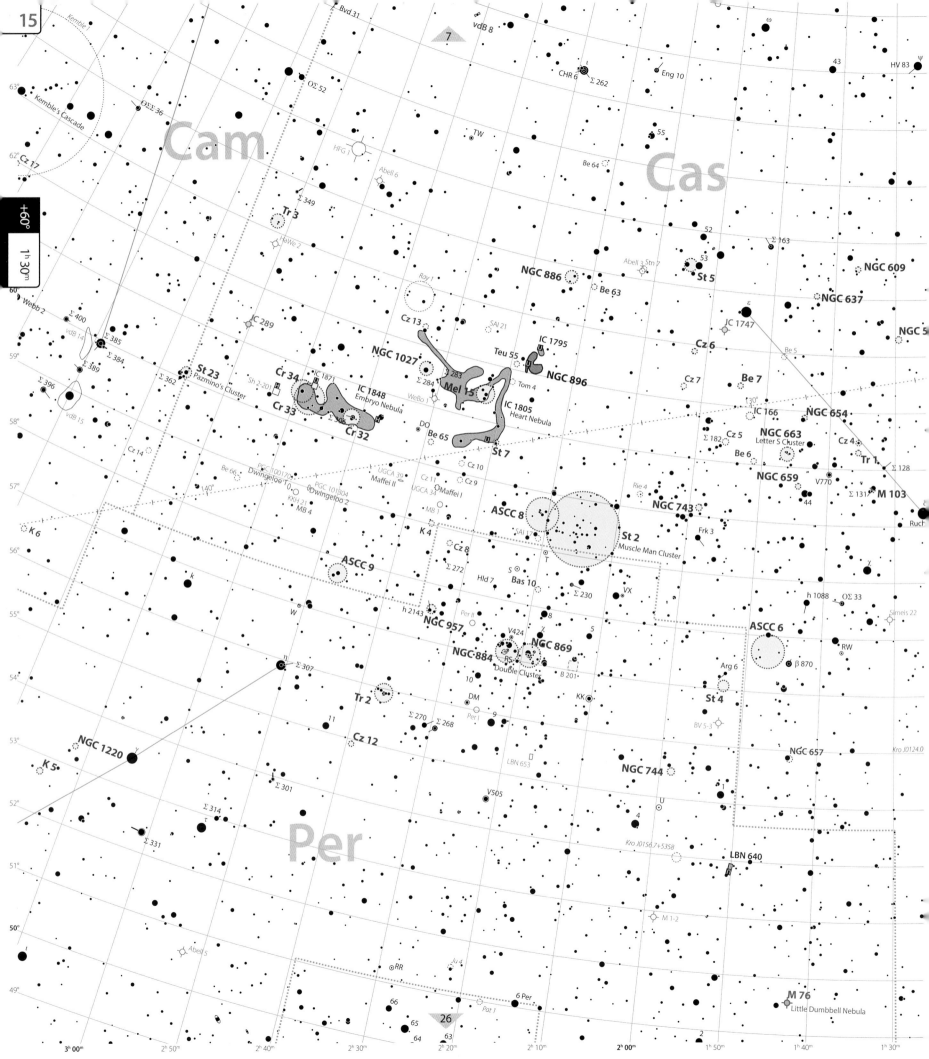

Watson 2

Σ 2450

NGC 6732-1
NGC 6732-2

UGC 11292

Σ 2368

Σ 2348

LT

UGC 11298

Dra

205

Hei 72

X UGC 11376

NGC 6742

NGC 6711

16

R
13

h 1356

NGC 6702

NGC 6703

Σ 2380

NGC 6672

Σ 2431

5-2

Sal 8

NGC 6695

IC 4772

NGC 6685

ε₁
Σ 2383 Σ 2382
ε₂

XY

NGC 6675

OΣ 356

NGC 6663

Σ 2351

UGC 11228

NGC 6646

IC 1288

Steph 1

UGC 11380

Σ 2429

ζ₂
ζ₁
ΣI 38

HK

T

NGC 6688

Σ 2362

30

κ

Sp 4-1

Vega
α

MCG +6-41-6

μ

W

MCG +6-40-6

9

Σ 2271

γ
Etamin

NGC 6466

NGC 6515

NGC 6478

30

IRAS 17500+5046

Hu 674

UGC 11202

NGC 6582-1

UGC 11149

OΣ 351

IC 1291

Σ 2277

UGC 11217

UGC 11186

NGC 6560

OΣ 352

β 134

Hu 235

NGC 6524

OP

Σ 2242

β 1127

NGC 6606

NGC 6585

Σ 2282

Σ 2267

β 130

90

Σ 2237

MCG +7-36-30

IC 1265

Σ 2203

Σ 2224

θ

Her

β Rasta

Σ 2180

NGC 6409

CGCG 253-18

82

77

88

CGCG 253-26

NGC 6447

OΣ 334

UGC 11041

50°

+45°

49°

48°

47°

46°

45°

44°

43°

42°

41°

40°

39°

38°

37°

36°

35°

19ʰ 00ᵐ

18ʰ 55ᵐ 18ʰ 50ᵐ 18ʰ 45ᵐ 18ʰ 40ᵐ 18ʰ 35ᵐ 18ʰ 30ᵐ 18ʰ 25ᵐ 18ʰ 20ᵐ 18ʰ 15ᵐ 18ʰ 10ᵐ 18ʰ 05ᵐ 18ʰ 00ᵐ 17ʰ 55ᵐ 17ʰ 50ᵐ 17ʰ 45ᵐ

19ʰ 00ᵐ

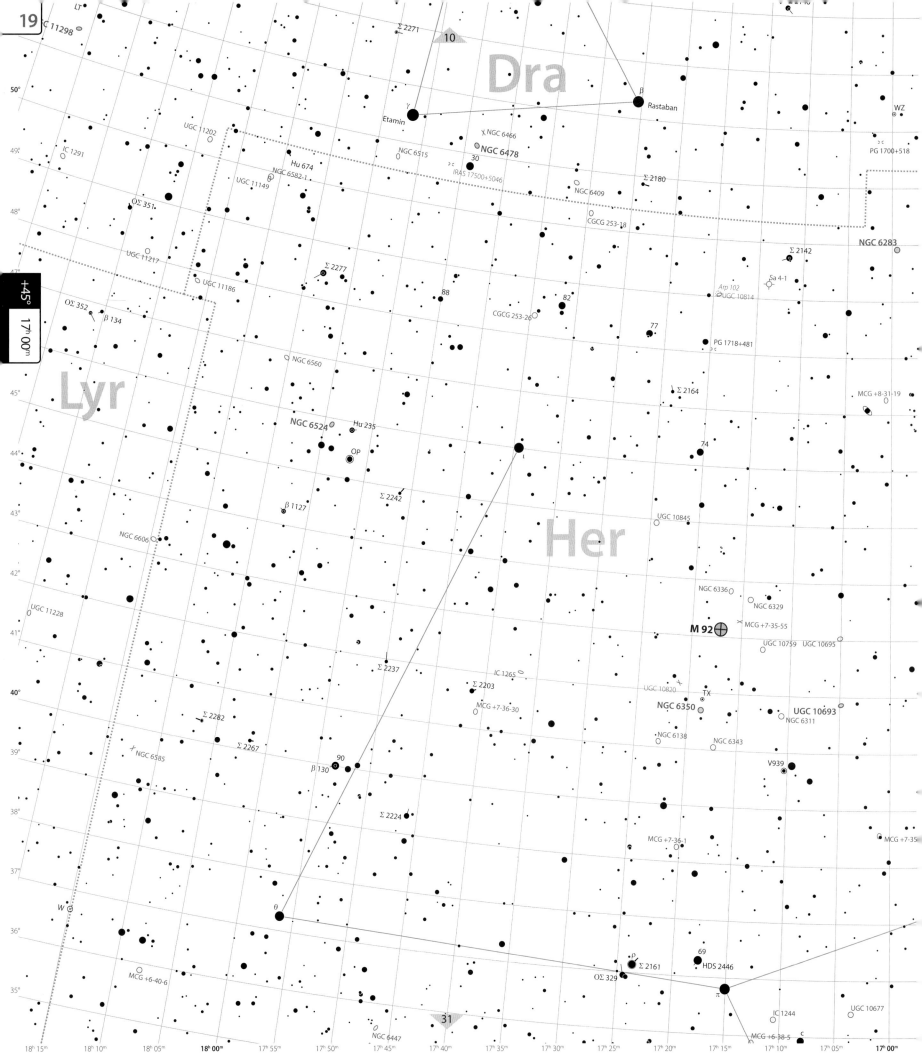

Boo

Her

CrB

M 13
Hercules Cluster

NGC 6207
NGC 6229
NGC 6239
Mrk 501

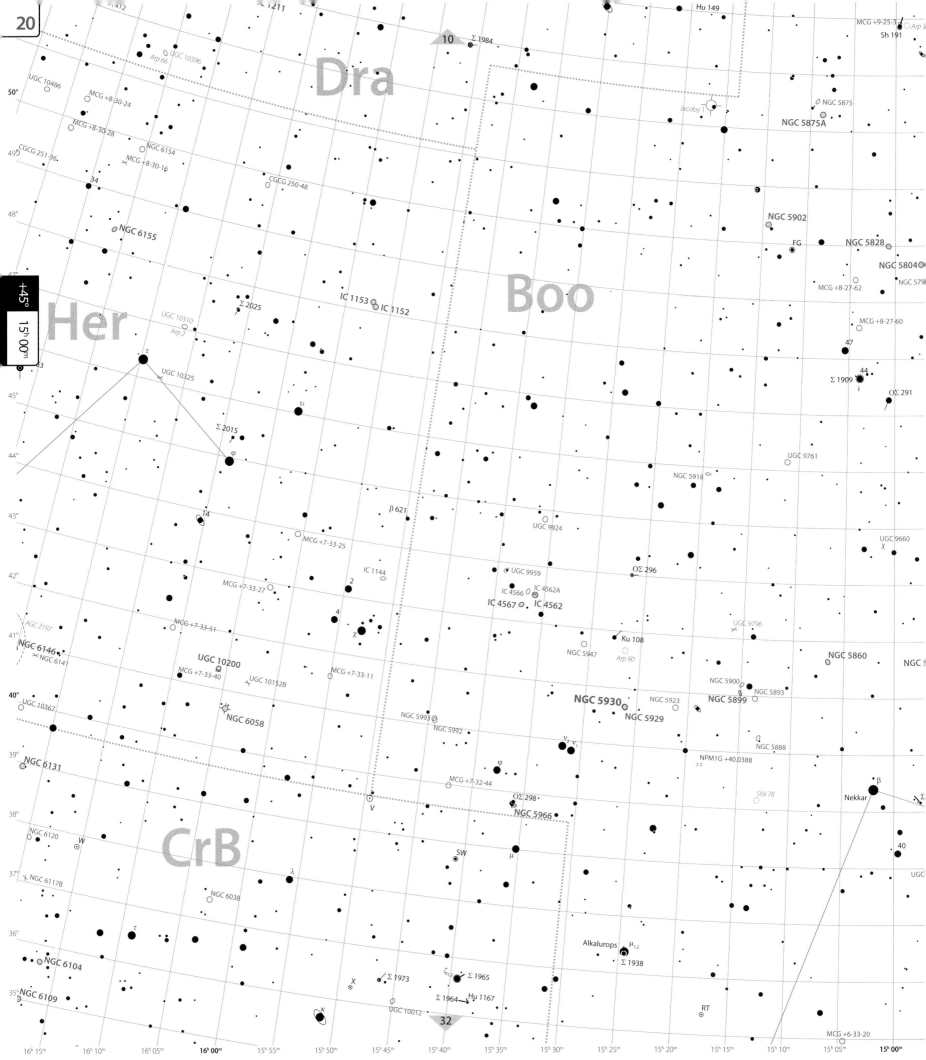

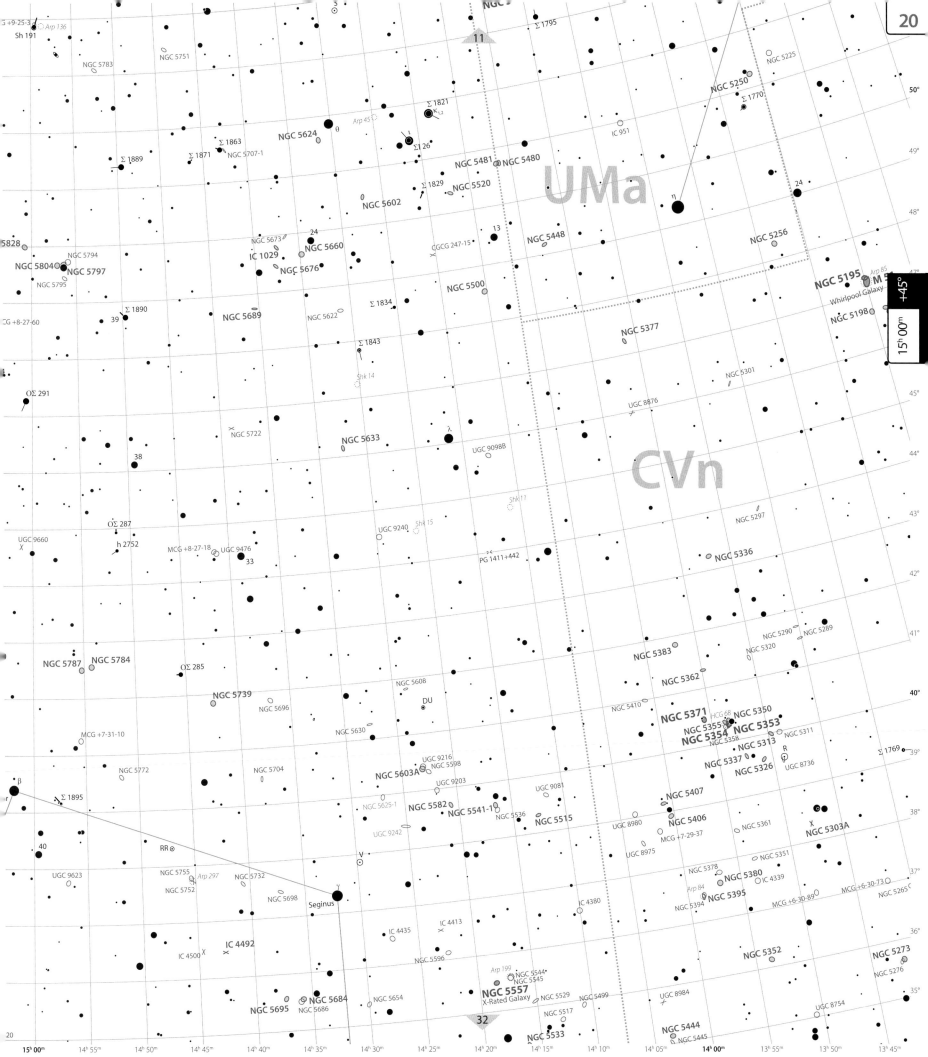

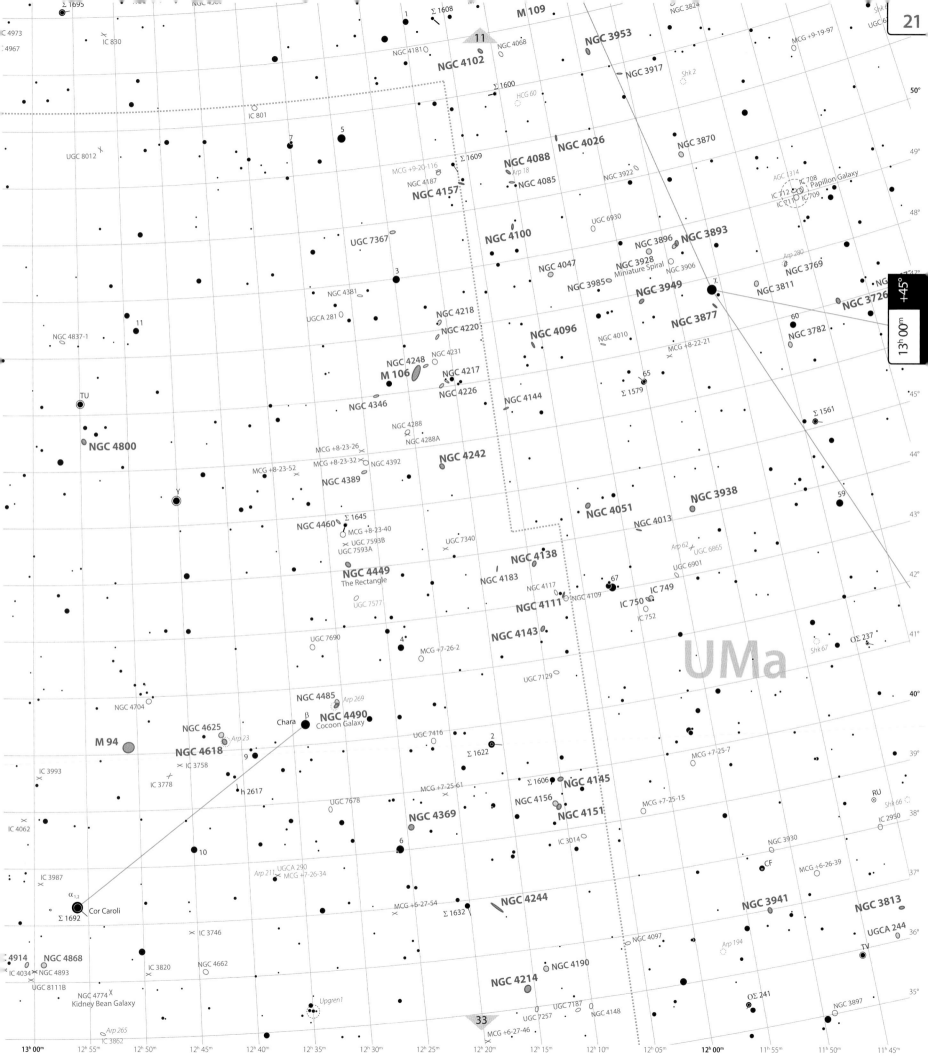

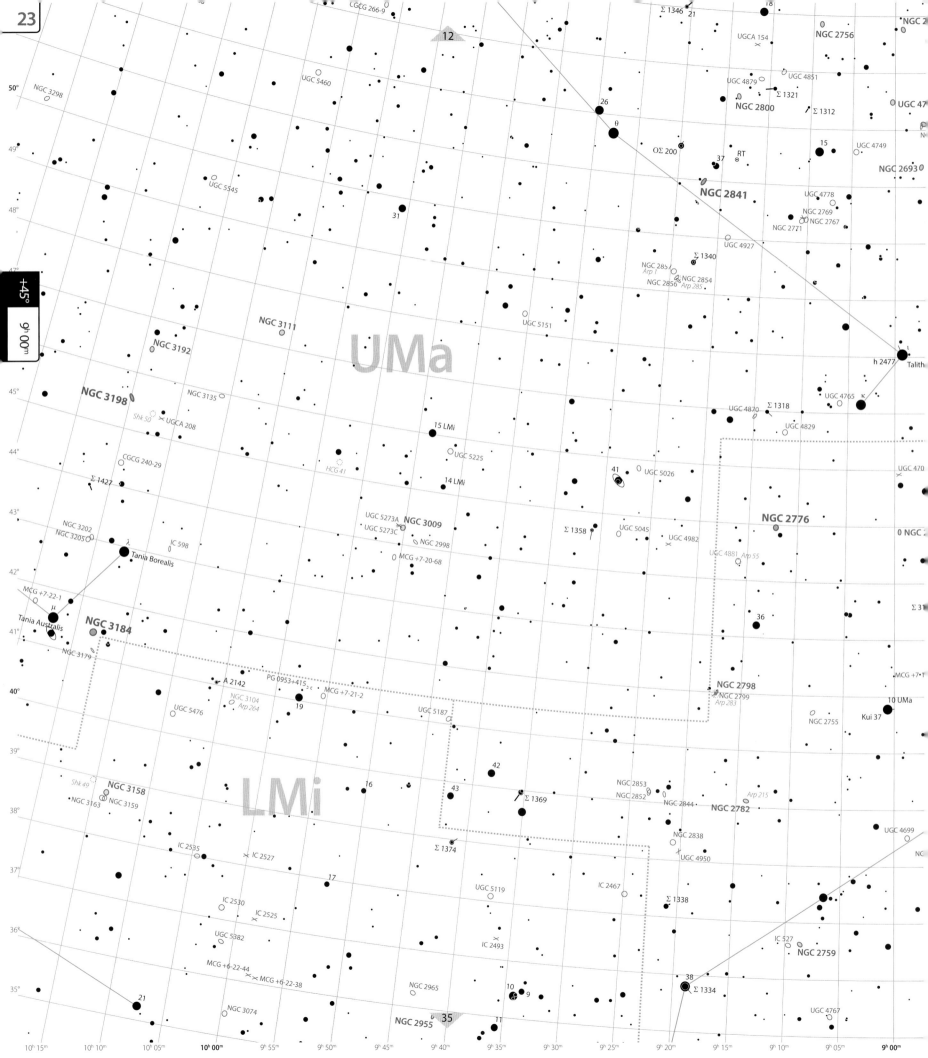

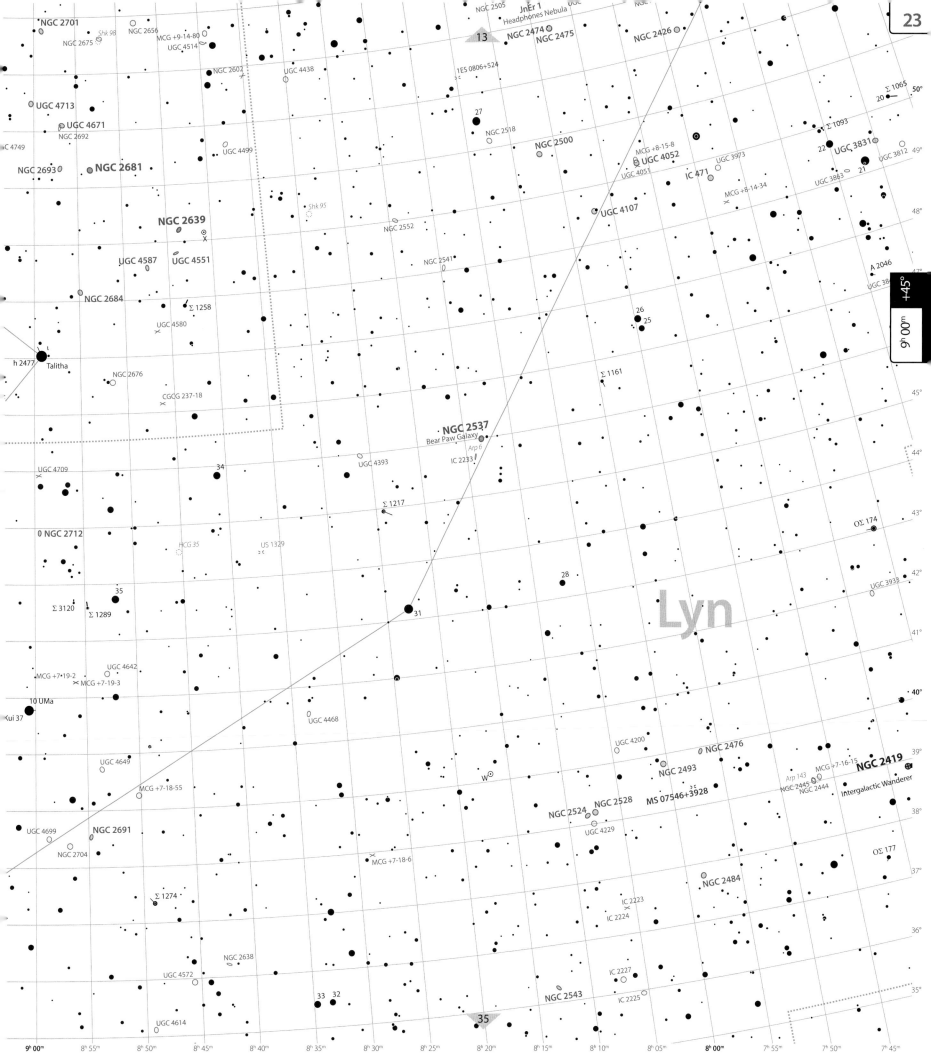

Lyn

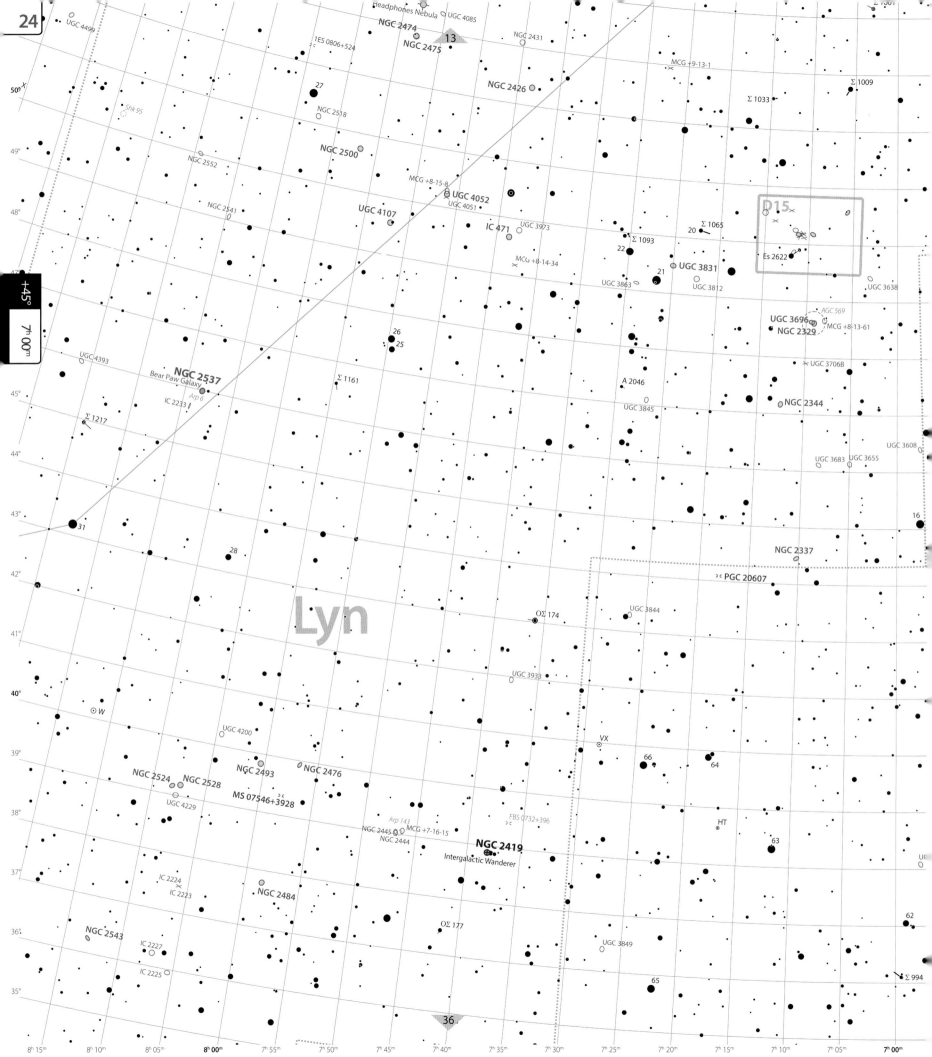

Vy 1-1

St 12

ζ

15

Σ 70

Pat 11

Σ 59

ν HV 82

UGC 486

β 232

SAI 1

R

OΣΣ 251

1ES 2344+514

Abell 84

SS

NGC 7801

OΣΣ 248

PGC 2807155
Cas Dwarf, And VII

i8

50°

Cas

49°

NGC 7686

48°

AI 1

TU

Σ 30

Z

vdB 158

Aveni-Hunter 1

K 1-20

47°

+45°

V752

NGC 185

NGC 147

NGC 51

RS

WY

TPK 1

GG

1ʰ 00ᵐ

U
ο

68

β 394

UGC 12889

IC 1525

β 995

ψ

Σ 3034

λ

GC 622

h 2010

IC 65

NGC 278

RV

π

β 257

Σ 45

UGC 183

X

Σ 3

22

OΣ 547

β 997

OΣ 500

NGC 7707

46°

21 Mäd 1

45°

Σ 52

BZ

A 647

VX

κ

44°

Σ 79

26

OΣ 5

h 1947

RXS J00066+4342

SU

OΣ 509

43°

16

NGC 317A

NGC 317

h 1911

OΣ 514

OΣ 510

AI J2350.5+4149

42°

41°

MCG +7-2-18
Baade B

MCG +7-2-19
Baade A

M 110

M 31
Andromeda Galaxy

23

SV

And

40°

39

ν

M 32

Asp 168

NGC 206

EG

PGC 2544

And IV

G 1

39°

38°

Monti 3

IO And

32

Monti 2

Σ 72

i

μ

And I

PGC 2666

R

θ

MCG +6-1-30 ρ

σ

Σ 19

Σ 3042

AI 22

37°

36°

35°

Σ 40

UGC 444

UGC 480

PGC 2121
And III

AQ

39

MCG +6-1-12

OΣ 513

1ʰ 00ᵐ   0ʰ 55ᵐ   0ʰ 50ᵐ   0ʰ 45ᵐ   0ʰ 40ᵐ   0ʰ 35ᵐ   0ʰ 30ᵐ   0ʰ 25ᵐ   0ʰ 20ᵐ   0ʰ 15ᵐ   0ʰ 10ᵐ   0ʰ 05ᵐ   0ʰ 00ᵐ   23ʰ 55ᵐ   23ʰ 50ᵐ   23ʰ 45ᵐ

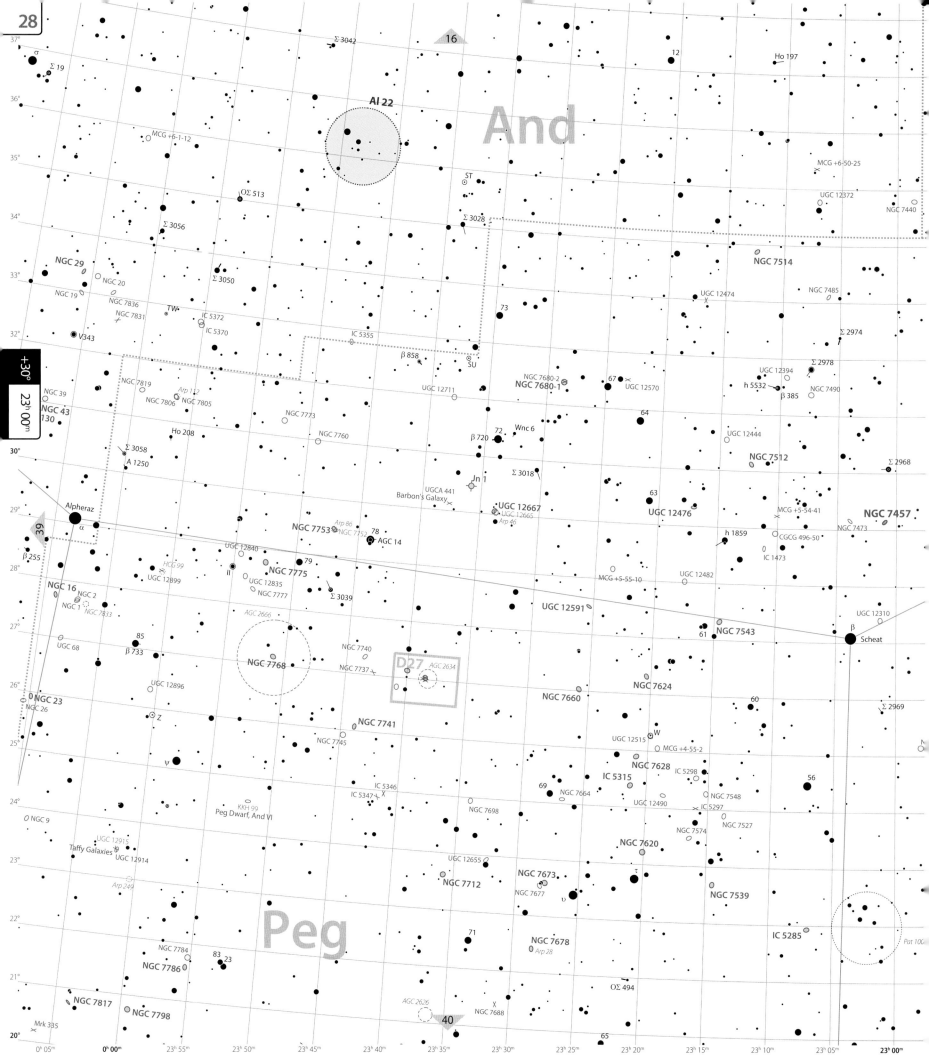

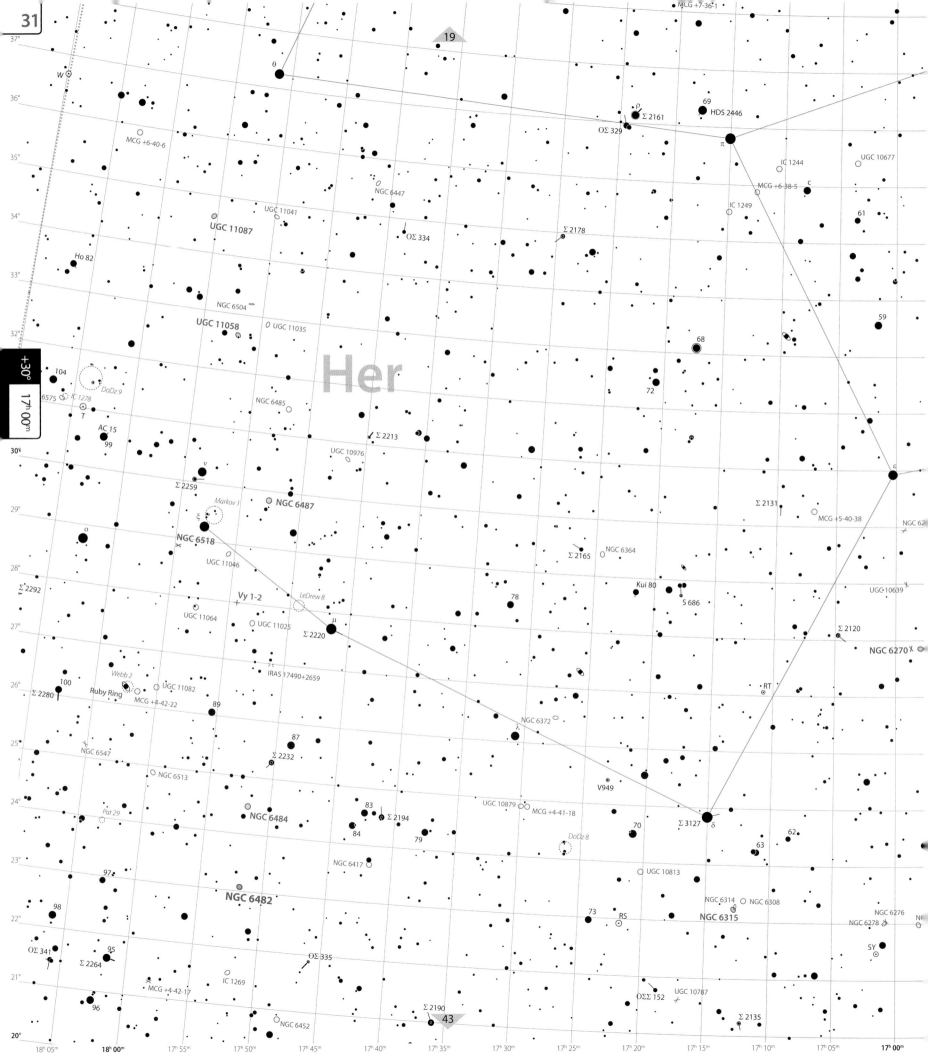

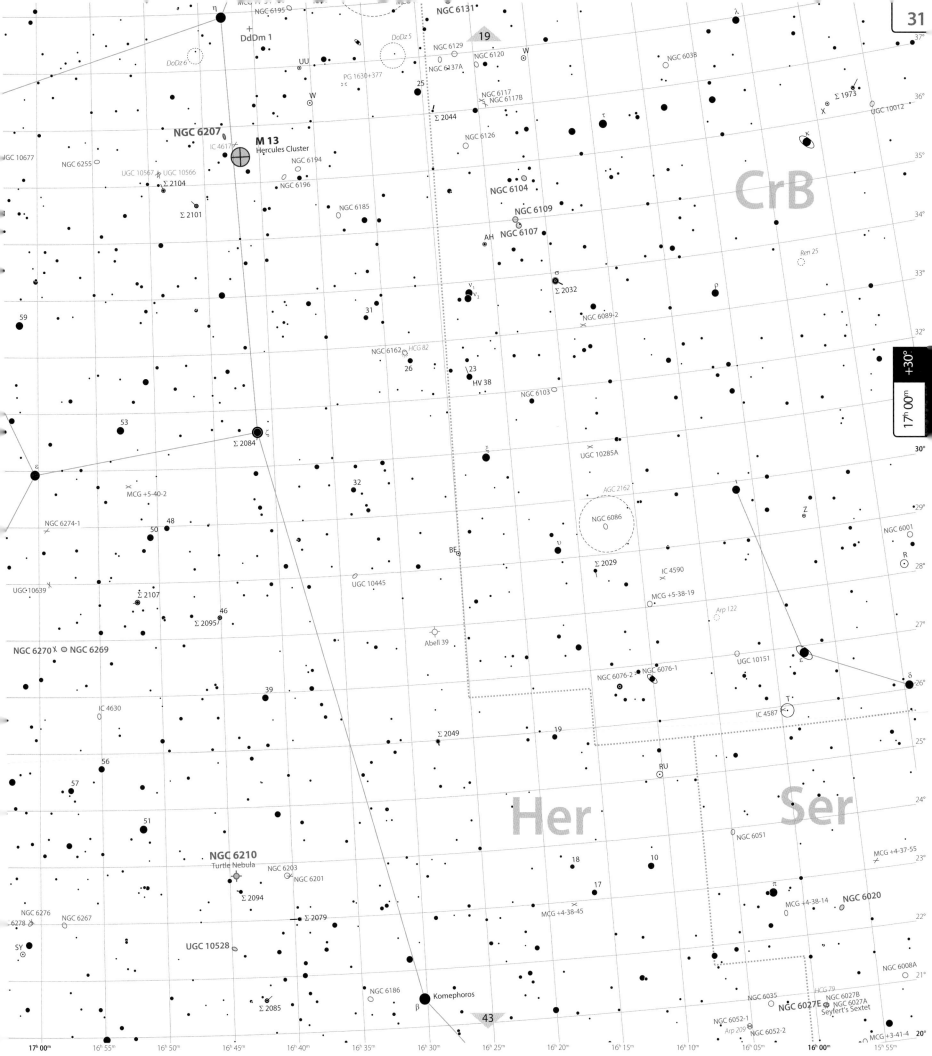

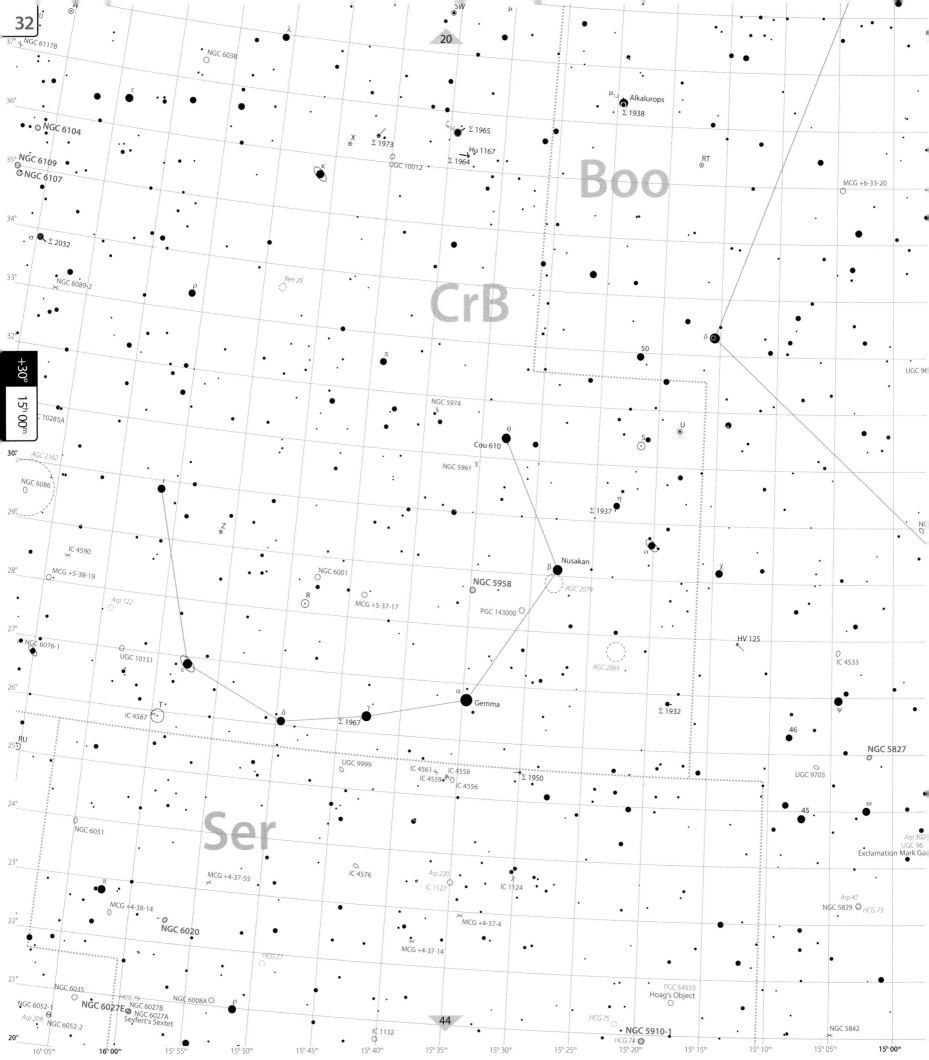

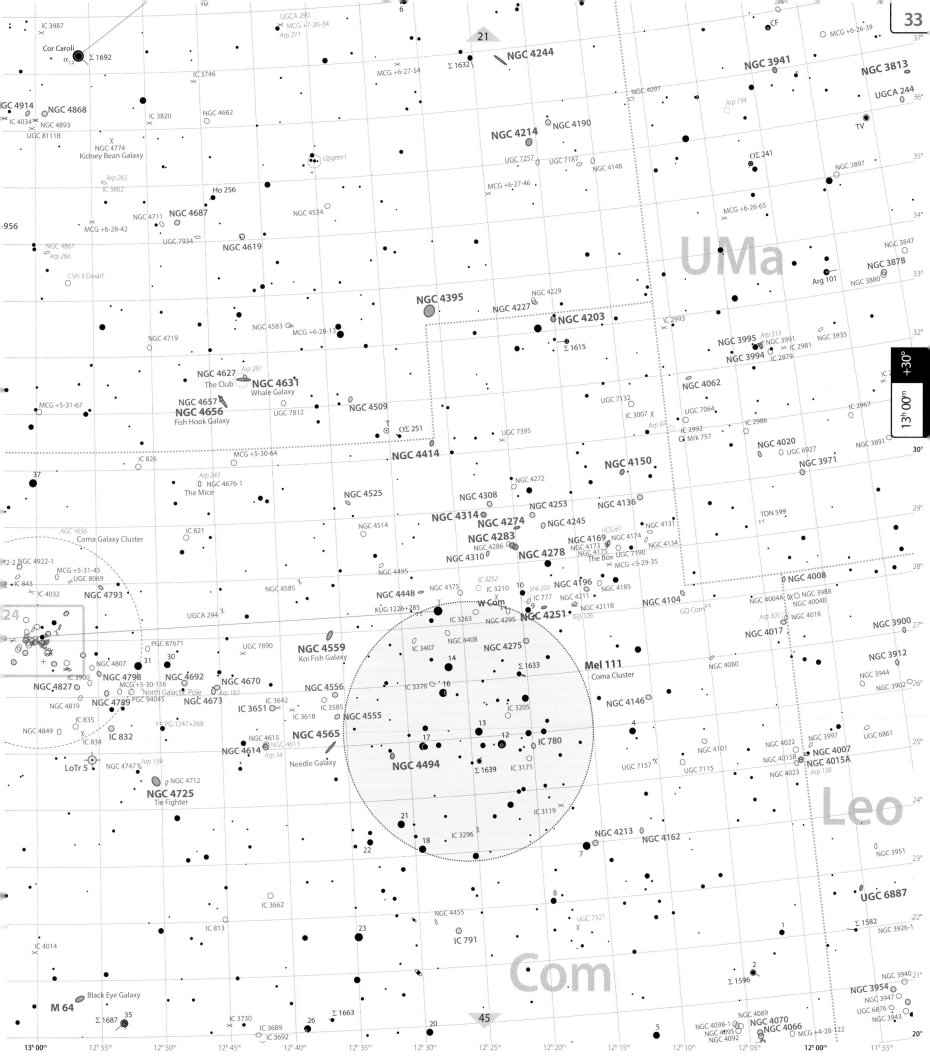

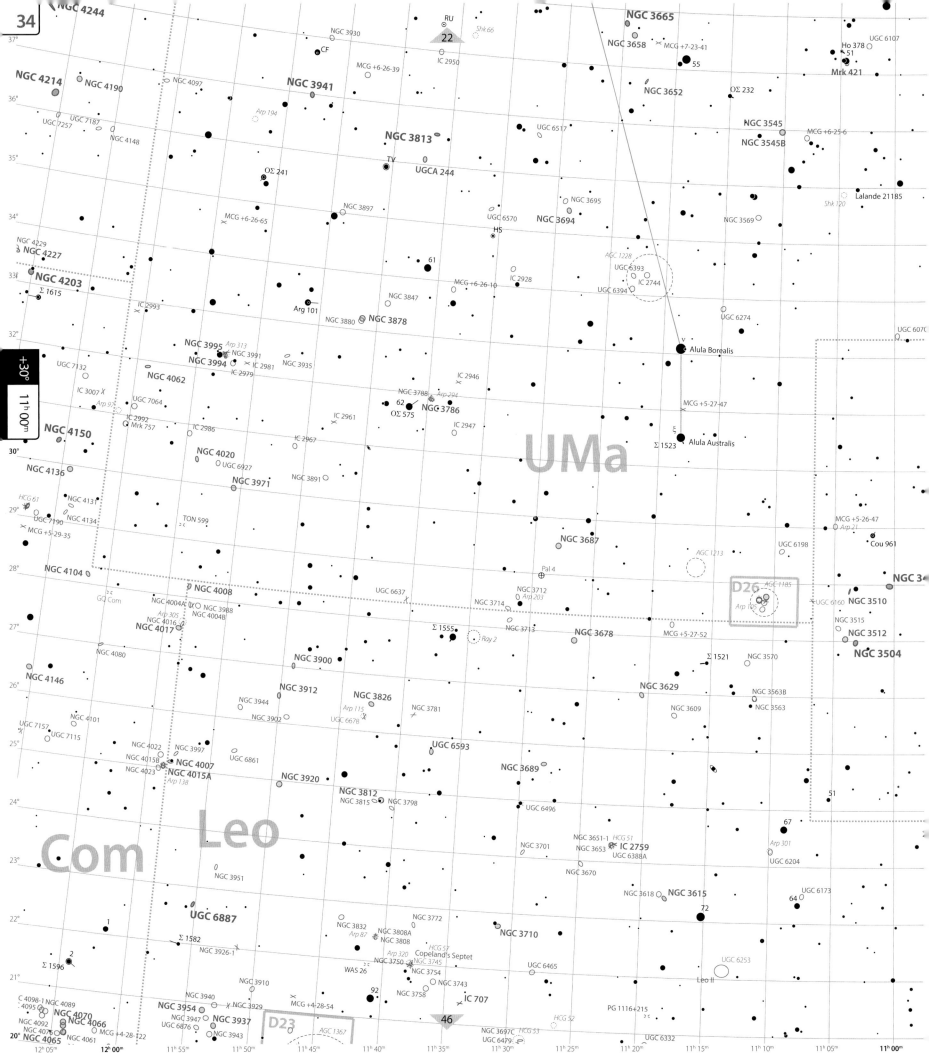

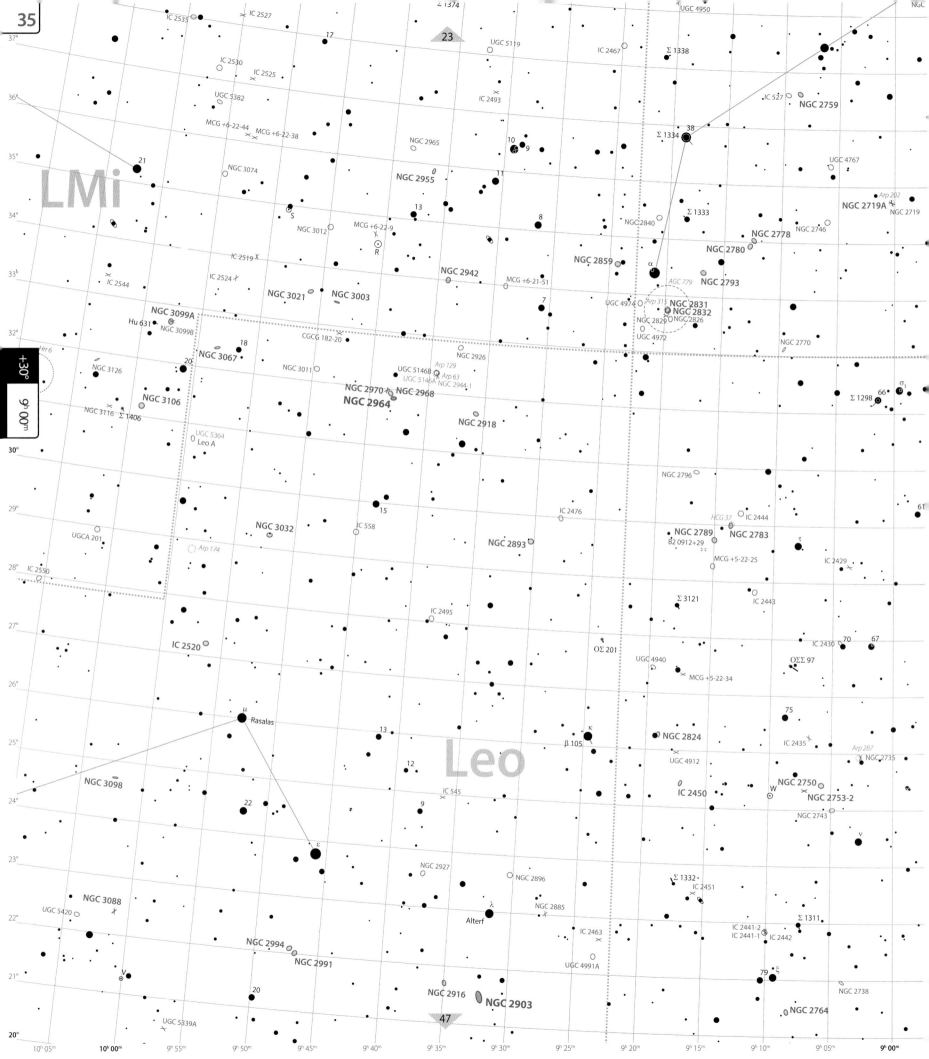

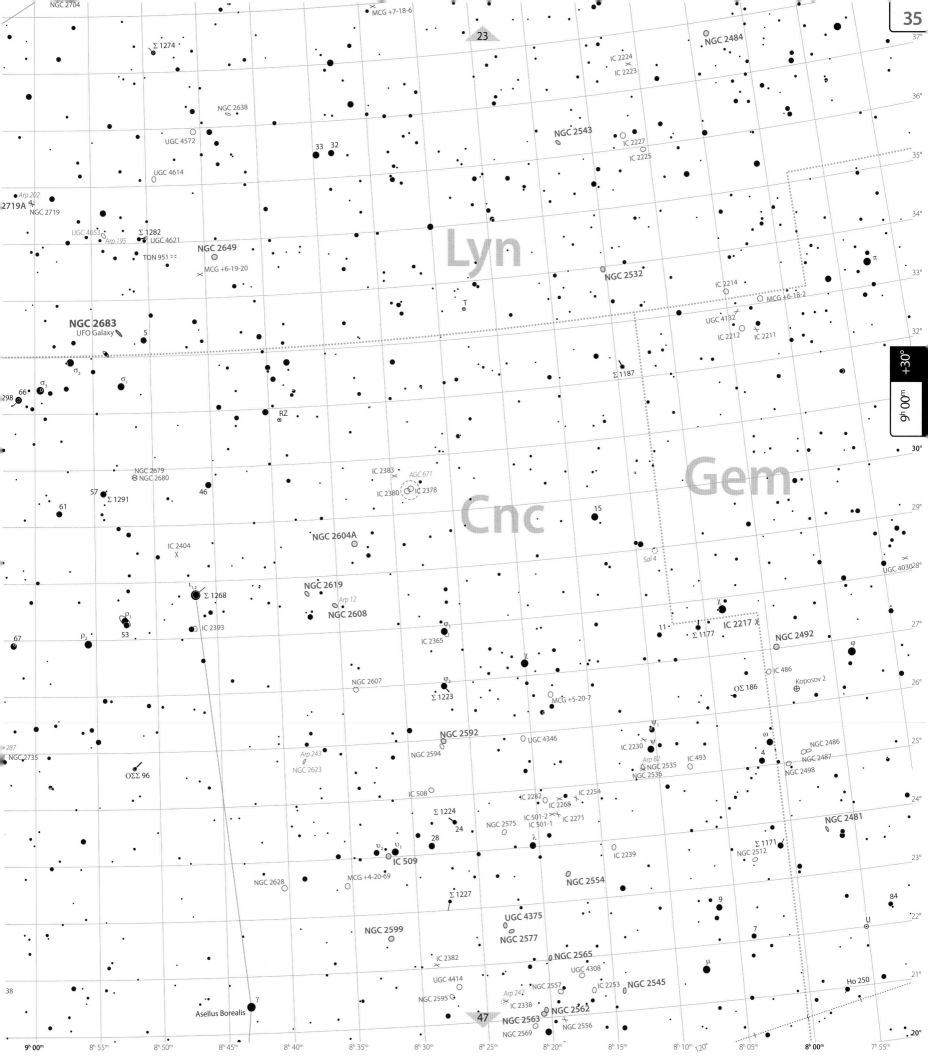

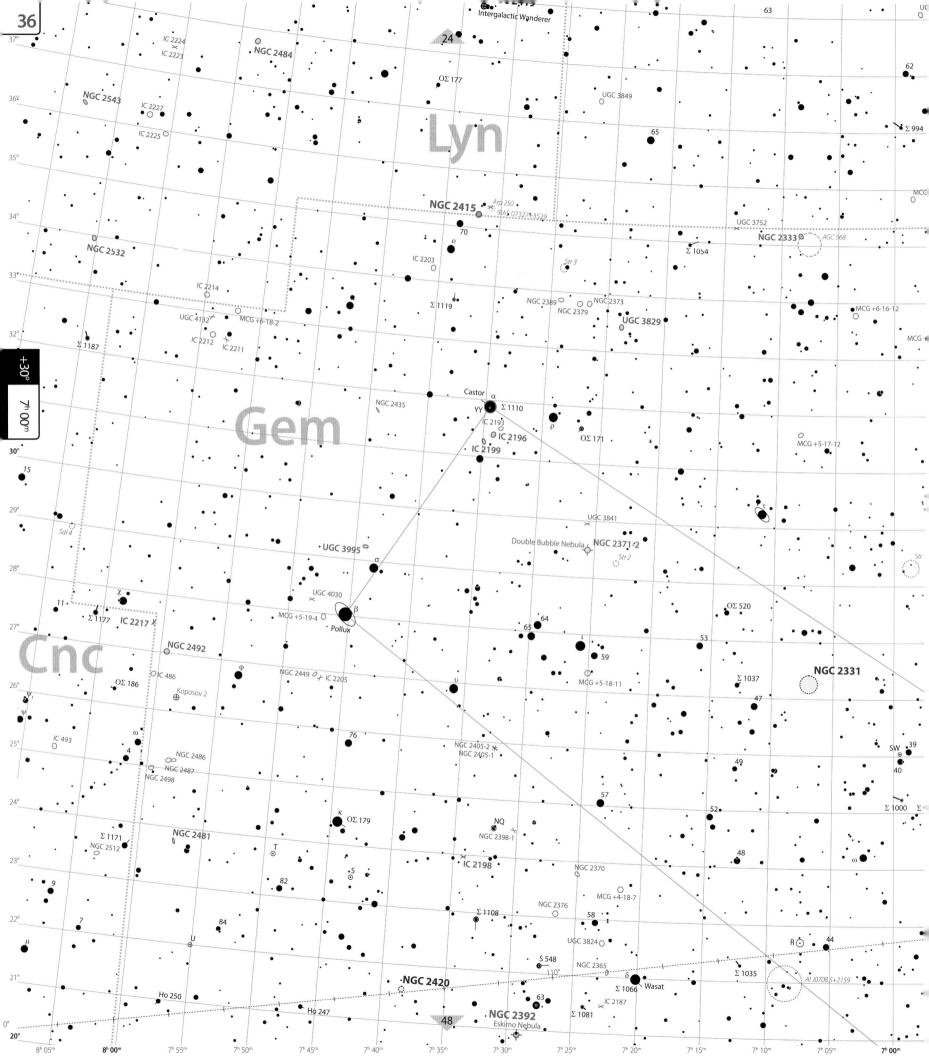

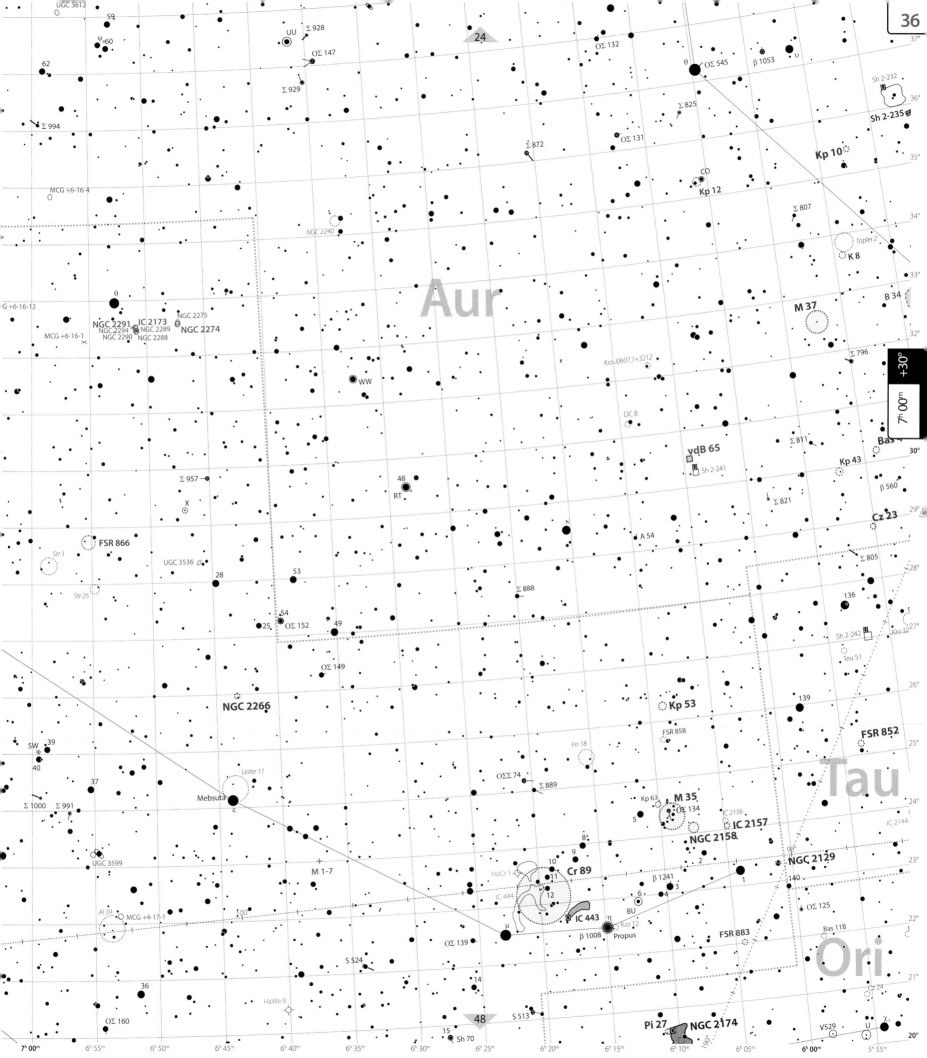

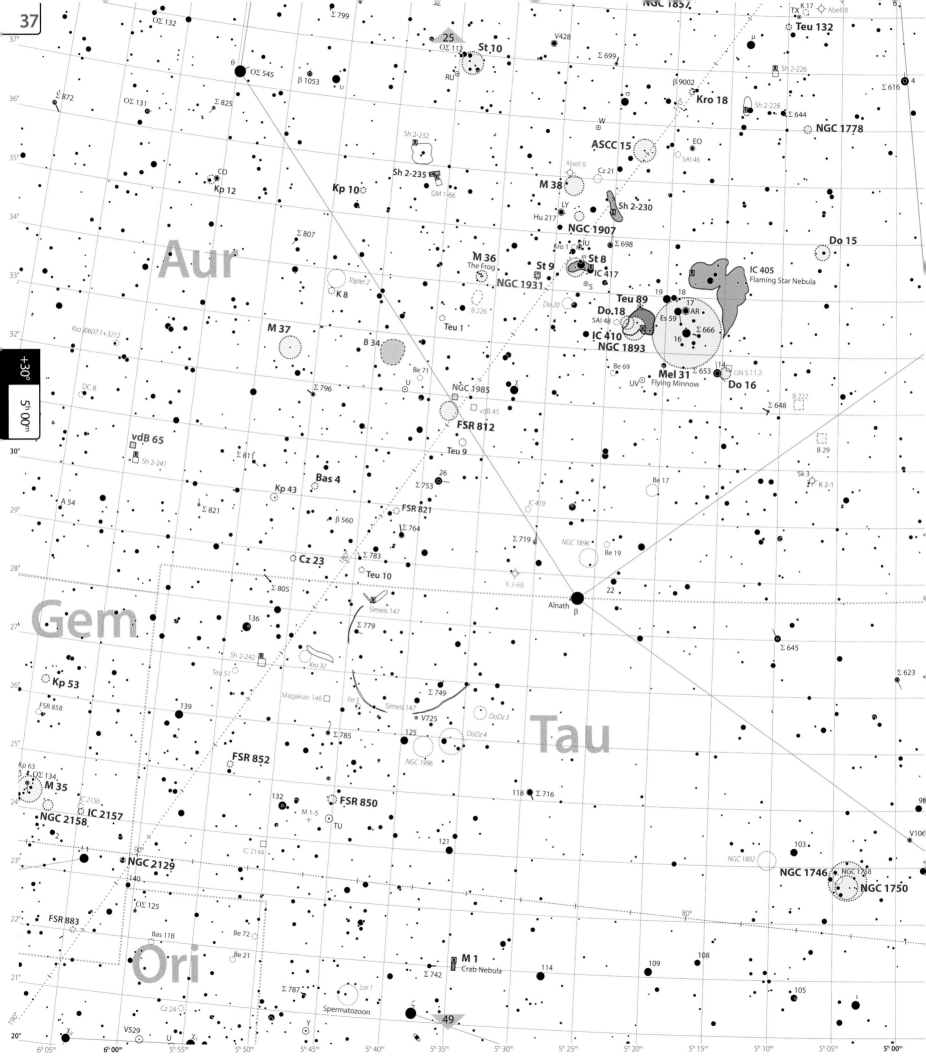

+30°
5h 00m

Aur

Gem

Tau

Ori

37°
36°
35°
34°
33°
32°
31°
30°
29°
28°
27°
26°
25°
24°
23°
22°
21°
20°

6h 05m 6h 00m 5h 55m 5h 50m 5h 45m 5h 40m 5h 35m 5h 30m 5h 25m 5h 20m 5h 15m 5h 10m 5h 05m 5h 00m

OΣ 132
OΣ 112
St 10
V428
Σ 699
Teu 132
K 17 Abell 8
TX

θ OΣ 545
β 1053
υ
RU
σ
β 9002
Kro 18
Sh 2-226
μ
Sh 2-228
Σ 616 4

Σ 872
OΣ 131
Σ 825
Σ 825
W
ASCC 15
EO
SAI 46
Σ 644
NGC 1778

CO
Kp 12
Kp 10
Sh 2-232
Abell 9
Cz 21
M 38
Sh 2-230
Do 15

Sh 2-235
GM 1-66
LY
Hu 217
NGC 1907
Kro 1
IU
Σ 698
IC 405
Flaming Star Nebula

Σ 807
M 36
The Frog
St 9
St 8
IC 417
Teu 89
Do.18
19 18
17
AR
Σ 666

Töpler 2
NGC 1931
S
Do 20
SAI 48 Es 59
16

K 8
B 226
Teu 1
IC 410
NGC 1893
Be 69
14
GN 5.11.2

M 37
B 34
Be 71
χ
Mel 31
Σ 653
Do 16

DC 8
Kro J0607.1+3212
Σ 796
U
NGC 1985
UV
Flying Minnow
B 222

vdB 65
Sh 2-241
Σ 811
vdB 45
Teu 9
B 29

Bas 4
Kp 43
26
Σ 753
Be 17
Sk 3
K 2-1

A 54
Σ 821
β 560
FSR 821
IC 419

FSR 812

Σ 764
Σ 719
NGC 1896
Be 19

Cz 23
Σ 783
Teu 10
K 3-68
22

Σ 805
Σ 779
Alnath β

136
Simeis 147
Σ 645

Kp 53
Sh 2-242
Kro 32
Σ 623

FSR 858
Teu 51
Magakian 146
Frr 5
Simeis 147
Σ 749

139
Σ 785
V725
DoDz 3

FSR 852
125
DoDz 4

Kp 63
OΣ 134
132
FSR 850
NGC 1996

M 35
M 1-5
TU
118 Σ 716

IC 2156
IC 2157

NGC 2158
121
103

NGC 2129
IC 2144
NGC 1802
NGC 1746 NGC 1758
NGC 1750

140
OΣ 125

FSR 883
Bas 11B
Be 72
M 1
Crab Nebula
109
108
V106

Ori
Be 21
Σ 742
114
105

Σ 787
Lor 1

Cz 24
Spermatozoon
49

V529
U χ₁
Y
ζ

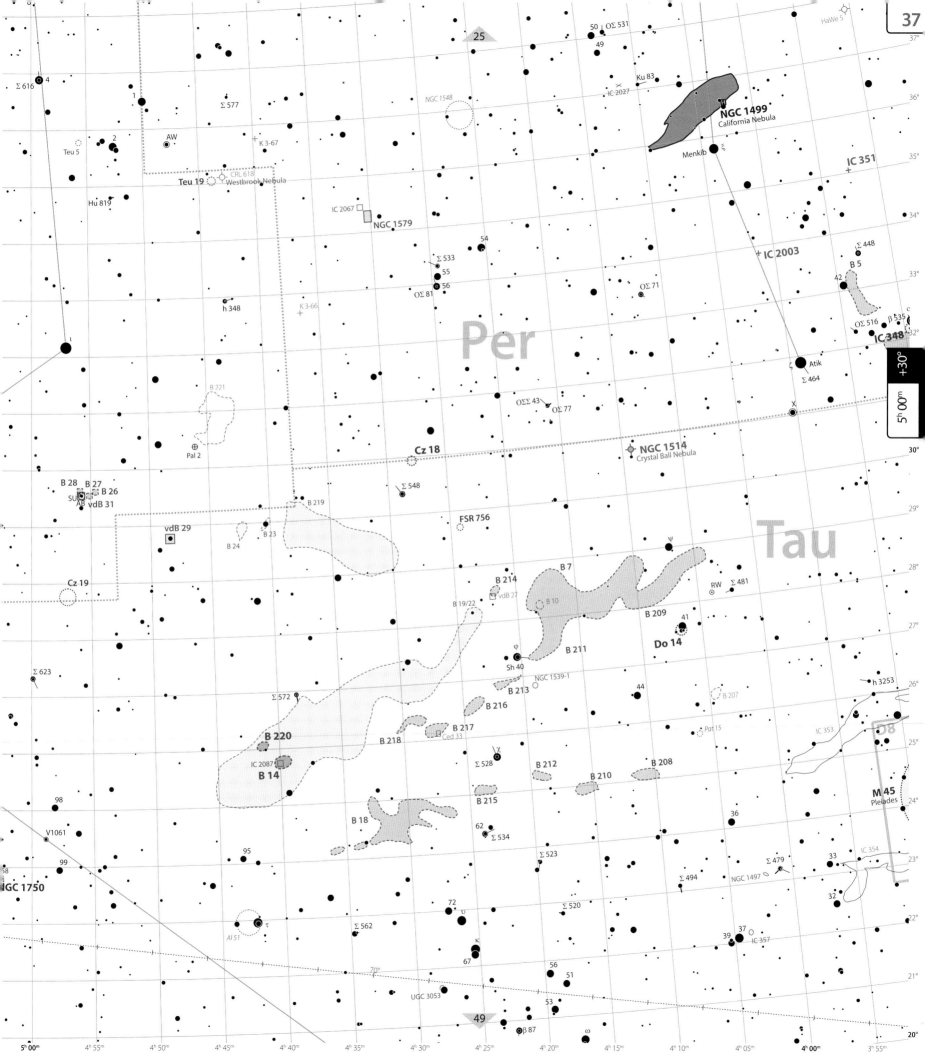

Per

Tau

NGC 1499
California Nebula

IC 351

IC 348

M 45
Pleiades

NGC 1514
Crystal Ball Nebula

B 14

B 220

NGC 1750

Do 14

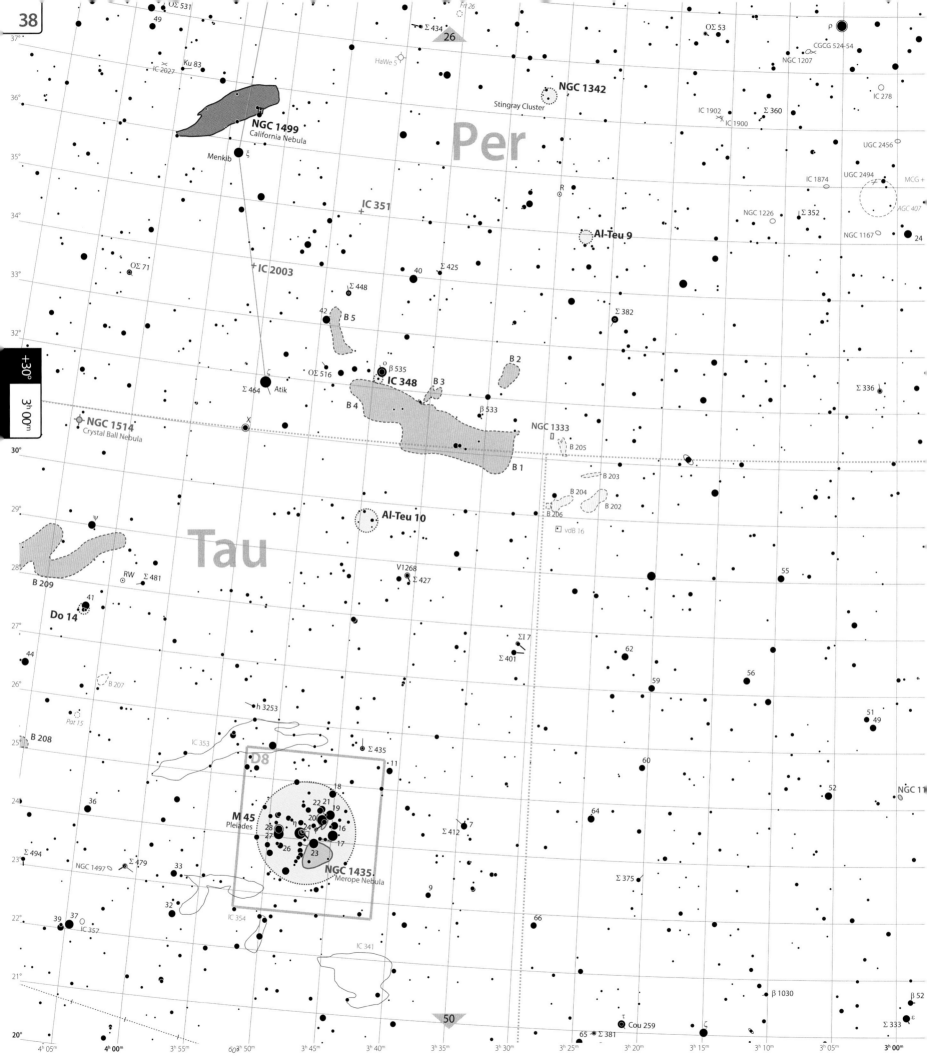

And

Tri

Ari

NGC 1023
Perseus Lenticular Galaxy

IC 239

UGC 1757

NGC 797 IC 179

NGC 752

56 Σ 179

MCG +6-5-73

D13 AGC 262

NGC 668

NGC 834

NGC 841

NGC 759

IC 178

NGC 669

NGC 845

NGC 753

IC 171

NGC 688

UGC 1272 MCG +6-5-5

UGC 1769

Σ 197

Σ 1969

XX

UGC 2328

NGC 1058

Kar 4

UGC 1767
UGC 1772

IC 278

UGC 2259

NGC 949

UGC 1735

β 9

20 Σ 318

16

UGC 2143

14

NGC 666

UGC 1212

MCG +7-6-20

94

AGC 407

β

NGC 959

δ

Σ 246

γ

ε UGC 1503 NGC 751

AGC 260 IC 1733

Arp 166

24

17

NGC 1050

15

R

NGC 968

NGC 1002

NGC 1093

7

Σ 219

NGC 750 NGC 736

UGC 1422

UGC 1281

36

21

Σ 285

UGC 2023

NGC 987

NGC 925

NGC 890

NGC 974

NGC 969
NGC 978

IC 1784

NGC 789

NGC 798 NGC 783

NGC 785 MCG +5-5-29

NGC 1067 NGC 1060

IC 1815

UGC 1980

11

Ho 216

5

IC 200

UGC 1577

NGC 777

NGC 778

MCG +5-7-18 NGC 940

NGC 769

β 262

NGC 860

UGC 1359

α

Σ 232 Σ 227

6

UGC 1590

NGC 1012

13

Σ 269

12

NGC 816

NGC 784

Σ 183 MCG +5-5-11

UGC 2122

NGC 953

NGC 819

NGC 807

39

Σ 300

NGC 972

10

Σ 239

NGC 865

IC 1753

NGC 1056

IC 221

NGC 855

NGC 684

NGC 962

NGC 672

35

IC 1731 Cr 21

Putter Cluster

41

Σ 289

NGC 915

MCG +4-5-36

UGC 1510 IC 187-2

33

NGC 928

UGC 1881

IC 187-1

OΣ 43

10 Σ 208

51
49

HCG 20

MCG +4-6-49

16 14

11

UGC 1451

Σ 194

20

UGC 1648

Σ 212

IC 1764

21

NGC 1156

IC 1861

MCG +4-7-17

R

UGC 1478

UGC 2082

ΣΙ 5

Σ 226

NGC 776

λ 7

30

Σ 240

IC 189 HV 12

α

Hamal

κ

NGC 695

NGC 697

ν

MCG +4-7-8

η

UGC 1490

β

Scheratan

β 525

NGC 976

ε

Σ 333

26

50

3h 00m 2h 55m 2h 50m 2h 45m 2h 40m 2h 35m 2h 30m 2h 25m 2h 20m 2h 15m 2h 10m 2h 05m 2h 00m 1h 55m

37°
36°
35°
34°
33°
32°
+30°
30°
29°
28°
27°
26°
25°
24°
23°
22°
21°
20°

+30°

3h 00m

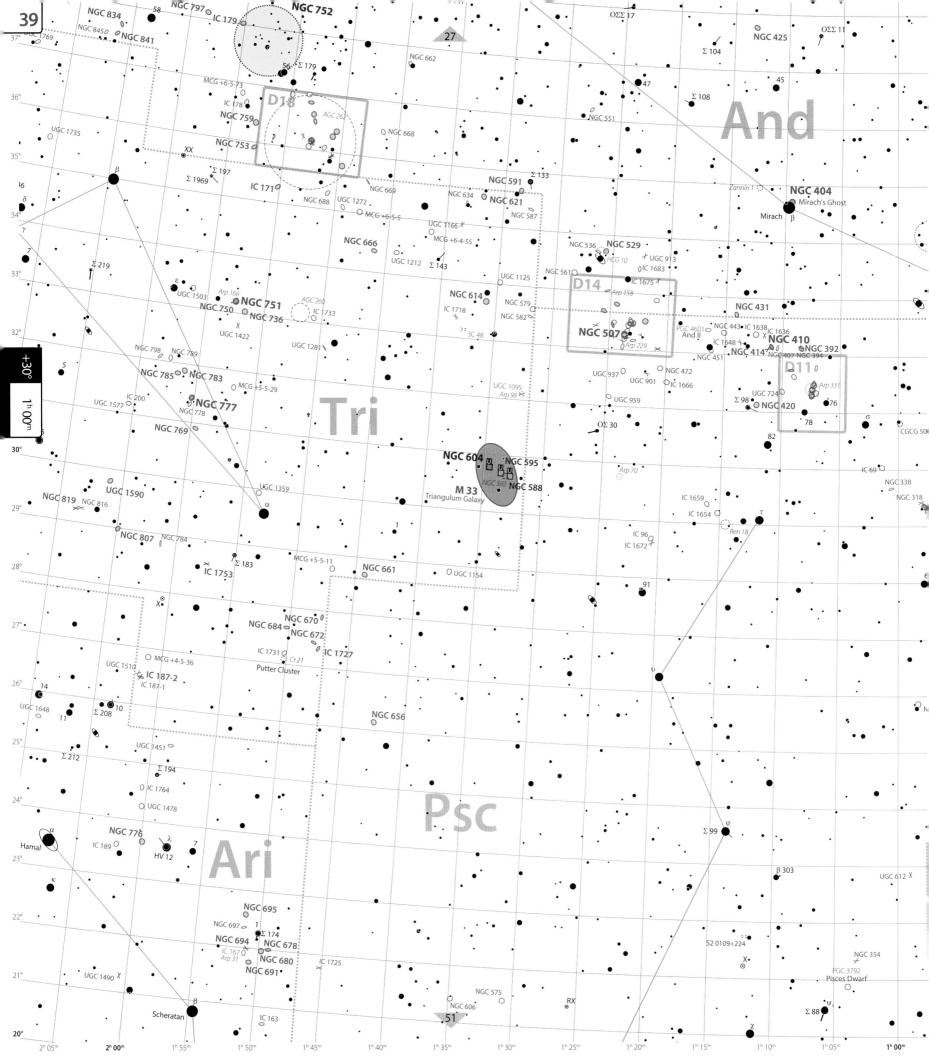

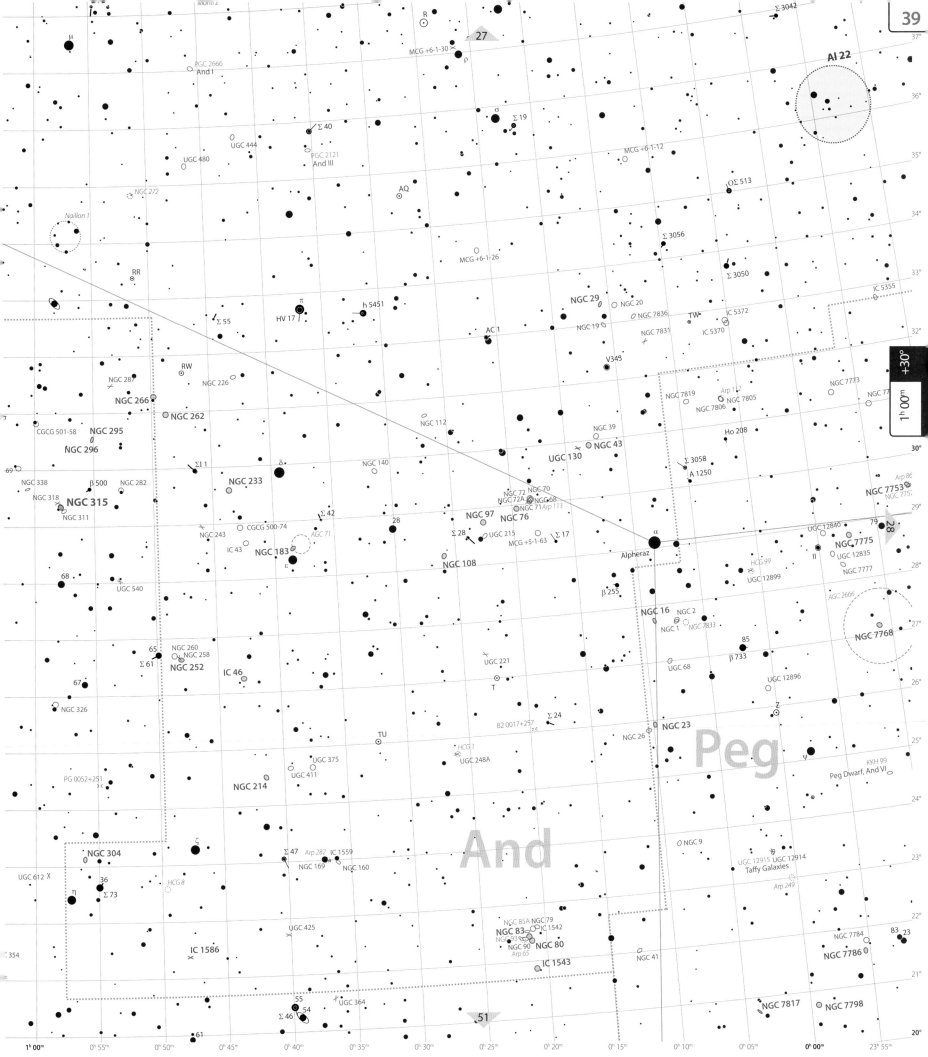

Al 12

NGC

Σ 2599

22

14

M 27
Dumbbell Nebula

29

Patchick 15

RU

Σ 2655

Abell 68

33

NGC 6938

18

Σ 2631

21°

22°

θ

Σ 2637

X

Ro 3

29

V

Snail Cluster

Ray 6

Σ 148

20°

NGC 6905
Blue Flash Nebula

Patchick 25

He 1-5

Leiter 4

η

WeSb 5

Σ 2721

NGC 6886

Webb 12

Sge

Σ 2722

NGC 6679

Stn 33

M 71

V

19°

5080

LQ

Al 11

Patchick 23

NGC 6839

H 20

KP

EU

K 3-51

Lor 4

18°

NGC 7003

X

Z

Str 67

13

17°

S

NGC 6879

15

11

10
S

IC 4997

R

Σ 2634

14

Stn 32

NGC 7006

Σ 2738

RS

Ray 11

OΣ 397

+15°

OΣ 424

T
γ 1,2
Poskus 1

NGC 6950

Σ 2651

S

21ʰ 00ᵐ

Σ 2727

α

Patchick 26

ρ

Σ 2725

δ

Σ 2703

ζ

Σ 2665

Σ 2616

14°

10

DM

β

Σ 2673

β 428

17

θ

η

Σ 2664

RU

SY

13°

Abell 72

UGC 11512

NGC 6840

Σ 2736

16

15

Σ 2718

NGC 6891

NGC 6843

12°

NGC 6956

MCG +2-52-25

Σ 2620

Σ 2723

Σ 2701

NGC 6858

Y

Del

Σ 2613

11°

Thompson 1

ε

Σ 2690

Str 49

18

β 63

10°

NGC 6988

κ

Pat 83

NGC 6972

CT

NGC 6930

NGC 6928

Σ 2628

Σ 2621

R

Aql

14

NGC 6917

8°

NN

NGC 6934

λ

Σ 2733

S 740

7°

NGC 6944

NGC 6944A

NGC 6906

Σ 2612

53

Σ 2730

UGC 11639

UGC 11524

NGC 6971

13

Kro J2048.9+2312

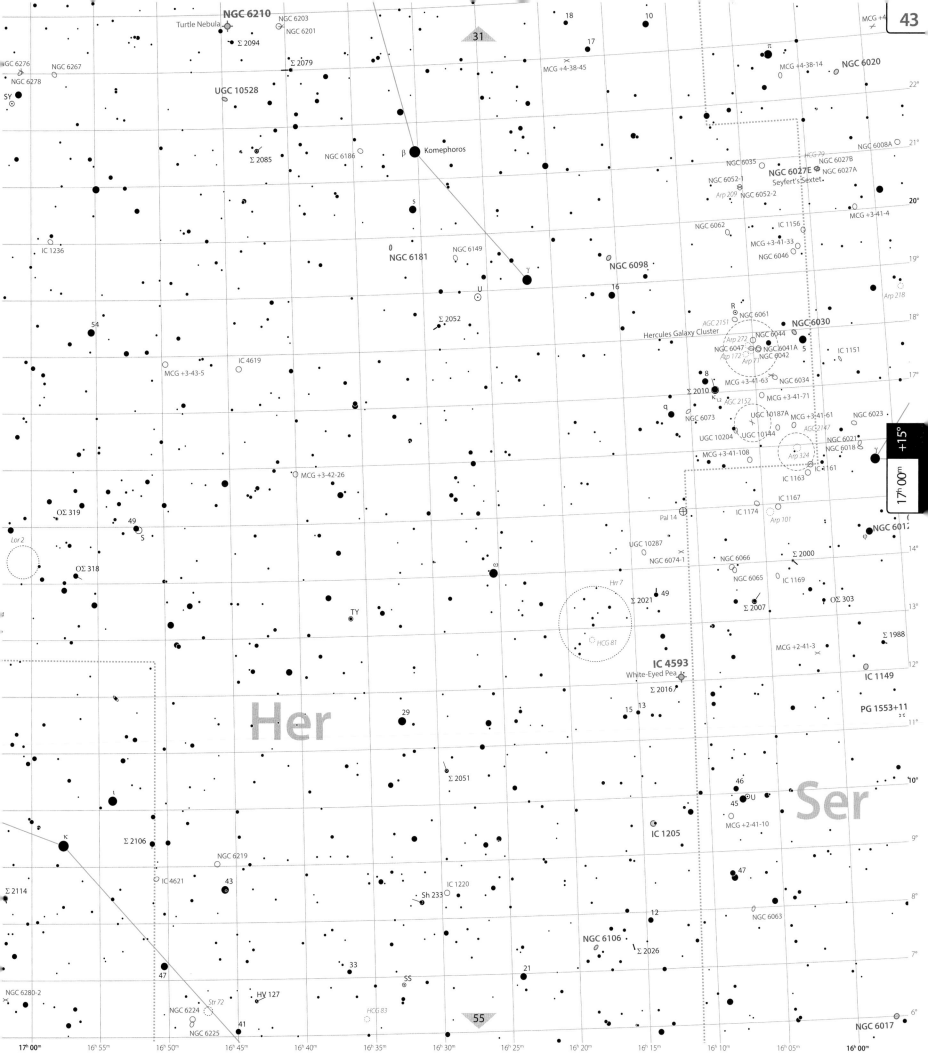

NGC 6210
Turtle Nebula
NGC 6203
NGC 6201
Σ 2094
Σ 2079

31

18
10

17

MCG +4-38-45
π
MCG +4-38-14
NGC 6020

MCG +4

GC 6276
NGC 6267
NGC 6278
SY

22°

UGC 10528

β Komephoros

NGC 6186

s

HCG 79
NGC 6035
NGC 6027B
NGC 6008A

21°

NGC 6052-1
NGC 6027E
Seyfert's Sextet
NGC 6027A

Arp 209
NGC 6052-2

20°

NGC 6062
IC 1156
MCG +3-41-4

θ
NGC 6149

IC 1236

NGC 6181
U
γ
NGC 6098
16
MCG +3-41-33
NGC 6046
19°

Σ 2052

R
NGC 6061
Arp 218

54
AGC 2151
NGC 6030
18°

Hercules Galaxy Cluster
Arp 272
NGC 6044
IC 1151

MCG +3-43-5
IC 4619
NGC 6047
NGC 6041A
5
Arp 172
NGC 6042
17°
Arp 71

8
MCG +3-41-63
NGC 6034

Σ 2010
κ₁,₂
AGC 2152
MCG +3-41-71

q
NGC 6073
UGC 10187A
MCG +3-41-61
NGC 6023

UGC 10204
UGC 10144
AGC 2147
NGC 6021
NGC 6018
γ

+15°

MCG +3-41-108
Arp 324
IC 1161

MCG +3-42-26
IC 1163

IC 1167
IC 1174
Arp 101

OΣ 319
Pal 14
φ
NGC 601

49
S
NGC 6012

Lor 2
14°

OΣ 318
ω
UGC 10287
NGC 6074-1
NGC 6066
Σ 2000

NGC 6065
IC 1169

Hrr 7
OΣ 303

TY
Σ 2021
49
Σ 2007

HCG 81
Σ 1988

IC 4593
MCG +2-41-3

White-Eyed Pea
IC 1149

Σ 2016
12°

Her
29
15 13
PG 1553+11

Σ 2051

46
10°

45 U
Ser

MCG +2-41-10

ι
IC 1205

κ
Σ 2106
9°

NGC 6219
47

Σ 2114
IC 4621
43

NGC 6063

IC 1220
12

Sh 233
NGC 6106

47
Σ 2026

33

55

21
SS

HV 127
HCG 83

NGC 6280-2
Str 72

41
NGC 6017
NGC 6224
NGC 6225

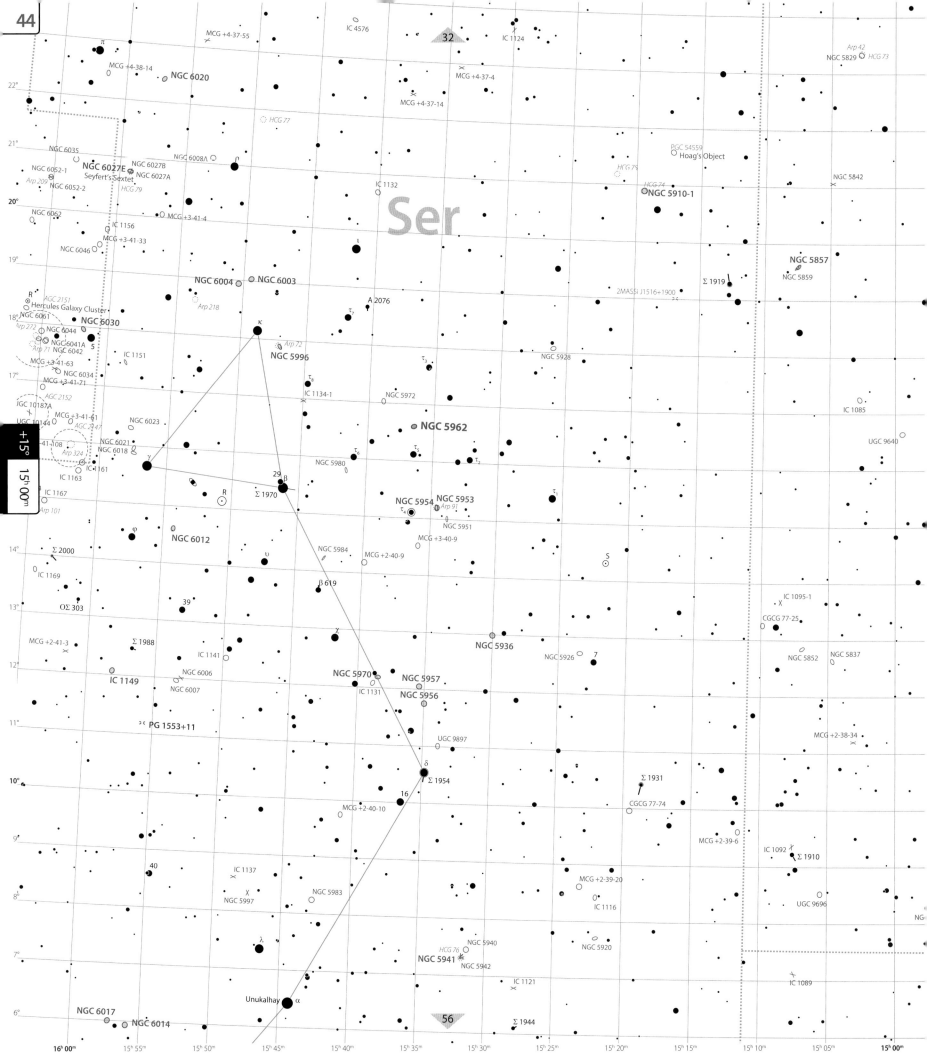

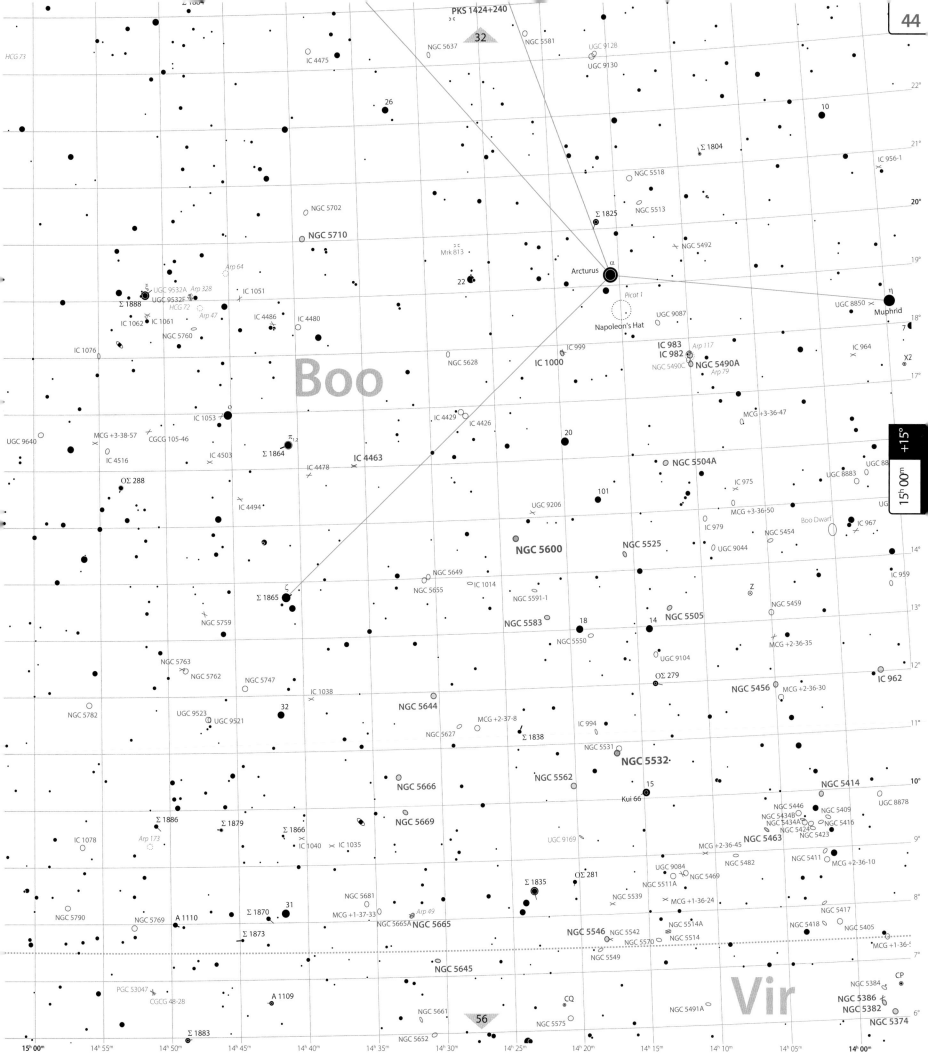

NGC 5016
OΣ 259
IC 911 IC 910
IC 933 IC 912 IC 905
33
NGC 5092
MCG +4-32-2
NGC 5012
40
22°
FS
2
IC 4014
10
6
MCG +4-32-7
IC 885
39
21°
IC 956-1
Cou 11
M 6
DK
IC 868-1
20°
IC 862
IC 4122
1
Σ 1772
IC 4070
19°
Shk 9
η
UGC 8850 Muphrid
NGC 5190
M 53
NGC 4978
18°
7
Σ 1782
NGC 5217
IC 964
NGC 5158
NGC 5053
XZ
NGC 5172
IC 858
α
17°
NGC 5332
Σ 1728
36
β 800
IC 857
38
MCG +3-36-47
NGC 5180 NGC 5151
NGC 5293
MCG +3-35-33
16°
+15°
UGC 8883 UGC 8872
NGC 5249
Shk 19
IC 882
MCG +3-33-22
13h 00m
UGC 8827
OΣ 266
Σ 1722
Boo Dwarf
UGC 8452
NGC 5454 IC 967
MCG +3-34-12 Arp 57
NGC 4935
14°
IC 948 IC 946
NGC 5132
NGC 4866 GR
MCG +2-35-22
Arp 288
IC 959
NGC 5221
NGC 5129
NGC 4969-2
13°
NGC 5459
NGC 5222-1
NGC 5136
NGC 4969-1
NGC 5230
NGC 5181
MCG +2-36-35
NGC 5167
NGC 5058
NGC 488
12°
NGC 5456
IC 962
NGC 5020
MCG +2-36-30
IC 845
NGC 5176
IC 889
NGC 4992
11°
Boo
NGC 5171
IRAS 13299+1121
NGC 5165
UGC 8255
ε
NGC 5174
Vindemiatrix
10°
NGC 5414
71
IC 84
NGC 5446
UGC 8878
NGC 5409
Σ 1746
59
9°
NGC 5416 IC 900 NGC 5125
NGC 5423
NGC 5106-2
NGC 5411
A 1792
NGC 5080
Vir
MCG +2-36-10
MCG +2-35-18
NGC 5248
8°
NGC 5417
FP
CN
NGC 5405
NGC 5075
NGC 5418
MCG +1-35-37
NGC 5209
MCG +1-34-13
CO
7°
MCG +1-36-5
NGC 5212 NGC 5210
NGC 5384 CP
NGC 5224
NGC 5386 NGC 5382
Arp 326 UGC 8610
FH
NGC 5118
Σ 1701
UGC 8613
57
NGC 5374
Arp 33
NGC 5060
NGC 5027

14h 00m   13h 55m   13h 50m   13h 45m   13h 40m   13h 35m   13h 30m   13h 25m   13h 20m   13h 15m   13h 10m   13h 05m   13h 00m

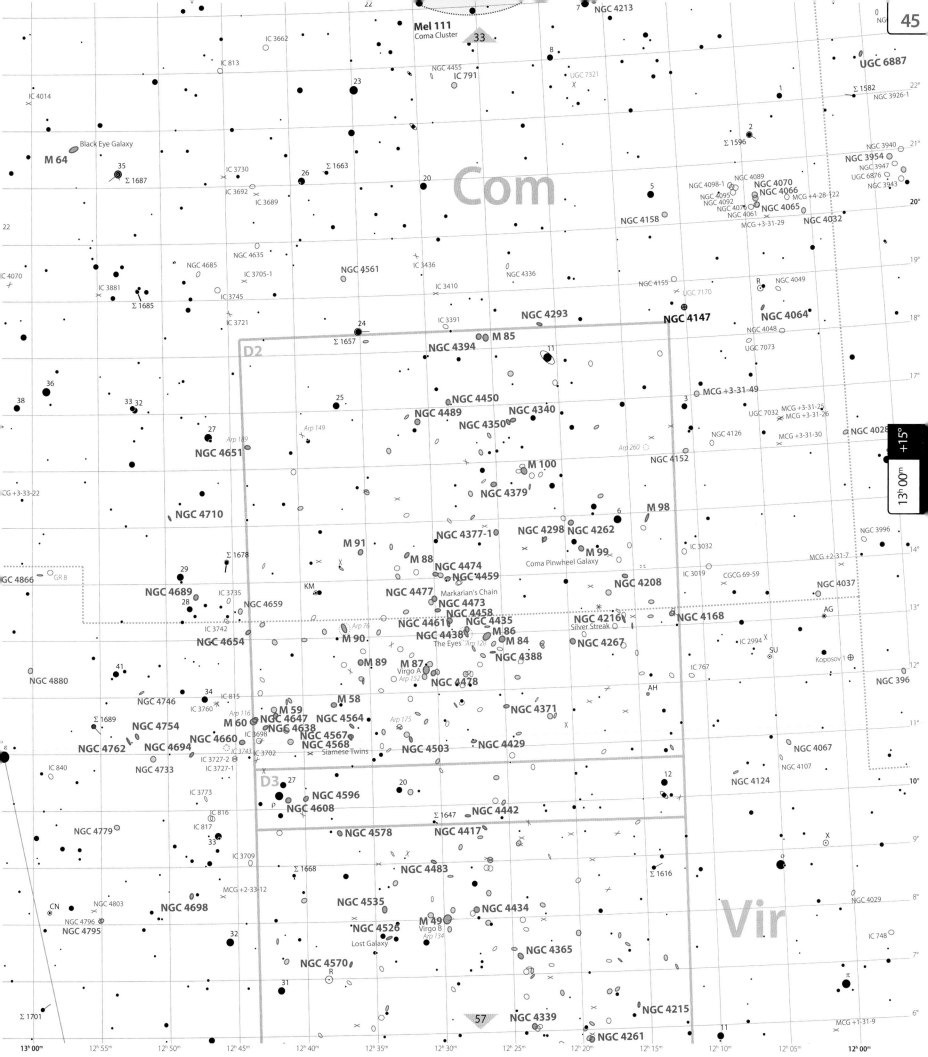

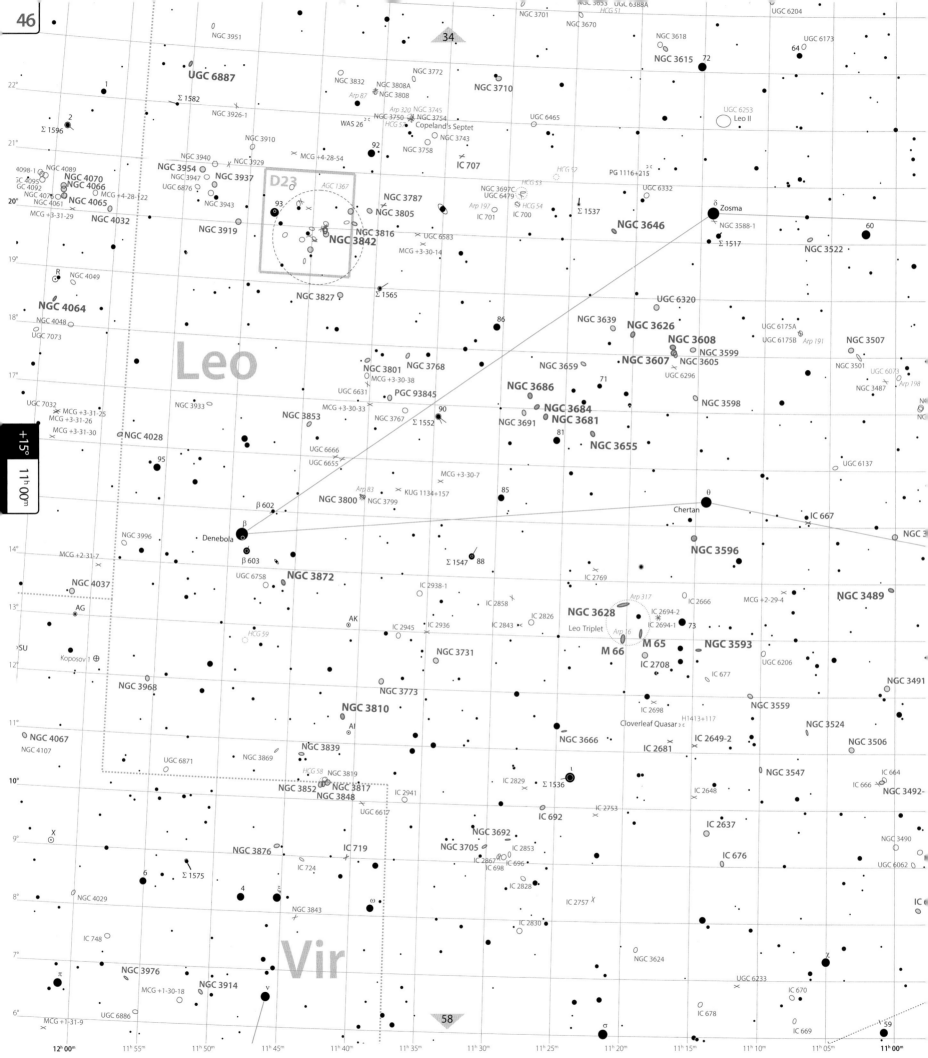

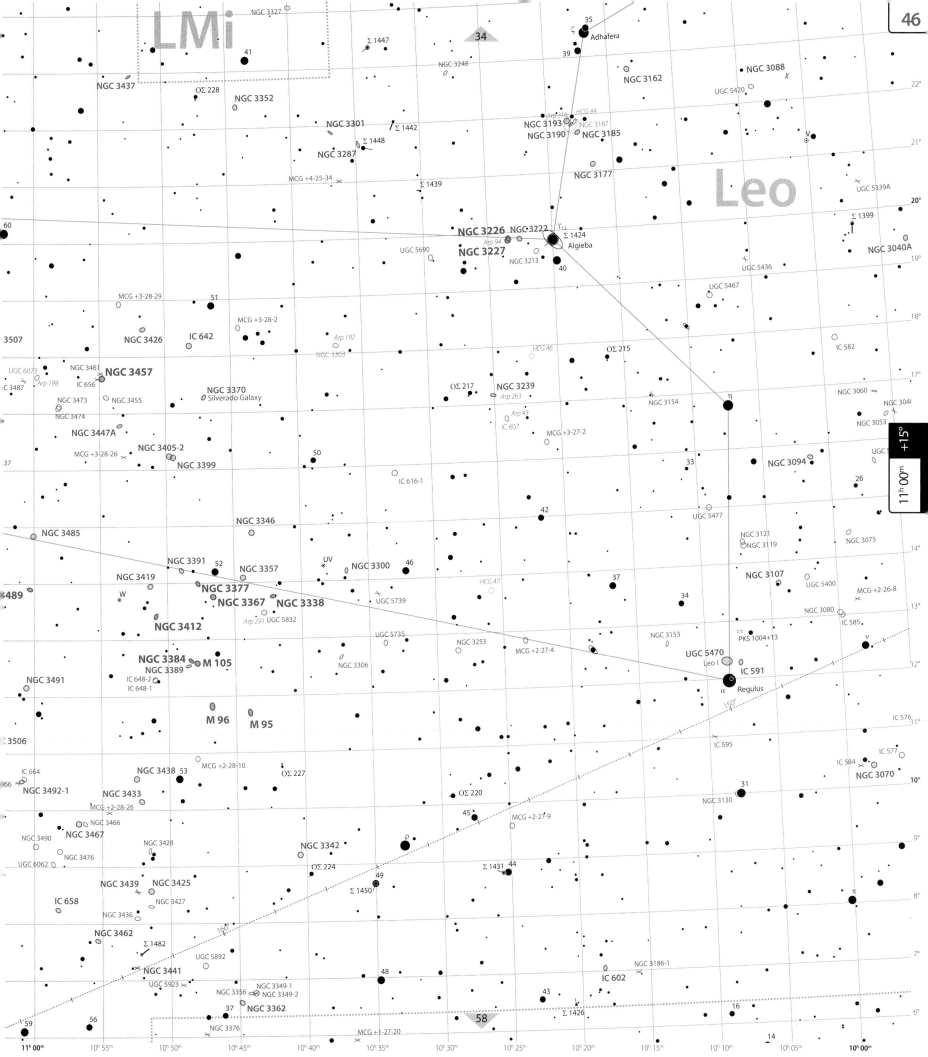

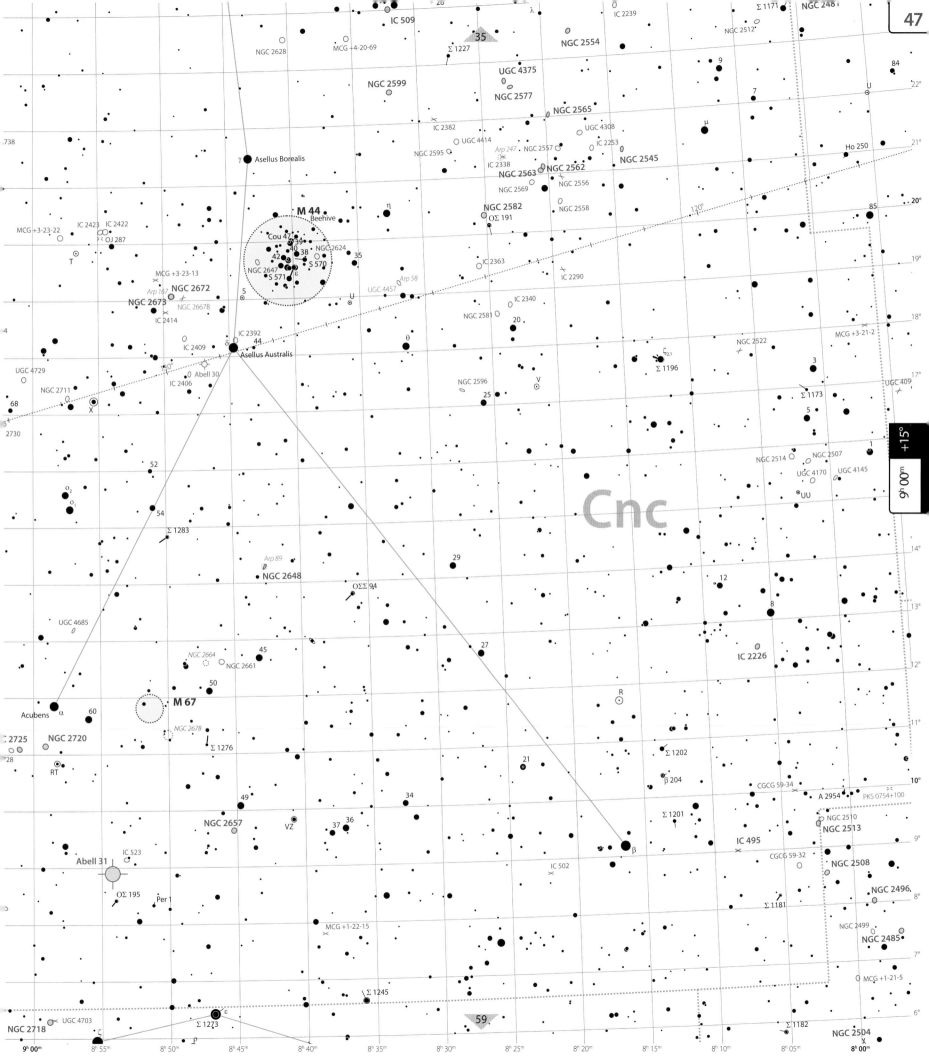

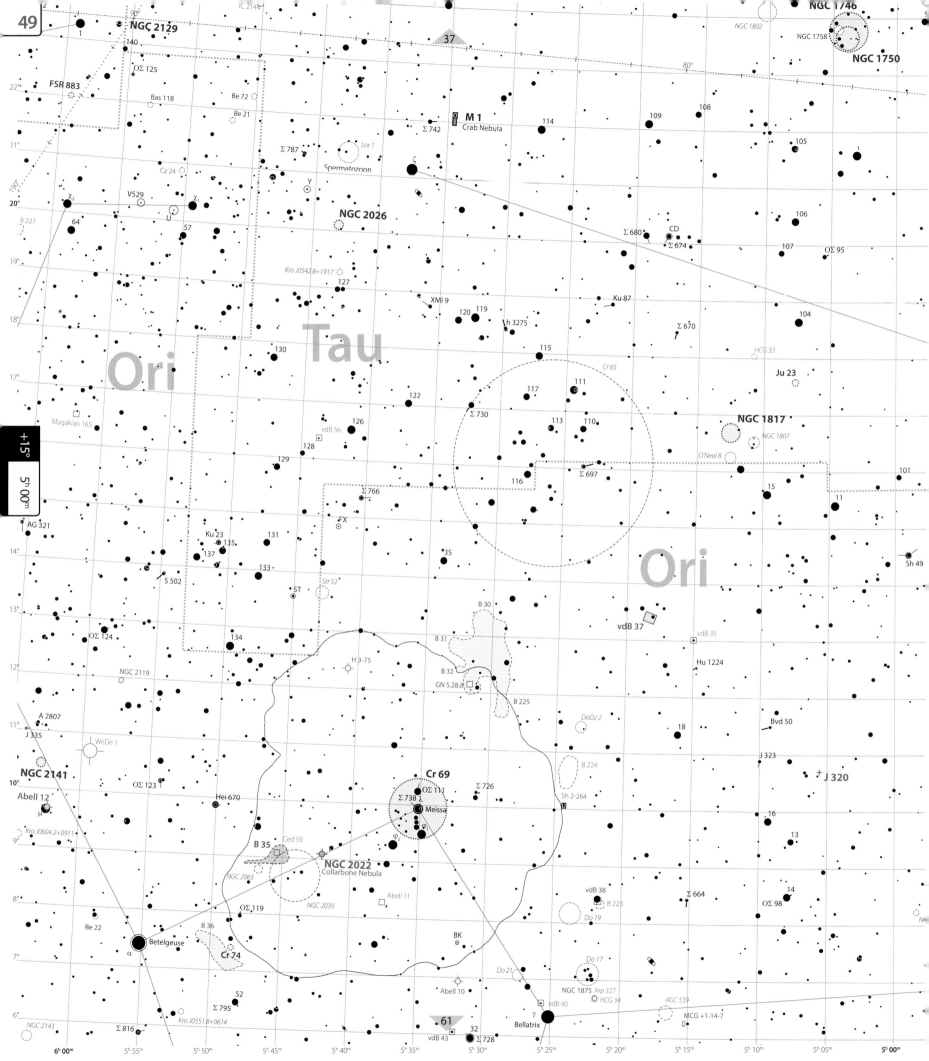

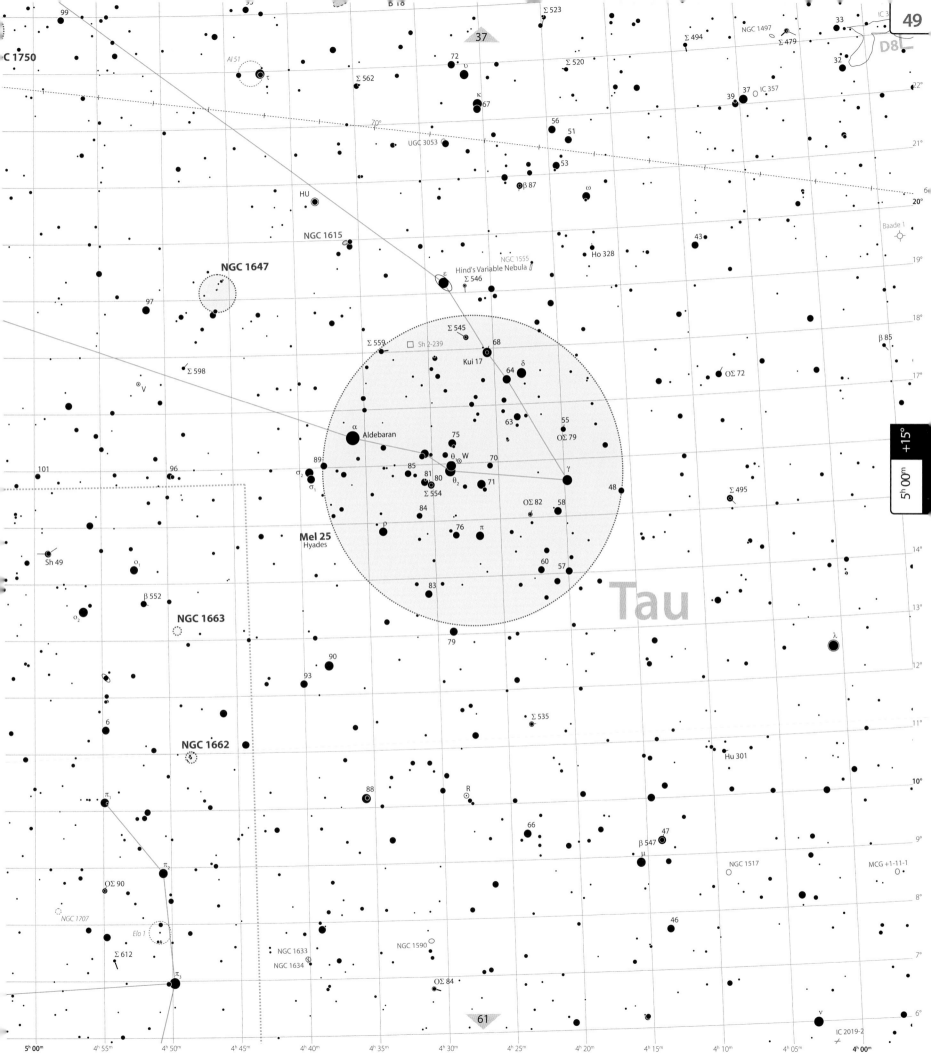

C 1750

Σ 523

37

Σ 494

NGC 1497

Σ 479

IC 3

33

D8

32

IC 357

39

37

AI 51

Σ 562

72

κ

67

Σ 520

56

51

UGC 3053

53

β 87

ω

43

Ho 328

HU

NGC 1615

NGC 1555

Hind's Variable Nebula

β 85

NGC 1647

ε

Σ 546

97

Σ 598

Σ 545

Σ 559

Sh 2-239

68

Kui 17

64

δ

OΣ 72

V

63

55

OΣ 79

α

Aldebaran

75

θ₁

W

70

γ

89

85

81

80

θ₂

71

48

σ₂

σ₁

Σ 554

84

OΣ 82

58

Σ 495

Mel 25
Hyades

ρ

76

π

101

96

60

57

Sh 49

83

λ

β 552

o₁

NGC 1663

79

Σ 535

o₂

90

NGC 1662

93

Hu 301

6

88

R

π₁

66

47

β 547

μ

NGC 1517

MCG +1-11-1

π₂

OΣ 90

NGC 1707

Elo 1

85

Σ 612

NGC 1633

NGC 1590

46

π₃

NGC 1634

OΣ 84

ν

IC 2019-2

Tau

37

61

5ʰ00ᵐ   4ʰ55ᵐ   4ʰ50ᵐ   4ʰ45ᵐ   4ʰ40ᵐ   4ʰ35ᵐ   4ʰ30ᵐ   4ʰ25ᵐ   4ʰ20ᵐ   4ʰ15ᵐ   4ʰ10ᵐ   4ʰ05ᵐ   4ʰ00ᵐ

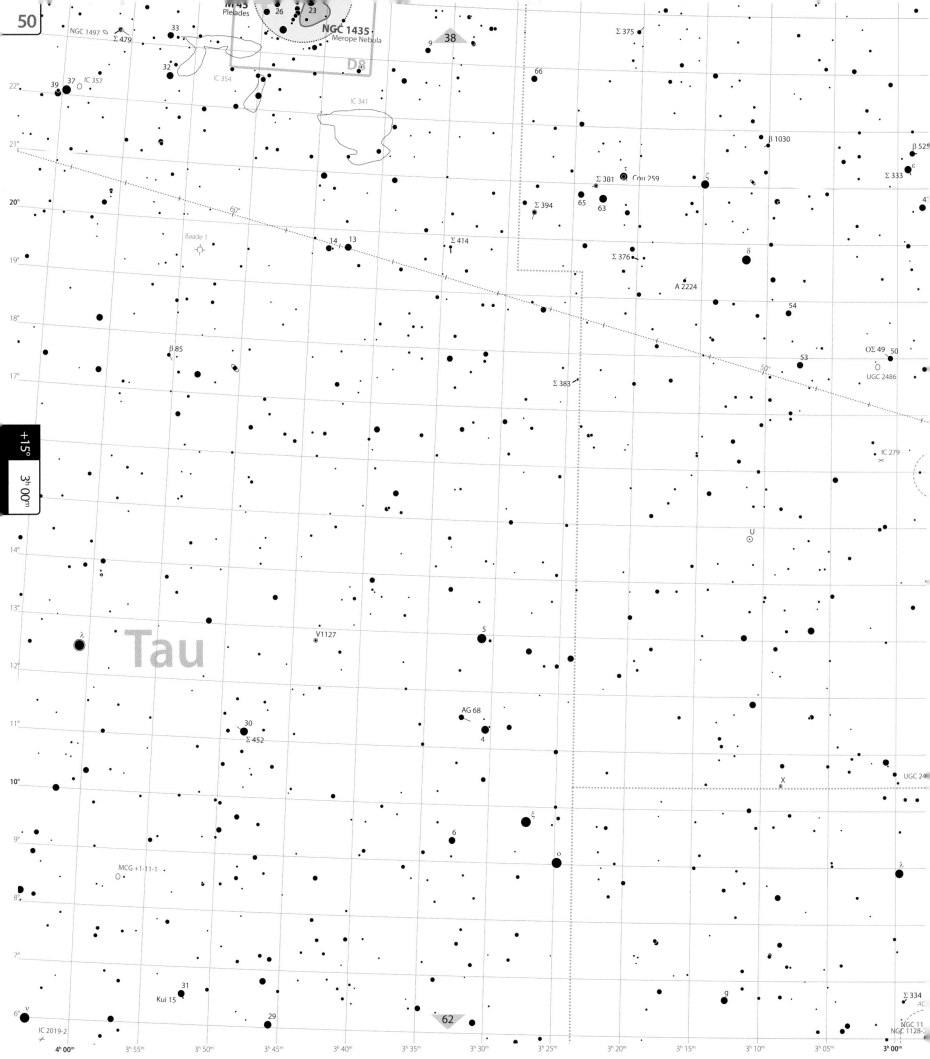

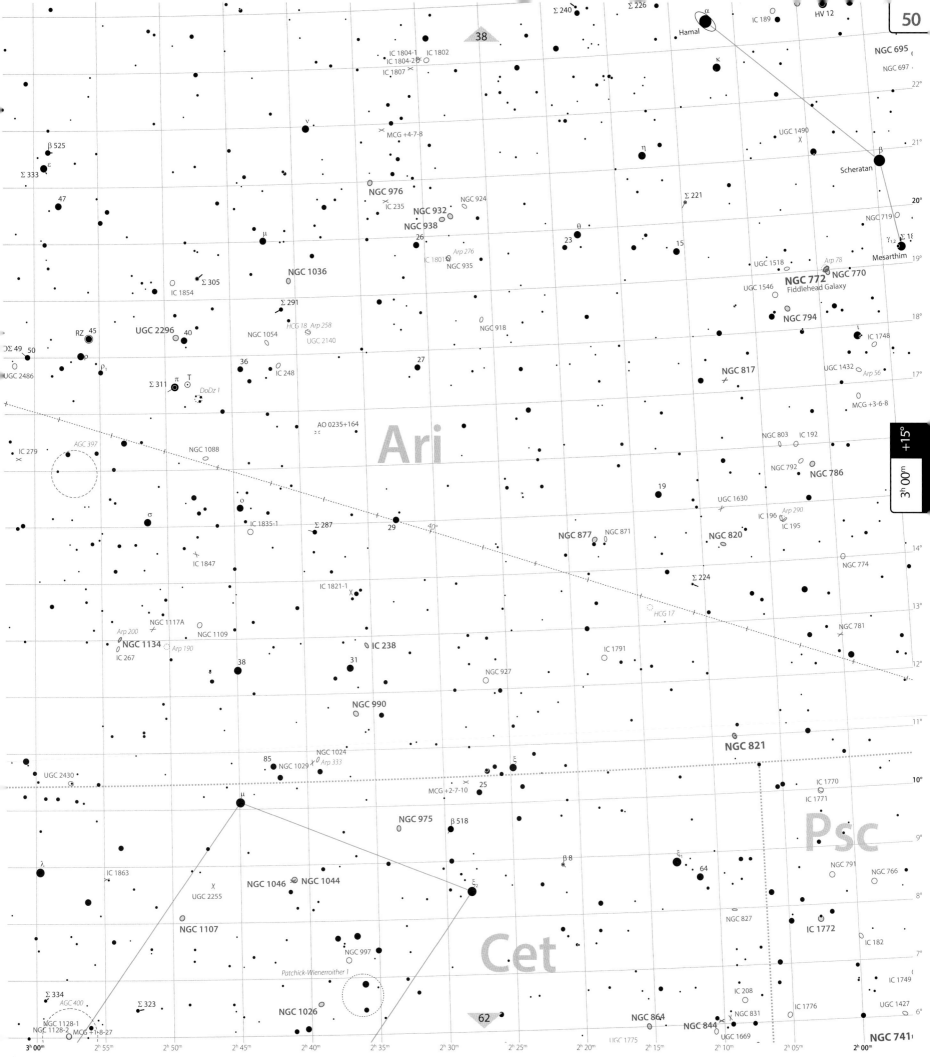

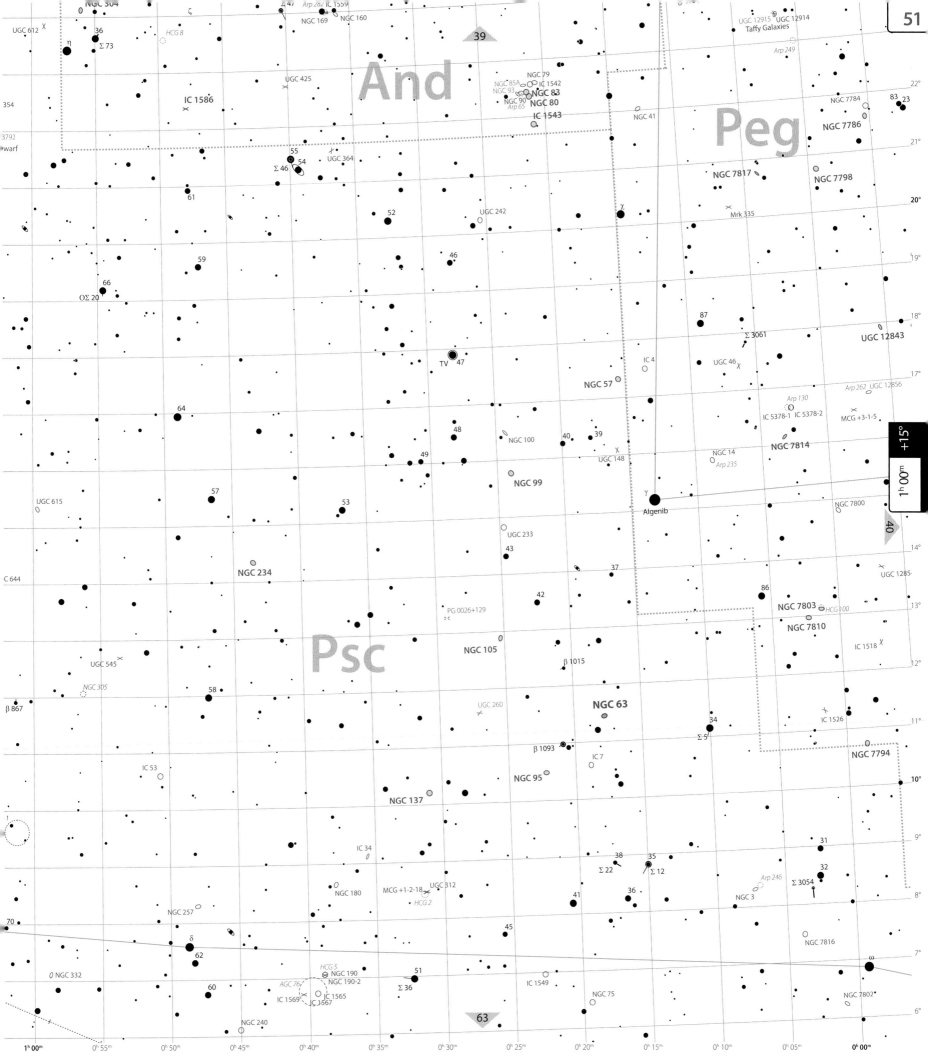

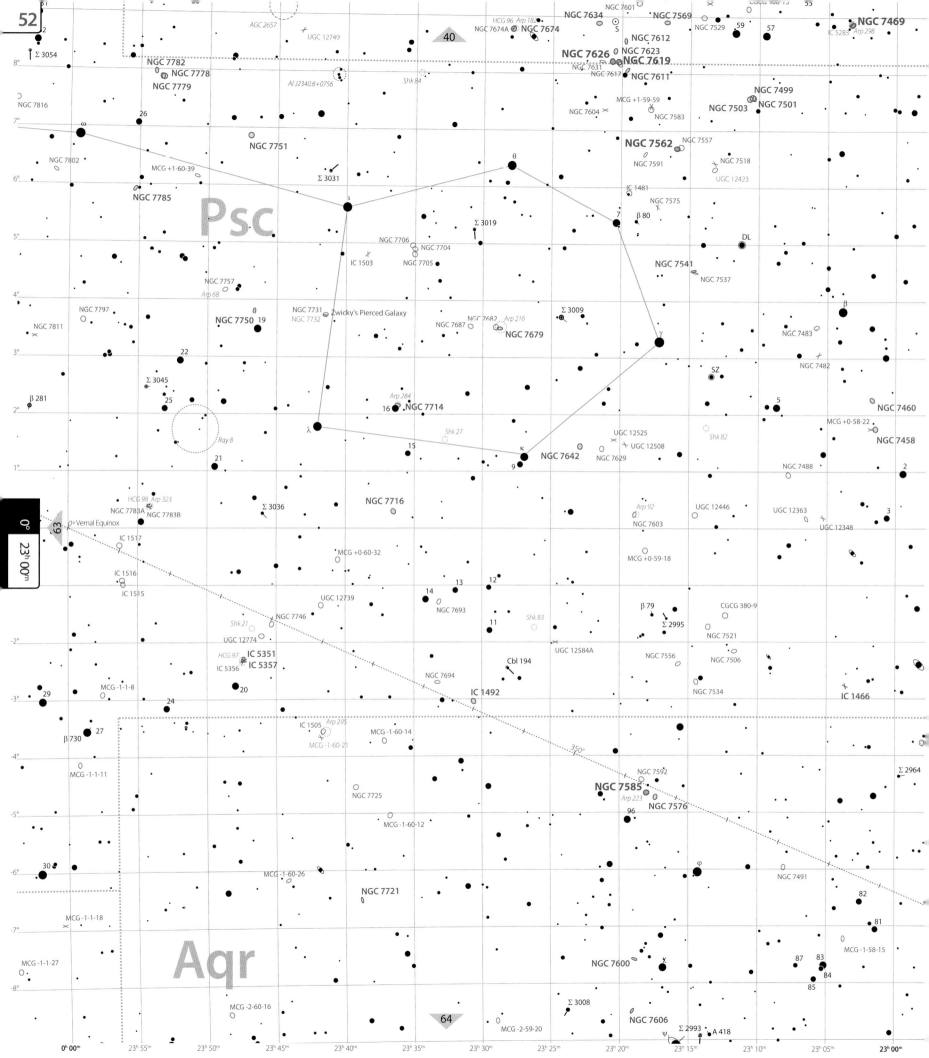

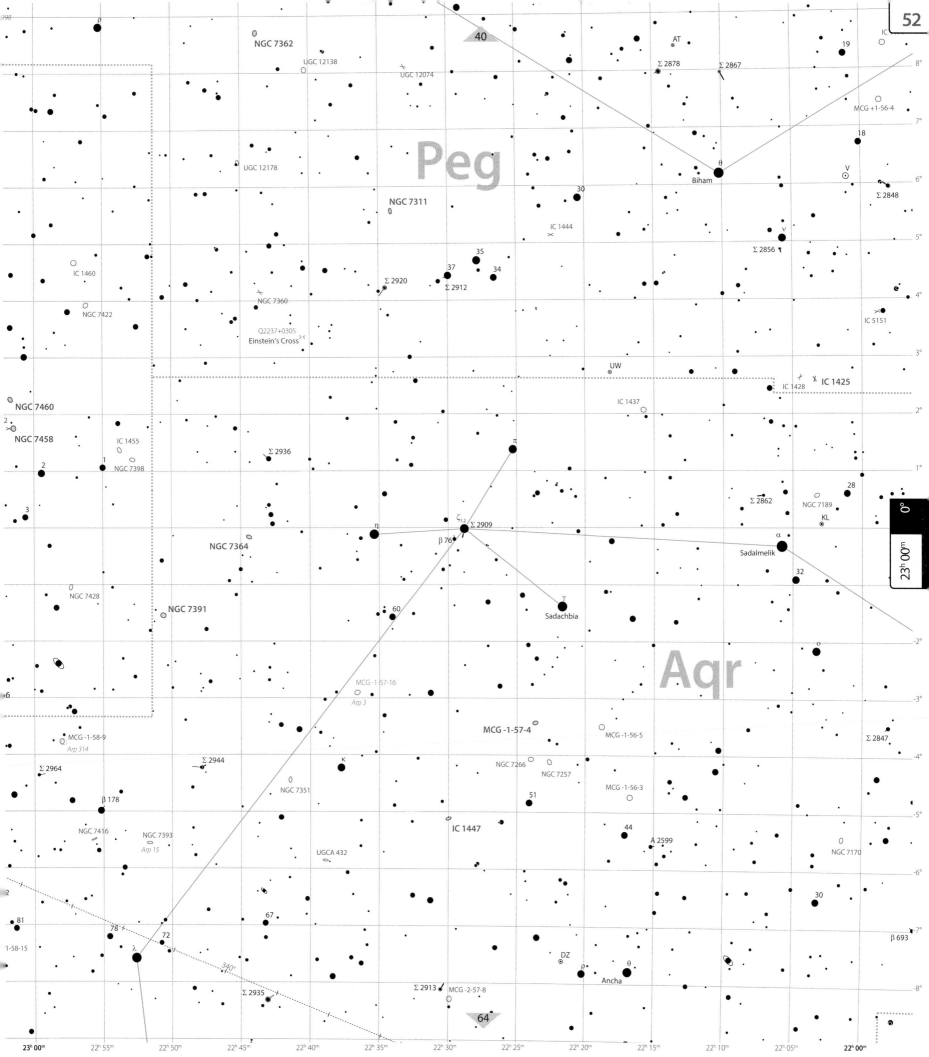

Peg

Aqr

NGC 7362

UGC 12138

UGC 12074

40

AT

Σ 2878

Σ 2867

19

IC

MCG +1-56-4

18

V

Σ 2848

θ
Biham

30

ν

Σ 2856

UGC 12178

NGC 7311

IC 1444

35

37

34

Σ 2912

Σ 2920

NGC 7360

IC 1460

NGC 7422

Q2237+0305
Einstein's Cross

IC 5151

UW

IC 1428   IC 1425

IC 1437

NGC 7460

2

NGC 7458

IC 1455

Σ 2936

28

NGC 7398

Σ 2862

NGC 7189

2

1

KL

0°

π

η

ζ₁,₂

Σ 2909

α
Sadalmelik

23ʰ 00ᵐ

β 76

NGC 7364

32

NGC 7428

NGC 7391

60

γ
Sadachbia

MCG -1-57-16
Arp 3

MCG -1-57-4

MCG -1-56-5

Σ 2847

MCG -1-58-9
Arp 314

Σ 2964

Σ 2944

κ

NGC 7266

NGC 7257

MCG -1-56-3

β 178

NGC 7351

51

44

A 2599

NGC 7416

NGC 7393
Arp 15

UGCA 432

IC 1447

NGC 7170

2

30

81

67

78

72

λ

DZ

ρ

θ
Ancha

β 693

1-58-15

340°

Σ 2935

Σ 2913

MCG -2-57-8

64

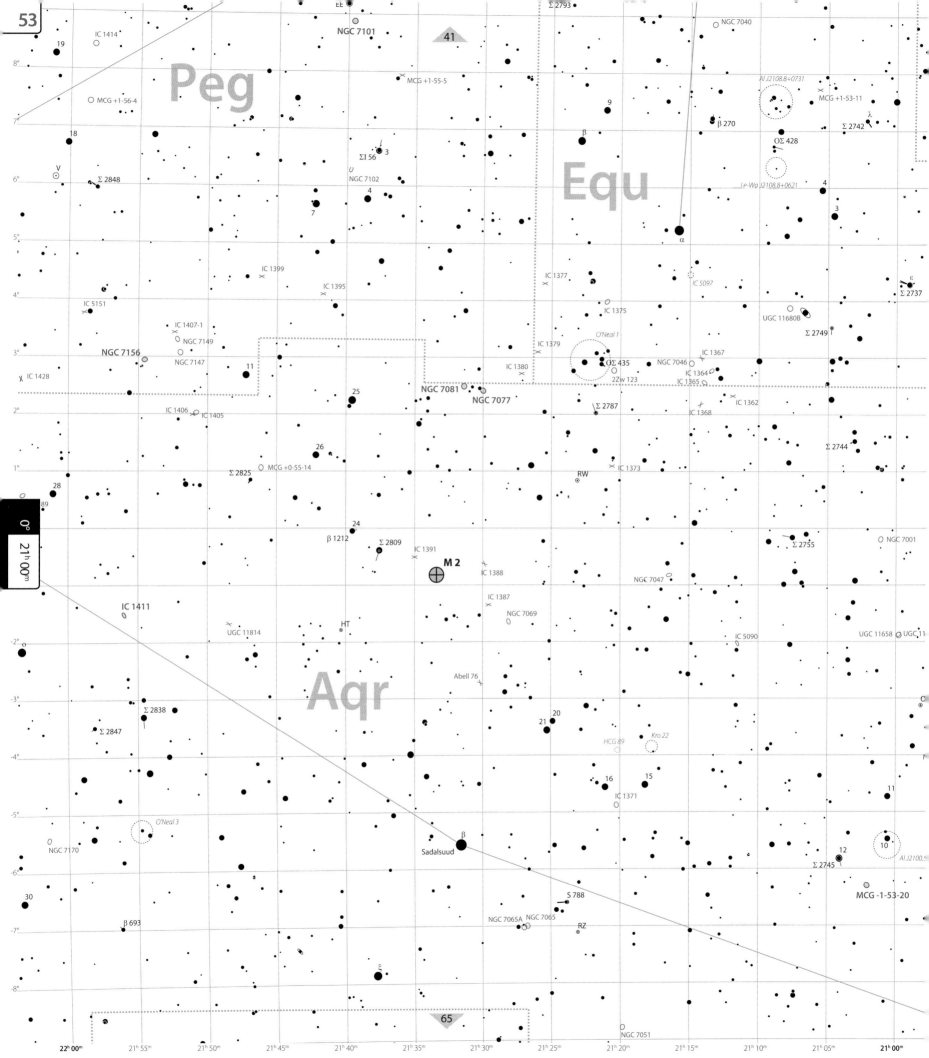

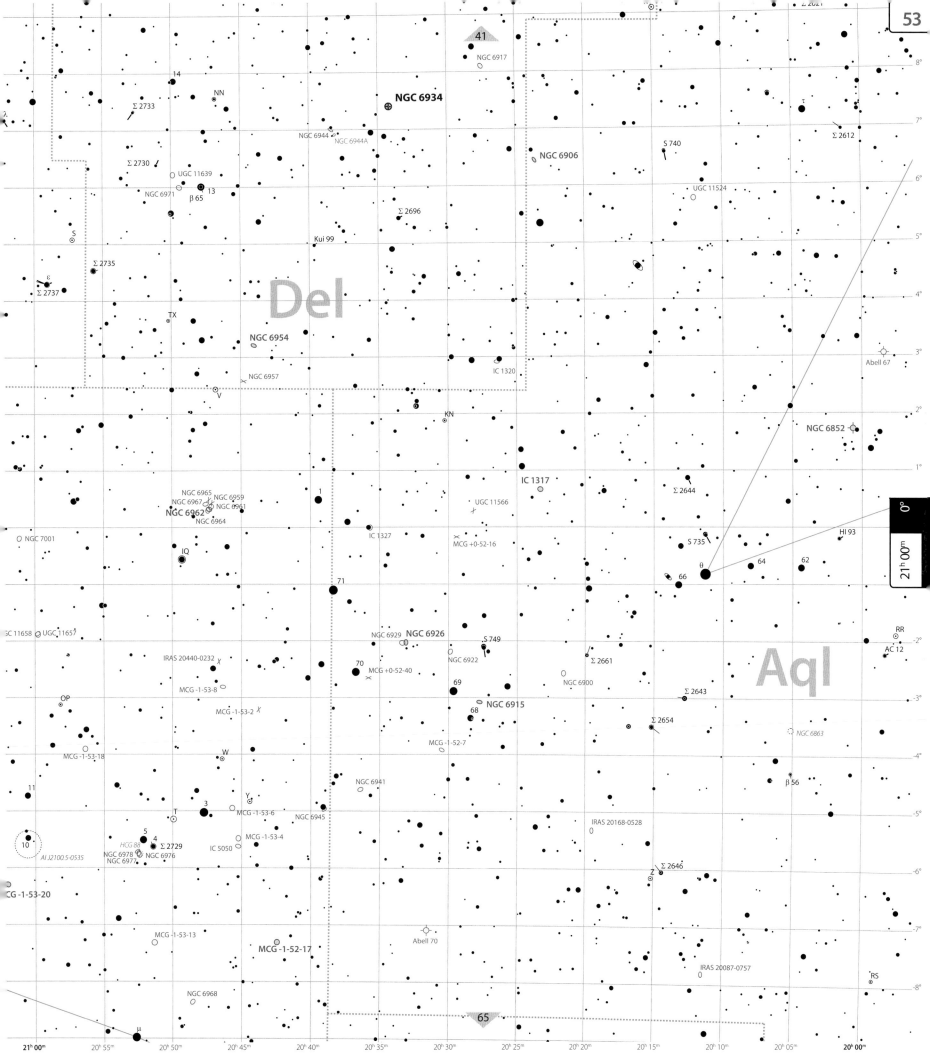

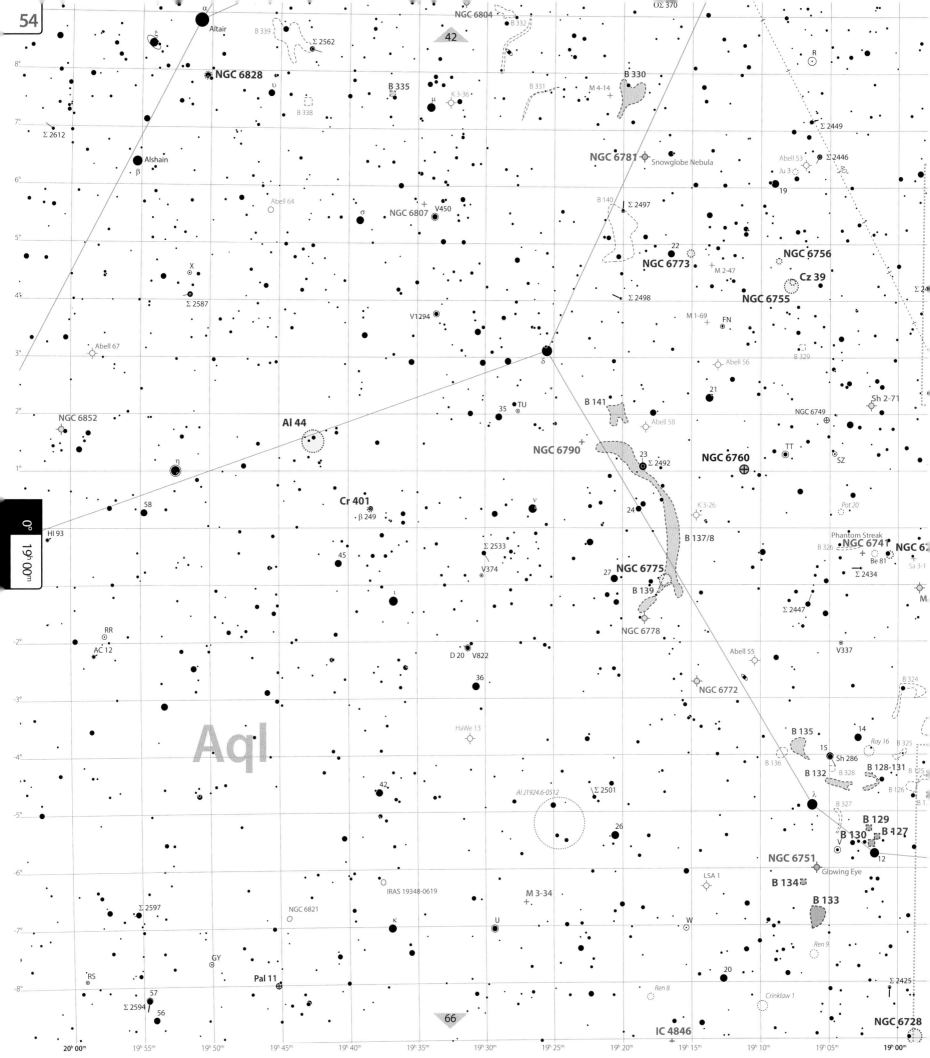

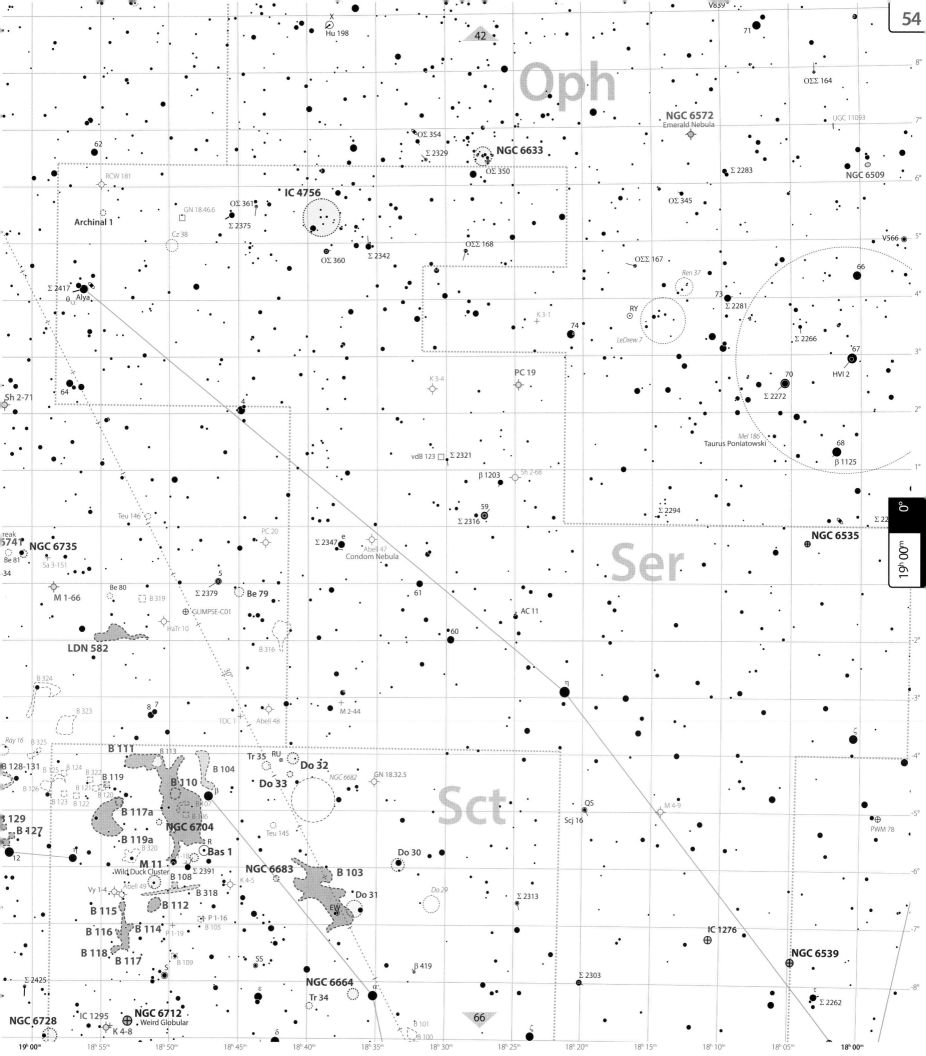

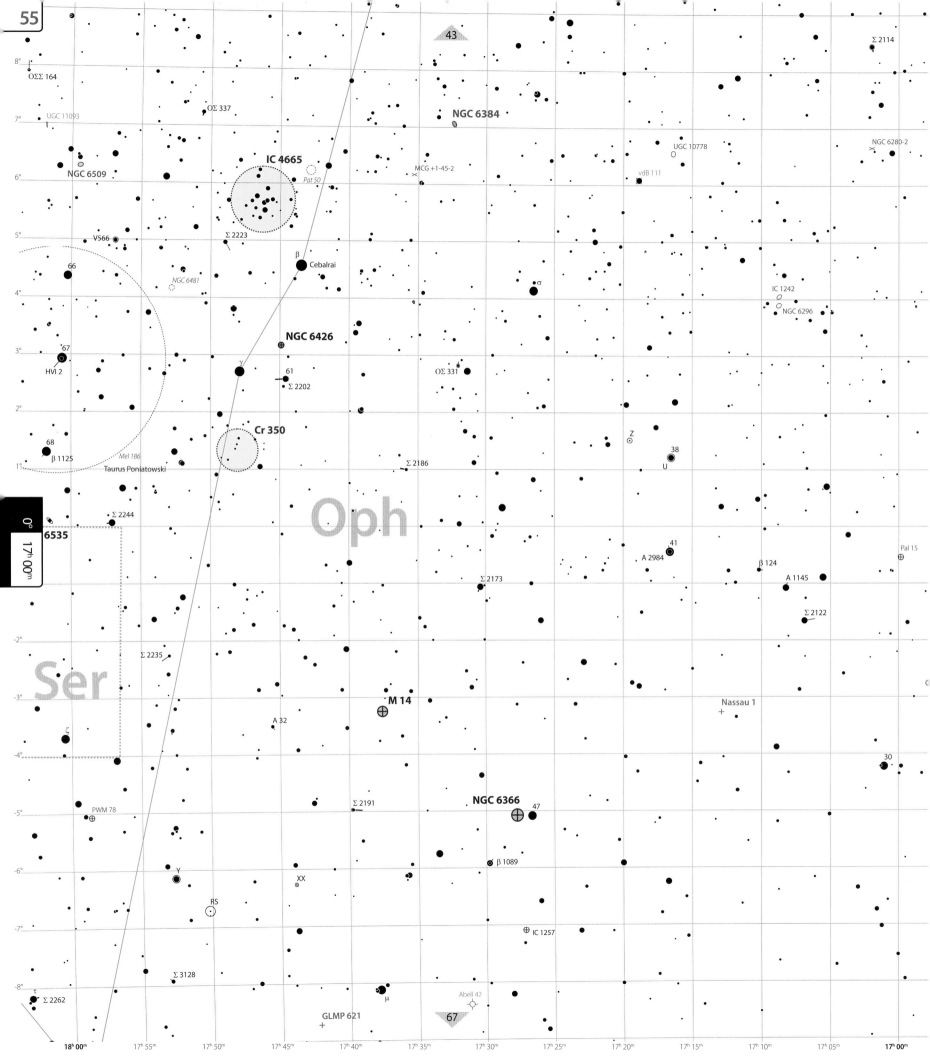

OΣΣ 164

UGC 11093

NGC 6509

OΣ 337

NGC 6384

UGC 10778

Σ 2114

NGC 6280-2

IC 4665

Pat 50

MCG +1-45-2

vdB 111

IC 1242

NGC 6296

V566

Σ 2223

β Cebalrai

σ

66

NGC 6481

NGC 6426

γ

61

Σ 2202

OΣ 331

67

HVI 2

Z

38

U

68

β 1125

Cr 350

Mel 186

Σ 2186

Taurus Poniatowski

Oph

41

A 2984

β 124

Pal 15

A 1145

Σ 2244

Σ 2122

6535

0°

17ʰ 00ᵐ

Σ 2173

Σ 2235

Ser

Nassau 1

M 14

30

A 32

ζ

PWM 78

Σ 2191

NGC 6366

47

Y

β 1089

XX

RS

IC 1257

Σ 3128

τ

Σ 2262

μ

Abell 42

GLMP 621

18ʰ 00ᵐ 17ʰ 55ᵐ 17ʰ 50ᵐ 17ʰ 45ᵐ 17ʰ 40ᵐ 17ʰ 35ᵐ 17ʰ 30ᵐ 17ʰ 25ᵐ 17ʰ 20ᵐ 17ʰ 15ᵐ 17ʰ 10ᵐ 17ʰ 05ᵐ 17ʰ 00ᵐ

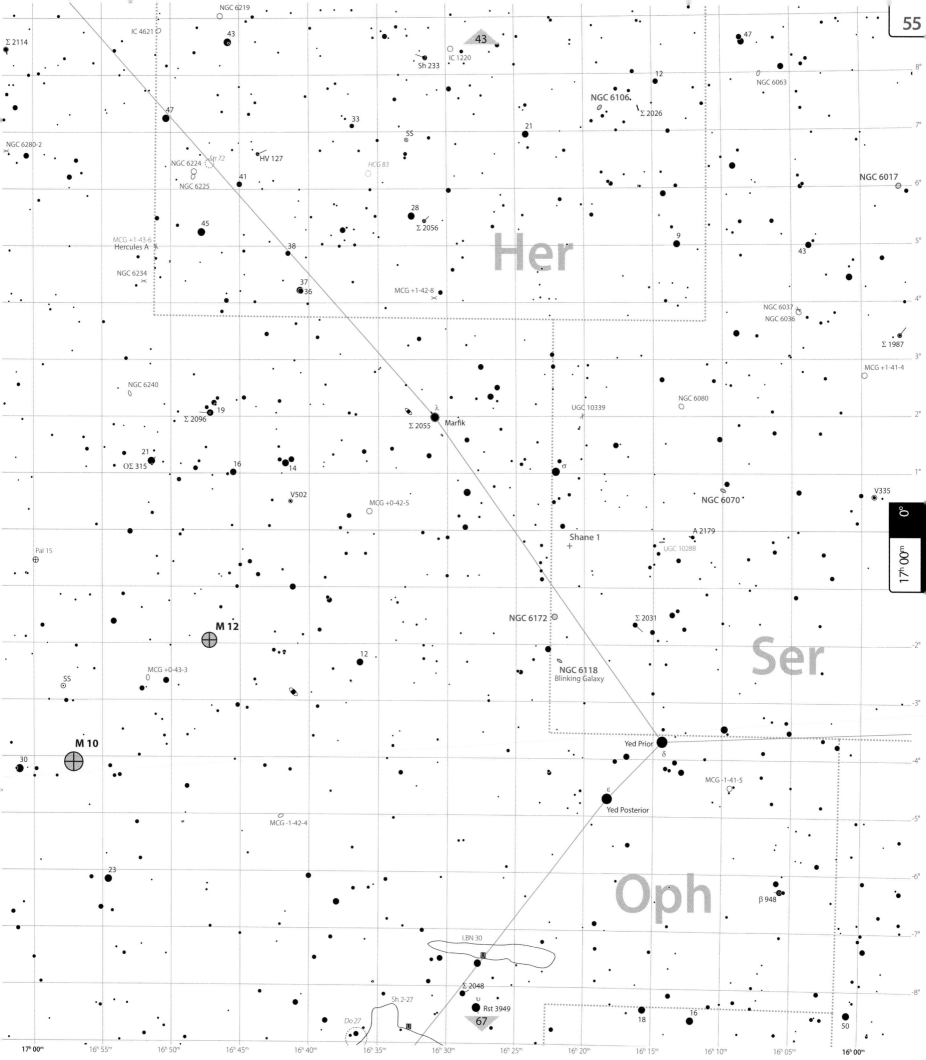

Σ 2114

NGC 6219

IC 4621

43

Σ 2026

43

47

NGC 6063

12

Sh 233

IC 1220

NGC 6106

8°

33

SS

21

Her

7°

NGC 6280-2

HV 127

Str 72

HCG 83

NGC 6017

6°

NGC 6224

NGC 6225

41

28

Σ 2056

9

43

MCG +1-43-6

45

5°

Hercules A

38

MCG +1-42-8

NGC 6037

NGC 6036

4°

NGC 6234

37

36

Σ 1987

NGC 6240

19

Σ 2096

λ

Marfik

UGC 10339

NGC 6080

MCG +1-41-4

2°

Σ 2055

21

OΣ 315

16

14

σ

NGC 6070

V335

V502

MCG +0-42-5

1°

A 2179

Shane 1

UGC 10288

0°

Pal 15

17h 00m

M 12

NGC 6172

Σ 2031

Ser

12

SS

MCG +0-43-3

NGC 6118
Blinking Galaxy

-2°

M 10

Yed Prior

δ

MCG -1-41-5

-3°

30

-4°

ε
Yed Posterior

MCG -1-42-4

23

Oph

β 948

-6°

LBN 30

-7°

Σ 2048

υ

18

16

50

Sh 2-27

Rst 3949

67

Do 27

17h 00m   16h 55m   16h 50m   16h 45m   16h 40m   16h 35m   16h 30m   16h 25m   16h 20m   16h 15m   16h 10m   16h 05m   16h 00m

44

40

IC 1137
X
NGC 5997
NGC 5983

MCG +2-39-20
IC 1116

UGC 9696

λ

NGC 5940
HCG 76
NGC 5941
NGC 5942

NGC 5920

Unukalhay
α

IC 1121

IC 1089

NGC 6017
NGC 6014

Σ 1944

Σ 1904

43

ε

NGC 5921

IC 1109
X

3

IC 1107

Σ 1987

UGC 9945

NGC 5952

MCG +1-39-18

IC 1105 X

NGC 5855

NGC 5864

MCG +1-41-4

MCG +1-39-24

NGC 5911

NGC 5854

ω
ψ

110

NGC 5990

M 5

NGC 5838

NGC 5846A
NGC 5850
NGC 5846

NGC 5839
NGC 5845

NGC 581

NGC 5814

10

5

IC 4537

MCG +0-39-4

NGC 5831

V335

NGC 6010

UGC 9977 X

6

β 32

4

NGC 5865
NGC 5869

UGC 10046

Ser

14

Pal 5

SDSS J150807.25-000940.0

β 348

2

11

8

Y

NGC 5792

IC 1136

25

Σ 1985

36

Σ 1914

μ

30

NGC 5937

Y

MCG -1-39-5

Σ 3091

Lib

Arp 254

β 119

IC 1084

MCG -1-40-8

NGC 5917

NGC 5812

50

Σ 1962

Σ 1925

68

δ

0°

15ʰ 00ᵐ

16ʰ 00ᵐ
15ʰ 55ᵐ
15ʰ 50ᵐ
15ʰ 45ᵐ
15ʰ 40ᵐ
15ʰ 35ᵐ
15ʰ 30ᵐ
15ʰ 25ᵐ
15ʰ 20ᵐ
15ʰ 15ᵐ
15ʰ 10ᵐ
15ʰ 05ᵐ
15ʰ 00ᵐ

8°
6°
5°
4°
3°
2°
1°
-2°
-3°
-4°
-5°
-6°
-7°
-8°

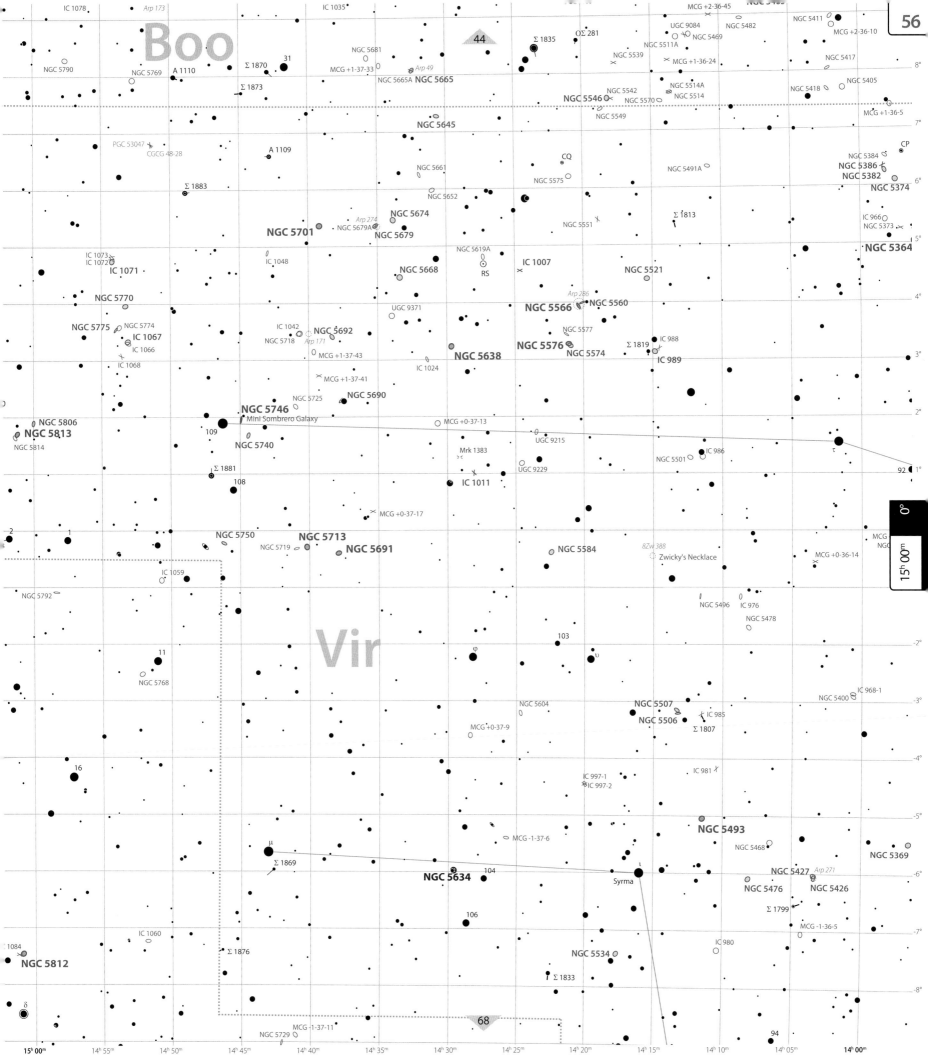

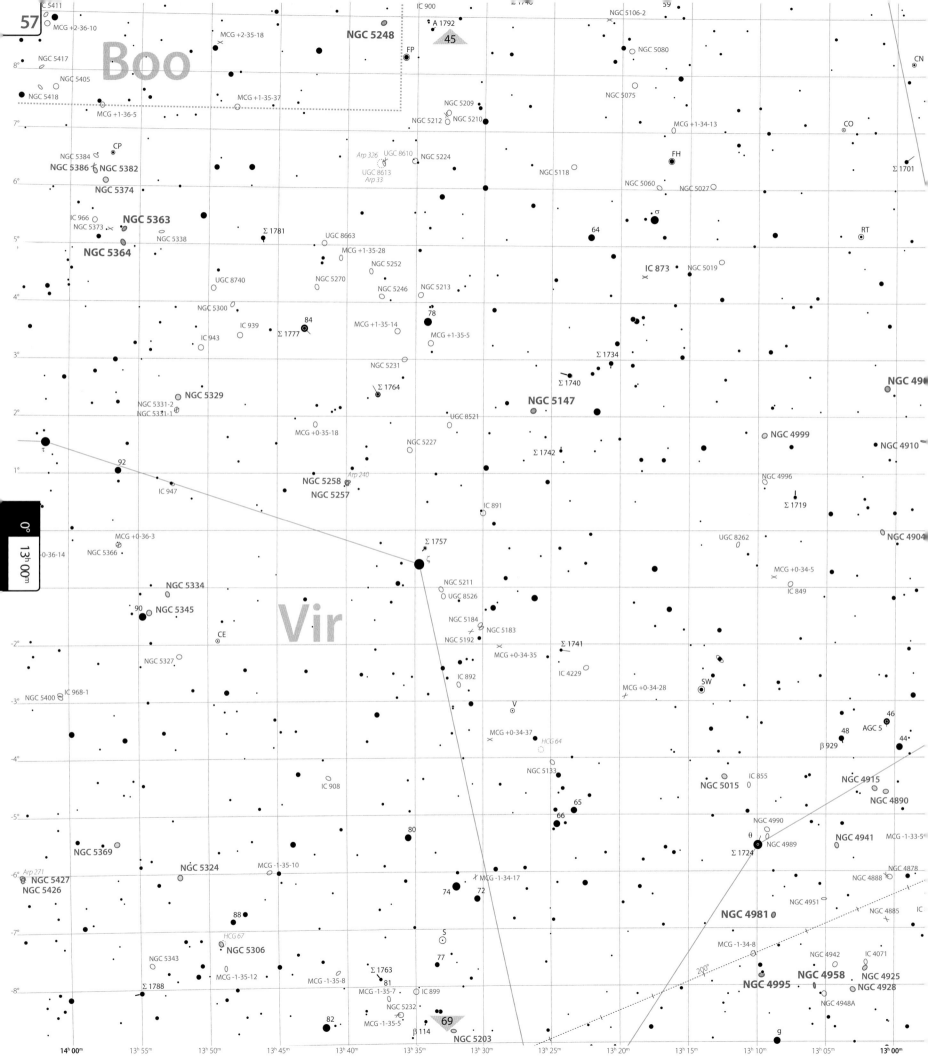

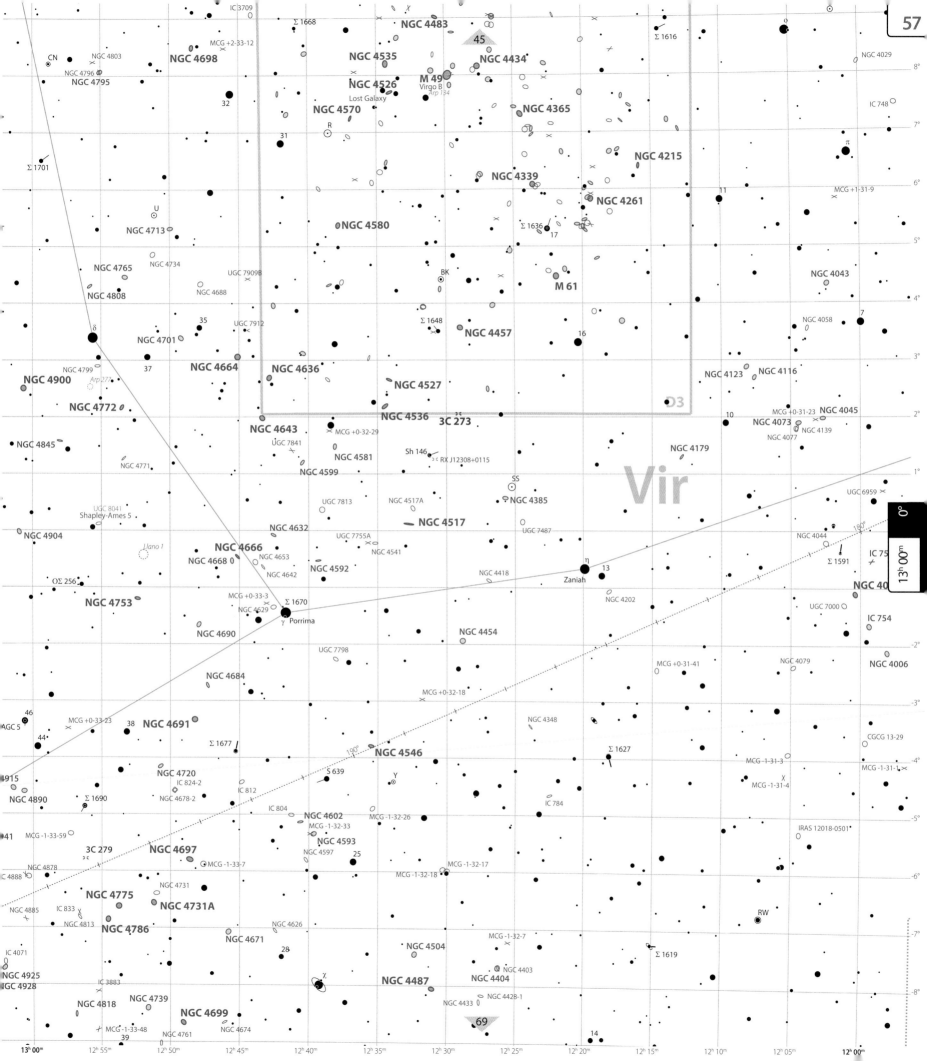

Vir

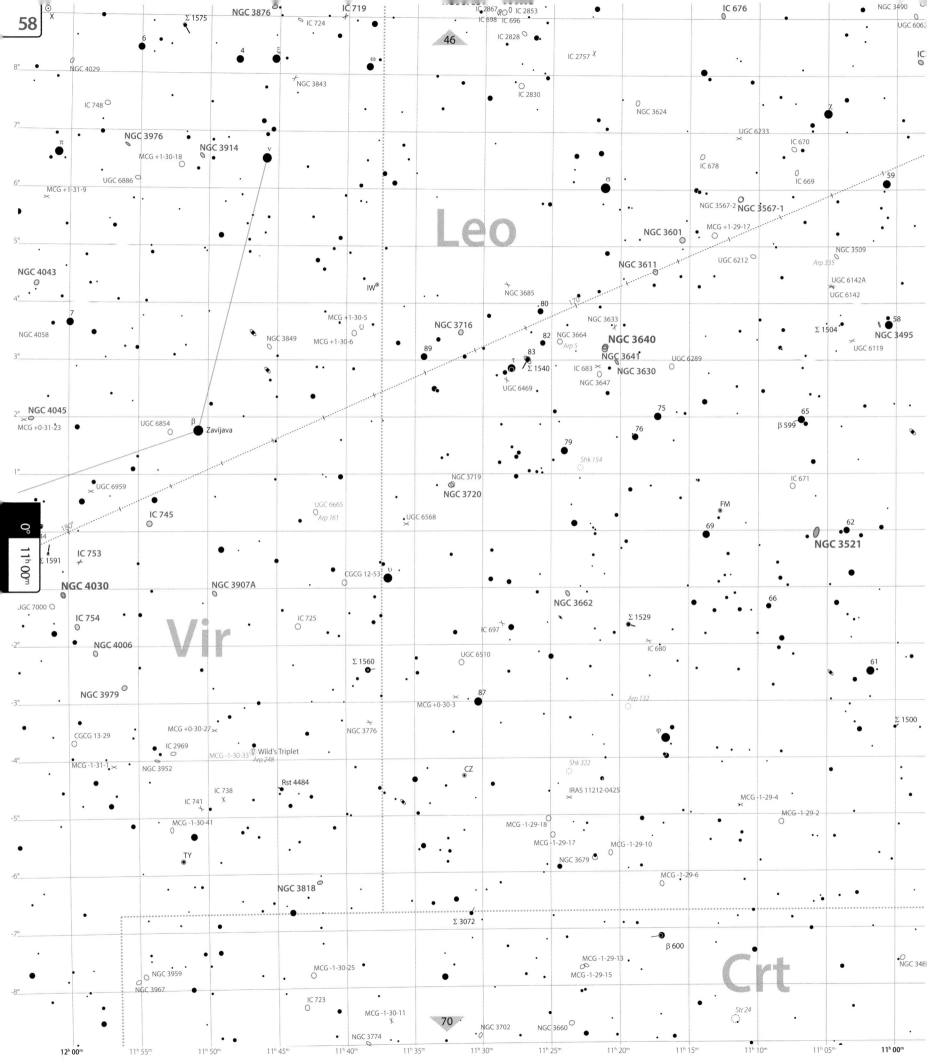

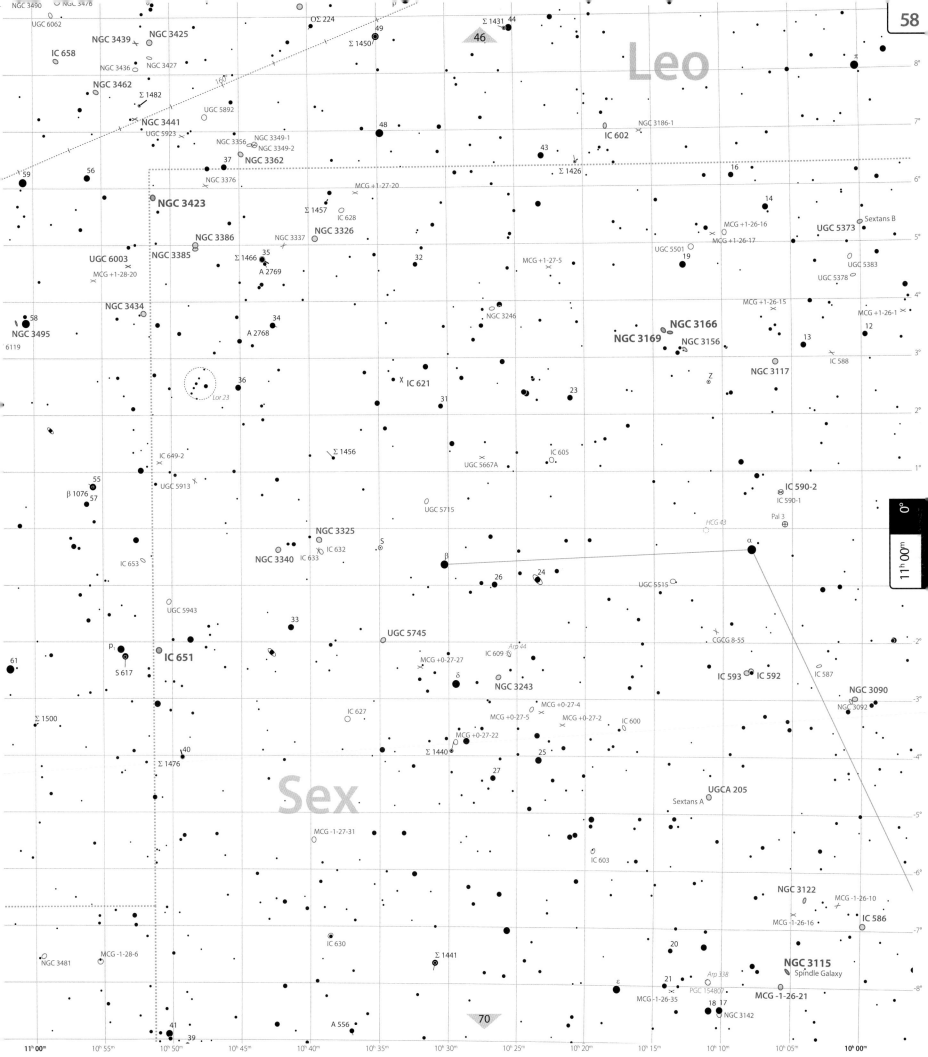

Leo

Sex

NGC 3490
UGC 6062
NGC 3476
NGC 3439
IC 658
NGC 3425
OΣ 224
ρ
Σ 1431 44
46
π
NGC 3436
NGC 3427
Σ 1450
49
NGC 3462
Σ 1482
160
48
43
Σ 1426
16
UGC 5892
NGC 3441
UGC 5923
NGC 3356
NGC 3349-1
NGC 3349-2
IC 602
NGC 3186-1
59 56
37
NGC 3362
NGC 3376
MCG +1-27-20
14
Sextans B
NGC 3423
Σ 1457
IC 628
NGC 3326
MCG +1-26-16
UGC 5373
NGC 3386
NGC 3337
MCG +1-26-17
UGC 5501
UGC 5383
NGC 3385
Σ 1466 35
32
MCG +1-27-5
19
UGC 5378
UGC 6003
A 2769
MCG +1-28-20
MCG +1-26-15
MCG +1-26-1
NGC 3434
34
NGC 3246
NGC 3166
12
58
A 2768
NGC 3169
NGC 3156
NGC 3495
13
6119
IC 588
36
IC 621
NGC 3117
Lor 23
31
23
Z
IC 605
IC 649-2
Σ 1456
UGC 5667A
55
UGC 5913
β 1076 57
UGC 5715
IC 590-2
IC 590-1
HCG 43
Pal 3
NGC 3325
0°
IC 653
NGC 3340
IC 633
IC 632
S
β
α
26 24
UGC 5515
11ʰ 00ᵐ
UGC 5943
33
UGC 5745
Arp 44
CGCG 8-55
61
p₁
IC 651
MCG +0-27-27
IC 609
IC 593 IC 592
IC 587
S 617
δ
NGC 3090
NGC 3243
NGC 3092
Σ 1500
IC 627
MCG +0-27-4
MCG +0-27-5
MCG +0-27-2
IC 600
MCG +0-27-22
25
UGCA 205
40
27
Sextans A
Σ 1476
MCG -1-27-31
IC 603
NGC 3122
MCG -1-26-10
MCG -1-26-16
IC 586
MCG -1-28-6
IC 630
20
NGC 3481
Σ 1441
21
Arp 338
NGC 3115
41
ε
PGC 154807
Spindle Galaxy
MCG -1-26-35
MCG -1-26-21
39
A 556
70
18 17
NGC 3142

11ʰ 00ᵐ 10ʰ 55ᵐ 10ʰ 50ᵐ 10ʰ 45ᵐ 10ʰ 40ᵐ 10ʰ 35ᵐ 10ʰ 30ᵐ 10ʰ 25ᵐ 10ʰ 20ᵐ 10ʰ 15ᵐ 10ʰ 10ᵐ 10ʰ 05ᵐ 10ʰ 00ᵐ

8°
7°
6°
5°
4°
3°
2°
1°
0°
-2°
-3°
-4°
-5°
-6°
-7°
-8°

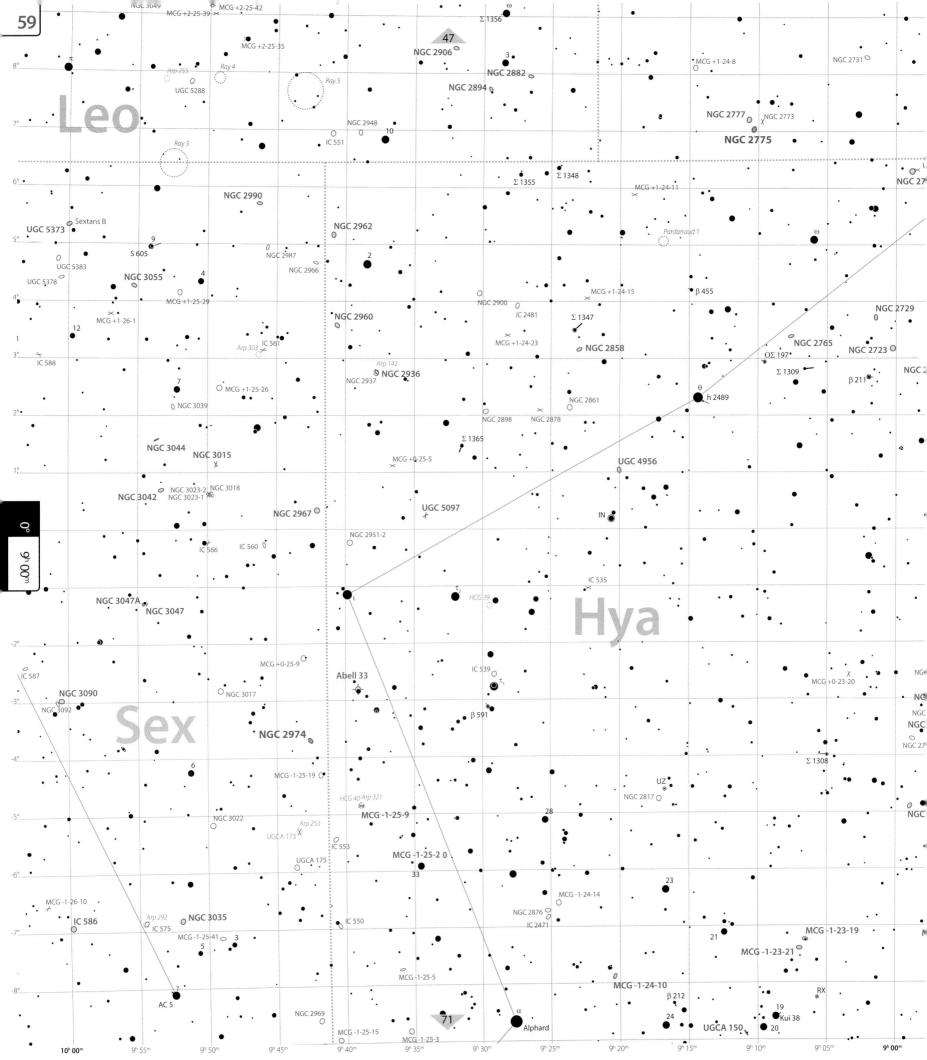

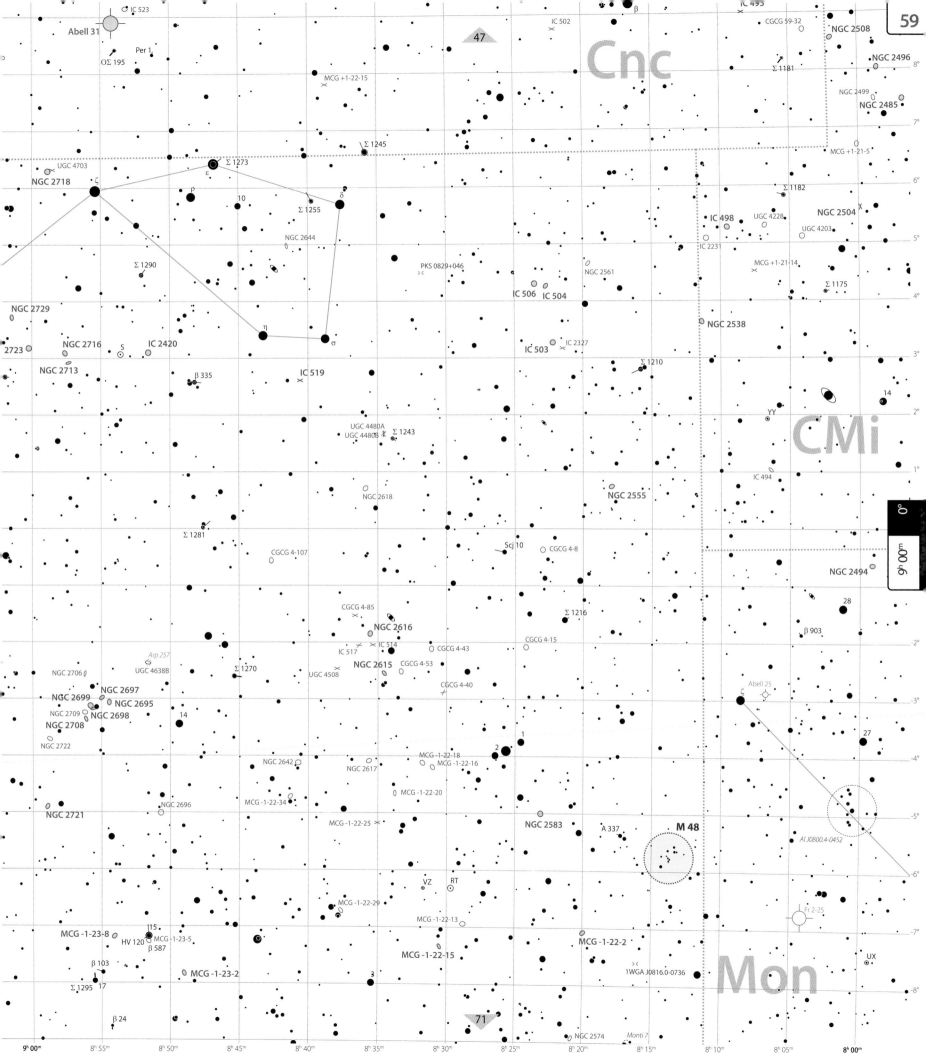

Cnc

CMi

Mon

IC 523
Abell 31
Per 1
OΣ 195
IC 502
CGCG 59-32
NGC 2508
Σ 1181
NGC 2496
NGC 2499
NGC 2485
MCG +1-22-15
MCG +1-21-5
UGC 4703
Σ 1273
Σ 1245
NGC 2718
ζ
ε
Σ 1255
ρ
10
δ
Σ 1182
IC 498
UGC 4228
NGC 2504
UGC 4203
NGC 2644
IC 2231
MCG +1-21-14
Σ 1290
PKS 0829+046
NGC 2561
Σ 1175
IC 506
IC 504
NGC 2729
NGC 2538
η
σ
NGC 2716
S
IC 2420
IC 503
IC 2327
Σ 1210
2723
NGC 2713
β 335
IC 519
14
YY
UGC 4480A
UGC 4480B
Σ 1243
IC 494
NGC 2618
NGC 2555
Σ 1281
CGCG 4-107
Scj 10
CGCG 4-8
NGC 2494
CGCG 4-85
Σ 1216
28
NGC 2616
β 903
IC 517
IC 514
CGCG 4-43
CGCG 4-15
Arp 257
NGC 2615
CGCG 4-53
UGC 4638B
Σ 1270
UGC 4508
NGC 2706
CGCG 4-40
NGC 2697
Abell 25
ξ
NGC 2699
NGC 2695
NGC 2709
NGC 2698
NGC 2708
14
27
NGC 2722
1
2
MCG -1-22-18
MCG -1-22-16
NGC 2642
NGC 2617
NGC 2696
MCG -1-22-34
MCG -1-22-20
NGC 2721
MCG -1-22-25
NGC 2583
A 337
M 48
AJ0800.4-0452
VZ
RT
MCG -1-22-29
MCG -1-22-13
MCG -1-23-8
115
Fr 2-25
HV 120
MCG -1-23-5
β 587
MCG -1-22-2
UX
β 103
MCG -1-23-2
MCG -1-22-15
1WGA J0816.0-0736
Σ 1295
17
NGC 2574
Monti 7
β 24
3

47

71

0°

9h 00m

9h 00m   8h 55m   8h 50m   8h 45m   8h 40m   8h 35m   8h 30m   8h 25m   8h 20m   8h 15m   8h 10m   8h 05m   8h 00m

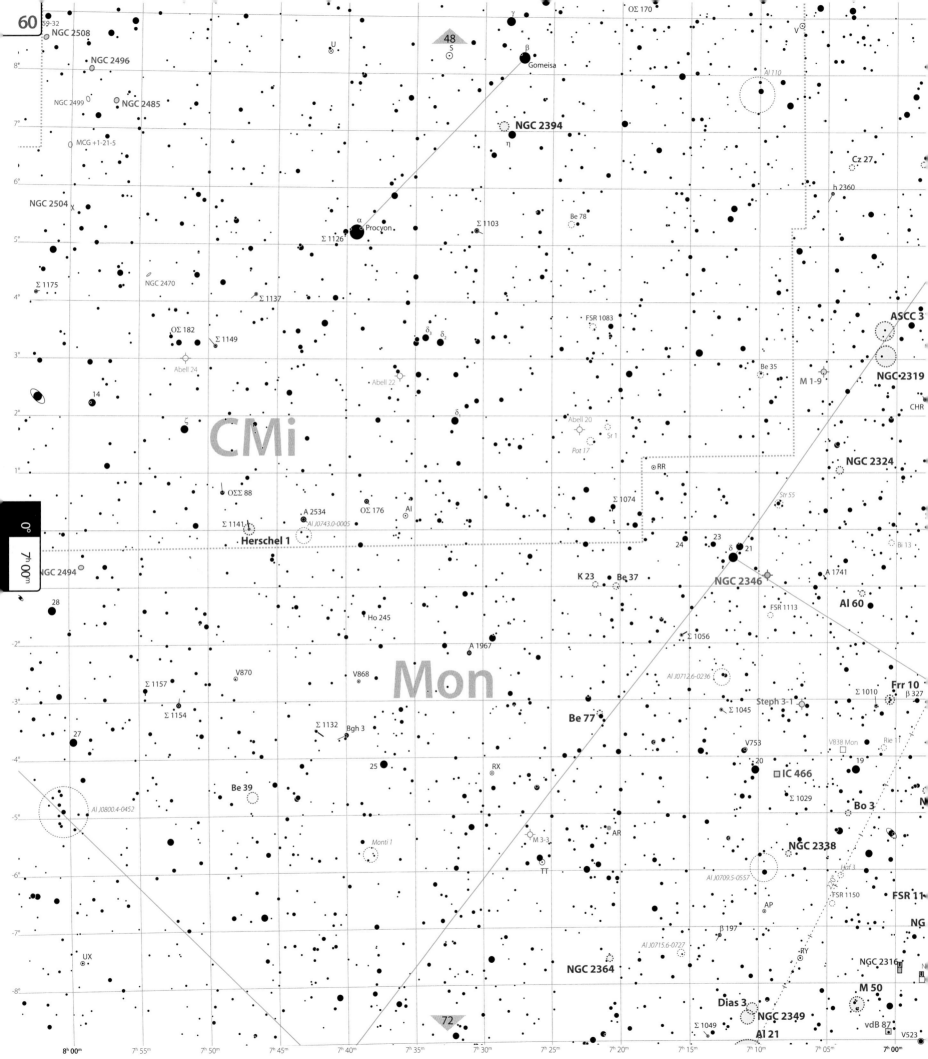

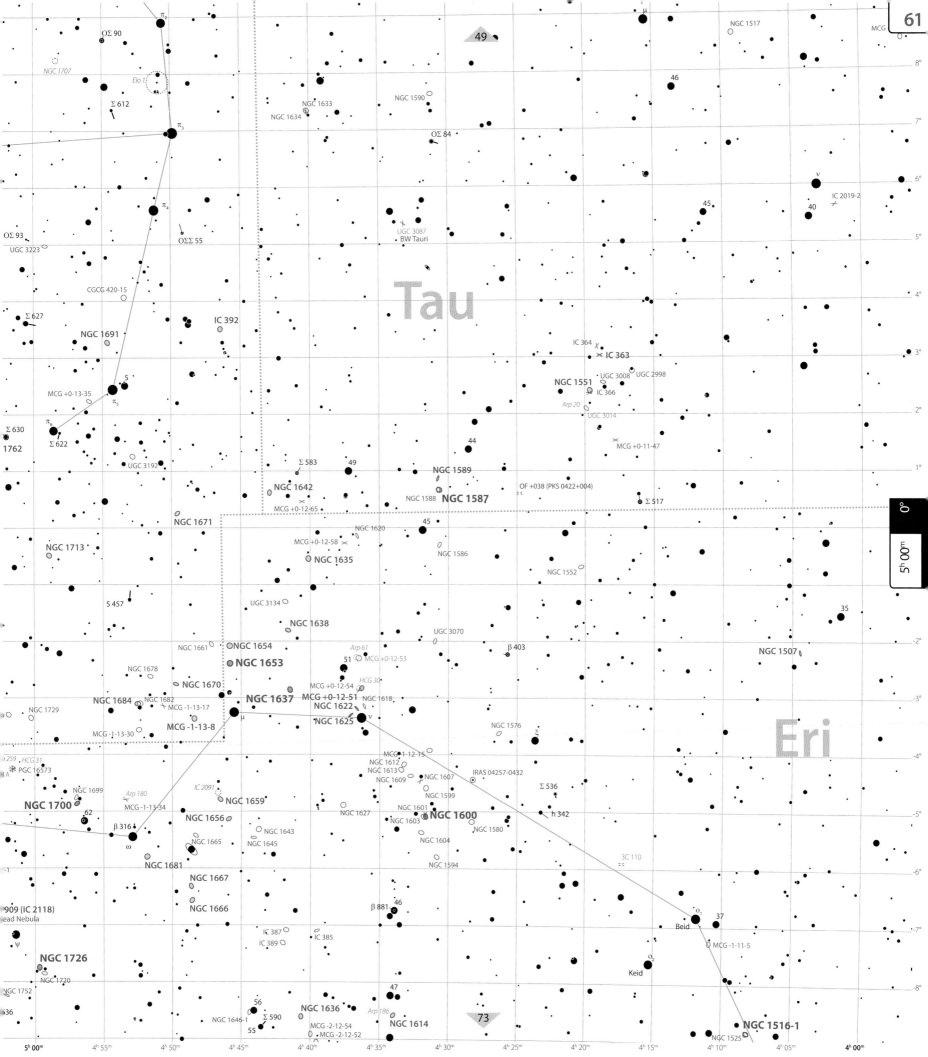

Tau

Eri

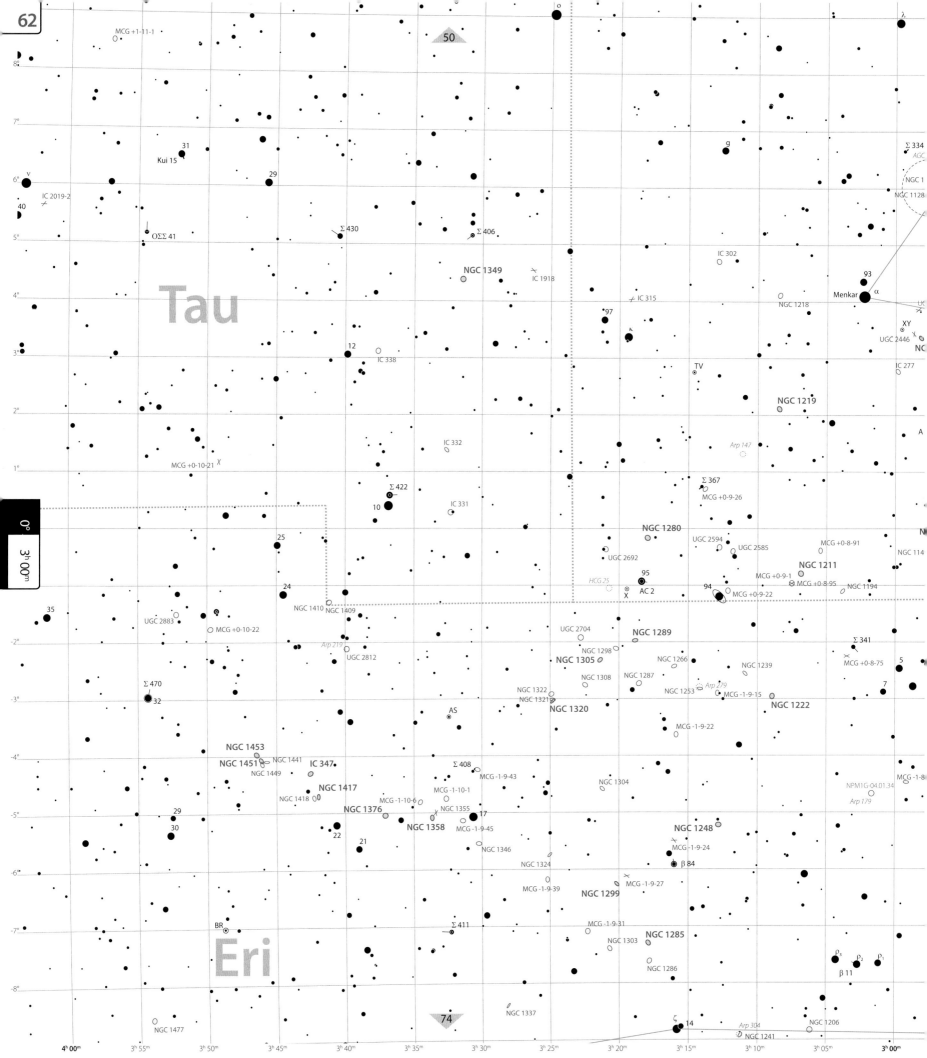

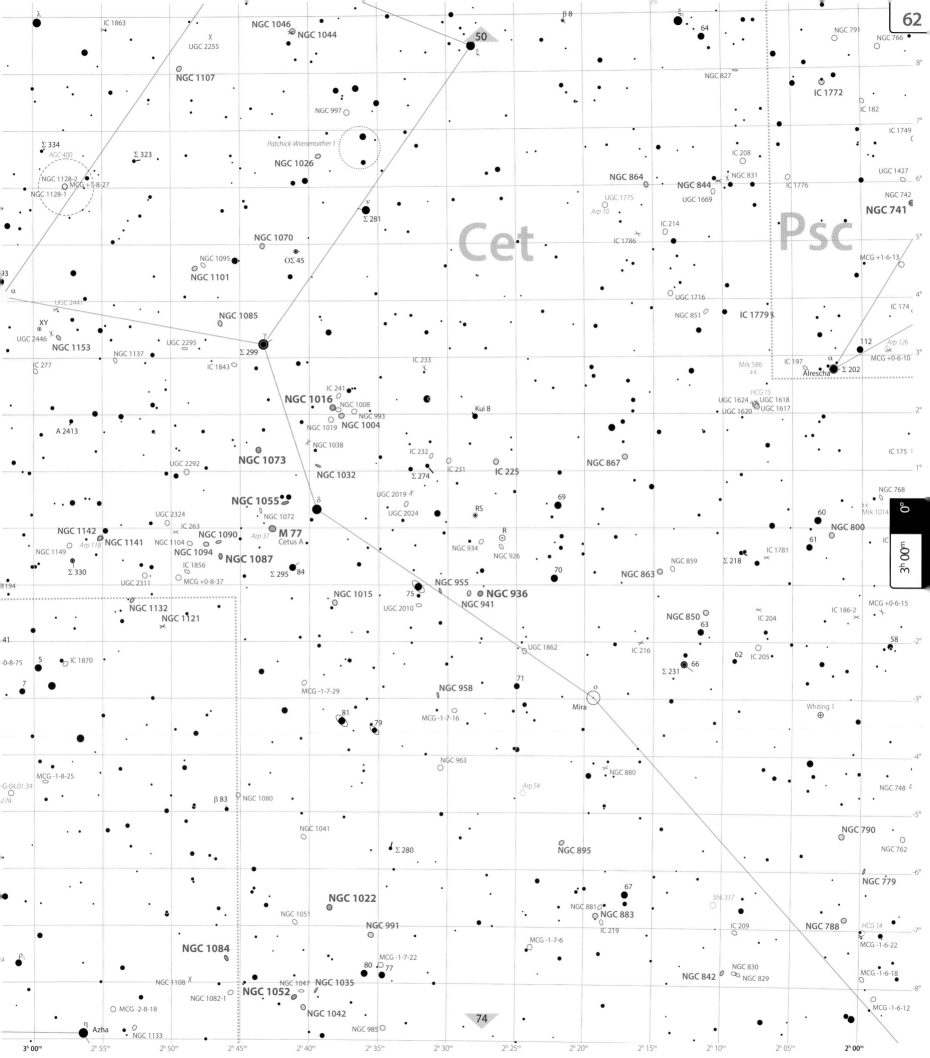

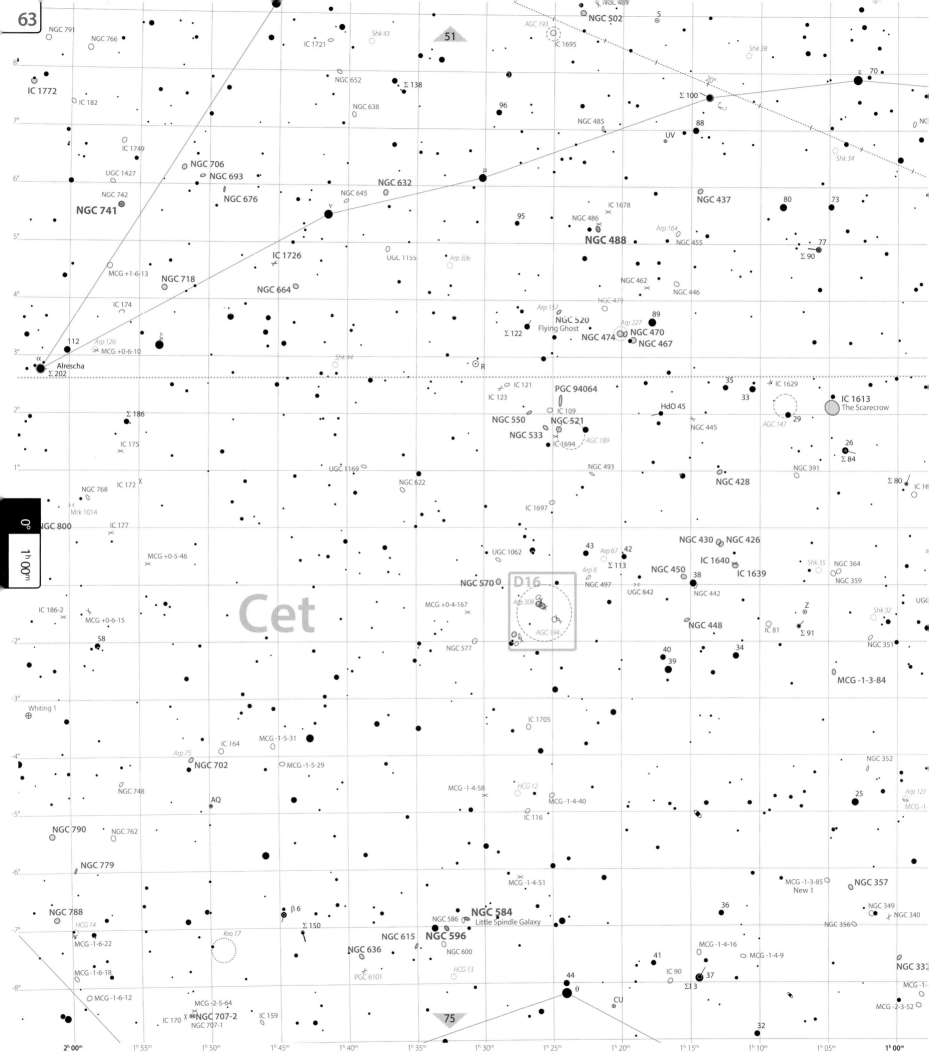

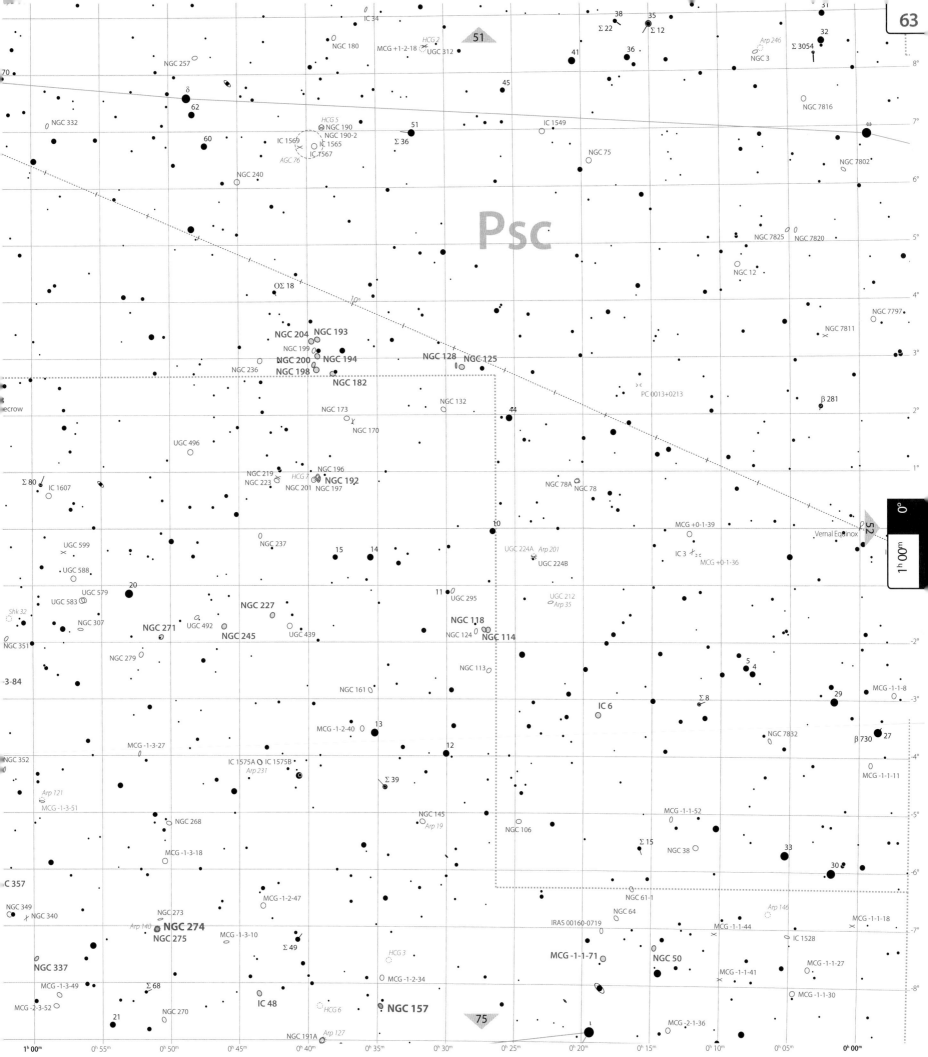

Psc

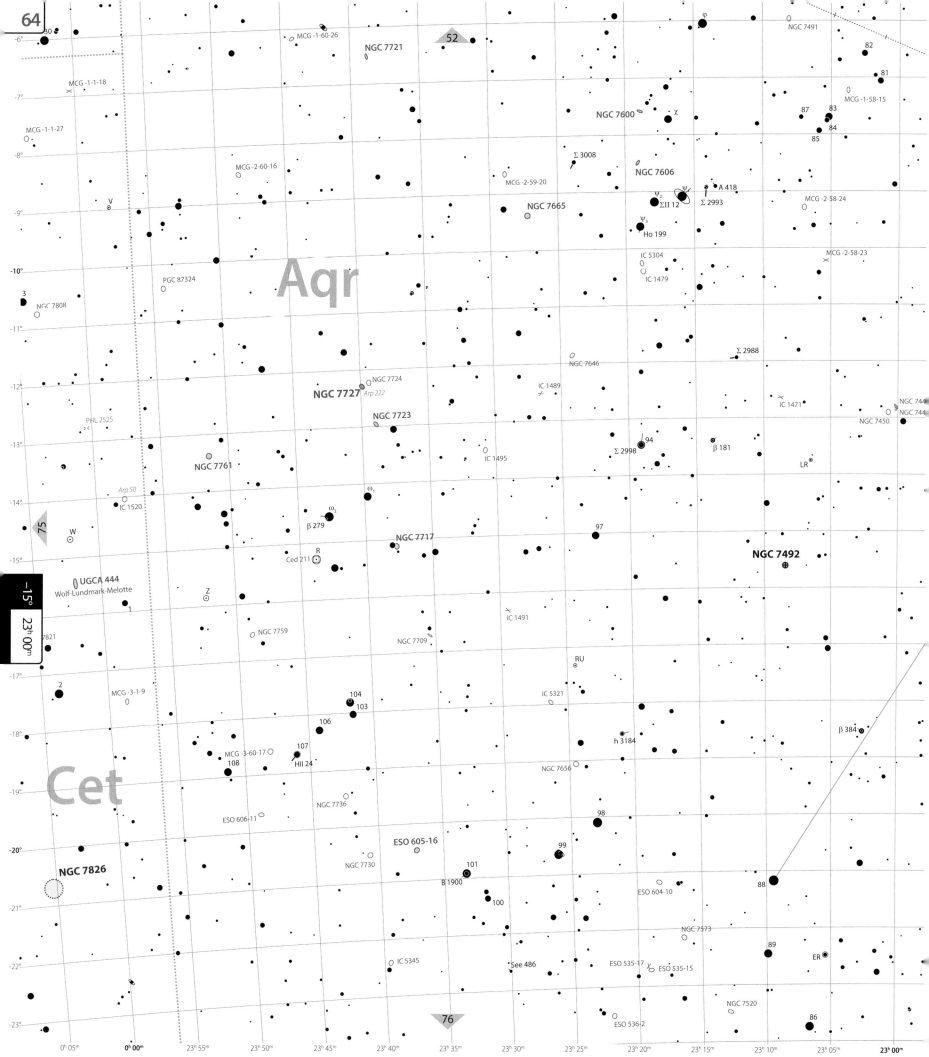

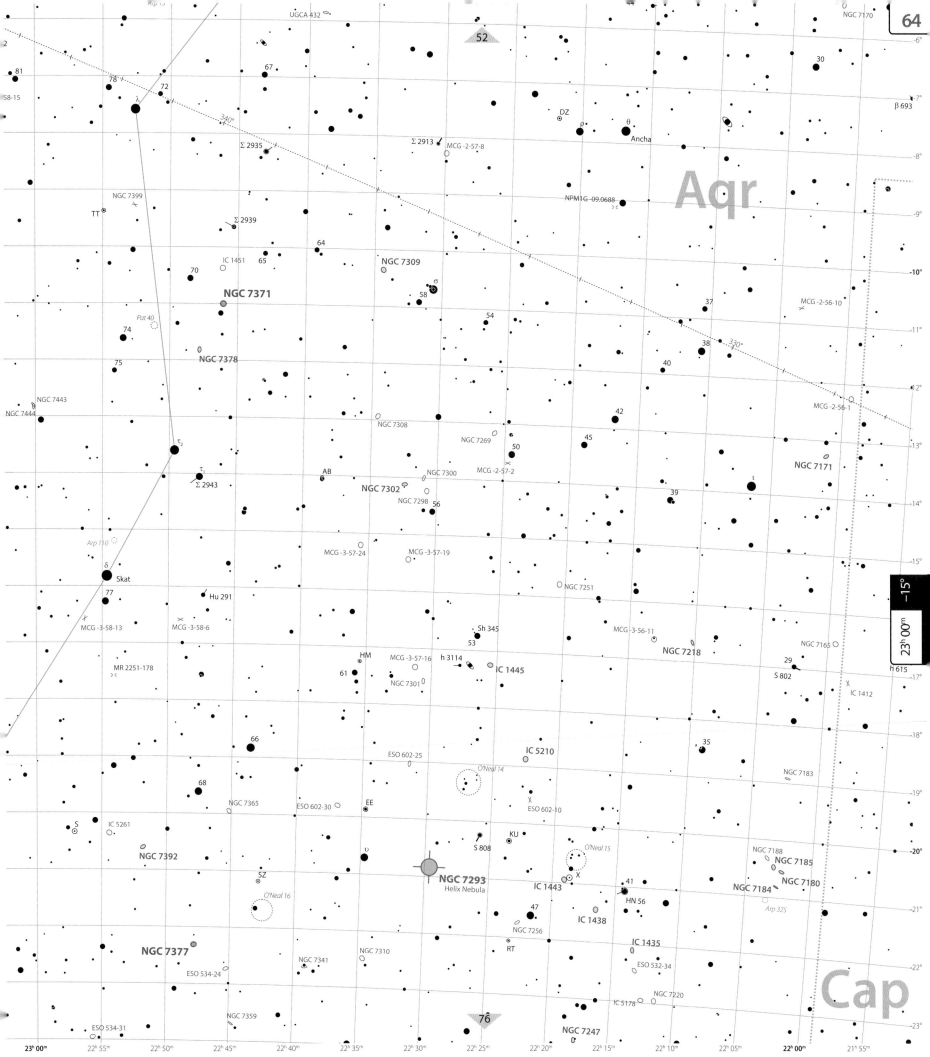

Aqr

Cap

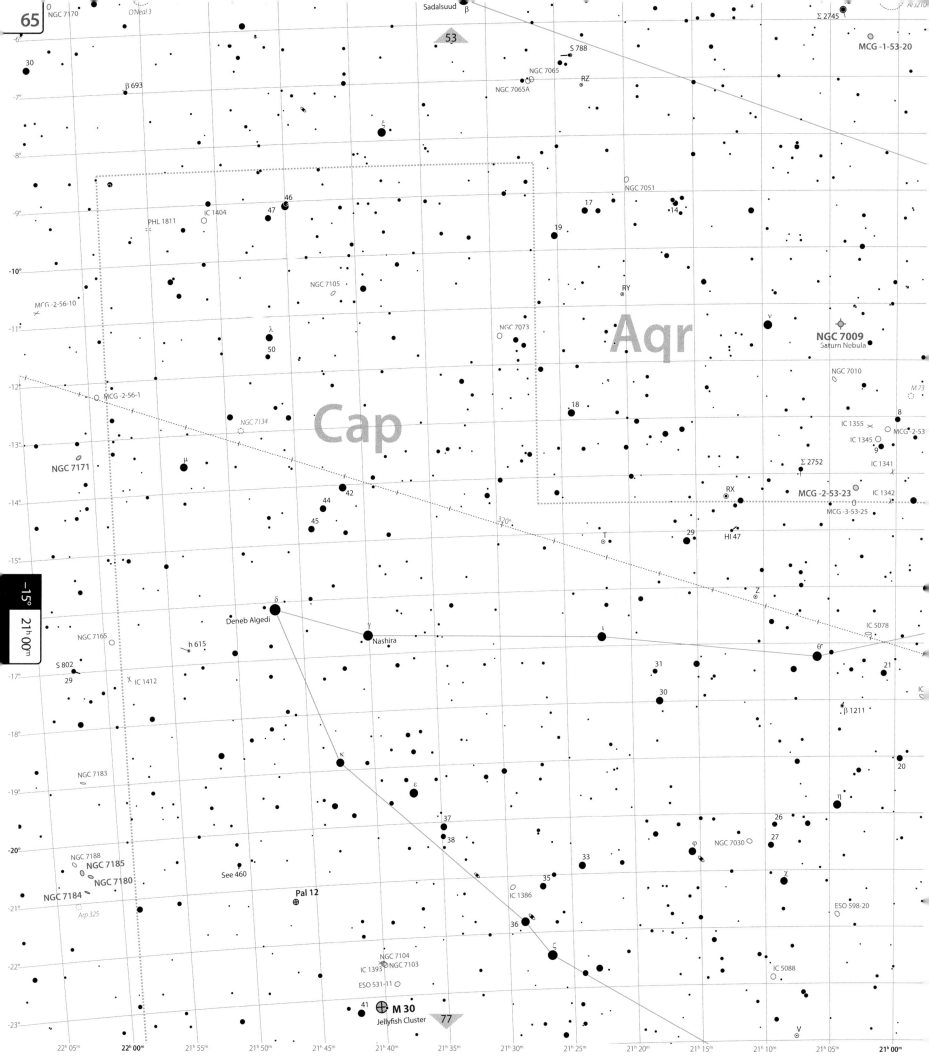

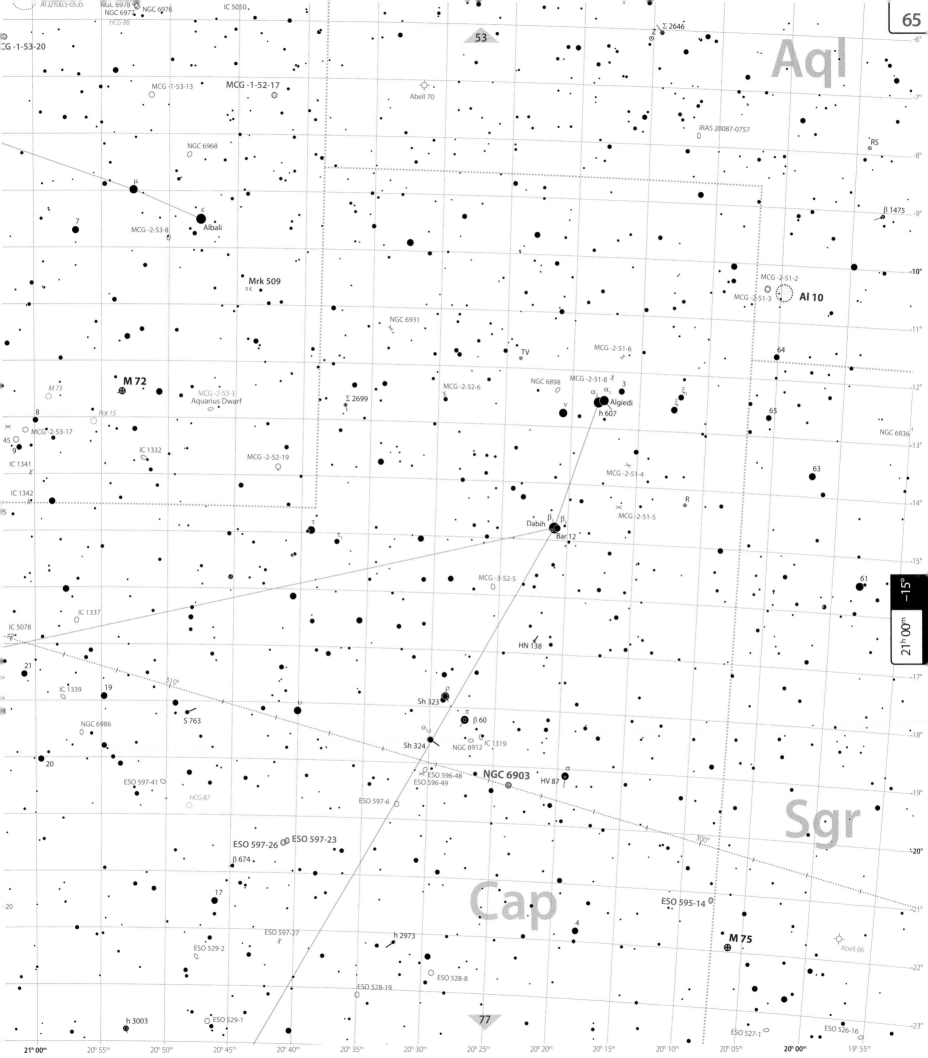

Aql

Sgr

Cap

Al 10

M 72

M 73

M 75

Mrk 509

Albali

Dabih

Algiedi

Aquarius Dwarf

AI J1924.6-0512

NGC 6751

IRAS 19348-0619

54

Glowing Eye

12

V

LSA 1

M 3-34

B 134

B 133

Σ 2597

NGC 6821

κ

W

Ren 9

RS

U

20

Σ 2425

GY

Pal 11

Ren 8

Crinklaw 1

57

Aql

Σ 2594

56

V1461

IC 4846

β 1475

Σ 2519

β 148

Σ 2545

NGC 6814

Σ 2547

37

Nassau 2

51

AI 10

V805

64

ScJ 22

Abell 60

MaC 1-16

65

NGC 6835

ST

NGC 6836

63

Kron 56

NGC 6818

β 138

Little Gem Nebula

V505

NGC 6822

MCG -3-50-1

Barnard's Galaxy

υ

S 715

S 716

61

S 710

55

NGC 6774

54

h 599

T

S 722

Sgr

ρ₁

ESO 594-4

DeHt 3

ESO 593-1

Sag DIG

ESO 592-9

ρ₂

NGC 6737

AN

ESO 593-5

h 5082

43

ESO 594-5

R

V4197

57

ESO 592-10

56

ESO 593-11

π

ESO 594-1

Z

HN 126

ESO 595-14

β 467

Abell 66

50

290°

M 75

SU

ESO 526-8

HN 129

ESO 527-1

ESO 526-16

ESO 526-10

53

78

ESO 525-8

Abell 65

χ

20ʰ 05ᵐ   20ʰ 00ᵐ   19ʰ 55ᵐ   19ʰ 50ᵐ   19ʰ 45ᵐ   19ʰ 40ᵐ   19ʰ 35ᵐ   19ʰ 30ᵐ   19ʰ 25ᵐ   19ʰ 20ᵐ   19ʰ 15ᵐ   19ʰ 10ᵐ   19ʰ 05ᵐ   19ʰ 00ᵐ

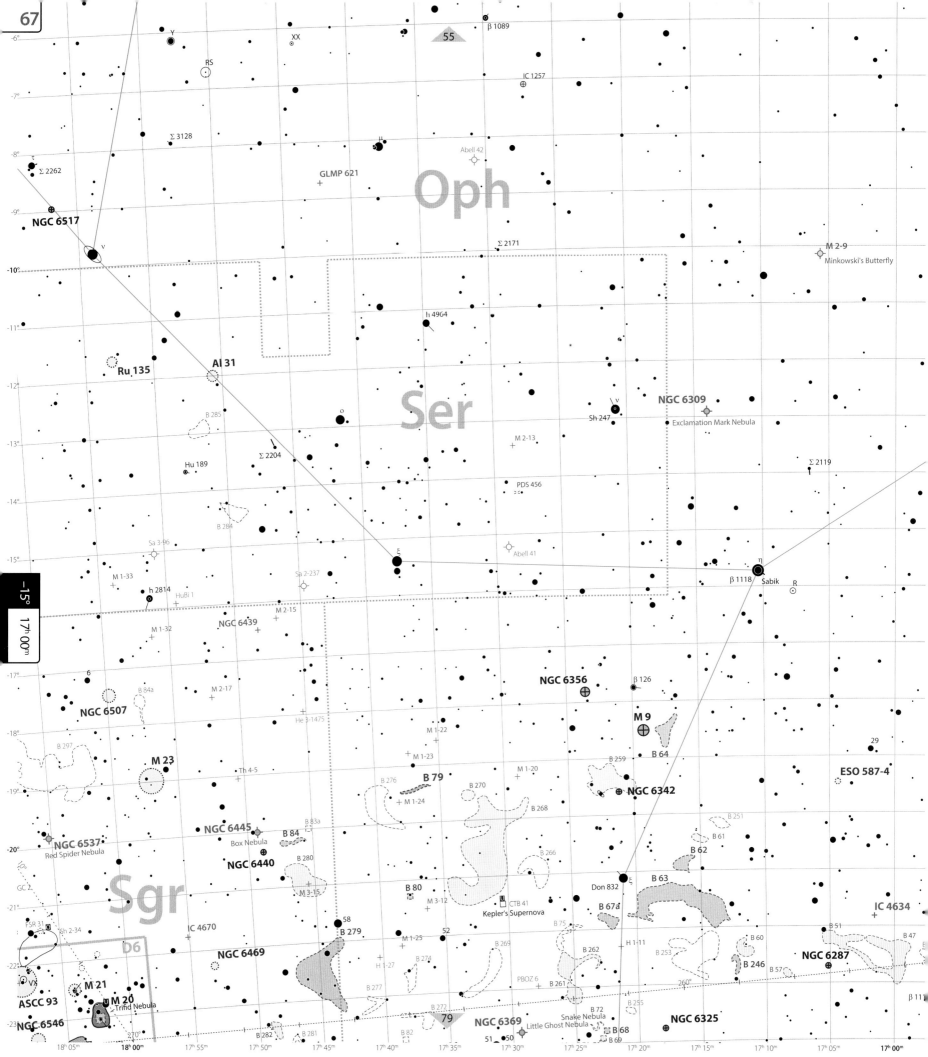

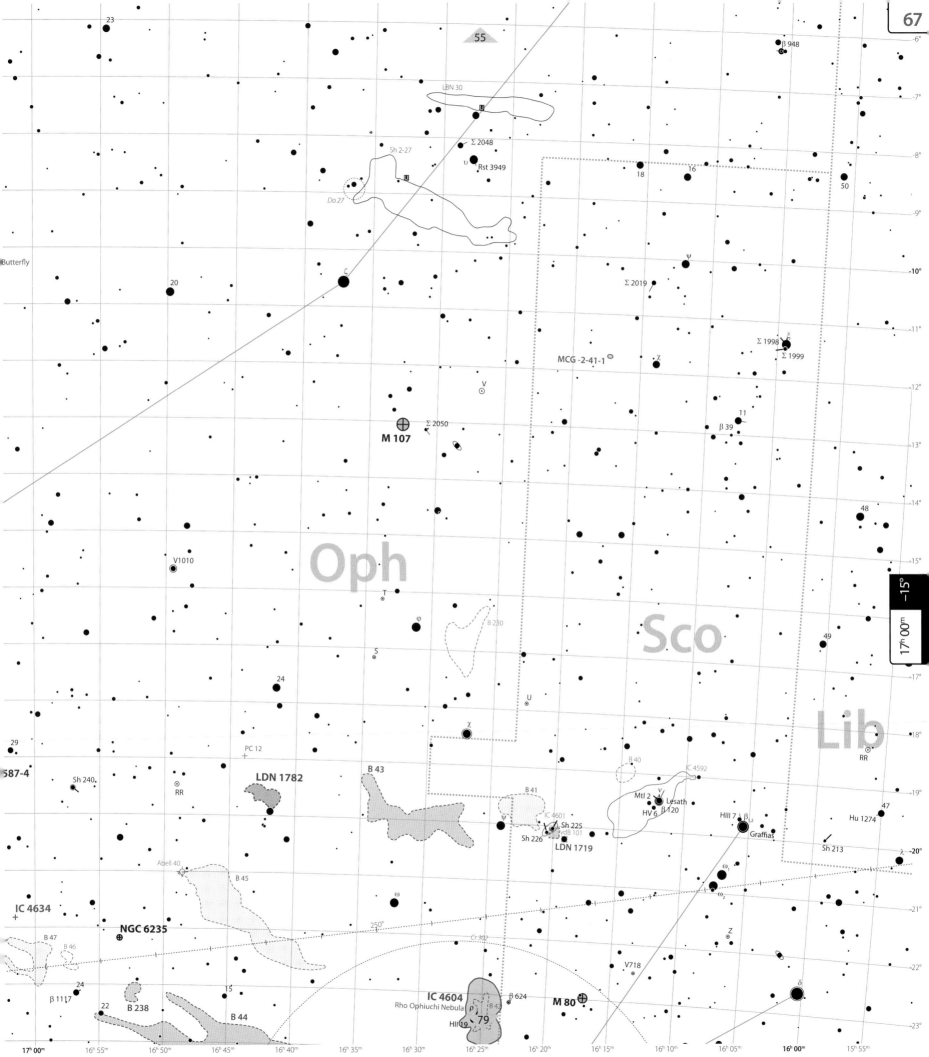

Butterfly

Oph

Sco

Lib

-15°

17h 00m

LBN 30

Sh 2-27

Do 27

Σ 2048

υ Rst 3949

ζ

20

23

55

β 948

18

16

50

ψ

Σ 2019

χ

Σ 1998

Σ 1999

ξ

MCG -2-41-1

V

Σ 2050

M 107

11

β 39

48

V1010

T

φ

B 280

ξ

24

U

χ

49

29

RR

587-4

Sh 240

RR

PC 12

LDN 1782

B 43

B 41

B 40

IC 4592

Mtl 2

ν

Lesath

HV 6

β 120

HIII 7

β₁₂

Graffias

Hu 1274

47

λ

ψ

IC 4601

Sh 225

vdB 101

Sh 226

LDN 1719

Sh 213

Abell 40

B 45

ω

ω

ω₂

IC 4634

NGC 6235

250°

Z

V718

M 80

δ

B 47

B 46

Cr 302

24

β 1117

22

B 238

B 44

15

IC 4604
Rho Ophiuchi Nebula

ρ

B 42

β 624

HIII 19

79

17h 00m 16h 55m 16h 50m 16h 45m 16h 40m 16h 35m 16h 30m 16h 25m 16h 20m 16h 15m 16h 10m 16h 05m 16h 00m 15h 55m

-6°
-7°
-8°
-9°
-10°
-11°
-12°
-13°
-14°
-15°
-16°
-17°
-18°
-19°
-20°
-21°
-22°
-23°

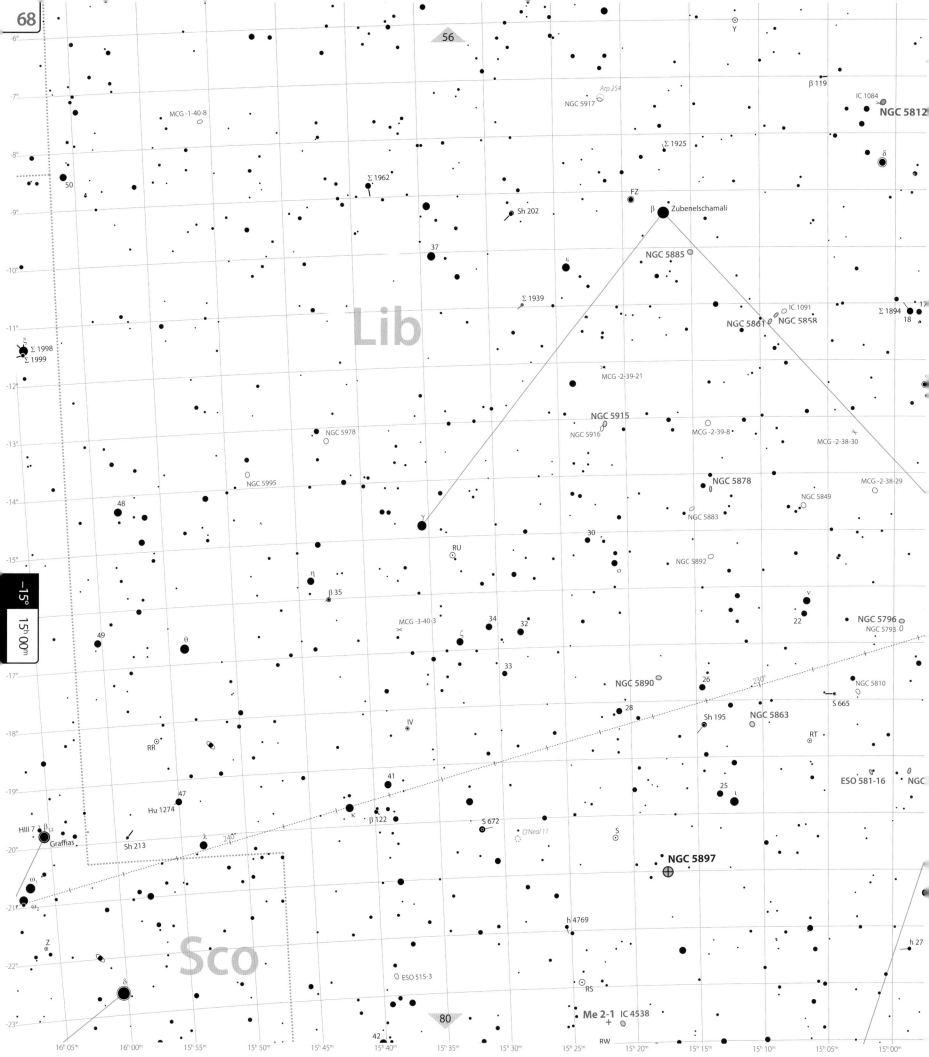

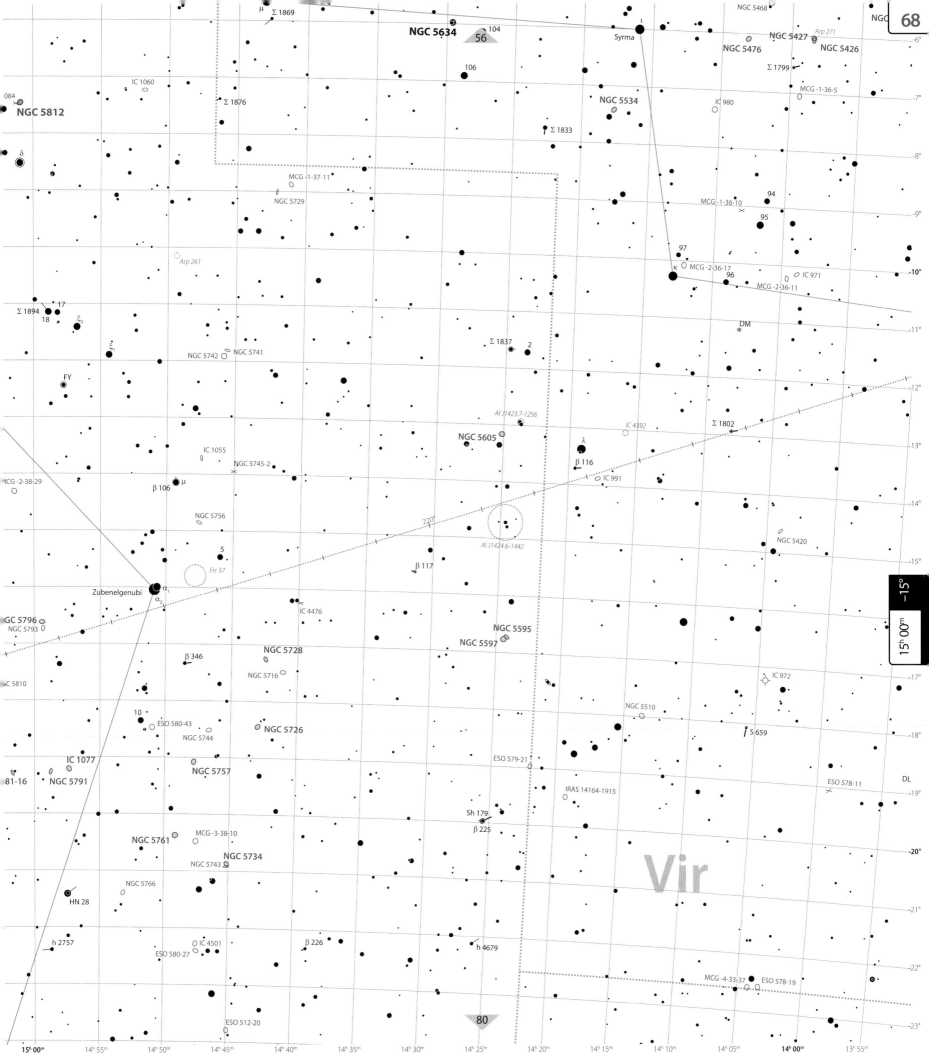

NGC 5468
μ
Σ 1869
NGC 5634
104
56
Syrma
NGC 5427   Arp 271
NGC 5476
Σ 1799
NGC
106
NGC 5426
MCG -1-36-5
IC 1060
Σ 1876
NGC 5534
IC 980
084
NGC 5812
Σ 1833
δ
MCG -1-37-11
MCG -1-36-10
94
NGC 5729
95
Arp 261
97
κ   MCG -2-36-17
IC 971
96
MCG -2-36-11
17
Σ 1894
ξ₂
18
DM
ξ₁
Σ 1837   2
NGC 5742   NGC 5741
FY
AI J1423.7-1256
IC 4392
Σ 1802
IC 1055
NGC 5605
λ
NGC 5745-2
β 116
MCG -2-38-29
IC 991
μ
β 106
NGC 5756
NGC 5420
220°
5
AI J1424.6-1442
Frr 37
β 117
Zubenelgenubi   α₁
α₂
GC 5796
NGC 5793
NGC 5595
C 5810
NGC 5597
IC 4476
β 346
IC 972
NGC 5728
NGC 5716
NGC 5510
10
ESO 580-43
S 659
NGC 5726
IC 1077
NGC 5744
ESO 579-21
81-16
NGC 5791
NGC 5757
ESO 578-11
DL
IRAS 14164-1915
Sh 179
β 225
NGC 5761
MCG -3-38-10
Vir
NGC 5734
NGC 5743
NGC 5766
HN 28
h 2757
IC 4501
β 226
h 4679
ESO 580-27
MCG -4-33-37   ESO 578-19
80
ESO 512-20

15ʰ 00ᵐ   14ʰ 55ᵐ   14ʰ 50ᵐ   14ʰ 45ᵐ   14ʰ 40ᵐ   14ʰ 35ᵐ   14ʰ 30ᵐ   14ʰ 25ᵐ   14ʰ 20ᵐ   14ʰ 15ᵐ   14ʰ 10ᵐ   14ʰ 05ᵐ   14ʰ 00ᵐ   13ʰ 55ᵐ

-6°
-7°
-8°
-9°
-10°
-11°
-12°
-13°
-14°
-15°
-16°
-17°
-18°
-19°
-20°
-21°
-22°

-15°
15ʰ 00ᵐ

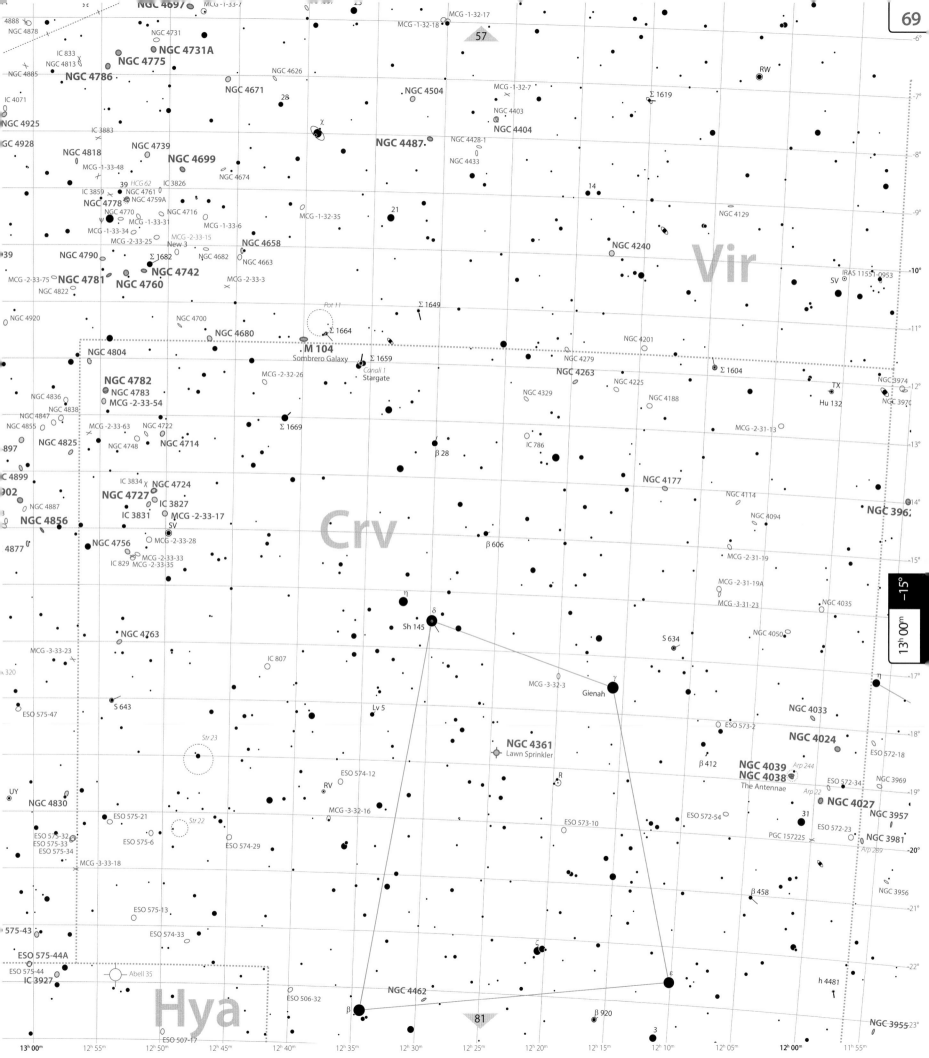

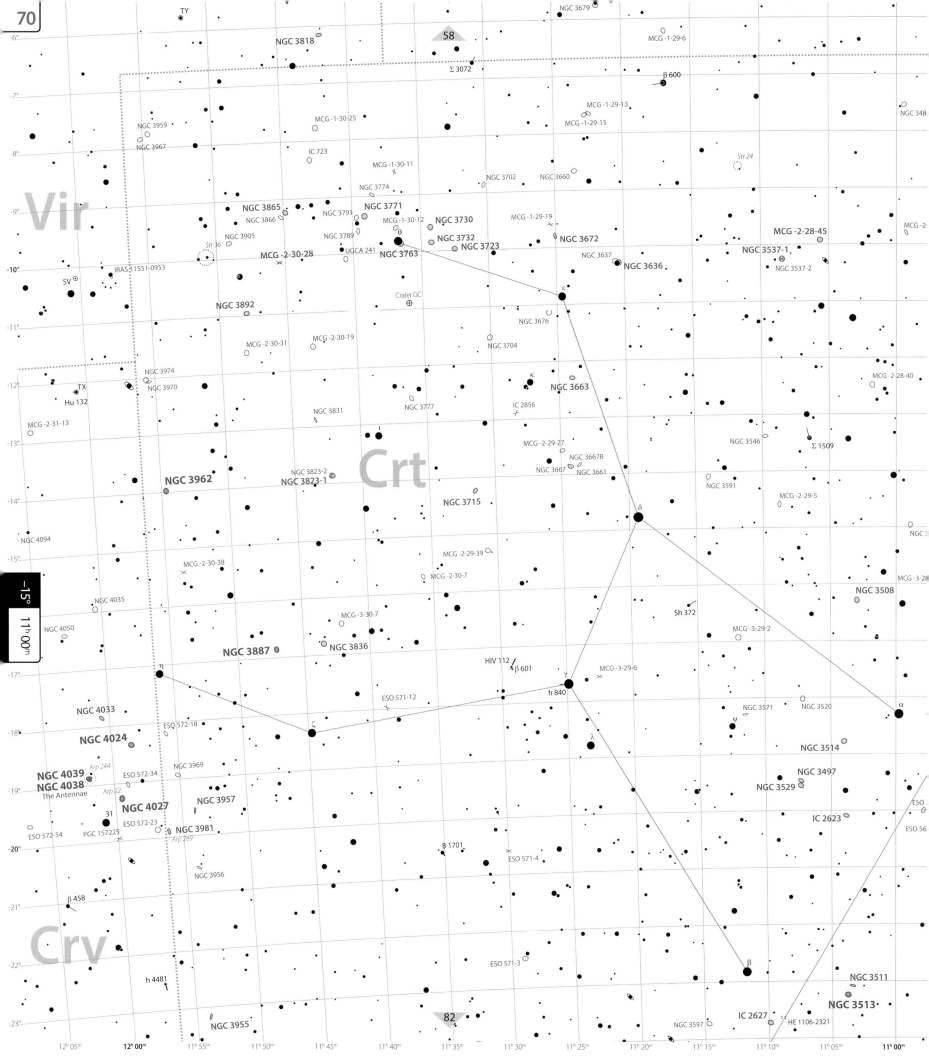

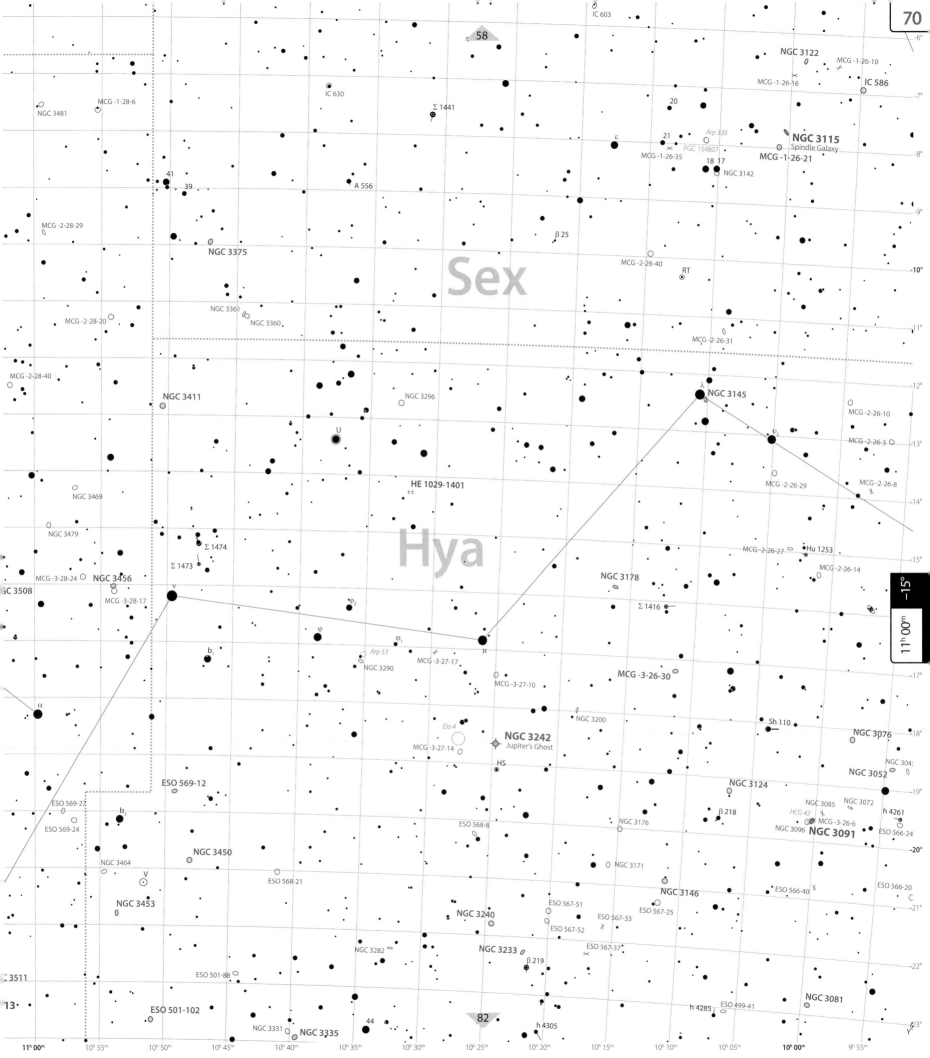

Sex

58

82

Hya

NGC 3122
MCG -1-26-10
MCG -1-26-16
IC 586
MCG -1-28-6
NGC 3481
IC 630
Σ 1441
20
ε
21
Arp 338
PGC 154807
NGC 3115
Spindle Galaxy
MCG -1-26-35
18 17
MCG -1-26-21
NGC 3142
41
39
A 556
MCG -2-28-29
β 25
NGC 3375
MCG -2-26-40
RT
NGC 3361
NGC 3360
MCG -2-28-20
MCG -2-26-31
MCG -2-28-40
NGC 3411
NGC 3296
λ
NGC 3145
MCG -2-26-10
NGC 3469
U
MCG -2-26-3
ν₂
MCG -2-26-29
MCG -2-26-8
NGC 3479
HE 1029-1401
Σ 1474
MCG -2-26-27
Hu 1253
Σ 1473
MCG -2-26-14
MCG -3-28-24
NGC 3456
NGC 3178
−15°
GC 3508
MCG -3-28-17
Σ 1416
11ʰ 00ᵐ
ν
φ₂
α
φ
φ₁
μ
MCG -3-26-30
b₁
Arp 53
MCG -3-27-17
NGC 3290
MCG -3-27-10
MCG -3-26-30
Elo 4
NGC 3200
Sh 110
NGC 3076
ESO 569-27
NGC 3242
Jupiter's Ghost
MCG -3-27-14
NGC 3052
NGC 304
ESO 569-12
HS
NGC 3124
NGC 3085
NGC 3072
h 4261
ESO 569-24
b₃
β 218
HCG 42
MCG -3-26-6
ESO 566-24
NGC 3464
NGC 3176
NGC 3096
NGC 3091
NGC 3450
V
NGC 3171
NGC 3146
ESO 566-40
ESO 566-20
ESO 568-21
NGC 3453
ESO 568-8
ESO 567-51
ESO 567-25
NGC 3240
ESO 567-33
NGC 3282
NGC 3233
ESO 567-52
ESO 567-37
3511
β 219
13
ESO 501-88
NGC 3081
ESO 501-102
NGC 3331
NGC 3335
44
h 4305
h 4285
ESO 499-41
γ

IC 603

11ʰ 00ᵐ 10ʰ 55ᵐ 10ʰ 50ᵐ 10ʰ 45ᵐ 10ʰ 40ᵐ 10ʰ 35ᵐ 10ʰ 30ᵐ 10ʰ 25ᵐ 10ʰ 20ᵐ 10ʰ 15ᵐ 10ʰ 10ᵐ 10ʰ 05ᵐ 10ʰ 00ᵐ 9ʰ 55ᵐ

-6° -7° -8° -9° -10° -11° -12° -13° -14° -15° -16° -17° -18° -19° -20° -21° -22° -23°

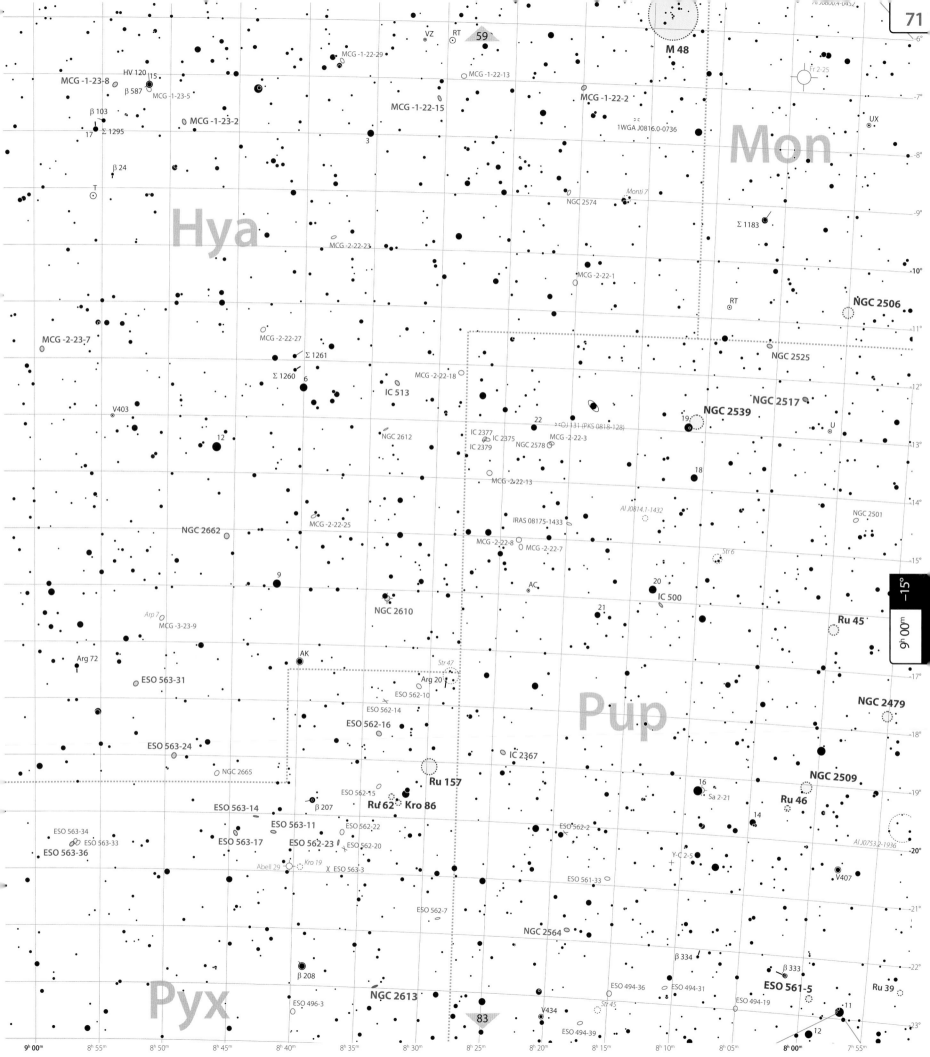

Mon

Hya

Pup

Pyx

M 48

MCG -1-23-8
HV 120
15
β 587
MCG -1-23-5
β 103
17 Σ 1295
MCG -1-23-2
β 24
T
3
VZ
RT
59
MCG -1-22-29
MCG -1-22-13
MCG -1-22-15
MCG -1-22-2
1WGA J0816.0-0736
MCG -1-22-2
Fr 2-25
UX
Monti 7
NGC 2574
Σ 1183
MCG -2-22-23
MCG -2-22-1
RT
NGC 2506
MCG -2-23-7
MCG -2-22-27
Σ 1261
Σ 1260
6
IC 513
MCG -2-22-18
NGC 2525
NGC 2517
NGC 2539
V403
12
NGC 2612
22
J 131 (PKS 0818-128)
19
IC 2377
IC 2375
MCG -2-22-3
IC 2379
NGC 2578
U
18
NGC 2501
MCG -2-22-13
MCG -2-22-25
NGC 2662
IRAS 08175-1433
AI J0814.1-1432
MCG -2-22-8
MCG -2-22-7
Str 6
9
AC
20
IC 500
NGC 2610
21
Ru 45
Arp 7
MCG -3-23-9
Arg 72
Str 47
ESO 563-31
AK
Arg 20
ESO 562-10
ESO 562-14
NGC 2479
ESO 562-16
IC 2367
ESO 563-24
NGC 2665
Ru 157
NGC 2509
ESO 563-14
ESO 562-15
β 207
Ru 62 Kro 86
16
Sa 2-21
Ru 46
ESO 563-34
ESO 563-33
ESO 563-11
ESO 562-22
14
ESO 563-17
ESO 562-23
ESO 562-20
ESO 563-36
ESO 562-2
Y-C 2-5
AI J0753.2-1936
Abell 29
Kro 19
ESO 563-3
ESO 561-33
V407
ESO 562-7
β 334
β 208
NGC 2564
β 333
NGC 2613
ESO 494-36
ESO 494-31
ESO 561-5
Ru 39
83
ESO 496-3
V434
Str 45
ESO 494-19
11
ESO 494-39
12

9h 00m   8h 55m   8h 50m   8h 45m   8h 40m   8h 35m   8h 30m   8h 25m   8h 20m   8h 15m   8h 10m   8h 05m   8h 00m   7h 55m

-6°
-7°
-8°
-9°
-10°
-11°
-12°
-13°
-14°
-15°
-16°
-17°
-18°
-19°
-20°
-21°
-22°
-23°

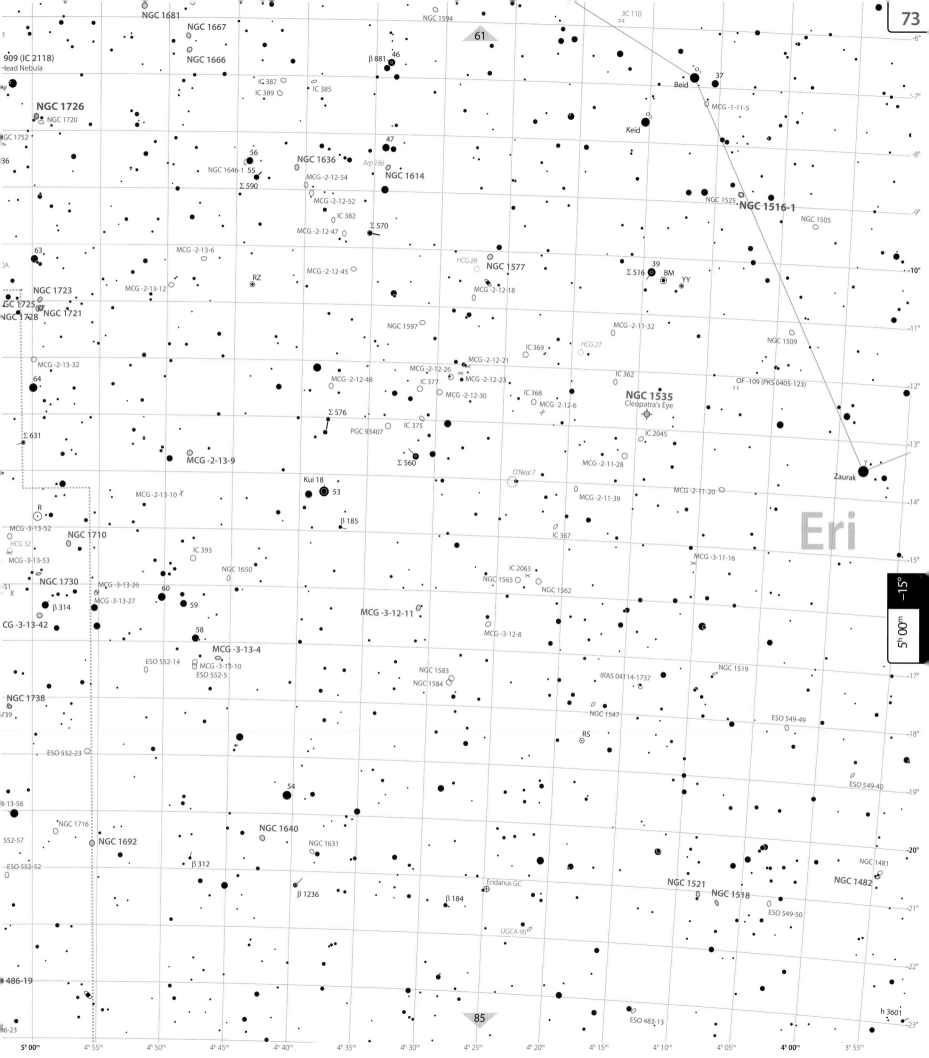

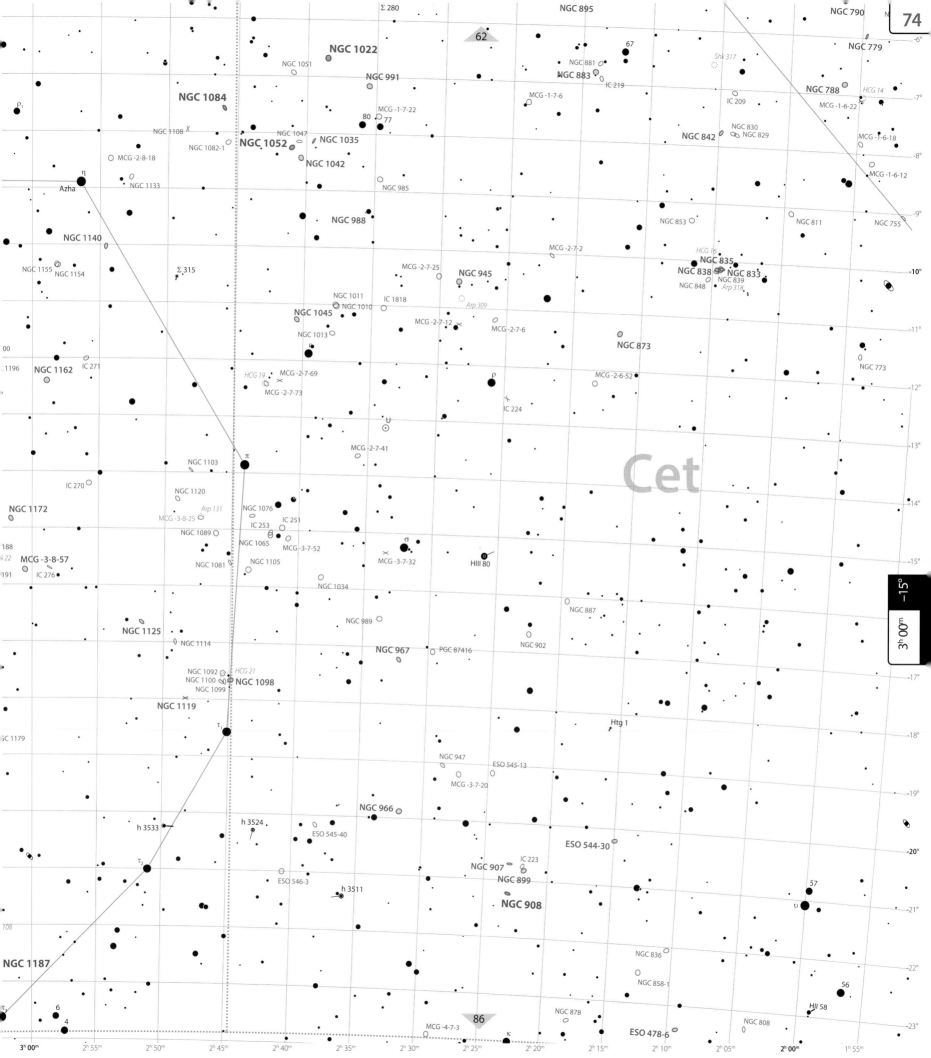

Σ 280

NGC 895

NGC 790

−6°

NGC 1022

62

67

Shk 317

NGC 779

NGC 1051

NGC 881

HCG 14

NGC 991

NGC 883

IC 219

NGC 788

−7°

IC 209

MCG -1-7-6

NGC 1084

MCG -1-6-22

NGC 1108 χ

80

MCG -1-7-22

77

NGC 830

NGC 842

MCG -1-6-18

NGC 1047

NGC 1035

NGC 829

NGC 1082-1

NGC 1052

MCG -2-8-18

ρ₁

η

NGC 1042

−8°

Azha

NGC 1133

NGC 985

NGC 853

NGC 811

NGC 755

−9°

NGC 1140

NGC 988

MCG -2-7-2

NGC 1155

NGC 1154

Σ 315

MCG -2-7-25

NGC 945

HCG 16

NGC 835

−10°

NGC 838

NGC 833

NGC 848

NGC 839

NGC 1011

Arp 318

IC 1818

NGC 1045

NGC 1010

Arp 309

NGC 1013

MCG -2-7-12

MCG -2-7-6

NGC 873

−11°

1196

NGC 1162

IC 271

HCG 19

MCG -2-7-69

ρ

MCG -2-6-52

NGC 773

0

MCG -2-7-73

IC 224

−12°

υ

MCG -2-7-41

Cet

NGC 1103

−13°

IC 270

NGC 1120

NGC 1172

Arp 131

NGC 1076

MCG -3-8-25

IC 251

IC 253

NGC 1089

NGC 1065

MCG -3-7-52

σ

−14°

188

MCG -3-7-32

HIII 80

22

MCG -3-8-57

NGC 1081

NGC 1105

−15°

191

IC 276

NGC 1034

3ʰ00ᵐ

NGC 887

NGC 989

NGC 1125

NGC 902

−16°

NGC 1114

NGC 967

PGC 87416

NGC 1092

HCG 21

NGC 1100

NGC 1098

−17°

NGC 1099

NGC 1119

Htg 1

τ₁

−18°

GC 1179

NGC 947

ESO 545-13

MCG -3-7-20

−19°

NGC 966

h 3524

ESO 544-30

h 3533

ESO 545-40

−20°

τ₂

IC 223

57

ESO 546-3

NGC 907

υ

h 3511

NGC 899

−21°

NGC 1187

NGC 908

56

NGC 836

T08

−22°

NGC 858-1

HII 58

6

NGC 878

NGC 808

4

86

ESO 478-6

−23°

MCG -4-7-3

κ

3ʰ00ᵐ   2ʰ55ᵐ   2ʰ50ᵐ   2ʰ45ᵐ   2ʰ40ᵐ   2ʰ35ᵐ   2ʰ30ᵐ   2ʰ25ᵐ   2ʰ20ᵐ   2ʰ15ᵐ   2ʰ10ᵐ   2ʰ05ᵐ   2ʰ00ᵐ   1ʰ55ᵐ

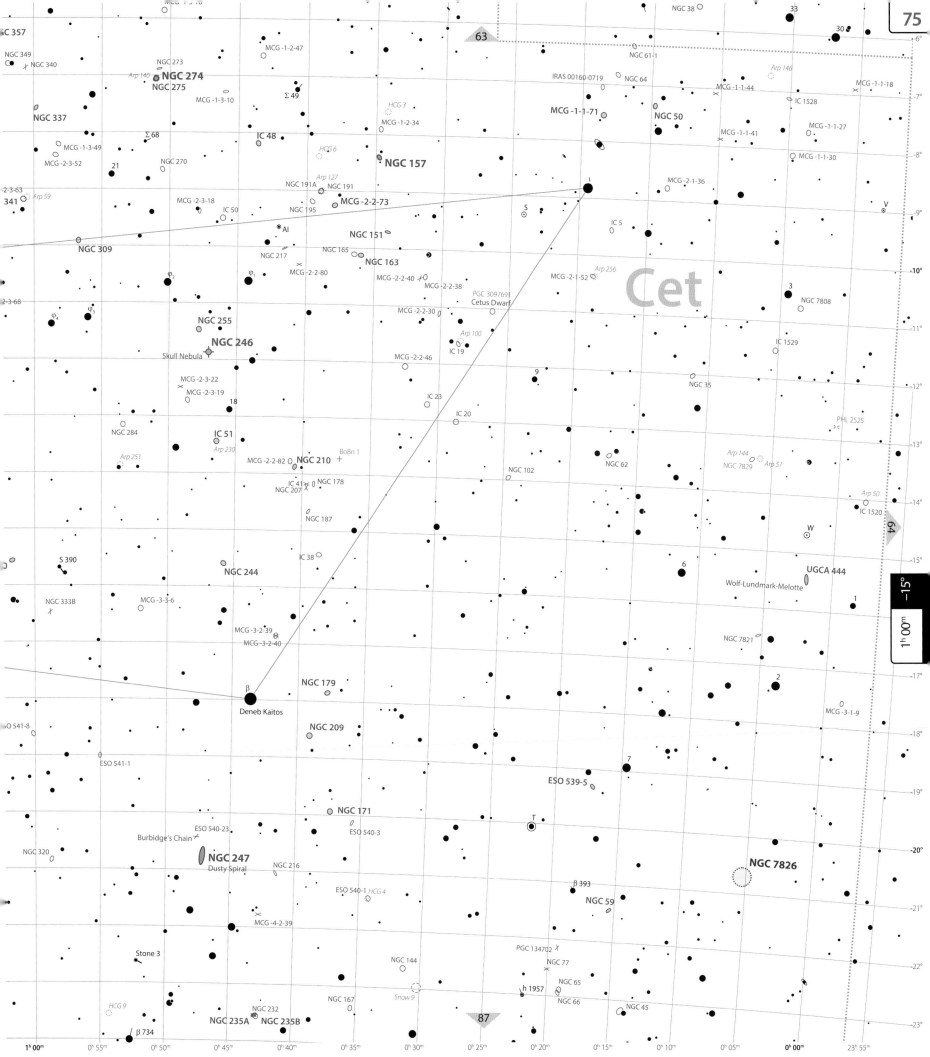

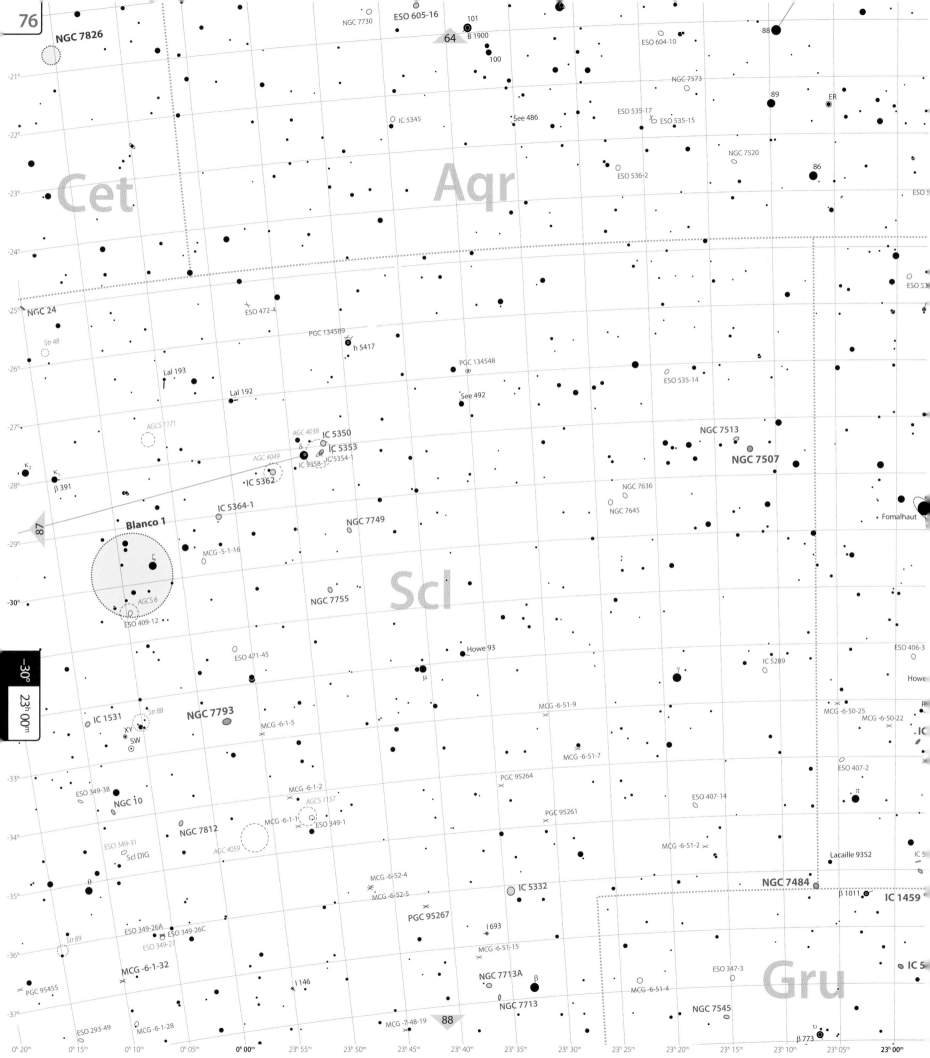

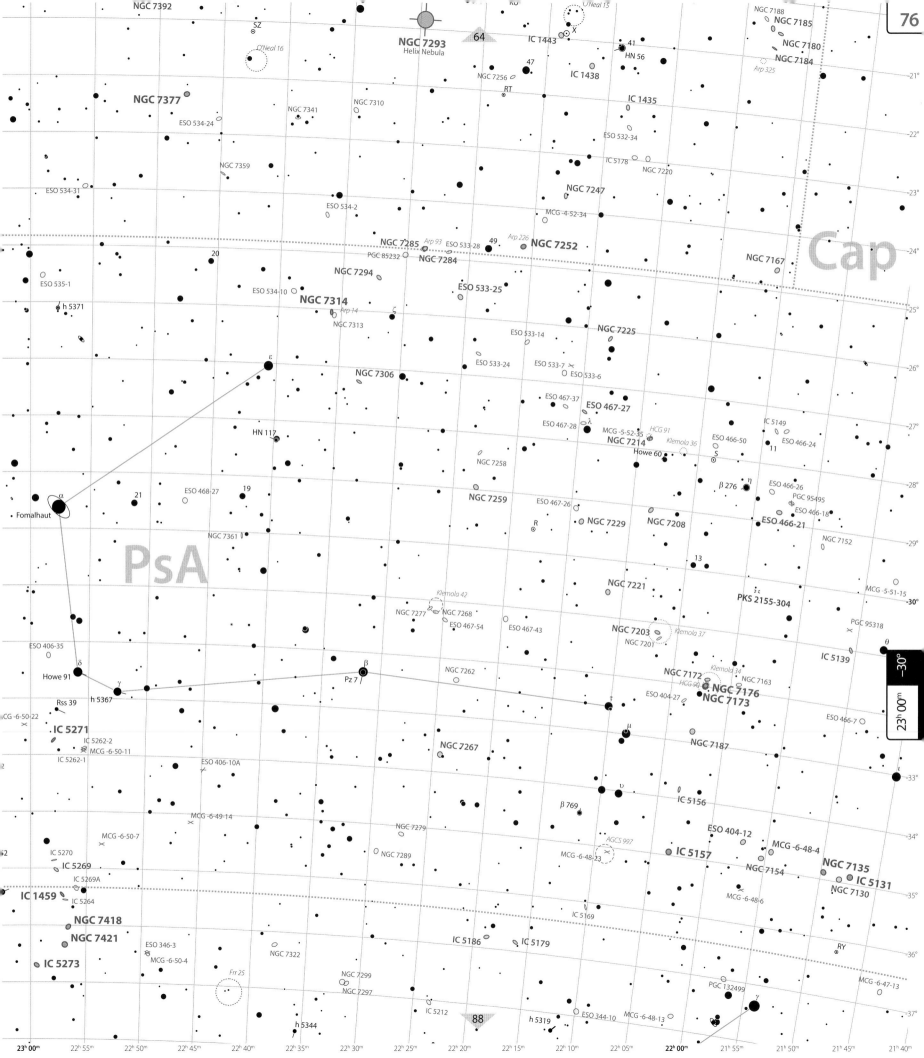

NGC 7392

SZ

O'Neal 16

NGC 7293
Helix Nebula

64

IC 1443

O'Neal 15

X

41

HN 56

NGC 7188

NGC 7185

NGC 7180

NGC 7184

Arp 325

47

NGC 7256

RT

IC 1438

IC 1435

NGC 7377

NGC 7341

NGC 7310

ESO 534-24

IC 1435

IC 5178

NGC 7220

ESO 532-34

NGC 7359

ESO 534-31

ESO 534-2

NGC 7247

MCG -4-52-34

Cap

20

NGC 7285

Arp 93

PGC 85232

ESO 533-28

49

Arp 226

NGC 7252

NGC 7284

NGC 7167

ESO 535-1

NGC 7294

ESO 534-10

ESO 533-25

h 5371

NGC 7314

Arp 14

ζ

NGC 7313

ESO 533-14

NGC 7225

ε

NGC 7306

ESO 533-24

ESO 533-7

ESO 533-6

ESO 467-37

ESO 467-27

IC 5149

HN 117

λ

ESO 467-28

MCG -5-52-35

HCG 91

ESO 466-50

ESO 466-24

NGC 7214

Klemola 36

NGC 7258

Howe 60

S

11

ESO 468-27

19

β 276

η

ESO 466-26

PGC 95495

Fomalhaut

α

21

NGC 7259

ESO 467-26

ESO 466-18

ESO 466-21

NGC 7152

PsA

NGC 7361

R

NGC 7229

NGC 7208

13

MCG -5-51-15

NGC 7221

Klemola 42

PKS 2155-304

-30°

NGC 7277

NGC 7268

PGC 95318

ESO 406-35

NGC 7203

Klemola 37

IC 5139

Howe 91

δ

ESO 467-54

ESO 467-43

NGC 7201

θ

-30°

Rss 39

γ

β

NGC 7262

NGC 7172

Klemola 34

NGC 7163

23ʰ 00ᵐ

h 5367

Pz 7

τ

HCG 90

NGC 7176

NGC 7173

ESO 404-27

ESO 466-7

ICG -6-50-22

IC 5271

IC 5262-2

μ

NGC 7187

MCG -6-50-11

IC 5262-1

ESO 406-10A

NGC 7267

υ

IC 5156

β 769

MCG -6-49-14

ESO 404-12

MCG -6-50-7

NGC 7279

MCG -6-48-4

IC 5270

NGC 7289

AGCS 997

IC 5157

NGC 7135

IC 5269

MCG -6-48-23

NGC 7154

IC 5131

IC 5269A

NGC 7130

IC 1459

IC 5264

MCG -6-48-6

NGC 7418

MCG -6-48-13

NGC 7421

ESO 346-3

IC 5169

IC 5186

IC 5179

RY

IC 5273

MCG -6-50-4

γ

Frr 25

NGC 7322

NGC 7299

PGC 132499

MCG -6-47-13

NGC 7297

IC 5212

88

ESO 344-10

MCG -6-48-13

h 5344

h 5319

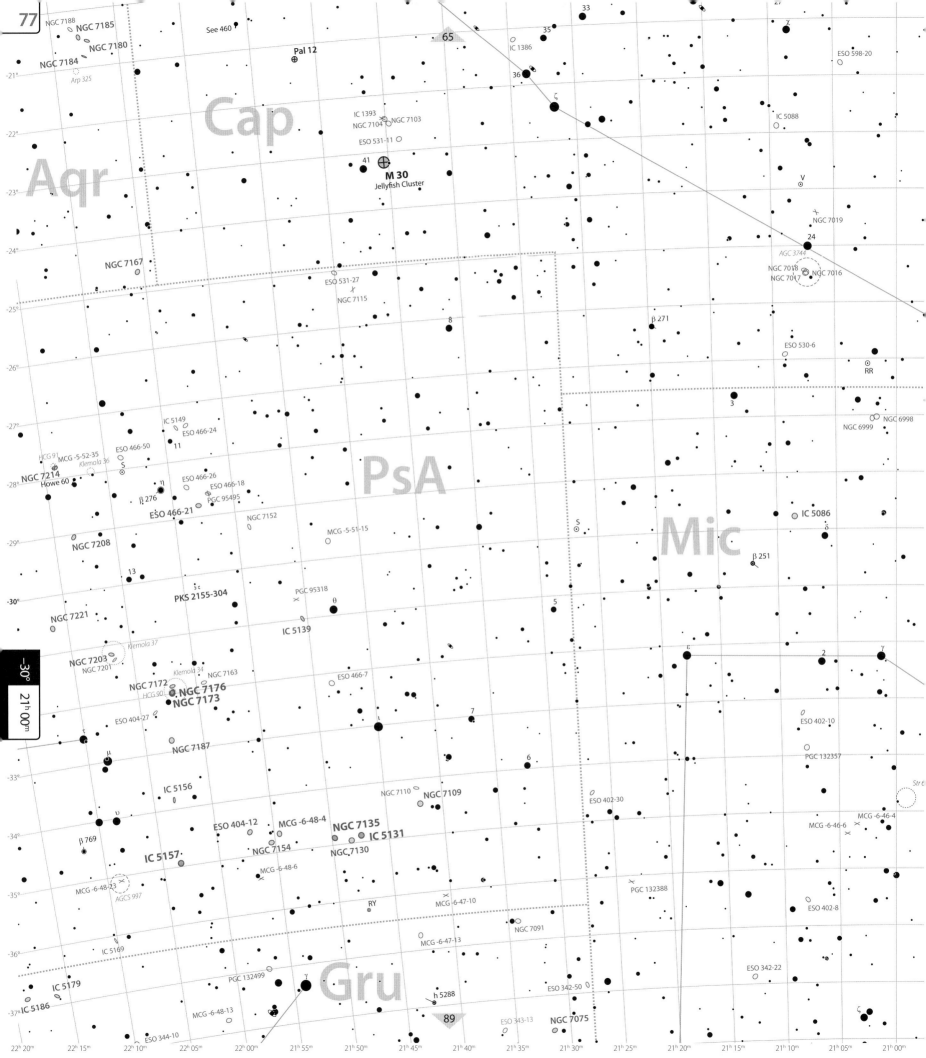

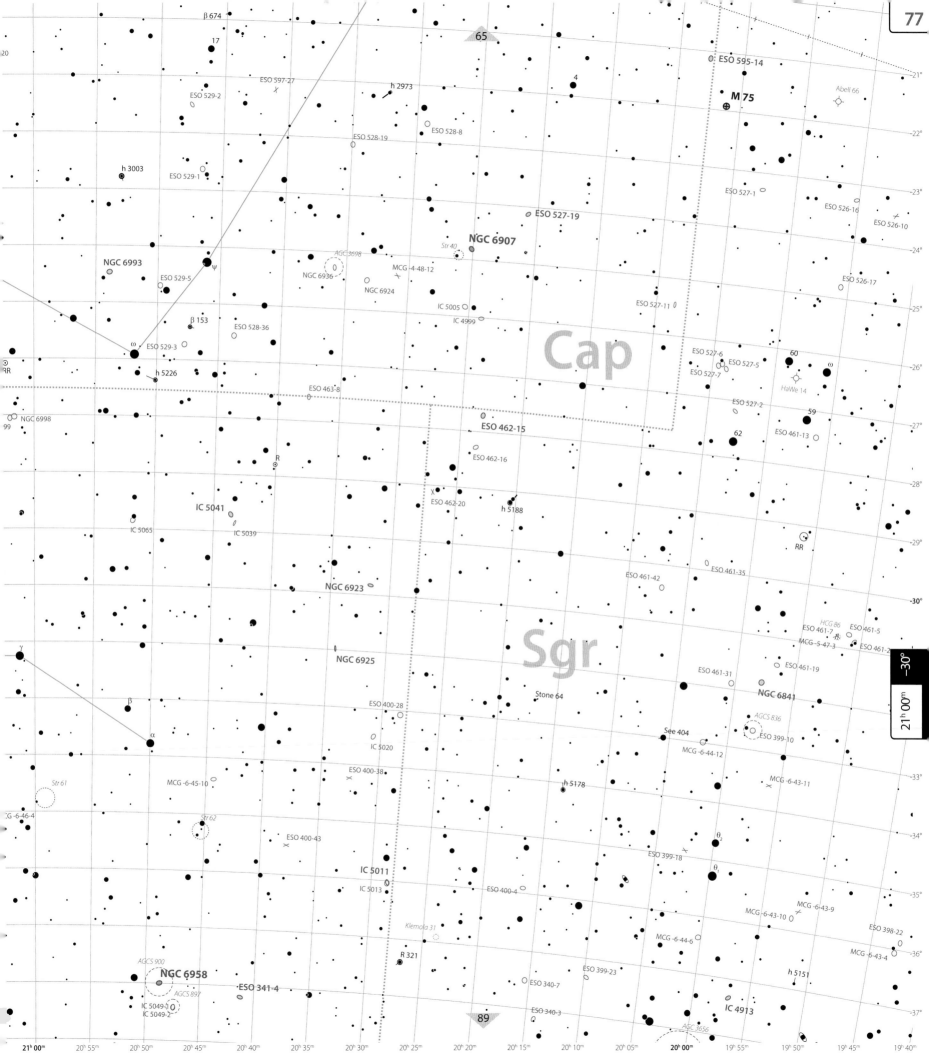

β 674

17

β 65

ESO 595-14

ESO 597-27

ESO 529-2

h 2973

ESO 528-19

ESO 528-8

M 75

h 3003

ESO 529-1

ESO 527-1

ESO 526-16

ESO 526-10

ESO 527-19

ESO 526-17

NGC 6993

AGC 3698

Str 40

NGC 6907

ψ

ESO 529-5

NGC 6936

MCG -4-48-12

ESO 527-11

NGC 6924

β 153

IC 5005

ESO 527-6

60

ω

ESO 528-36

IC 4999

ESO 527-5

ω

ESO 529-3

Cap

ESO 527-7

HaWe 14

h 5226

ESO 527-2

RR

ESO 463-8

59

NGC 6998

ESO 462-15

62

ESO 461-13

99

ESO 462-16

R

ESO 462-20

RR

IC 5041

X

ESO 461-42

ESO 461-35

IC 5065

h 5188

IC 5039

NGC 6923

-30°

γ

NGC 6925

Sgr

HCG 86

ESO 461-7

ESO 461-5

MCG -5-47-3

ESO 461-2

β

ESO 461-31

ESO 461-19

NGC 6841

α

Stone 64

21ʰ 00ᵐ

AGCS 836

See 404

ESO 399-10

Str 61

MCG -6-45-10

ESO 400-28

MCG -6-44-12

G -6-46-4

IC 5020

MCG -6-43-11

ESO 400-38

h 5178

Str 62

ESO 400-43

θ²

ESO 399-18

IC 5011

θ¹

Klemola 31

IC 5013

ESO 400-4

MCG -6-43-10

MCG -6-43-9

ESO 398-22

MCG -6-44-6

MCG -6-43-4

AGCS 900

R 321

ESO 399-23

h 5151

NGC 6958

ESO 340-7

AGCS 897

ESO 341-4

IC 4913

IC 5049-1

IC 5049-2

ESO 340-3

β 89

AGC 3656

21ʰ 00ᵐ   20ʰ 55ᵐ   20ʰ 50ᵐ   20ʰ 45ᵐ   20ʰ 40ᵐ   20ʰ 35ᵐ   20ʰ 30ᵐ   20ʰ 25ᵐ   20ʰ 20ᵐ   20ʰ 15ᵐ   20ʰ 10ᵐ   20ʰ 05ᵐ   20ʰ 00ᵐ   19ʰ 55ᵐ   19ʰ 50ᵐ   19ʰ 45ᵐ   19ʰ 40ᵐ

-21° -22° -23° -24° -25° -26° -27° -28° -29° -30° -33° -34° -35° -36° -37°

Abell 66

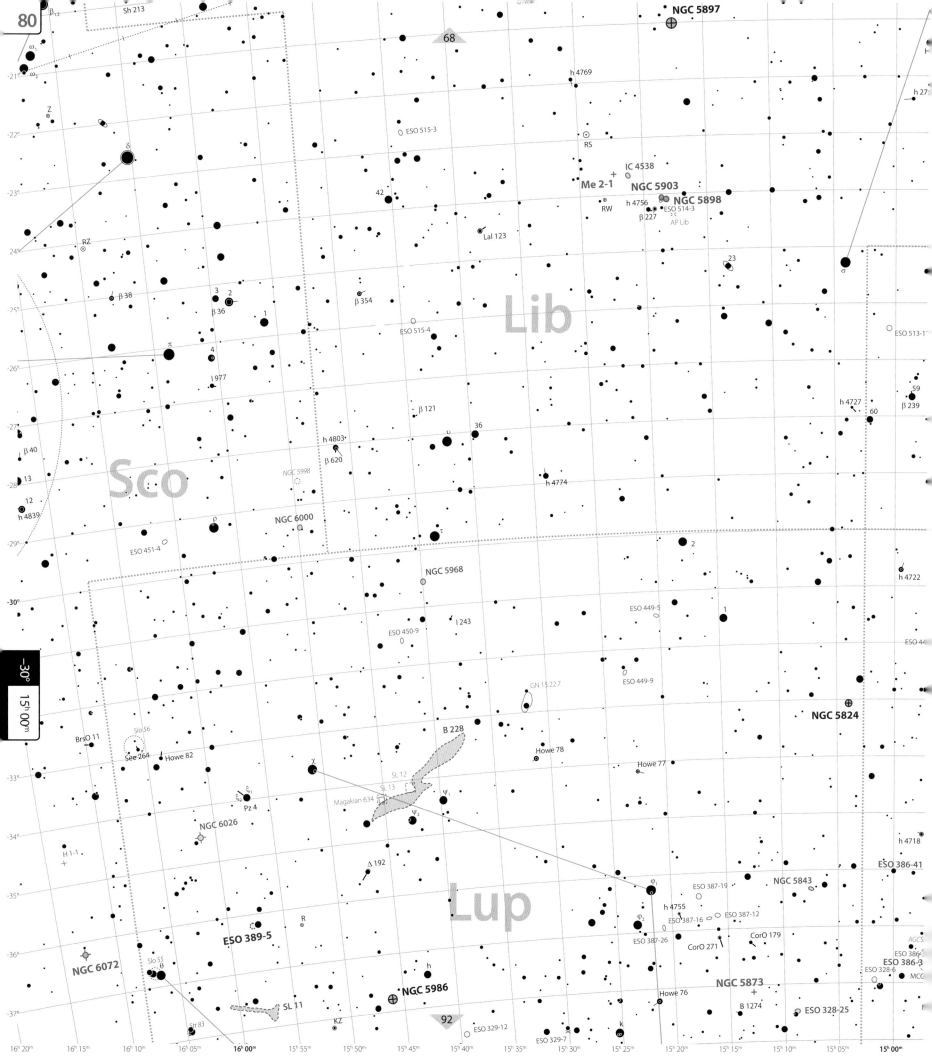

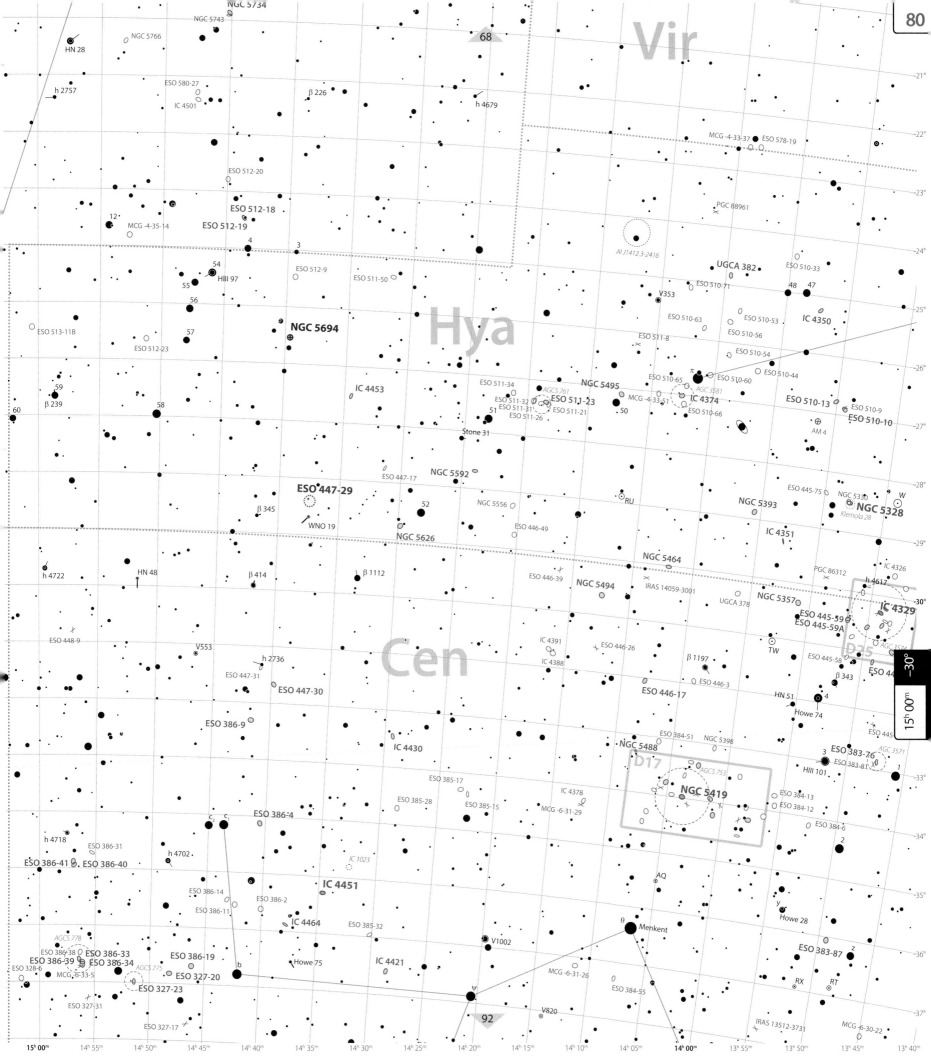

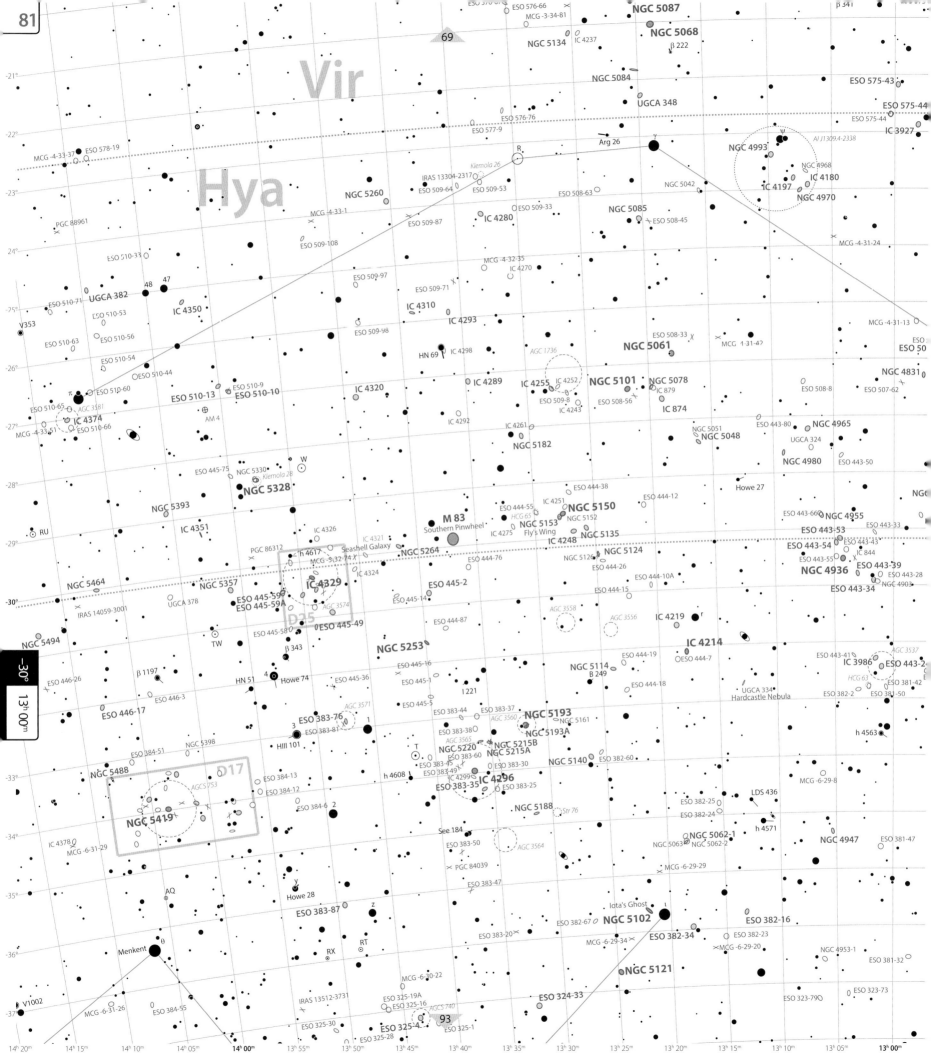

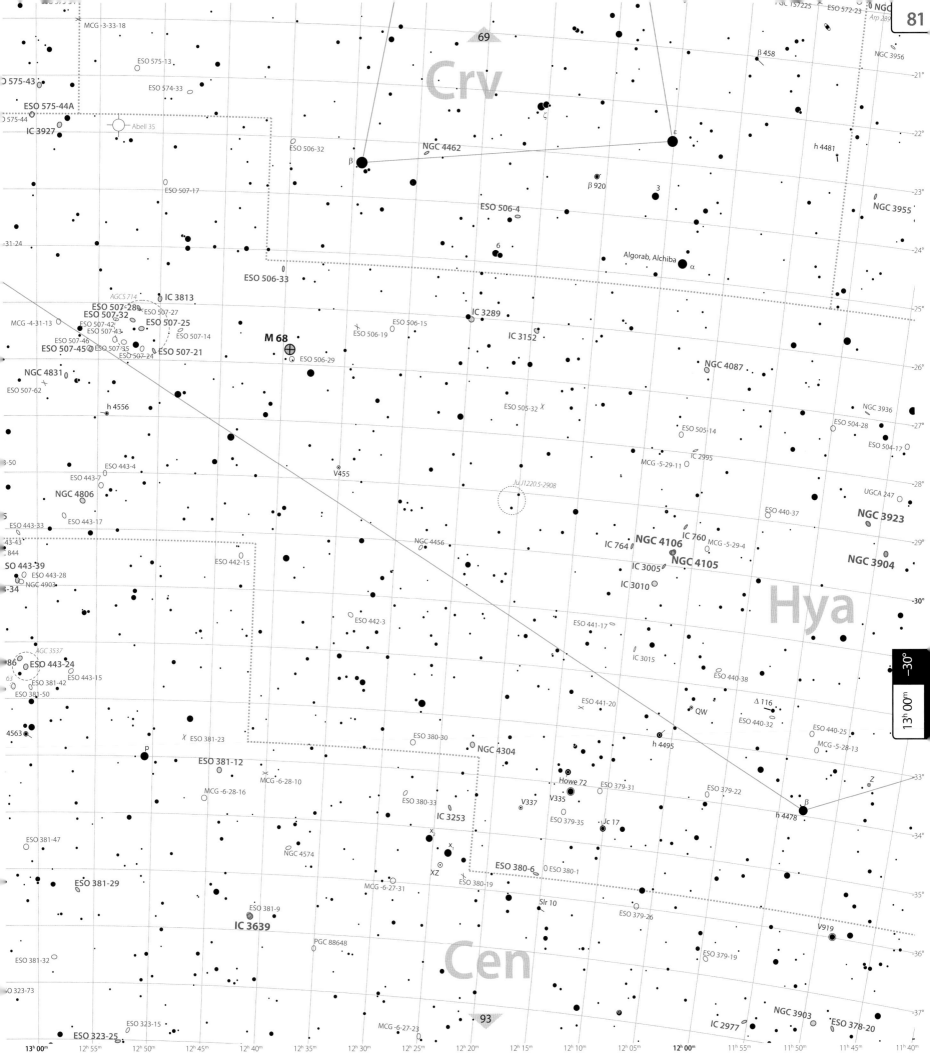

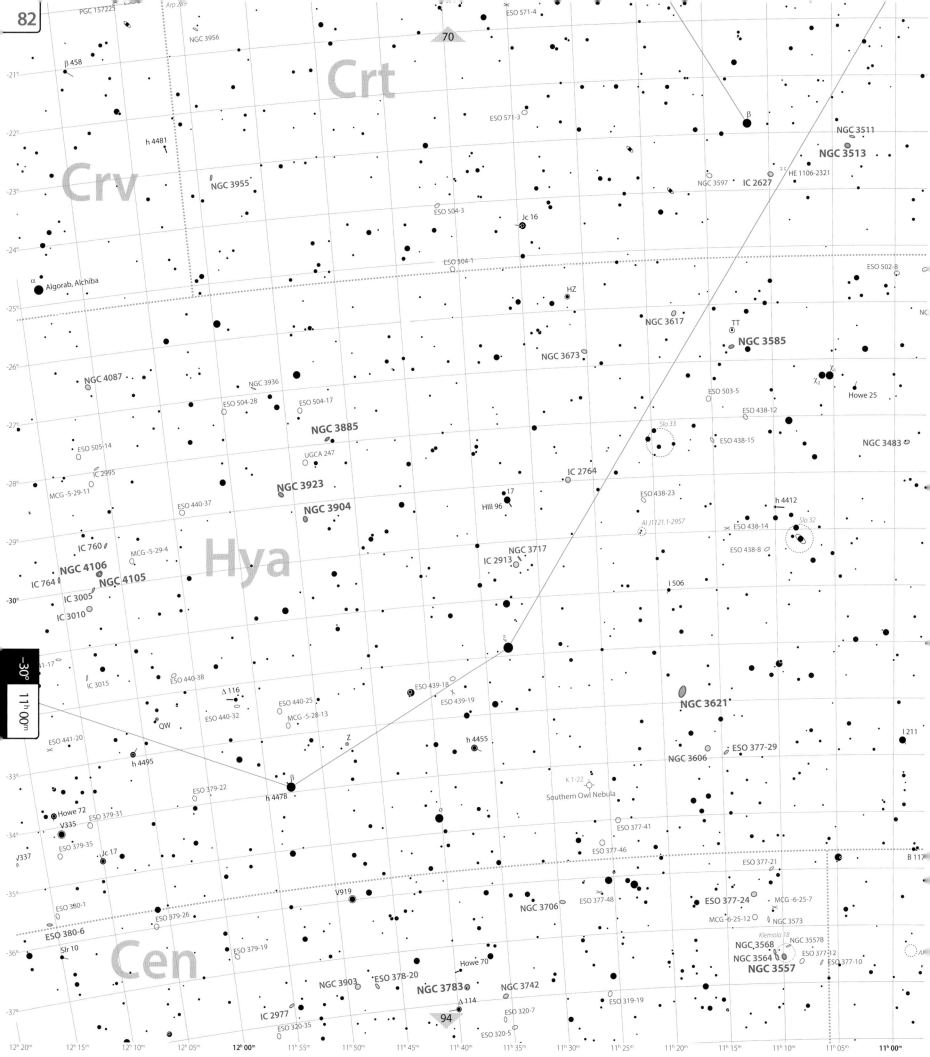

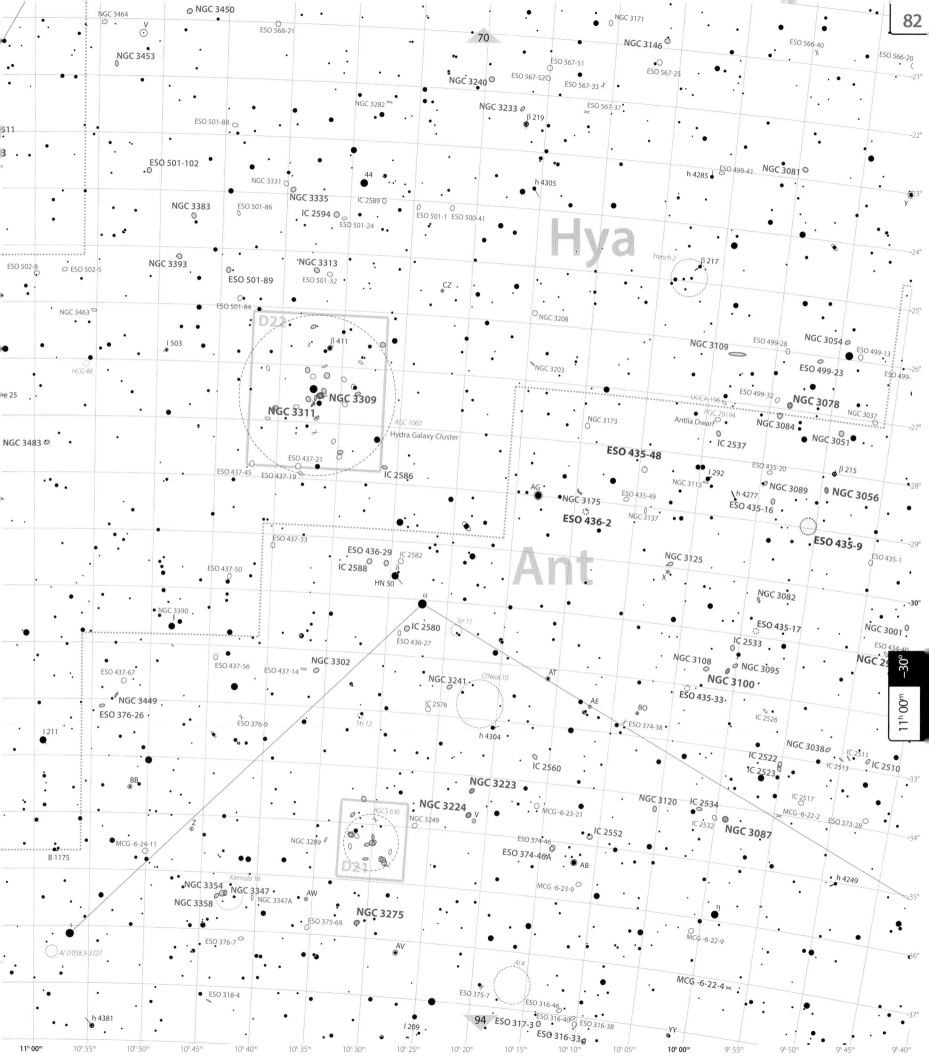

NGC 3464
NGC 3450
V
NGC 3453
ESO 568-21
70
NGC 3171
NGC 3146
ESO 566-40
ESO 566-20
-21°
NGC 3240
ESO 567-51
ESO 567-25
ESO 567-52
ESO 567-33
NGC 3233
ESO 567-37
β 219
-22°
511
ESO 501-88
NGC 3282
44
NGC 3081
-23°
3
ESO 501-102
NGC 3331
NGC 3335
IC 2589
h 4305
h 4285
ESO 499-41
Y
NGC 3383
ESO 501-86
IC 2594
ESO 501-24
ESO 501-1
ESO 500-41
Hya
NGC 3393
ESO 501-89
NGC 3313
ESO 501-32
French 2
β 217
-24°
ESO 502-8
ESO 502-5
CZ
-25°
NGC 3463
ESO 501-84
D22
NGC 3208
NGC 3109
ESO 499-28
NGC 3054
ESO 499-13
e 25
I 503
β 411
ESO 499-23
ESO 499-
HCG 48
NGC 3203
NGC 3078
-26°
UGCA 196
ESO 499-32
NGC 3173
PGC 29194
NGC 3037
NGC 3309
NGC 3311
Antlia Dwarf
NGC 3084
NGC 3051
-27°
AGC 1060
IC 2537
ESO 437-21
Hydra Galaxy Cluster
ESO 435-48
NGC 3483
ESO 437-45
ESO 437-19
IC 2586
β 215
ESO 435-20
NGC 3113
NGC 3089
NGC 3056
-28°
AG
NGC 3175
ESO 435-49
h 4277
ESO 435-16
ESO 437-33
ESO 436-2
NGC 3137
Ant
-29°
ESO 437-50
ESO 436-29
IC 2582
NGC 3125
ESO 435-9
IC 2588
ESO 435-1
HN 50
NGC 3082
ESO 437-56
α
NGC 3390
ESO 435-17
NGC 3001
-30°
NGC 3302
IC 2580
Str 11
NGC 3108
ESO 434-40
ESO 437-67
ESO 436-27
NGC 3095
IC 2533
NGC 29
ESO 437-14
ESO 437-56
ESO 435-33
NGC 3449
NGC 3241
O'Neal 10
AT
ESO 376-26
IC 2576
AE
BO
IC 2526
I 211
ESO 376-9
Str 12
ESO 374-38
NGC 3038
IC 2511
h 4304
IC 2560
IC 2522
IC 2513
IC 2510
BB
NGC 3223
NGC 3120
IC 2523
IC 2517
-33°
NGC 3224
MCG -6-23-21
IC 2534
MCG -6-22-2
ESO 373-28
AGCS 636
NGC 3249
IC 2532
NGC 3087
Z
NGC 3289
IC 2552
ESO 374-46
MCG -6-24-11
D21
ESO 374-46A
AB
-34°
B 1175
Klemola 16
NGC 3354
NGC 3347
MCG -6-23-9
h 4249
NGC 3358
NGC 3347A
AW
η
NGC 3275
MCG -6-22-9
AI J1058.3-3727
ESO 375-69
ESO 376-7
AV
-36°
h 4381
ESO 318-4
AI 4
94
ESO 317-3
I 209
ESO 375-7
ESO 316-46
ESO 316-40
ESO 316-38
YY
ESO 316-33
MCG -6-22-4

11h 00m   10h 55m   10h 50m   10h 45m   10h 40m   10h 35m   10h 30m   10h 25m   10h 20m   10h 15m   10h 10m   10h 05m   10h 00m   9h 55m   9h 50m   9h 45m   9h 40m

ESO 564-11

ESO 566-40
ESO 566-20
NGC 2983
NGC 2986
NGC 2935
ST
NGC 2921
NGC 2920
I 495
71
NGC 2996
NGC 3025
NGC 2945
ESO 565-19
NGC 2886
NGC 2835

Hya

NGC 2865
WHC 6
NGC 2815
NGC 2772
NGC 3081
ESO 499-41
Y
ESO 499-9
IL
h 4285
RR
MCG -4-23-4
ESO 497-39
NGC 2784
β 217
NGC 2891
S
French 2
ESO 498-5
ESO 497-27
ESO 498-4
κ
θ
β 410
NGC 3054
ESO 499-13
ESO 499-7
ESO 498-6
NGC 3109
ESO 499-28
ESO 499-23
NGC 2821
ESO 497-22
ESO 499-32
NGC 3078
NGC 3037
B 185
TY
UGCA 196
Hld 99
θ
h 4199
ESO 432-17
PGC 29194
NGC 3084
NGC 3051
NGC 2888
Antlia Dwarf
ESO 433-19
IC 2537
β 215
S
Jc 5
λ
ESO 435-48
I 292
ESO 435-20
NGC 3089
NGC 3056
ESO 434-28
NGC 3113
h 4277
ESO 435-16
ESO 435-9
HN 96
ε
ESO 435-49
ESO 435-1
NGC 3137
ESO 434-9
ESO 433-8
ESO 433-7
NGC 2904
NGC 3125
ESO 433-18
X
NGC 3001
h 4200
NGC 3082
ESO 434-40
ESO 435-17
NGC 2997
h 4224
MCG -5-22-6
ESO 434-18
T
IC 2533
ζ₂ ζ₁
NGC 3095
Δ 78
NGC 3100
IC 2507
IC 2469
NGC 3108
ESO 434-15
DD
ESO 435-33
IC 2526
ESO 373-19
AE
BO
NGC 3038
IC 2511
IC 2513
IC 2510
X
h 4166
ESO 374-38
IC 2522
IC 2523
IC 2517

Ant

Pyx

IC 2560
IC 2534
MCG -6-22-2
ESO 373-28
NGC 3120
IC 2532
NGC 3087
MCG -6-23-21
IC 2552
h 4249
ESO 373-5
ESO 372-12
ESO 374-46
ε
ESO 374-40A
AB
η
ESO 373-3
h 4218
NGC 2818
MCG -6-23-9
Tu 5
T
NGC 2818A
Pyxis GC
MCG -6-22-9
ESO 373-2
Ru 74
k₂ k₁
MCG -6-22-4
ESO 373-10
ESO 315-3
NGC 2845
AI 09275-3810
ESO 314-14
AI4
95

Vel

YY
XX

10ʰ 20ᵐ   10ʰ 15ᵐ   10ʰ 10ᵐ   10ʰ 05ᵐ   10ʰ 00ᵐ   9ʰ 55ᵐ   9ʰ 50ᵐ   9ʰ 45ᵐ   9ʰ 40ᵐ   9ʰ 35ᵐ   9ʰ 30ᵐ   9ʰ 25ᵐ   9ʰ 20ᵐ   9ʰ 15ᵐ   9ʰ 10ᵐ   9ʰ 05ᵐ   9ʰ 00ᵐ

-21°
-22°
-23°
-24°
-25°
-26°
-27°
-28°
-29°
-30°
-33°
-34°
-35°
-36°
-37°

Pup

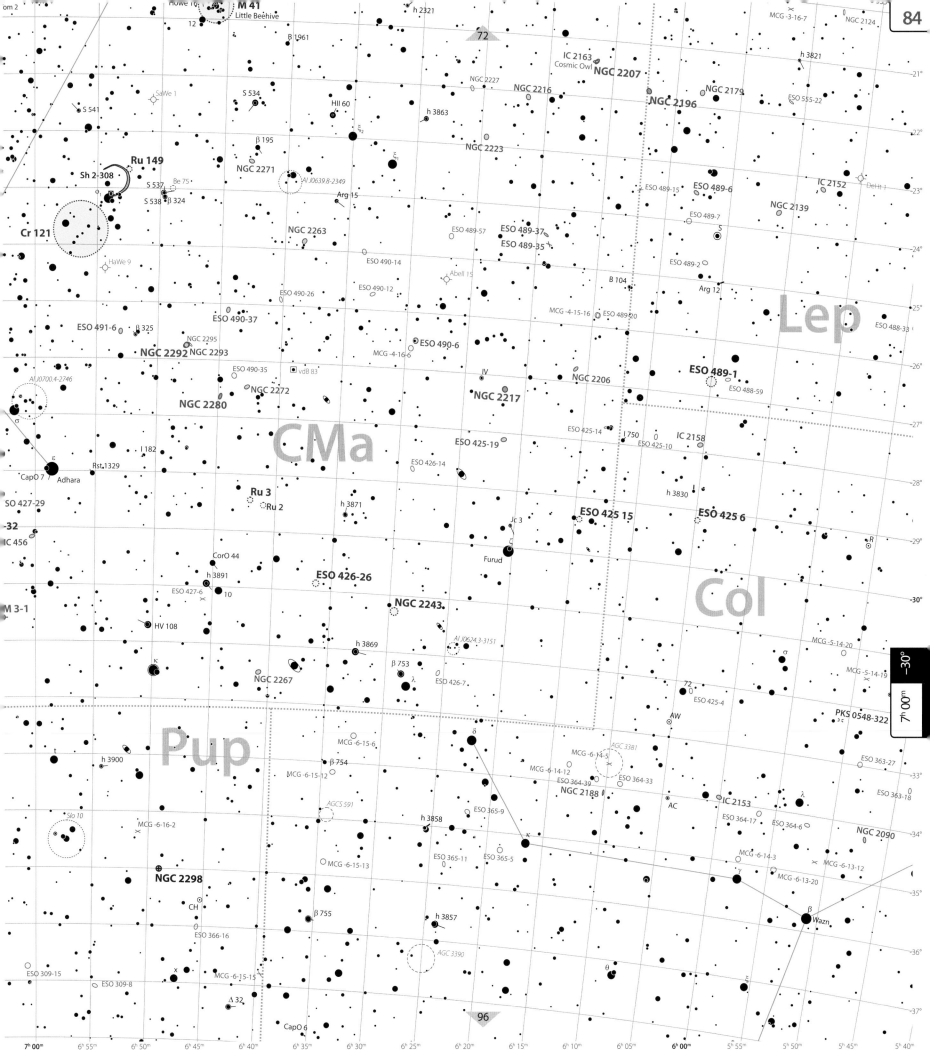

om 2

Howe 10

M 41
Little Beehive

12

h 2321

MCG -3-16-7

NGC 2124

h 3821

β 1961

72

IC 2163
Cosmic Owl   NGC 2207

NGC 2227

NGC 2216

NGC 2196

NGC 2179

ESO 555-22

21°

SaWe 1

S 534

HII 60

h 3863

ξ₂

NGC 2223

ESO 489-15   ESO 489-6

IC 2152

22°

S 541

β 195

ξ₁

DeHt 1

23°

Ru 149

Sh 2-308   Be 75

NGC 2271

AI J0639.8-2349

Arg 15

ESO 489-37

ESO 489-7   S

NGC 2139

S 537

ESO 489-57

ESO 489-35

Cr 121   S 538   β 324

NGC 2263

ESO 489-2

24°

HaWe 9

ESO 490-14

Abell 15

B 104

Arg 12

ESO 491-6   β 325

ESO 490-37

ESO 490-26

ESO 490-12

MCG -4-15-16   ESO 489-20

Lep

ESO 488-33

25°

NGC 2295

ESO 490-6

MCG -4-16-6

NGC 2206

ESO 489-1

NGC 2292   NGC 2293

ESO 490-35   vdB 83

IV

NGC 2217

ESO 488-59

26°

AI J0700.4-2746

NGC 2272

NGC 2280

σ

CMa

ESO 425-19

ESO 425-14   I 750   IC 2158
ESO 425-10

27°

I 182

ESO 426-14

h 3830

28°

ε

Rst 1329

h 3871

Jc 3

ESO 425 15

ESO 425 6

R

29°

CapO 7   Adhara

Ru 3

Ru 2

Furud

SO 427-29

CorO 44

-32   h 3891   ESO 426-26   Col

IC 456   ESO 427-6   10

NGC 2243

MCG -5-14-20

M 3-1   HV 108   AI J0624.3-3151   σ   MCG -5-14-19

30°

κ   h 3869   72   ESO 425-4

NGC 2267   β 753   AW

λ   ESO 426-7   PKS 0548-322

-30°

7ʰ 00ᵐ

Pup

h 3900   MCG -6-15-6   δ   MCG -6-14-5   AGC 3381   ESO 363-27

t   MCG -6-14-12

β 754   MCG -6-14-39   ESO 364-33   NGC 2188   AC   IC 2153   λ   ESO 363-18

MCG -6-15-12   33°

Slo 10   AGCS 591   ESO 365-9   NGC 2090

MCG -6-16-2   κ   ESO 364-17   ESO 364-6   34°

h 3858   ESO 365-11   ESO 365-5   MCG -6-14-3

MCG -6-15-13   γ   MCG -6-13-12

NGC 2298   MCG -6-13-20   35°

CH   β   Wazn

β 755   h 3857

ESO 366-16

36°

AGC 3390

θ

ESO 309-15

ESO 309-8   MCG -6-15-15

Δ 32

96

CapO 6   37°

7ʰ 00ᵐ   6ʰ 55ᵐ   6ʰ 50ᵐ   6ʰ 45ᵐ   6ʰ 40ᵐ   6ʰ 35ᵐ   6ʰ 30ᵐ   6ʰ 25ᵐ   6ʰ 20ᵐ   6ʰ 15ᵐ   6ʰ 10ᵐ   6ʰ 05ᵐ   6ʰ 00ᵐ   5ʰ 55ᵐ   5ʰ 50ᵐ   5ʰ 45ᵐ

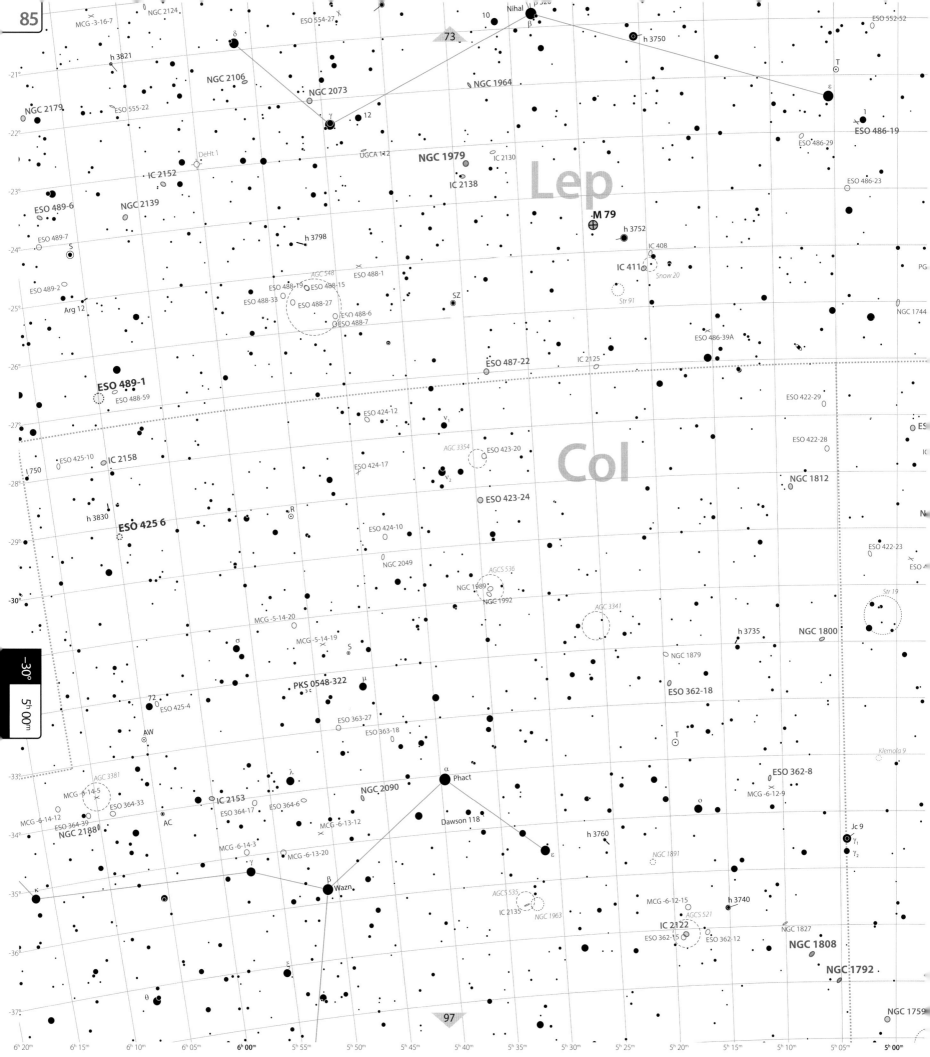

Lep

Col

-30°

5ʰ 00ᵐ

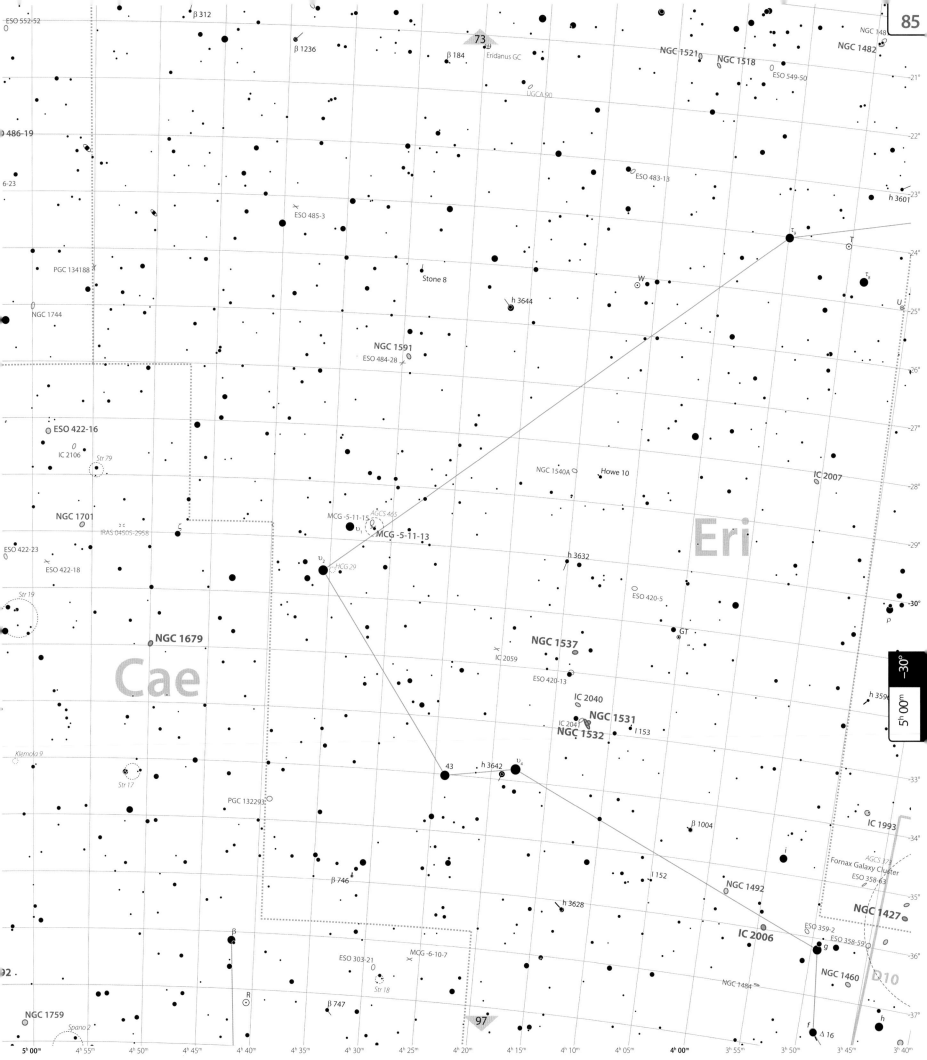

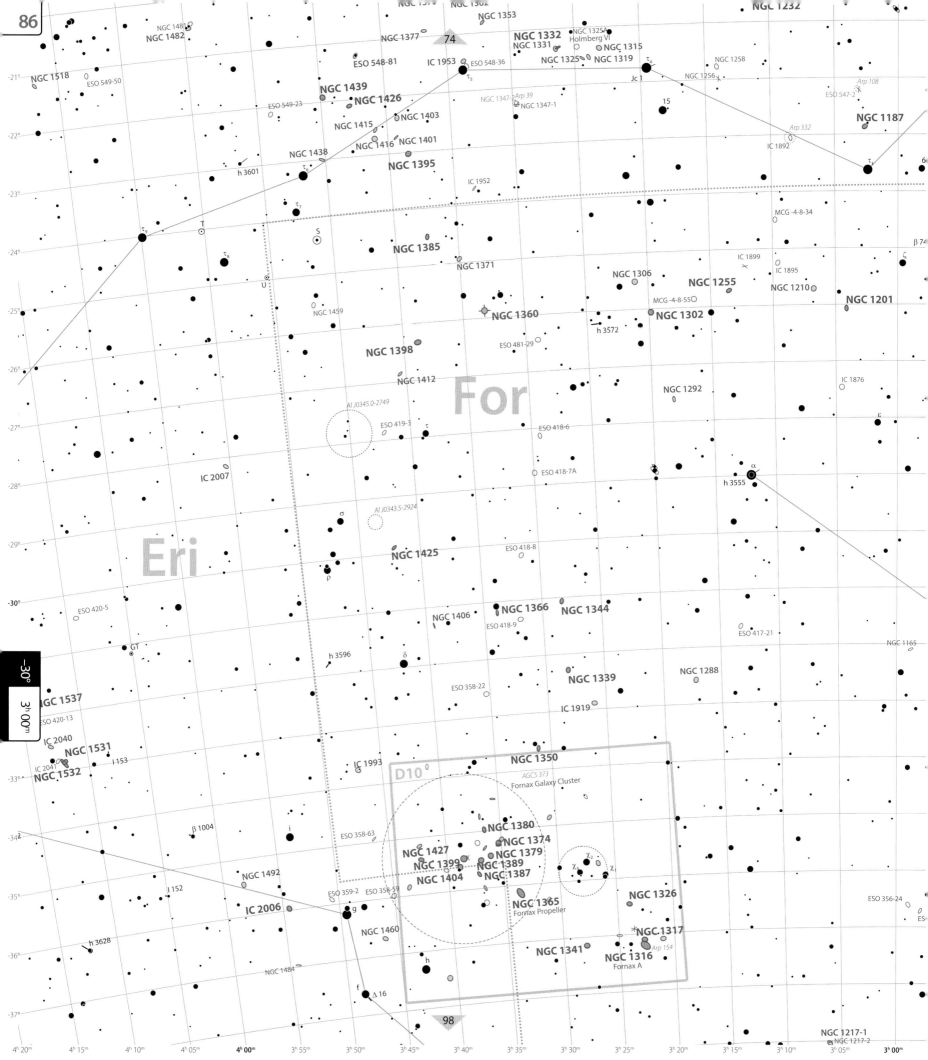

Cet

For

NGC 1187

1201

NGC 907
IC 223
NGC 899
NGC 908
74
57
υ
56
HII 58
NGC 836
NGC 858-1
ESO 546-3
h 3511
NGC 878
ESO 478-6
NGC 808
MCG -4-7-3
κ
UGCA 32
τₓ
β 741
S 423
ζ
γ₁
MCG -4-7-15
NGC 922
ESO 478-5
ESO 478-15
NGC 723
BrsO 1
IC 1768
ESO 479-35
NGC 823
R
UU
ESO 479-9
NGC 775
ESO 417-3
IC 1826
ESO 415-22
γ₂
β 261
ε
ESO 417-5
IC 1845
ω
IC 1763
IC 1833
h 3506
NGC 689
PHL 3953
ESO 477-8
NGC 1079
ESO 414-25
ST
ν
ESO 414-27
MCG -5-7-6
Arp 77
NGC 1097A
ι₂
ι₁
β 738
NGC 1097
h 3504
π
ESO 416-32
Stone 5
h 3478
NGC 749
AGCS 301
μ
IC 1860
IC 1859
IC 1788
IC 1858
ESO 416-36
ESO 414-26
NGC 1165
β
ESO 417-6
NGC 857
MCG -5-6-2
Jc 7
ESO 354-33
ESO 356-9
ESO 355-30
IC 1783
IC 1734
MCG -6-6-12
φ
NGC 897
ESO 354-29
IC 1759
Fornax 5
NGC 1049
Fornax 1
IC 1864
ESO 356-4
Fornax 6
IC 1813
IC 1811
MCG -6-6-6
IC 1728
Fornax Dwarf
λ₂
PGC 132071
ESO 354-26
Klemola 3
Fornax 4
ESO 354-25
IC 1739
MCG -6-7-7
Fornax 2
λ₁
IC 1724
PGC 95470
MCG -6-5-22
η₃
η₁
NGC 964
NGC 854
NGC 698
h 3536
η₂
ESO 354-19
ESO 356-24
ESO 356-13
NGC 824
XX
ESO 356-22
IC 1816
ESO 354-3
h 3532
ESO 353-40
ψ
ESO 299-13
98
MCG -6-5-26
ESO 299-20

-30°
3ʰ 00ᵐ

3ʰ 00ᵐ 2ʰ 55ᵐ 2ʰ 50ᵐ 2ʰ 45ᵐ 2ʰ 40ᵐ 2ʰ 35ᵐ 2ʰ 30ᵐ 2ʰ 25ᵐ 2ʰ 20ᵐ 2ʰ 15ᵐ 2ʰ 10ᵐ 2ʰ 05ᵐ 2ʰ 00ᵐ 1ʰ 55ᵐ 1ʰ 50ᵐ 1ʰ 45ᵐ 1ʰ 40ᵐ

Cet

For

57
56
HII 58
48
ESO 542-15
NGC 578
NGC 554B
NGC 554A
NGC 478
NGC 635
NGC 667
HCG 11
ESO 476-8
MCG -4-3-52
ESO 478-6
NGC 808
ESO 475-16
NGC 686
NGC 723
Se 1
ESO 478-5
IC 1768
h 3461
NGC 823
Arg 4
ESO 476-18
ESO 476-4
ESO 475-15
IC 1616
NGC 775
ESO 411-34
IC 1729
ESO 477-8
PHL 3953
NGC 689
TON S210 (HE 0119-2836)
IC 1628
IC 1763
PGC 132822
PGC 132875
IC 1720
ESO 414-25
ESO 414-1
NGC 423
α
NGC 613
U
NGC 418
NGC 642
τ
NGC 378
h 3447
h 3436
PGC 132827
ν
ESO 413-5
IC 1637
ESO 414-27
NGC 749
ESO 412-1
h 3478
π
AGCS 141 PGC 132862
σ
ESO 414-26
ESO 413-24
NGC 441 NGC 439
μ
IC 1657
MCG -5-6-2
π
GC 857
IC 1734
MCG -6-4-65
MCG -6-4-60
ESO 353-9
ESO 353-7
ESO 353-7
PGC 95464
ESO 352-55
ESO 35
Sculp
Jc 7
IC 1783
IC 1759
IC 1728
NGC 597
ESO 352-73
AI J0123.1-3329
NGC 461
ESO 354-33
NGC 491
ESO 352-41
ESO 354-29
IC 1719
IC 1608
IC 1739
IC 1724
ESO 352-69
PGC 95470
ESO 354-26 ESO 354-25
NGC 698
NGC 526B NGC 526A
NGC 365
MCG -6-5-22
NGC 574
MCG -6-4-36
NGC 568
NGC 409
ESO 354-19
MCG -6-4-40
MCG -6-4-54
XX
ESO 353-25
PGC 95212
NGC 854
ESO 354-3
ESO 353-40
ESO 353-26
NGC 623 NGC 612
NGC 824
ESO 296-19
ESO 296-2
h 3452 NGC 633
NGC 438
NGC 544
NGC 424
NGC 534
ESO 297-7
ESO 297-3 ESO 296-38
ξ

75
99

2ʰ 20ᵐ   2ʰ 15ᵐ   2ʰ 10ᵐ   2ʰ 05ᵐ   2ʰ 00ᵐ   1ʰ 55ᵐ   1ʰ 50ᵐ   1ʰ 45ᵐ   1ʰ 40ᵐ   1ʰ 35ᵐ   1ʰ 30ᵐ   1ʰ 25ᵐ   1ʰ 20ᵐ   1ʰ 15ᵐ   1ʰ 10ᵐ   1ʰ 05ᵐ   1ʰ 00ᵐ

-21° -22° -23° -24° -25° -26° -27° -28° -29° -30° -31° -32° -33° -34° -35° -36° -37°

-30°
1ʰ 00ᵐ

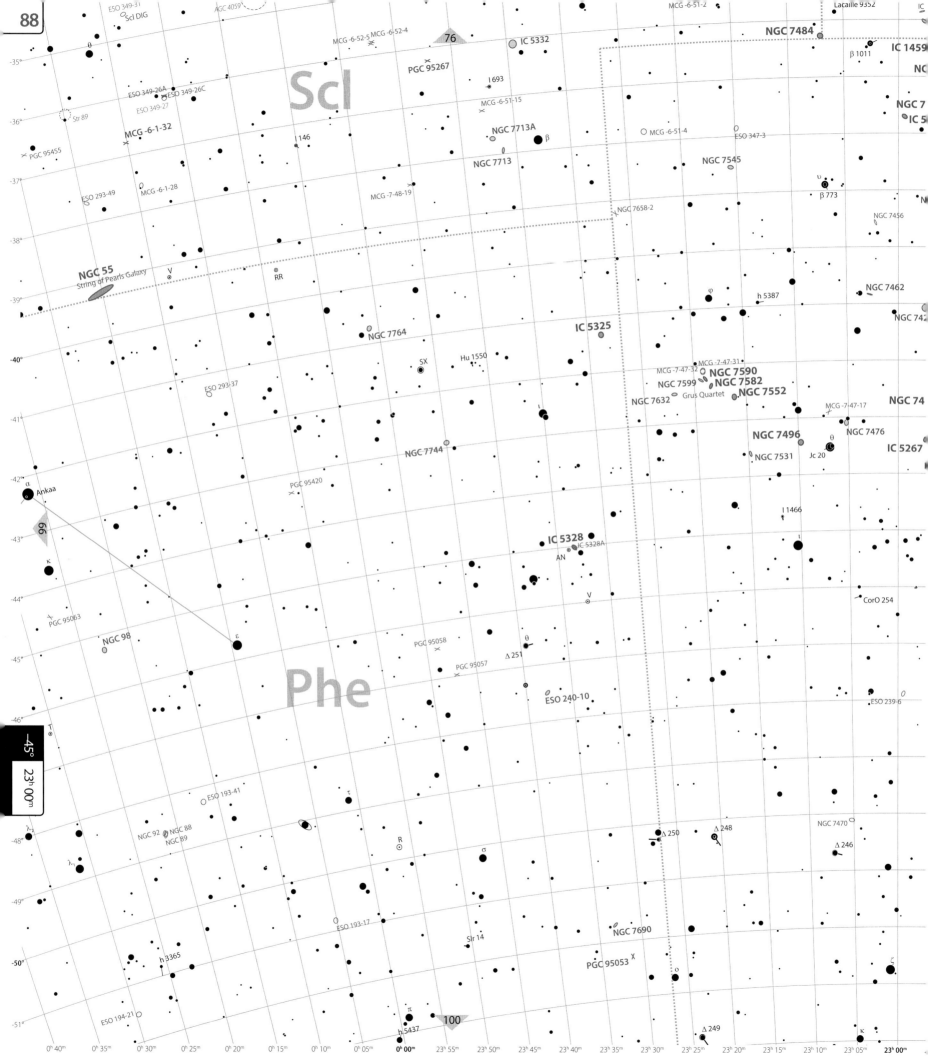

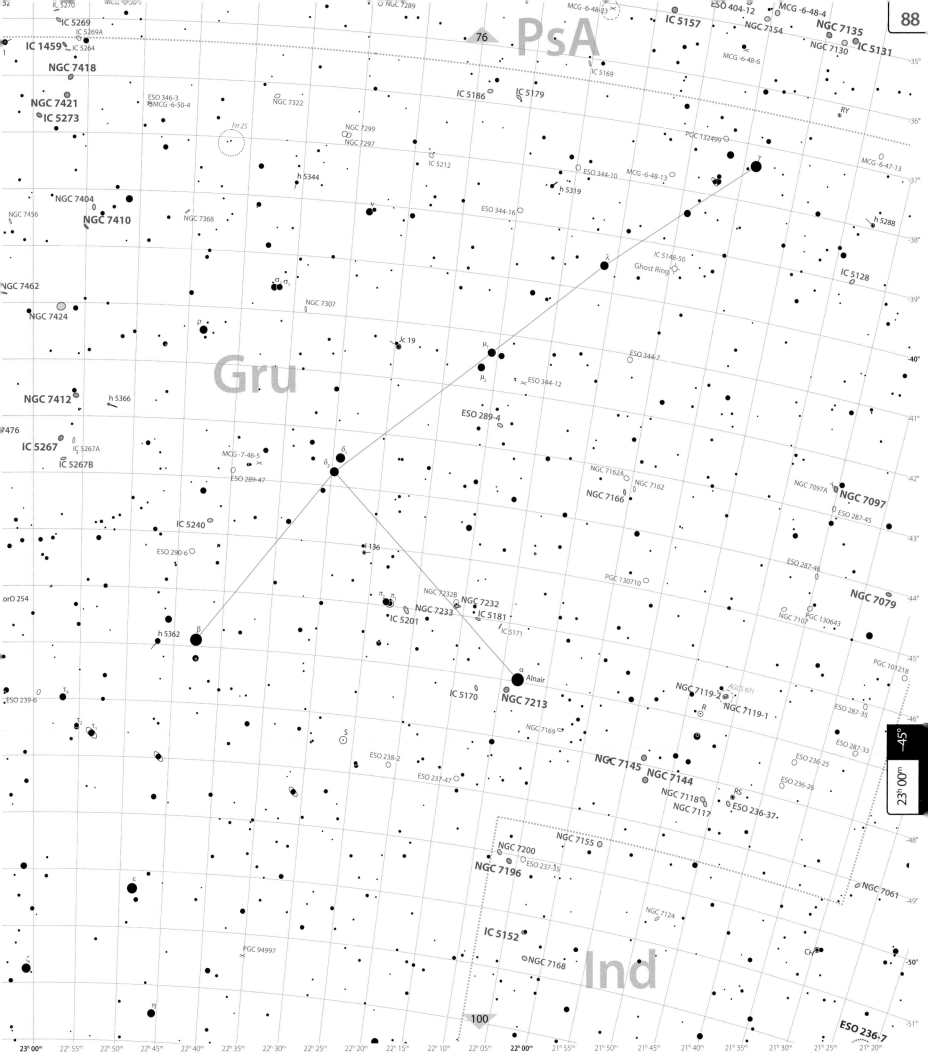

NGC 6453

Ptolemy's Cluster

B 293

Tr 30

D5

Howe 88

M 3-21

ESO 394-30

V1647

Δ 219

h 5000

B 288

H 1-52

NGC 6441

H 1-36

B 290

Silver Nugget Cluster

AI 1800.2-3724

h 5080

NGC 6723
Chandelier Cluster

26-7

SL 41

0-14

IC 4812

ε

39-40

ESO 337-8

ESO 336-6

V

λ

MCG -6-40-2

CrA

Δ 222

κ₂
κ₁

Fg 3

AI 80B

I 1013

H 1-37

AI 80A

κ

ESO 336-21

ESO 336-17

μ

ESO 337-2

h 5066

ESO 336-14

Wray 16-411

AI J1827.9-4100

CorO 222

Tr 29

ESO 337-6

ESO 337-1

ESO 336-8

ESO 336-4

ESO 336-3

h 5023

ι

ζ

ESO 336-9

ESO 335-5

Lo 16

ESO 281-33 χ

I 250

Wray 16-385

AI J1750.1-4128

ESO 336-10

θ

ESO 281-38

η₂

ESO 281-15

h 5014

He 2-306

ESO 334-2

η₁

χ

ESO 281-27

ESO 281-24

NGC 6541

NGC 6496

Sa 195

θ

IC 4808

NGC 6388

17

h 5078

δ₂
δ₁

α

IC 4699

h 5034

ε

Sa 194

RU

Fg 2

MT

Hrr 8

ESO 281-9

ESO 281-18

ESO 281-8

IC 4663

h 4973

Sco

ESO 281-31

I 112

ESO 281-11

ESO 280-6

IC.1266

231-17

ESO 231-11

ESO 281-14

ESO 281-5

Sa 193

AI J1758.0-4616

Wray 16-278

ESO 281-4

h 5031

σ

PC 17

ESO 231-2

45°

SV

ζ

ESO 230-7

19ʰ 00ᵐ

ESO 231-9

I 622

h 4970

Str 15

NGC 6352

I 1350

ESO 230-9

θ

W

λ

See 331

ESO 231-1

Ara

AGCS 801

ESO 230-3

Sp 3

CapO 17

He 2-248

α

κ

U

IC 4651

λ

NGC 6584

ESO 229-8

μ

IC 4761

ESO 182-4

V863

RY

NGC 6708

h 5041

5

NGC 6725

NGC 6707

Sp 1-6

78

101

19ʰ 00ᵐ   18ʰ 55ᵐ   18ʰ 50ᵐ   18ʰ 45ᵐ   18ʰ 40ᵐ   18ʰ 35ᵐ   18ʰ 30ᵐ   18ʰ 25ᵐ   18ʰ 20ᵐ   18ʰ 15ᵐ   18ʰ 10ᵐ   18ʰ 05ᵐ   18ʰ 00ᵐ   17ʰ 55ᵐ   17ʰ 50ᵐ   17ʰ 45ᵐ   17ʰ 40ᵐ   17ʰ 35ᵐ   17ʰ 30ᵐ   17ʰ 25ᵐ   17ʰ 20ᵐ

-35°
-36°
-37°
-38°
-39°
-40°
-41°
-42°
-43°
-44°
-46°
-48°
-49°
-50°
-51°

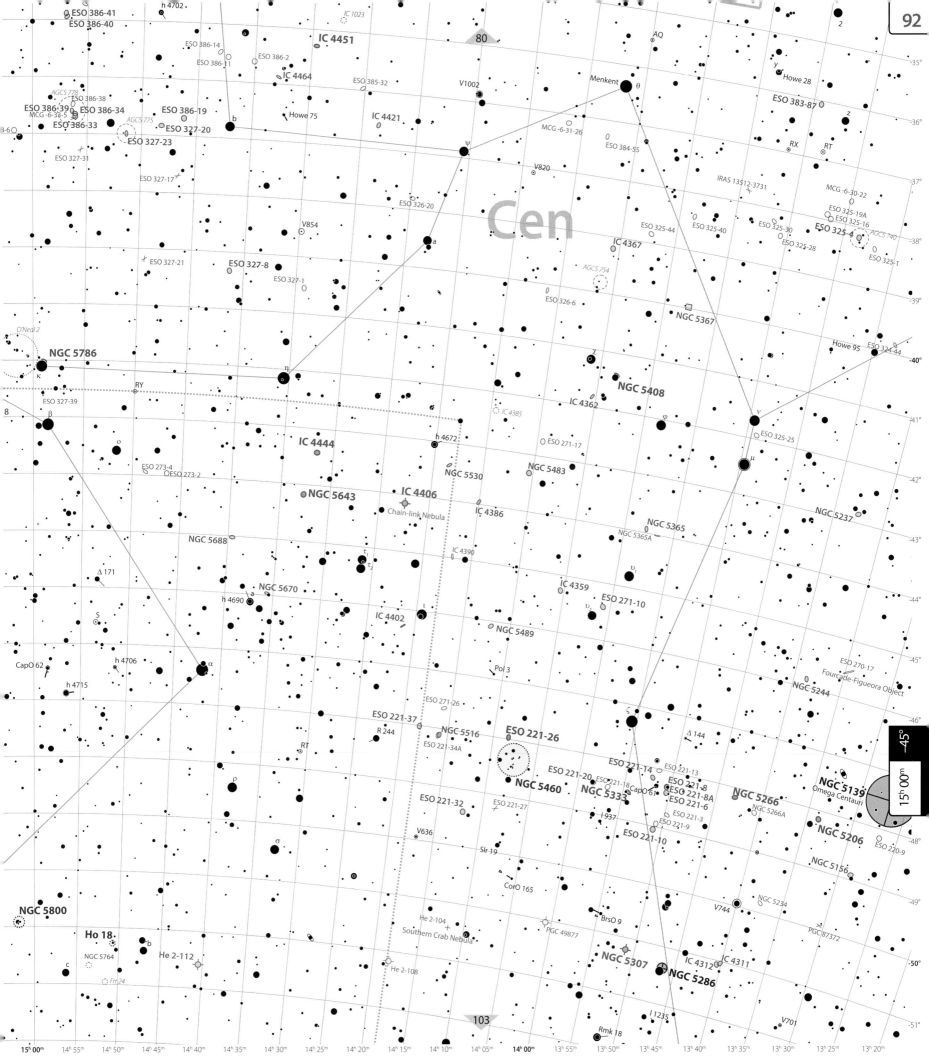

B 1175

ESO 374-46A

NGC 3354
NGC 3347
NGC 3358
NGC 3347A
AW
Klemola 16
D21
AGCS 636
82
MCG -6-23-9
h 4249

ESO 375-69
NGC 3275
ESO 376-7
AV
η

AI J1058.3-3727
ESO 375-7
AI 4
MCG -6-22-9
MCG -6-22-4

h 4381
ESO 318-4
I 209
ESO 317-3
ESO 316-46
ESO 316-40
ESO 316-38
MCG -6-22-4

Ant

ESO 318-17
ESO 317-42
ESO 317-23
ESO 317-15
ESO 316-33
ESO 316-32
ESO 316-47
YY

NGC 3378
NGC 3278
NGC 3244
ESO 317-21
XX
ESO 316-13

ESO 318-21
ESO 318-6
NGC 3276
ESO 317-5
ESO 316-44
X
ESO 316-8

NGC 3250E
NGC 3250
ESO 316-34

NGC 3250B
ESO 317-14
ESO 316-31
NGC 3132

V361
ESO 316-26
Eight Burst Nebula

NGC 3318B
NGC 3318
r

ESO 317-20
q
ESO 316-25

NGC 3366
Klemola 14
PGC 87382
ESO 263-37
ESO 263-28
h 4242

See 126
NGC 3256C
NGC 3256
NGC 3262
NGC 3256B
I 208

NGC 3263
Klemola 11
AI J1032.5-4437
NGC 3261

NGC 3446
s
ESO 263-21
Ru 81
NGC 2982

ESO 265-1
ESO 264-47
Pz 3
ESO 263-14
PKS 0959-443

ESO 264-49
AGCS 639
ESO 263-35
Δ 81

NGC 3482
ESO 264-31
ESO 264-24
NGC 3283
h 4284
u

ESO 264-36
ESO 264-46
t
h 4330
NGC 3201
h 4245
S
Sa 117

p
I 173
m
Ru 160
SL 5
AI J093.3-4634

ESO 215-8
WW
Drilling 1
Octopus Nebula
Teu 103
45°
11h 00m

Vel
ESO 213-11
ESO 213-2
Pi 15
Gum 12
Part of Gum Nebula

μ
R 155
He 2-37
h 4220

ESO 215-7
Δ 80
He 2-35
NGC 2972
Rst 4917
vdB-Ha 73

VZ
Ru 87
Cr 213
SAI 109
Ho 1
vdB-Ha 67

or 25
NGC 3228
V343
vdB-Ha 88
h 4283
Sa 121
NGC 2966

CorO 103
h 4282
Sa 119
Sa 120
Ru 76

MW
HH
He 2-50
104
Sa 2-56

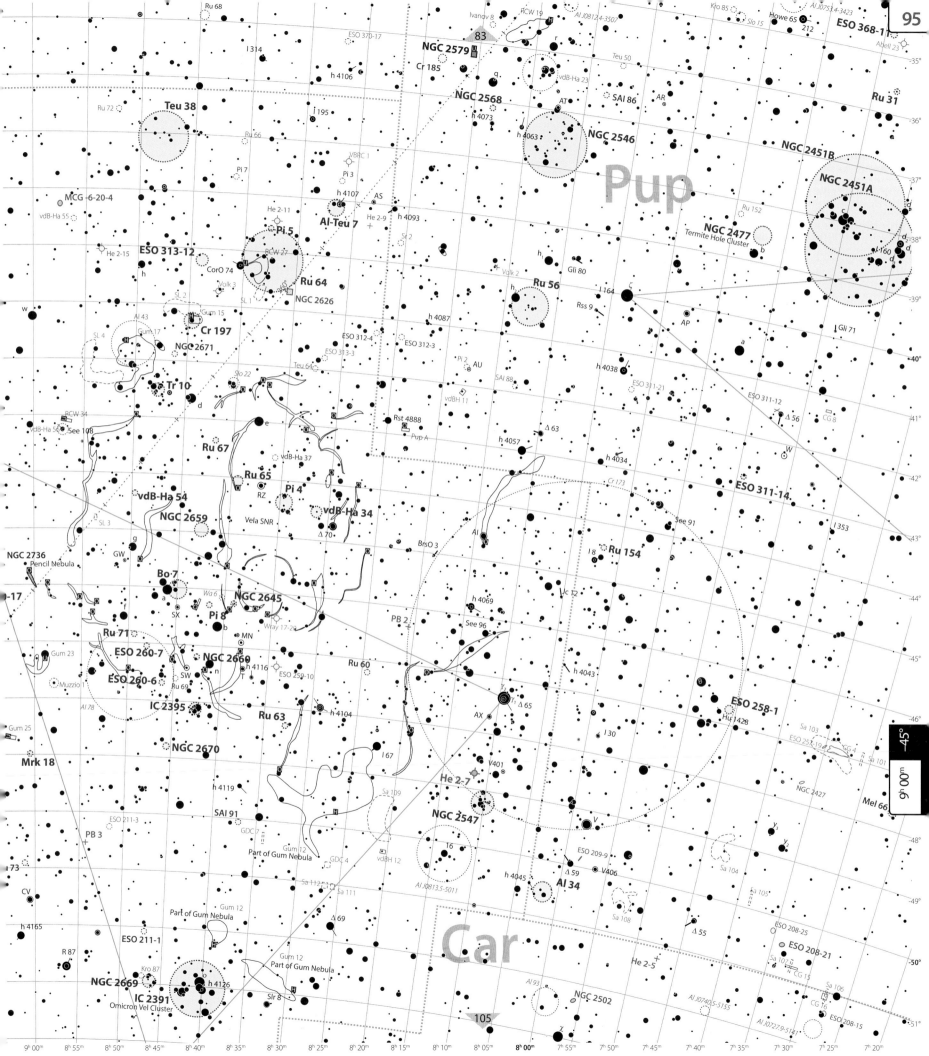

Pup

Car

-45°

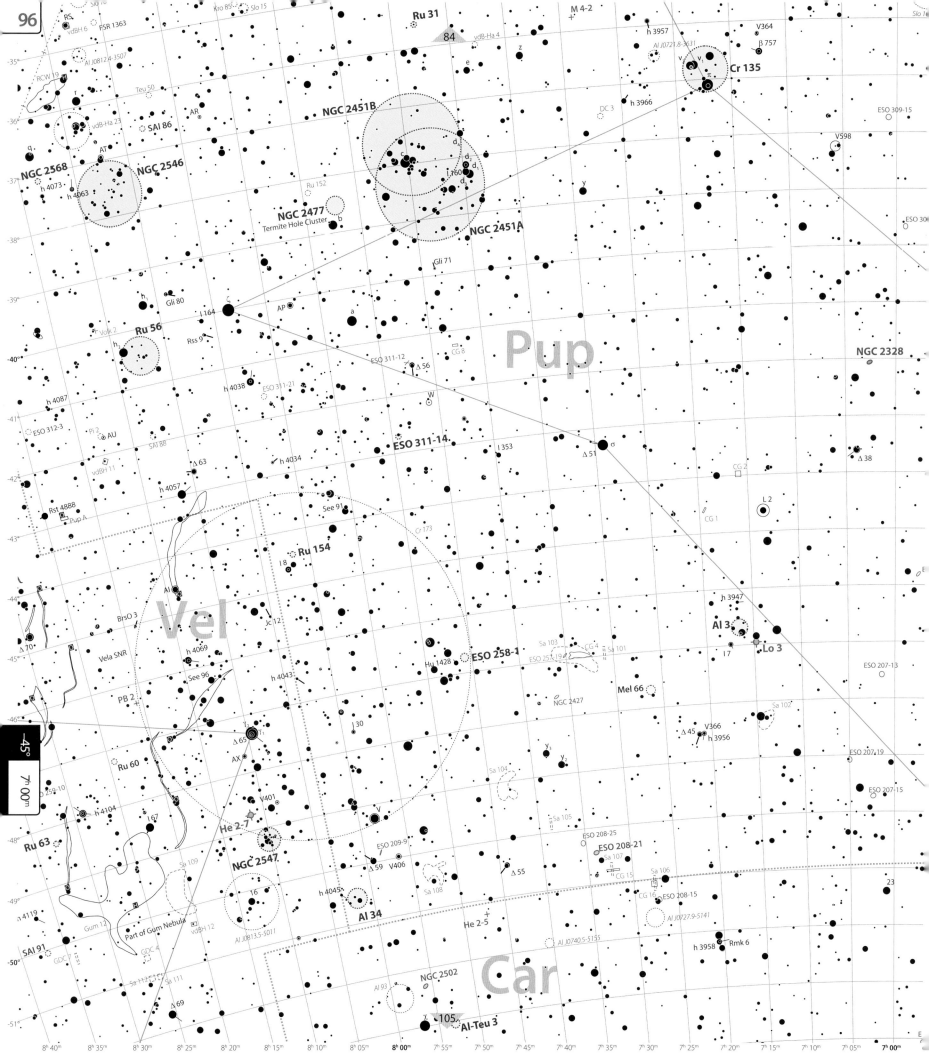

Col

Pic

Canopus

Wazn

NGC 2298

NGC 2310

ESO 309-3

NGC 2328

Carina Dwarf
ESO 206-20A

NGC 2191

NGC 2115

NGC 2104

NGC 2101

NGC 2008

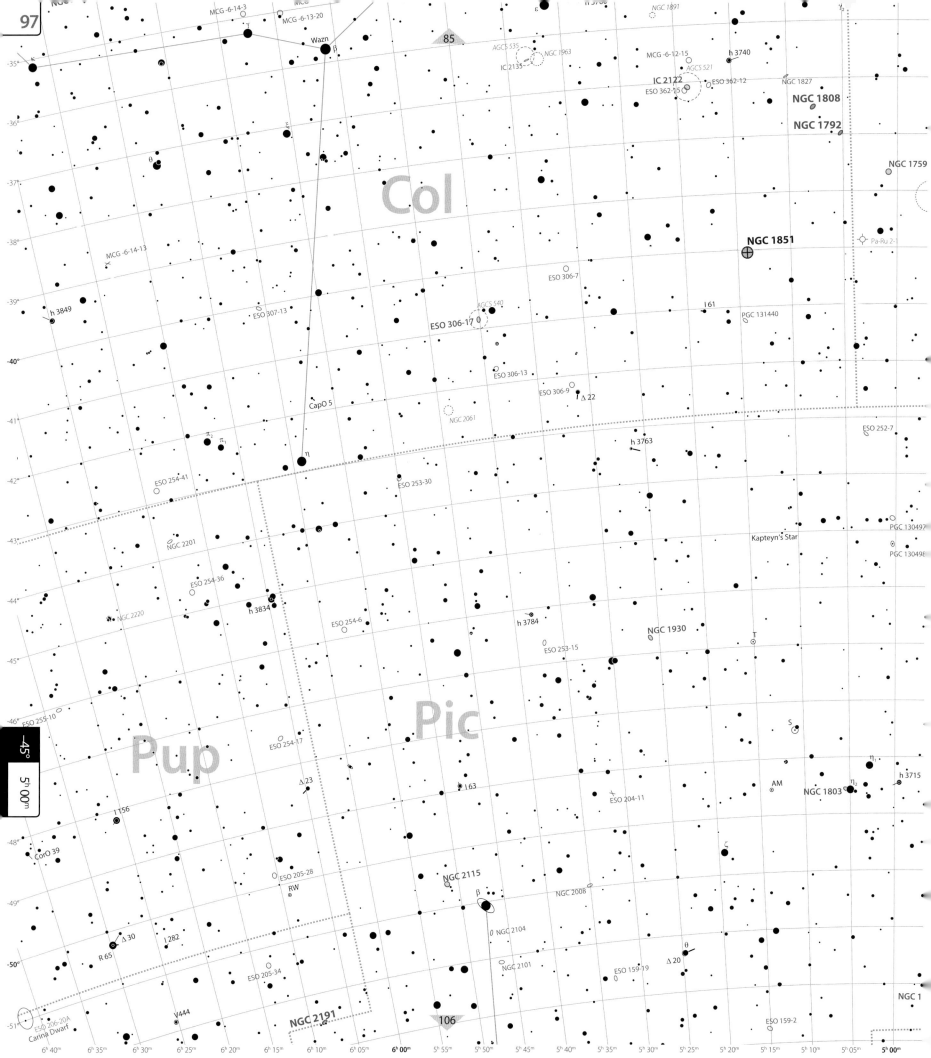

NGC 1891

γ₂

MCG -6-14-3

MCG -6-13-20

γ

Wazn β

85

AGCS 535

NGC 1963

MCG -6-12-15

h 3740

IC 2135

ε

NGC 1827

IC 2122

ESO 362-12

NGC 1808

ESO 362-15

AGCS 521

NGC 1792

ξ

θ

Col

NGC 1759

MCG -6-14-13

NGC 1851

Pa-Ru 2-1

ESO 306-7

h 3849

ESO 307-13

AGCS 540

ESO 306-17

I 61

PGC 131440

ESO 306-13

CapO 5

ESO 306-9

Δ 22

NGC 2061

h 3763

ESO 252-7

π₂ π₁

η

ESO 254-41

ESO 253-30

Kapteyn's Star

PGC 130497

PGC 130498

NGC 2201

ESO 254-36

NGC 2220

h 3834

ESO 254-6

h 3784

NGC 1930

T

ESO 253-15

Pic

S

ESO 255-10

Pup

ESO 254-17

η₁

Δ 23

I 63

AM

η₂

h 3715

ESO 204-11

NGC 1803

I 156

ζ

CorO 39

ESO 205-28

NGC 2115

RW

β

NGC 2008

θ

Δ 30

I 282

NGC 2104

Δ 20

R 65

ESO 205-34

NGC 2101

ESO 159-19

NGC 1

V 444

NGC 2191

106

ESO 159-2

NGC 1

ESO 206-20A

Carina Dwarf

-35°

-36°

-37°

-38°

-39°

-40°

-41°

-42°

-43°

-44°

-45°

-46°

-47°

-48°

-49°

-50°

-51°

6ʰ 40ᵐ 6ʰ 35ᵐ 6ʰ 30ᵐ 6ʰ 25ᵐ 6ʰ 20ᵐ 6ʰ 15ᵐ 6ʰ 10ᵐ 6ʰ 05ᵐ 6ʰ 00ᵐ 5ʰ 55ᵐ 5ʰ 50ᵐ 5ʰ 45ᵐ 5ʰ 40ᵐ 5ʰ 35ᵐ 5ʰ 30ᵐ 5ʰ 25ᵐ 5ʰ 20ᵐ 5ʰ 15ᵐ 5ʰ 10ᵐ 5ʰ 05ᵐ 5ʰ 00ᵐ

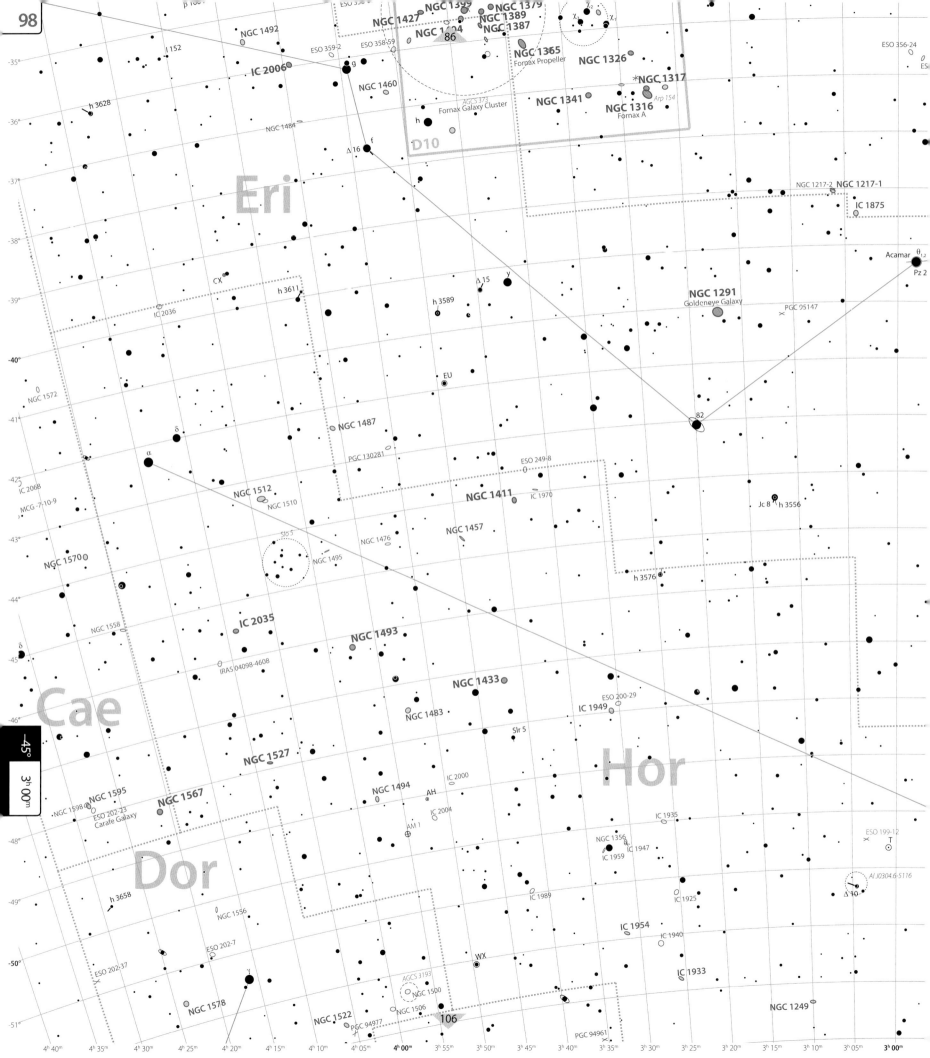

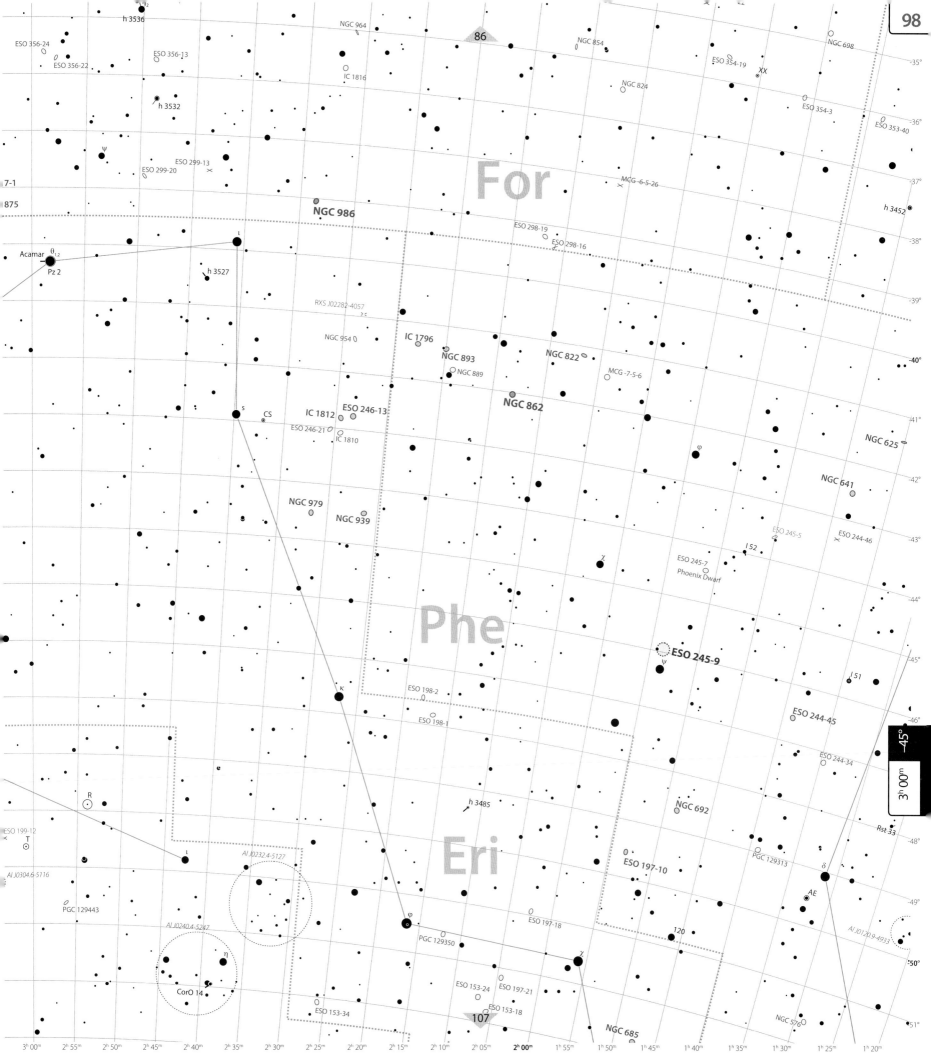

For

Phe

Eri

NGC 964
NGC 854
NGC 698
ESO 356-24
ESO 356-13
ESO 354-19
XX
ESO 356-22
IC 1816
NGC 824
ESO 354-3
h 3536
ESO 353-40
h 3532
ψ
ESO 299-13
MCG -6-5-26
ESO 299-20
7-1
875
h 3452
NGC 986
ESO 298-19
ESO 298-16
ι
Acamar θ₁,₂
Pz 2
h 3527
RXS J02282-4057
NGC 954
IC 1796
NGC 893
NGC 822
s
CS
IC 1812
ESO 246-13
NGC 889
MCG -7-5-6
ESO 246-21
IC 1810
NGC 862
NGC 625
NGC 641
NGC 979
NGC 939
ESO 245-5
ESO 244-46
χ
I 52
ESO 245-7
Phoenix Dwarf
ESO 245-9
ψ
ESO 244-45
κ
ESO 198-2
I 51
φ
ESO 198-1
ESO 244-34
R
h 3485
NGC 692
T
ESO 199-12
AJ J0232.4-5127
ι
ESO 197-10
Rst 33
AJ J0304.6-5116
δ
PGC 129443
PGC 129313
AE
AJ J0240.4-5247
φ
ESO 197-18
PGC 129350
η
120
χ
AJ J0120.9-4933
CorO 14
ESO 153-24
ESO 197-21
NGC 576
ESO 153-34
ESO 153-18
NGC 685
107
NGC 685

3ʰ00ᵐ 2ʰ55ᵐ 2ʰ50ᵐ 2ʰ45ᵐ 2ʰ40ᵐ 2ʰ35ᵐ 2ʰ30ᵐ 2ʰ25ᵐ 2ʰ20ᵐ 2ʰ15ᵐ 2ʰ10ᵐ 2ʰ05ᵐ 2ʰ00ᵐ 1ʰ55ᵐ 1ʰ50ᵐ 1ʰ45ᵐ 1ʰ40ᵐ 1ʰ35ᵐ 1ʰ30ᵐ 1ʰ25ᵐ 1ʰ20ᵐ

-35°
-36°
-37°
-38°
-39°
-40°
-41°
-42°
-43°
-44°
-45°
-46°
-48°
-49°
-50°
-51°

3ʰ00ᵐ
-45°

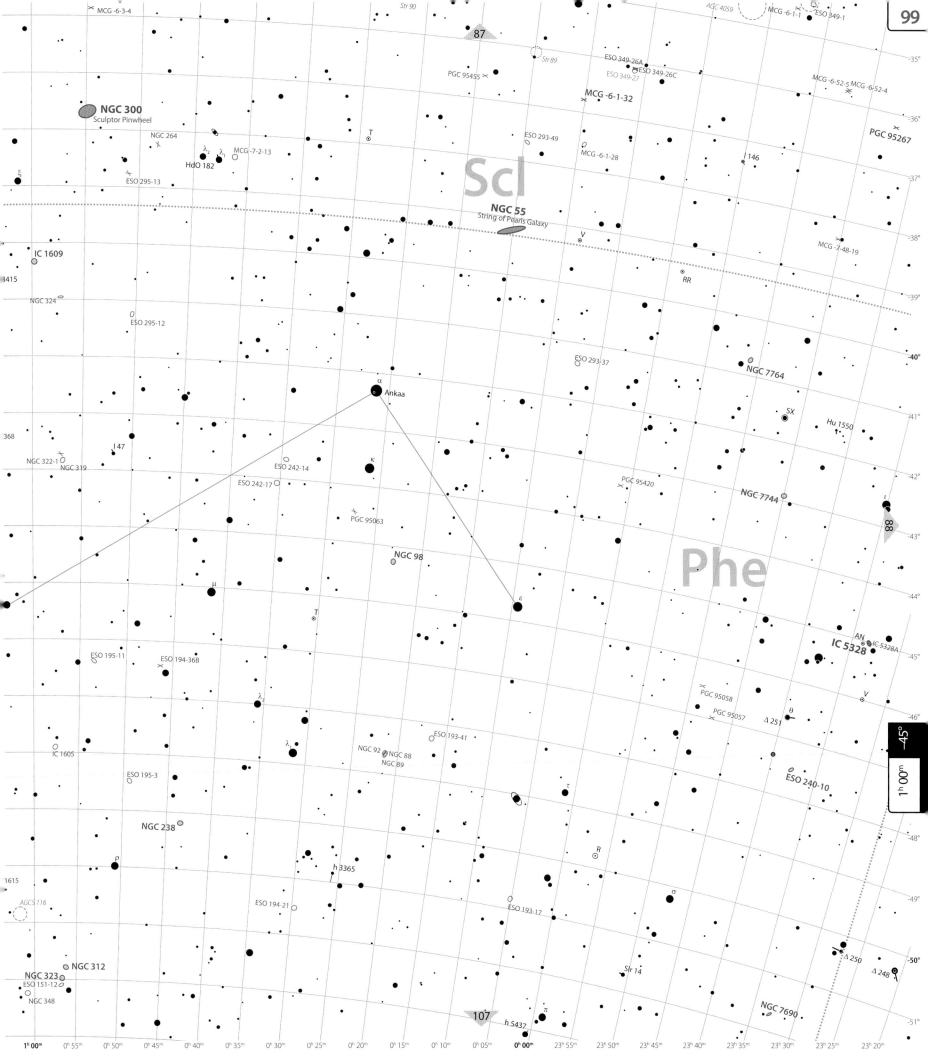

MCG -6-3-4

Str 90

AGC 4059

MCG -6-1-1

ESO 349-1

MCG -6-1-1

Str 89

ESO 349-26A

ESO 349-26C

PGC 95455

ESO 349-27

MCG -6-52-5 MCG -6-52-4

MCG -6-1-32

NGC 300
Sculptor Pinwheel

PGC 95267

NGC 264

ESO 293-49

I 146

λ₂ λ₁ MCG -7-2-13

MCG -6-1-28

HdO 182

ξ

Scl

ESO 295-13

T

NGC 55
String of Pearls Galaxy

MCG -7-48-19

IC 1609

3415

V

NGC 324

RR

ESO 295-12

ESO 293-37

NGC 7764

α Ankaa

SX

Hu 1550

368

κ

ESO 242-14

I 47

PGC 95420

NGC 7744

NGC 322-1

ESO 242-17

NGC 319

PGC 95063

NGC 98

Phe

88

μ

ε

IC 5328A

AN

IC 5328

T

ESO 195-11

ESO 194-36B

PGC 95058

V

λ₂

PGC 95057

θ

Δ 251

λ

ESO 193-41

IC 1605

NGC 92 NGC 88

ESO 195-3

NGC 89

τ

NGC 238

ESO 240-10

ρ

R

1615

h 3365

σ

AGCS 116

ESO 194-21

ESO 193-17

NGC 312

Δ 250

NGC 323

Slr 14

Δ 248

ESO 151-12

NGC 7690

NGC 348

π

h 5437

1ʰ 00ᵐ 0ʰ 55ᵐ 0ʰ 50ᵐ 0ʰ 45ᵐ 0ʰ 40ᵐ 0ʰ 35ᵐ 0ʰ 30ᵐ 0ʰ 25ᵐ 0ʰ 20ᵐ 0ʰ 15ᵐ 0ʰ 10ᵐ 0ʰ 05ᵐ 0ʰ 00ᵐ 23ʰ 55ᵐ 23ʰ 50ᵐ 23ʰ 45ᵐ 23ʰ 40ᵐ 23ʰ 35ᵐ 23ʰ 30ᵐ 23ʰ 25ᵐ 23ʰ 20ᵐ

-35°

-36°

-37°

-38°

-39°

-40°

-41°

-42°

-43°

-44°

-45°

-46°

-48°

-49°

-50°

-51°

87

107

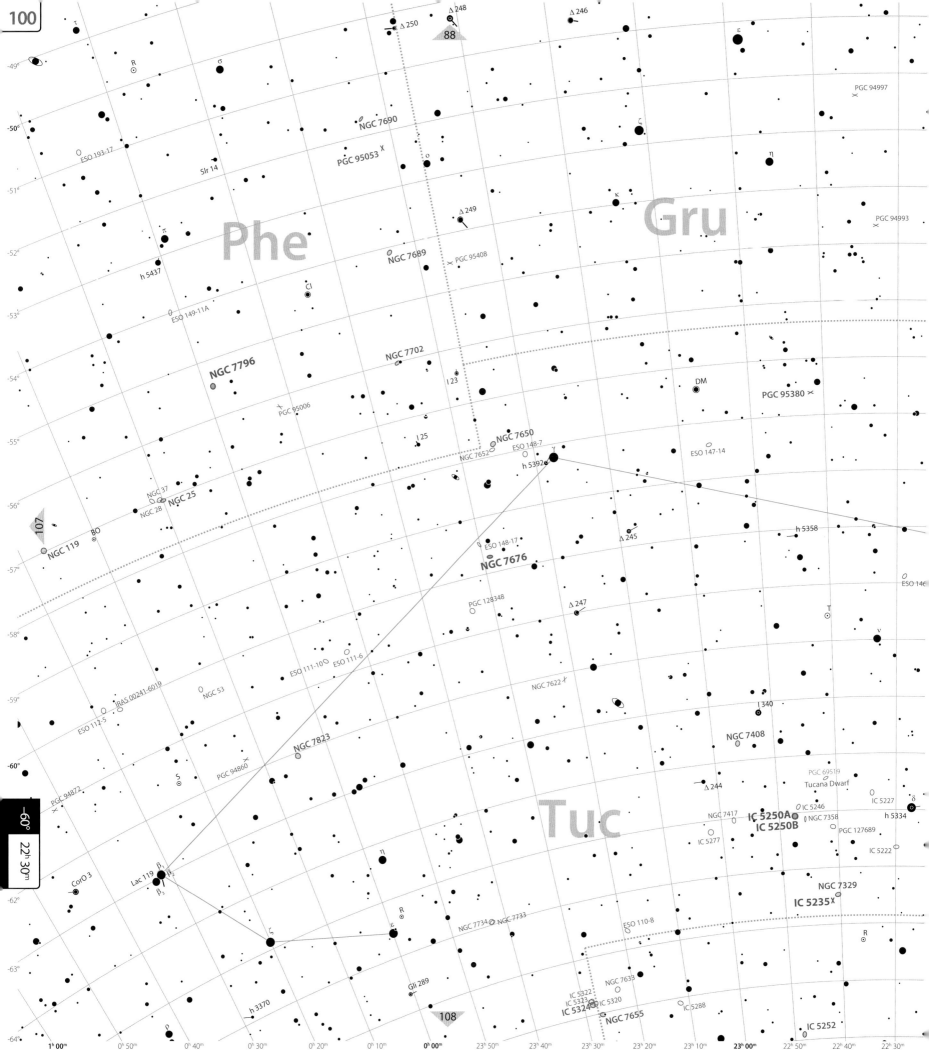

Ind

Pav

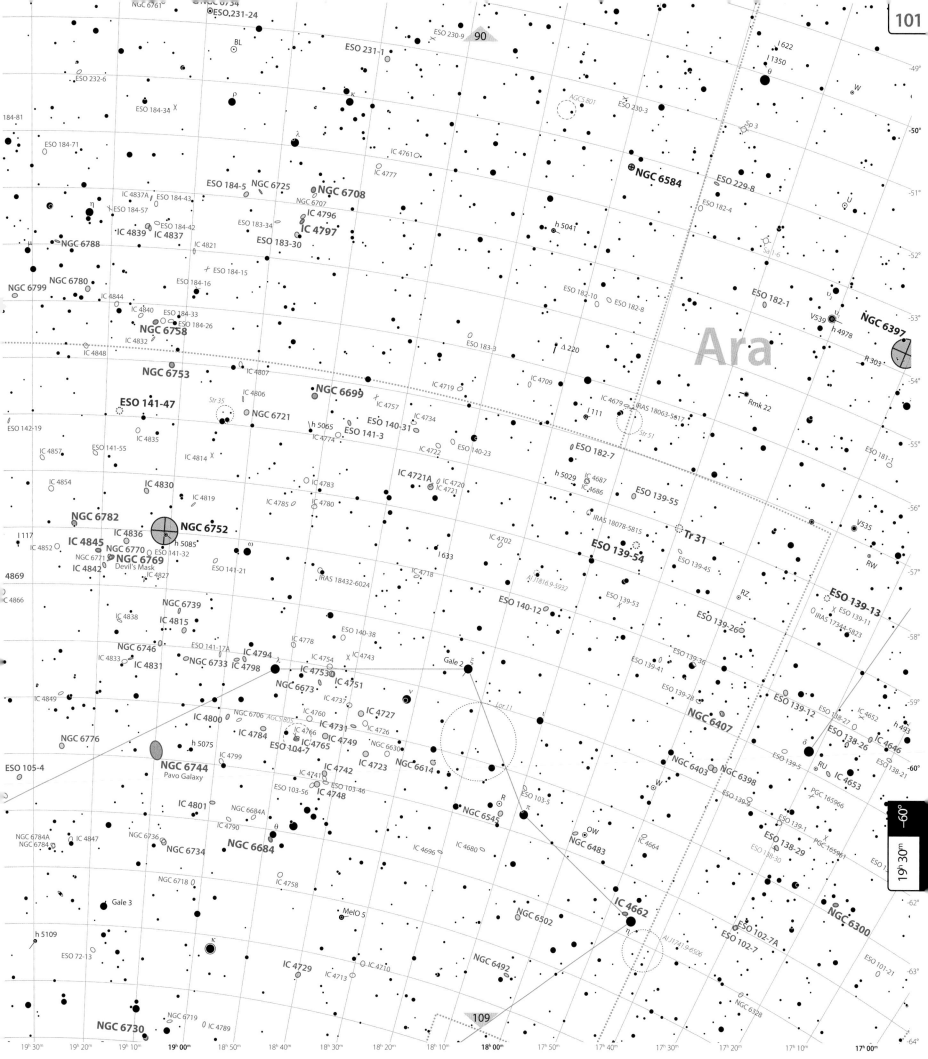

IC 3896

ESO 219-18

93

ESO 218-4

σ

V701

IC 4200

Ru 106

δ

ESO 220-6

I 216

ESO 217-14

BIDz 1

h 4546

ρ

ESO 218-2

ESO 217-15

IRAS 12447-5316

Rss 16

PKS 1209-52

Rst 570

ESO 171-8

I 924

GN 12.41.9

Boomerang Nebula

U

ESO 171-4

φ 64

Δ 127

V369

NGC 4230

Cen

SDC 308.3+5.8

h 4569

Hld 116

h 4576

Wray 16-122

μ₂

μ₁

EP

Cru

NGC 3960

Sa 2-93

He 2-88

Δ 126

Gacrux

γ

BH

Hld 114

Sa 163

S

ESO 131-9

NGC 3882

Ru 108

λ

BrsO 8

NGC 4337

D4

NGC 3918
Blue Planetary

NGC 5138

Lo 821

I 424

R 213

NGC 4852

χ

β

DY

δ

PB 8

SDC 308.0+2.1

WW

Mimosa

39

35

Ho 14

ESO 130-13

ESO 130-6

NGC 5043

AG

Lo 372

5168

κ

NGC 4755

Lo 682

NGC 4439

St 15

Ho 16

Jewel Box

Tr 20

Cr 272

SDC 303.8+1.3

Lo 694

He 2-82

Ru 104

ε

He 2-90

Sa 162

Sa 155

Ru 105

CapO 12

Slo 45

Slo 44

Sa 161

R

Bas 18

Sa 157

RCW 71

Al-Teu 8

Hrg 86

RCW 75

St 16

Sa 150

NGC 4349

NGC 4103

Lo 481

ESO 129-32

Tr 21

Lo 807

Danks 2

Coal Sack

Ru 95

Δ 137

Cen 122

Danks 1

NGC 5155

NGC 4609

300°

NGC 5120

Th 2-A

Ho 15

NGC 3766

307.2+1.0

Teu 79

MelO 3

NGC 5045

SDC 304.7-0.3

SDC 301.7-2.6

Acrux

α₁₂

256

vdB-Ha 151

NGC 3603

Cr 271

h 4579

V1152

Lo 7

Sa 144

He 2-84

St 14

D

m

UX

SDC 305.2-1.6

DuRe 1

Sa 142

He 2-86

θ

NGC 4052

Cr 249

Sa 129

Ru 107

RZ

vdB-Ha 132

θ

NGC 3603

Al 82

NGC 4463

He 2-86

NGC 4815

ζ

Ru 94

IC 2714

Lo 757

θ

Rmk 16

Gli 185

Sa 148

He 2-86

A174

η

Ru 98

j

IC 2944/8
Running Chicken Nebula

Sa 126

NGC 5189

SDC 305.0-3.6

Slo 40

Sa 137

Sa 136

Sa 130

Mel 105

Planetary Nebula

Sa 2-91

Cr 269

Sa 140

Sa 139

SDC 299.0-4.0

Sa 124

H 8

vdB-Ha 111

Nebula

vdB-Ha 140

h 4550

SDC 298.3-4.5

Sa 128

h 4586

Δ 131

+ IC 4191

η

BO

μ

λ

xy

Mus

HdO 224

β

R 207

H 6

ε

ζ

110

13ʰ 30ᵐ

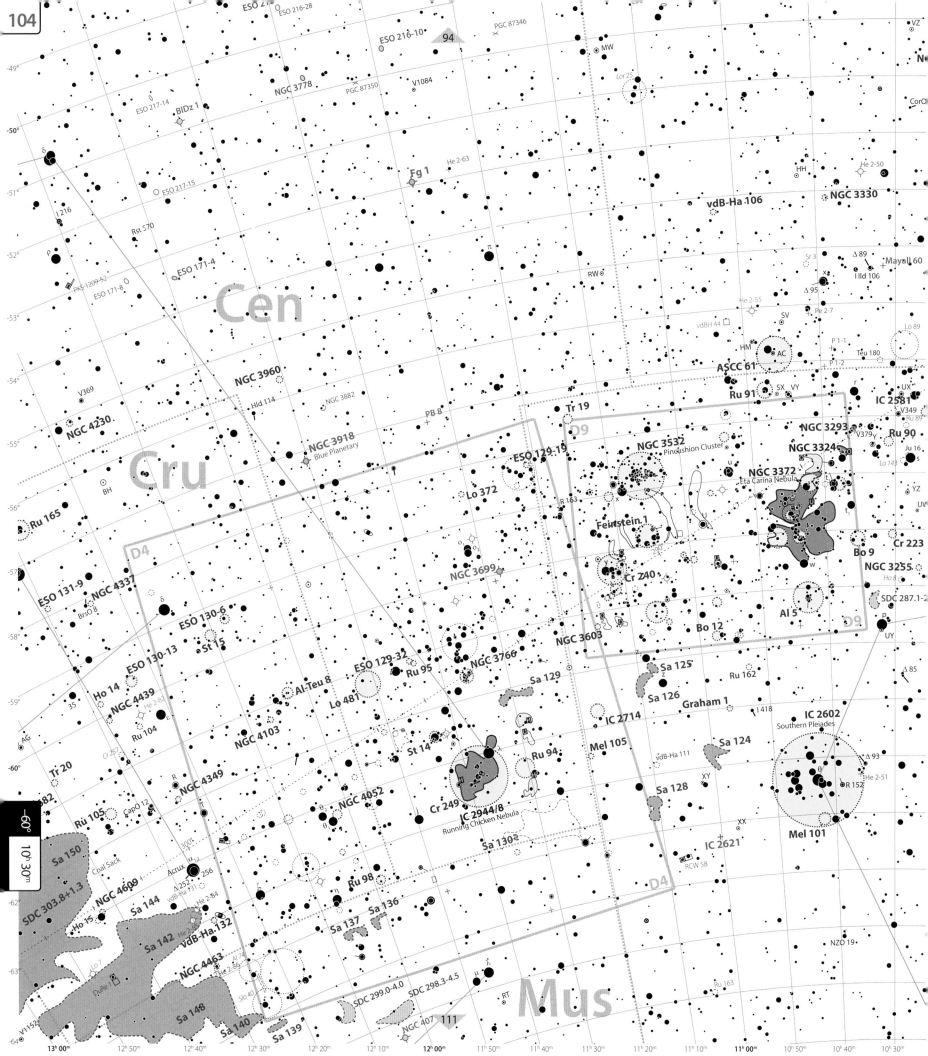

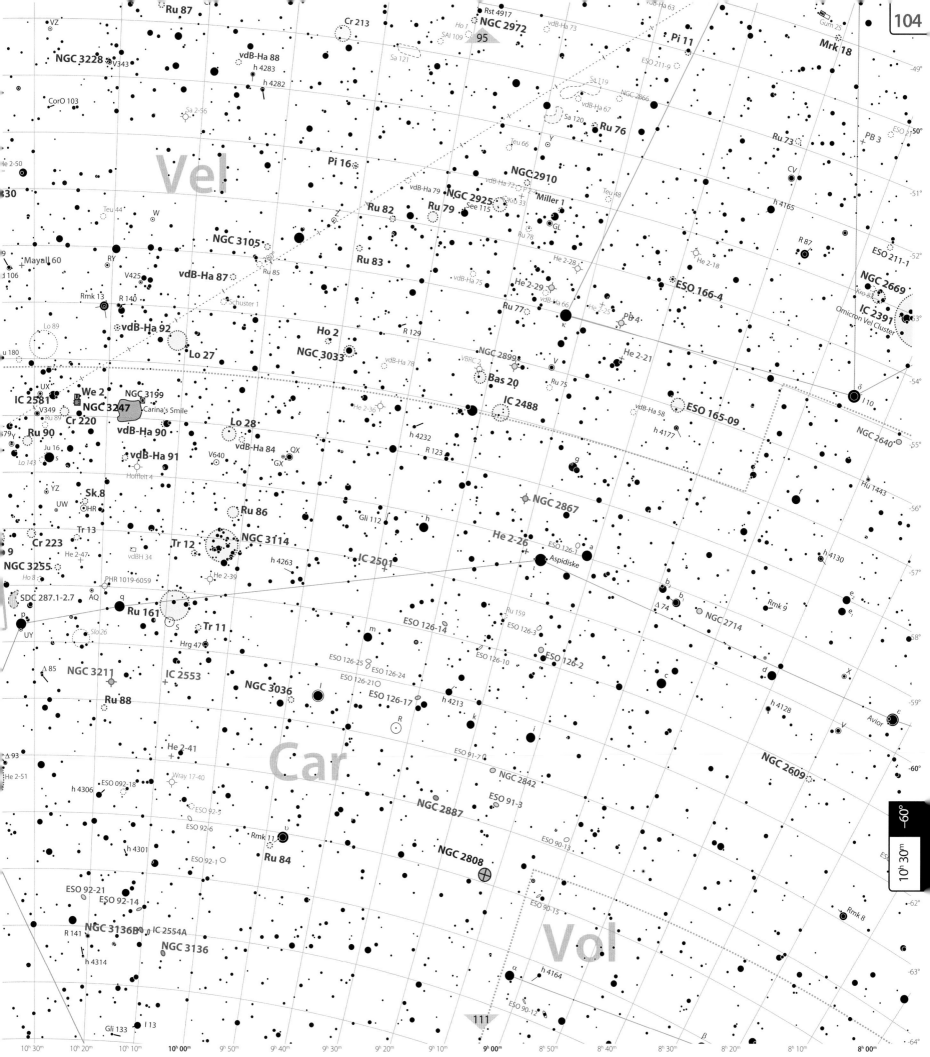

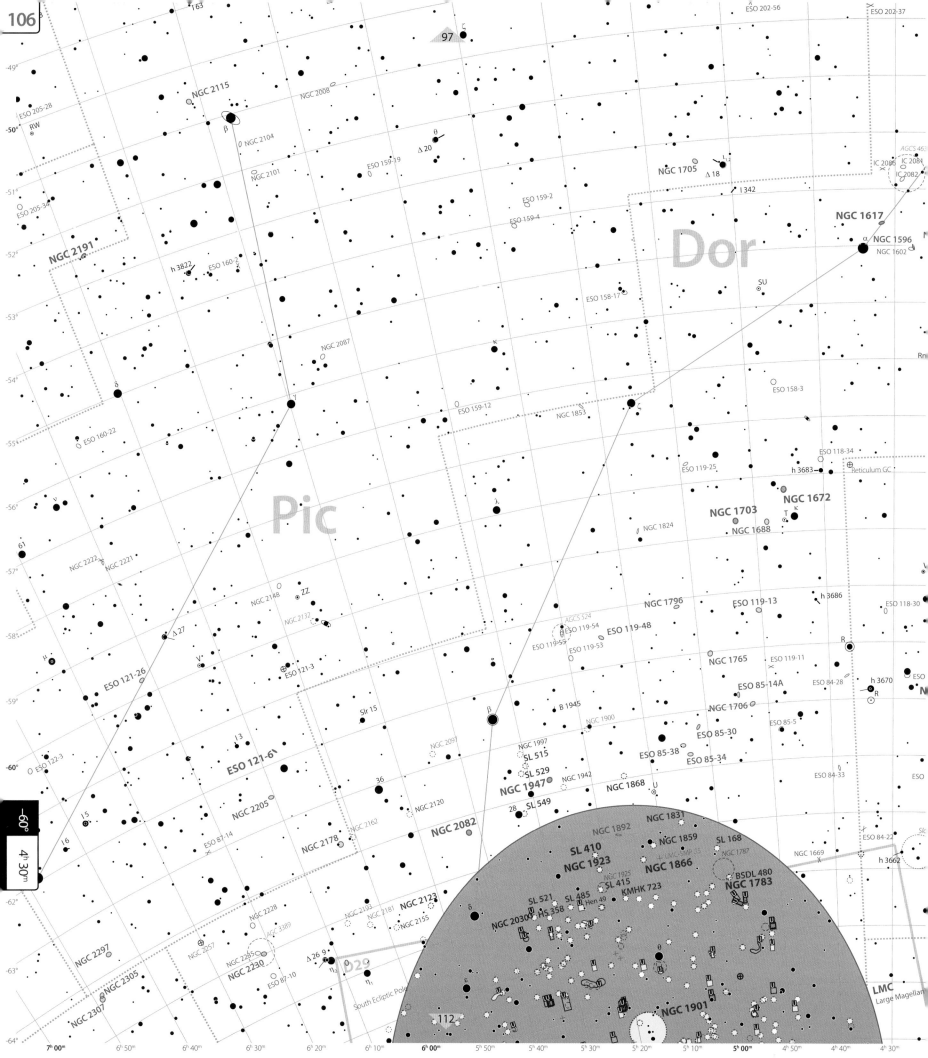

ESO 202-37
ESO 202-7
98
IC 1935
NGC 1356
IC 1959
IC 1947
γ
NGC 1578
IC 1989
AGCS 3193
WX
NGC 1500
IC 1954
Slr 6
NGC 1522
PGC 94977
NGC 1506
IC 1925
R
ESO 199-12
AGCS 463
T
IC 2086
IC 2081
IC 1940
IC 2082
IC 1933
Hor
Δ 10
AI J0304.6-5116
617
NGC 1523
PGC 129443
NGC 1596
NGC 1581
NGC 1515
UX
IRAS 03467-5354
PGC 94961
NGC 1602
NGC 1566
h 3592
NGC 1249
NGC 1549
NGC 1553
WX
NGC 1546
IC 2039
PGC 94963
ESO 155-14
NGC 1533
NGC 1536
NGC 1261
NGC 1136
Rmk 4
IC 2060
Slo 4
NGC 1031
NGC 1574
ℏ 3520
NGC 1543
PGC 127996
IRAS 03200-5724
NGC 1025
ESO 154-13
IC 2049
ESO 116-12
culum GC
NGC 1252
ε
NGC 1252
PGC 88253
Pol 2
IC 1997
IC 2056
IC 2010
NGC 1463
Δ 14
ESO 116-1
VW
AGCS 274
ESO 118-30
IRAS 03178-5956
μ
Dawson 1
ι
Jsp 48
δ
ESO 115-8 C
ESO 118-12
VY
γ
PGC 127971
NGC 1096
Δ 7
α
PGC 127986
ESO 115-25A
h 3670
ESO 84-18
R
NGC 1534
Ret
NGC 1559
ESO 84-9
NGC 1529
θ
η
κ
λ
Rmk 3
ζ₂ ζ₁
NGC 884
ESO 84-14
PGC 127992
ν
PGC 127992
γ
ESO 84-22
Slo 8
β
IRAS 02117-6158
h 3662
Δ 12
γ
LMC
NGC 1526
NGC 1490
β
Large Magellanic Cloud
NGC 1503
NGC 1313
NGC 1511
NGC 1246
113
NGC 1473
φ 333
PKS 0352-686

4ʰ 30ᵐ   4ʰ 20ᵐ   4ʰ 00ᵐ   3ʰ 50ᵐ   3ʰ 40ᵐ   3ʰ 30ᵐ   3ʰ 20ᵐ   3ʰ 10ᵐ   3ʰ 00ᵐ   2ʰ 50ᵐ   2ʰ 40ᵐ   2ʰ 30ᵐ   2ʰ 20ᵐ   2ʰ 10ᵐ   2ʰ 00ᵐ

-49° -50° -51° -53° -54° -55° -56° -57° -58° -59° -60° -62° -63° -64°

4ʰ 30ᵐ
-60°

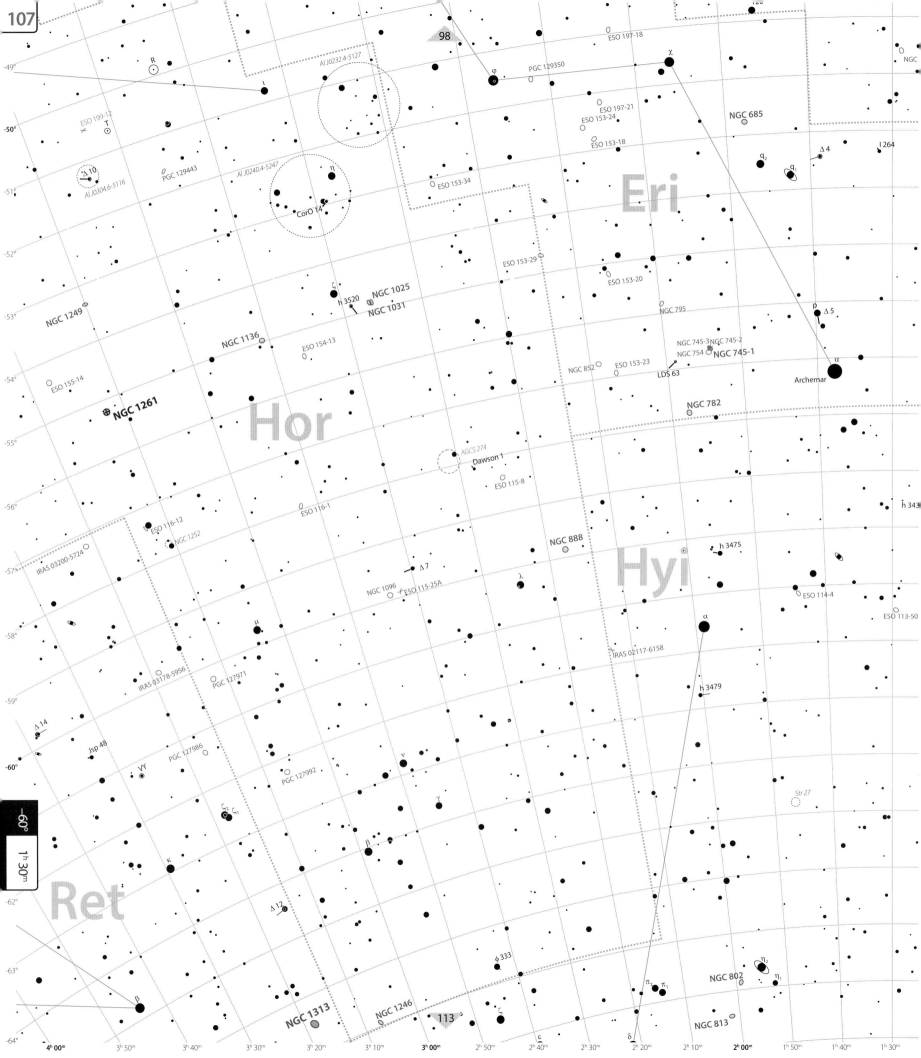

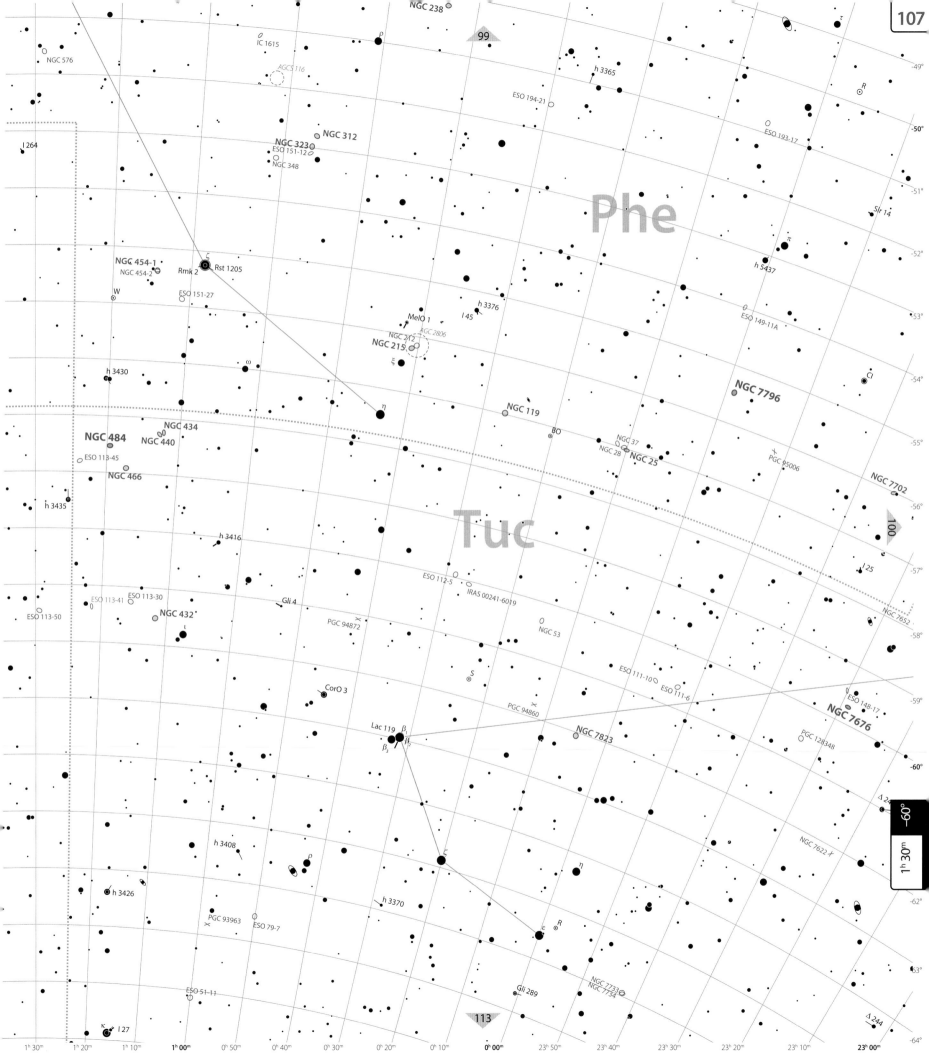

Phe

Tuc

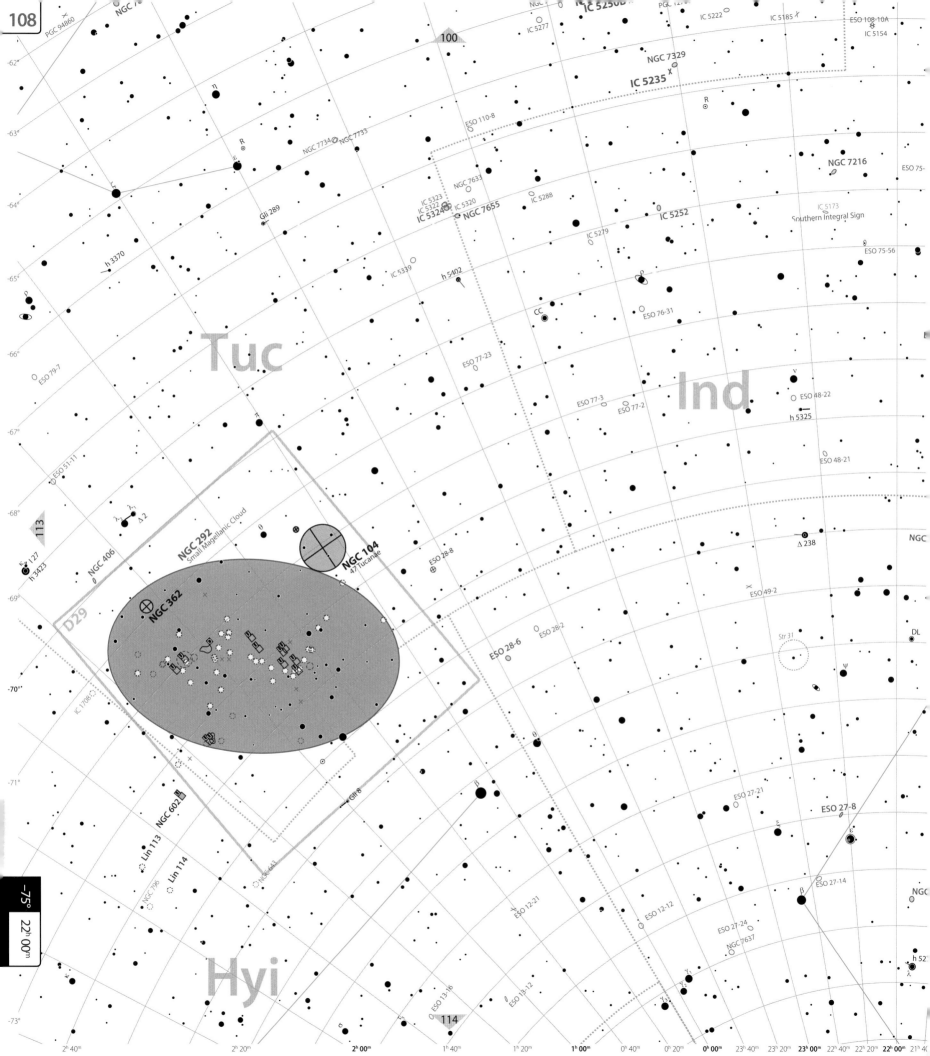

Pav

Oct

Aps

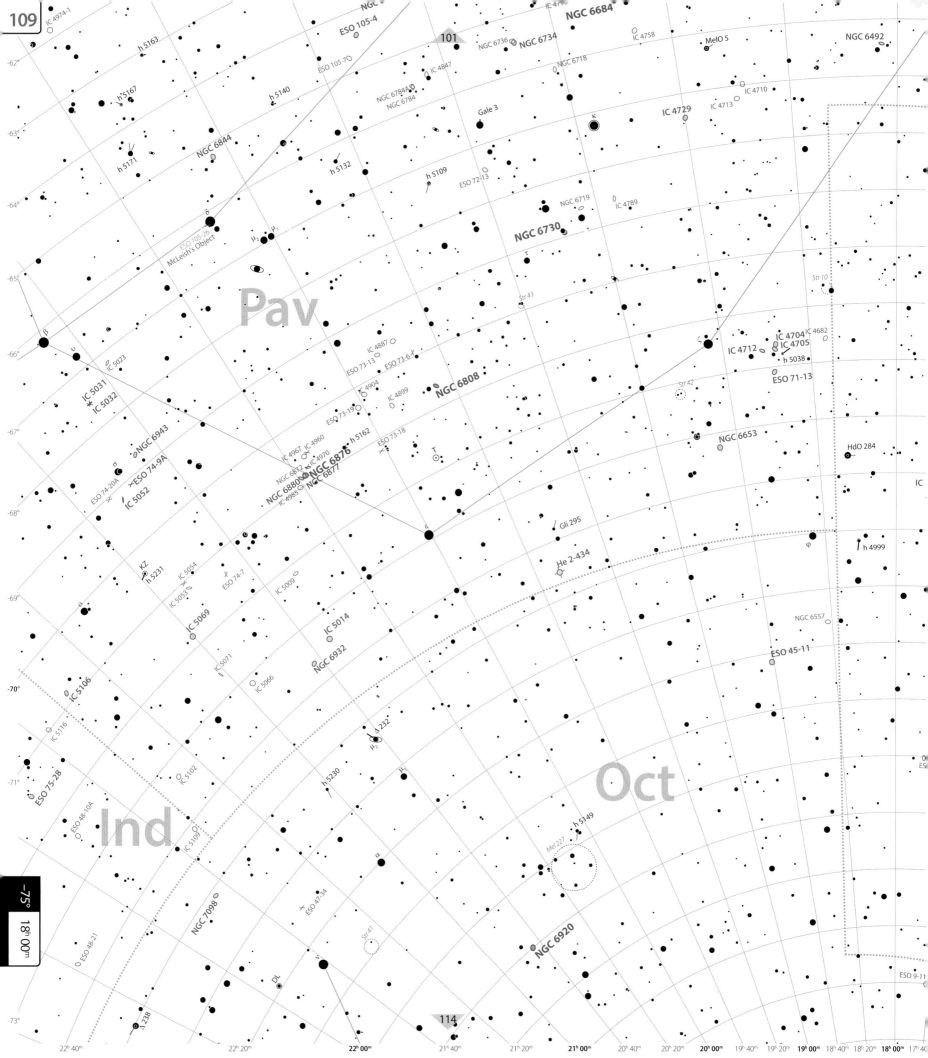

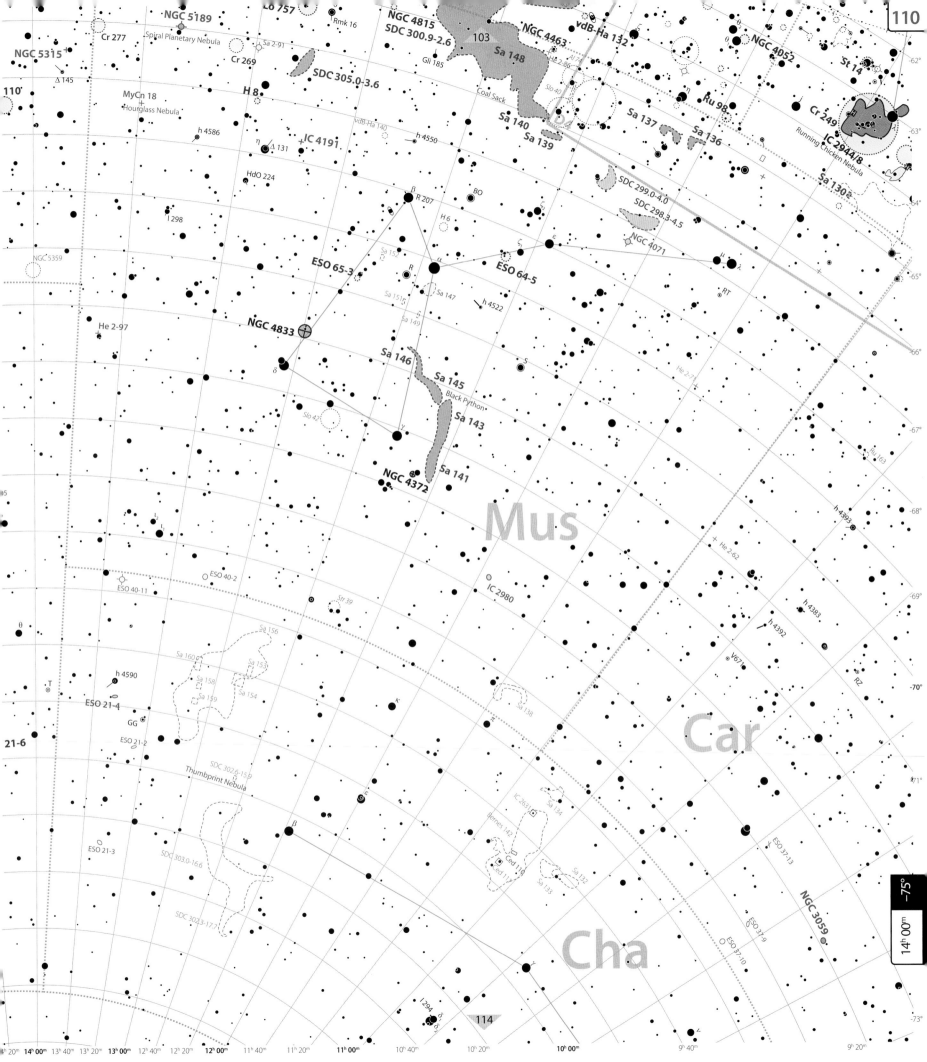

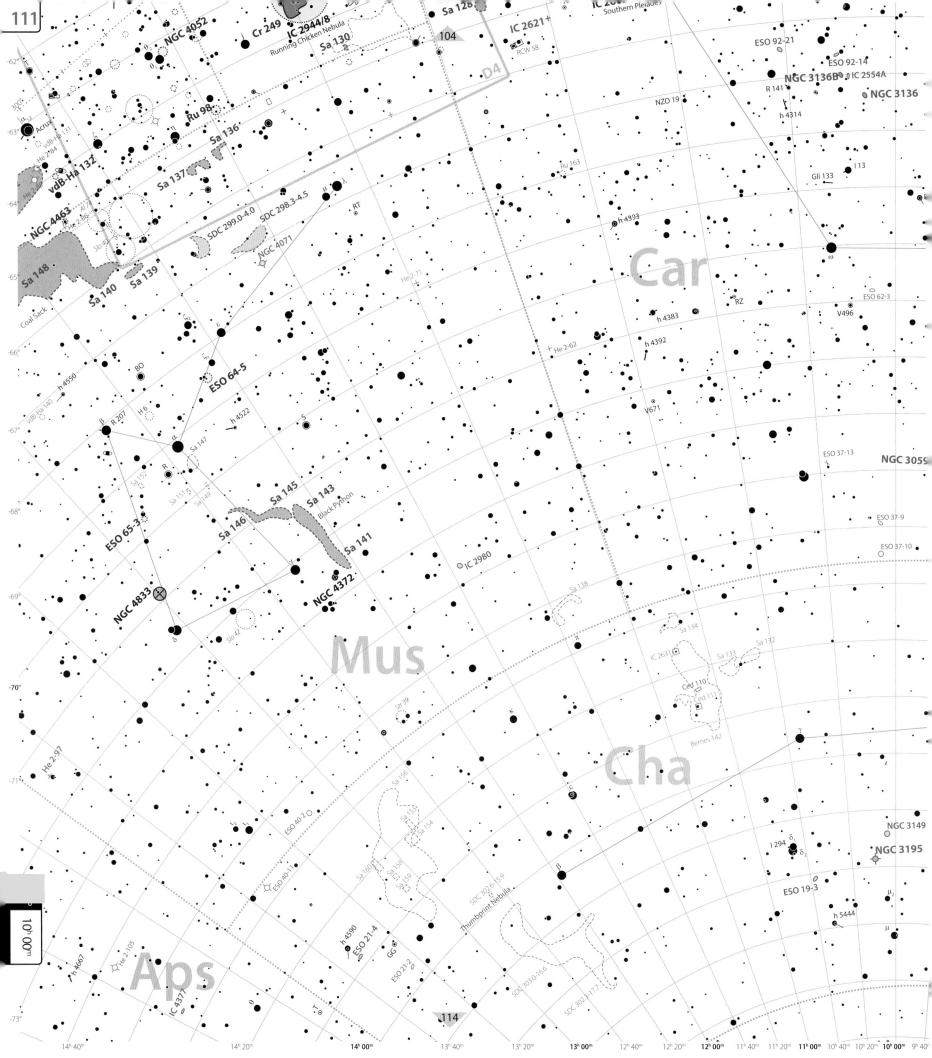

NGC 4052

Cr 249

IC 2944/8

Running Chicken Nebula

Sa 130

IC 2621+

RCW 58

104

D4

ESO 92-21

ESO 92-14

IC 2554A

NGC 3136B

R 141

NGC 3136

h 4314

NZO 19

Ru 163

Car

Gli 133

I 13

Ru 98

Sa 136

Sa 137

He 2-84

vdB-Ha 132

NGC 4463

SDC 299.0-4.0

SDC 298.3-4.5

NGC 4071

h 4393

Sa 148

Sa 140

Sa 139

Coal Sack

He 2-71

h 4383

RZ

ESO 62-3

V 496

h 4392

He 2-62

h 4550

BO

ESO 64-5

h 4522

V 671

ESO 37-13

NGC 3059

vdB-Ha 140

β

R 207

H 6

α

Sa 147

S

ESO 37-9

R

Sa 152

Sa 151

Sa 149

Sa 145

Sa 143

Black Python

ESO 37-10

ESO 65-3

Sa 146

Sa 141

IC 2980

NGC 4833

NGC 4372

δ

Slo 42

Sa 138

Mus

Sa 134

IC 2631

Sa 133

Sa 132

Ced 110

Ced 111

He 2-97

Str 39

κ

Bernes 142

Cha

γ

He 2-105

Sa 156

Sa 153

NGC 3149

Sa 154

I 294

δ₁

δ₂

NGC 3195

ESO 40-2

β

Sa 160

Sa 158

Sa 159

ESO 19-3

SDC 302.6-15.9

μ₂

Thumbprint Nebula

h 5444

μ₁

h 4667

IC 4371

Aps

He 2-105

h 4590

ESO 21-4

ESO 21-2

GG

SDC 303.0-16.6

SDC 302.3-17.7

114

14ʰ 40ᵐ   14ʰ 20ᵐ   14ʰ 00ᵐ   13ʰ 40ᵐ   13ʰ 20ᵐ   13ʰ 00ᵐ   12ʰ 40ᵐ   12ʰ 20ᵐ   12ʰ 00ᵐ   11ʰ 40ᵐ   11ʰ 20ᵐ   11ʰ 00ᵐ   10ʰ 40ᵐ   10ʰ 20ᵐ   10ʰ 00ᵐ   9ʰ 40ᵐ

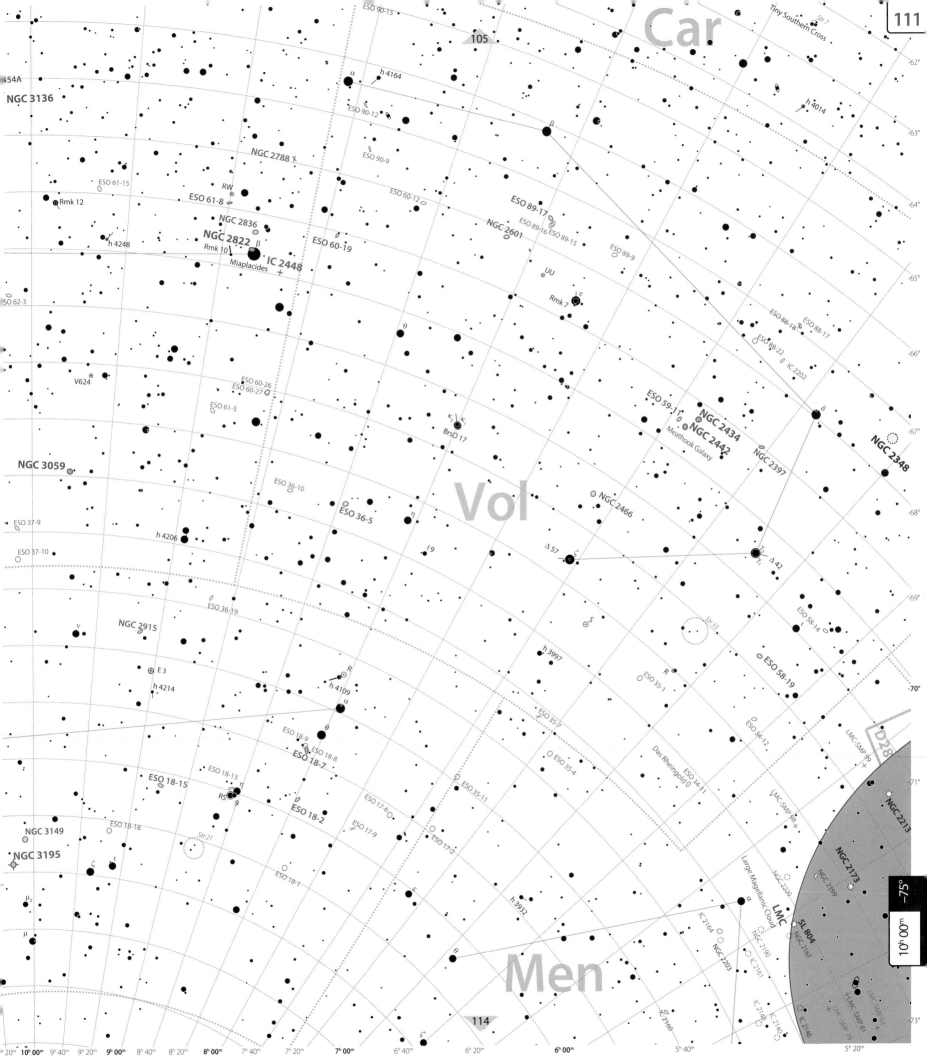

Car

Tiny Southern Cross

Str 7

ESO 90-15

105

h 4164

α

h 4014

NGC 3136

-54A

-62°

ESO 90-12

β

-63°

NGC 2788

ESO 90-9

ESO 60-12

Rmk 12

ESO 61-15

RW

ESO 89-17

-64°

ESO 61-8

ESO 89-16 ESO 89-15

NGC 2836

NGC 2601

ESO 89-9

h 4248

NGC 2822

ESO 60-19

β

UU

-65°

Rmk 10

IC 2448

Miaplacides

Rmk 7

ε

SO 62-3

ESO 88-18

ESO 88-17

θ

ESO 88-22

IC 2202

-66°

V624

ESO 60-26

ESO 60-27

ESO 59-10

NGC 2434

δ

ESO 61-5

κ₂ κ₁

NGC 2442

NGC 2348

-67°

ϑ

BrsO 17

Meathook Galaxy

NGC 3059

NGC 2397

ESO 36-10

Vol

NGC 2466

ESO 37-9

ESO 36-5

η

-68°

h 4206

ι 9

Δ 57

ζ

ESO 37-10

ν₂

ψ

ESO 58-14

Δ 42

γ₁

ESO 36-19

θ

Str 33

S

-69°

NGC 2915

h 3997

R

ESO 58-19

ESO 35-1

E 3

R

h 4214

h 4109

R

α

ESO 34-12

-70°

θ

LMC-SMP-99

D28

ESO 18-9

ESO 18-8

ESO 18-7

ESO 35-7

NGC 3149

ESO 18-13

Das Rheingold

NGC 2213

ESO 18-15

η

ESO 35-4

LMC-SMP-98

-71°

RS

9

ESO 18-2

ESO 17-6

ESO 35-11

NGC 3195

Str 21

ESO 17-9

ζ

ι

ESO 18-18

ESO 17-2

NGC 2209

NGC 2173

ESO 18-1

ε

NGC 2199

LMC

-75°

μ₂

h 3932

SL 804

NGC 2161

10ʰ 00ᵐ

μ

NGC 2190

Large Magellanic Cloud

IC 2164

NGC 2203

θ

IC 2161

Men

IC 2160

IC 2148 IC 2140

114

IC 2146

LMC-SMP 81

LMC-SMP-79

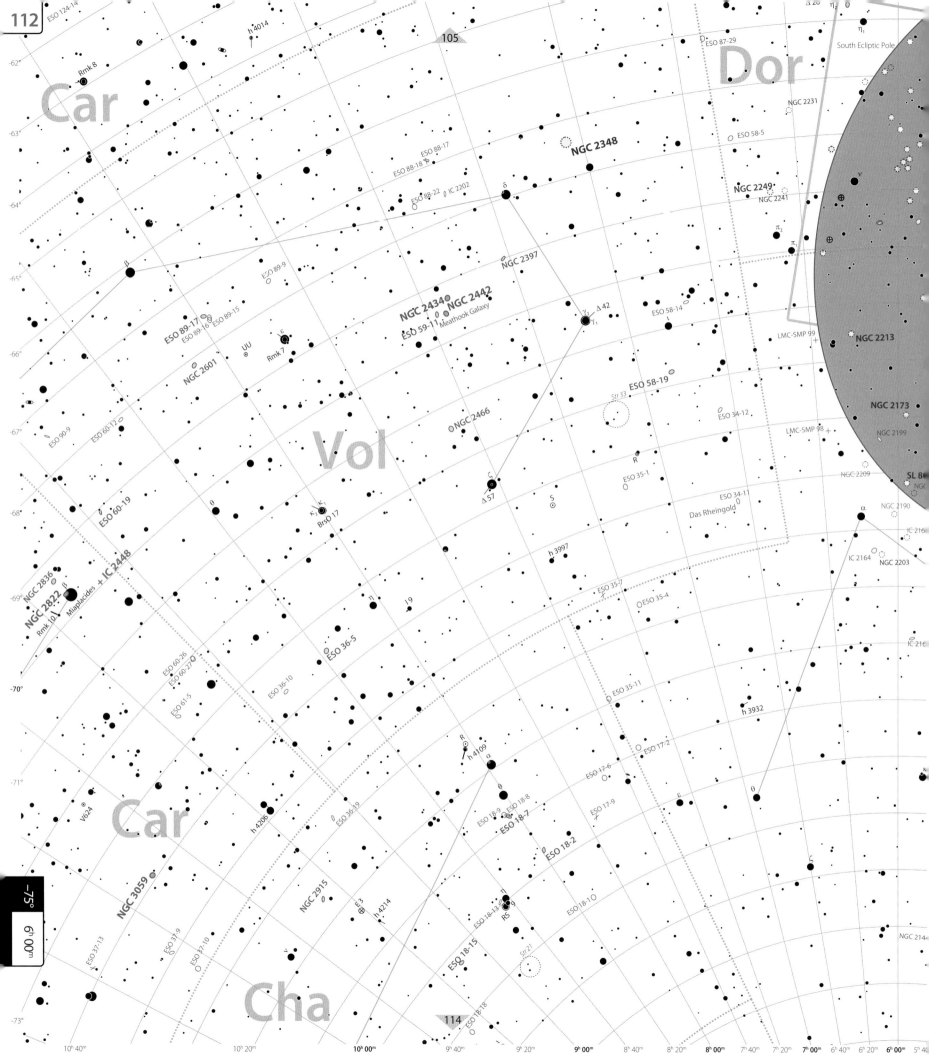

Car

Dor

Vol

Car

Cha

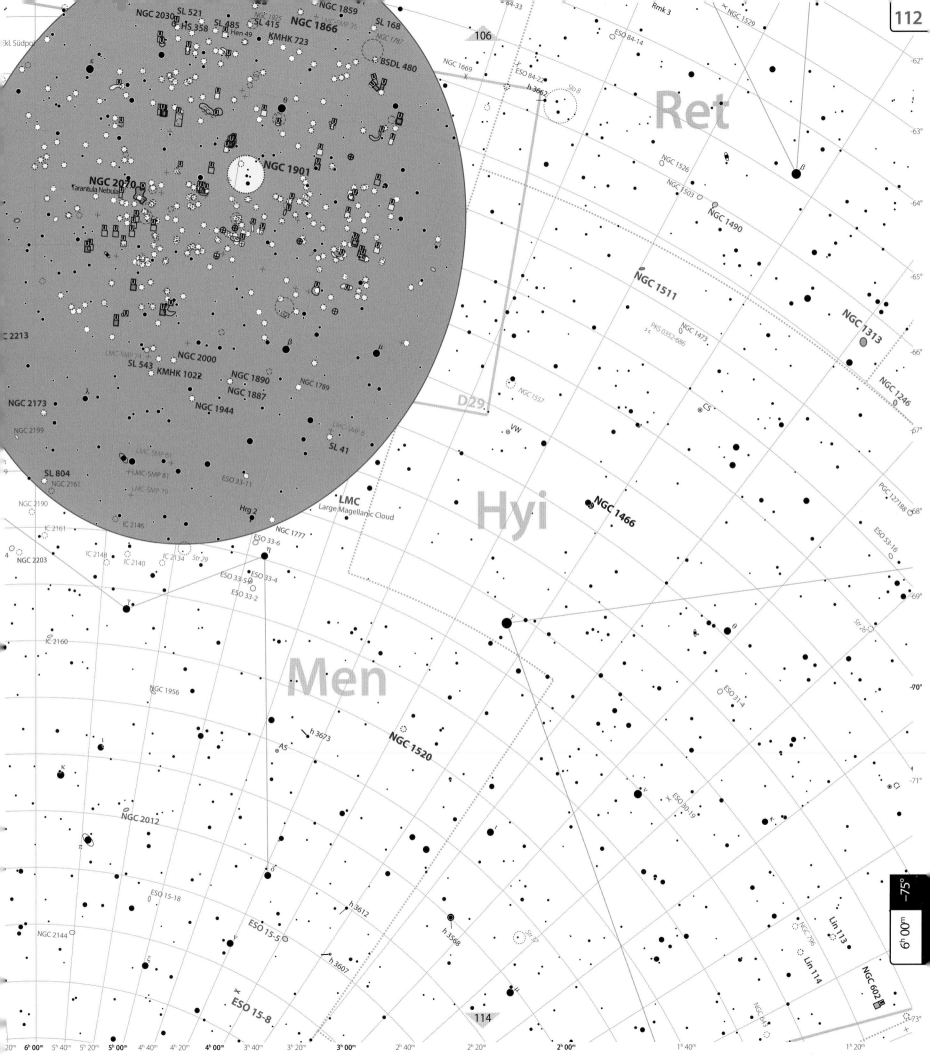

Rmk 3

NGC 1529

ESO 84-14

Ret

106

NGC 1669

NGC 1526

ESO 84-22

h 3662

Slo 8

-62°

-63°

NGC 1503

NGC 1490

-64°

NGC 2030

SL 521

NGC 1859

NGC 1925

θ HS 358

SL 485

SL 415

NGC 1866

LMC-SMP 35

Hen 49

KMHK 723

SL 168

NGC 1787

BSDL 480

NGC 1511

NGC 1313

NGC 2070
Tarantula Nebula

NGC 1901

PKS 0352-686

NGC 1473

-65°

C 2213

LMC-SMP 74

NGC 2000

SL 543

KMHK 1022

NGC 1890

NGC 1887

NGC 1789

LMC-SMP 6

SL 41

β

μ

NGC 2173

D29

NGC 1557

CS

NGC 1466

NGC 1246

-66°

-67°

NGC 2199

VW

NGC 1944

LMC-SMP 61

SL 804

LMC-SMP 81

ESO 33-11

Hyi

ESO 53-16

-68°

NGC 2161

LMC-SMP 79

Hrg 2

LMC
Large Magellanic Cloud

PGC 127188

NGC 2190

IC 2161

IC 2146

NGC 1777

ESO 33-6

η

ESO 31-4

-69°

NGC 2203

IC 2148

IC 2140

IC 2134

Str 29

ESO 33-5

ESO 33-4

Str 26

θ

IC 2160

ESO 33-2

γ

γ

NGC 1956

Men

-70°

ESO 30-19

ν

h 3673

NGC 1520

AS

κ

NGC 2012

π

δ

-71°

ESO 15-18

h 3612

h 3568

Str 30

-75°

NGC 2144

ESO 15-5

γ

h 3607

NGC 796

Lin 113

6ʰ 00ᵐ

ξ

Lin 114

μ

NGC 602

ESO 15-8

114

20ᵐ 6ʰ 00ᵐ 5ʰ 20ᵐ 5ʰ 00ᵐ 4ʰ 40ᵐ 4ʰ 20ᵐ 4ʰ 00ᵐ 3ʰ 40ᵐ 3ʰ 20ᵐ 3ʰ 00ᵐ 2ʰ 40ᵐ 2ʰ 20ᵐ 2ʰ 00ᵐ 1ʰ 40ᵐ 1ʰ 20ᵐ

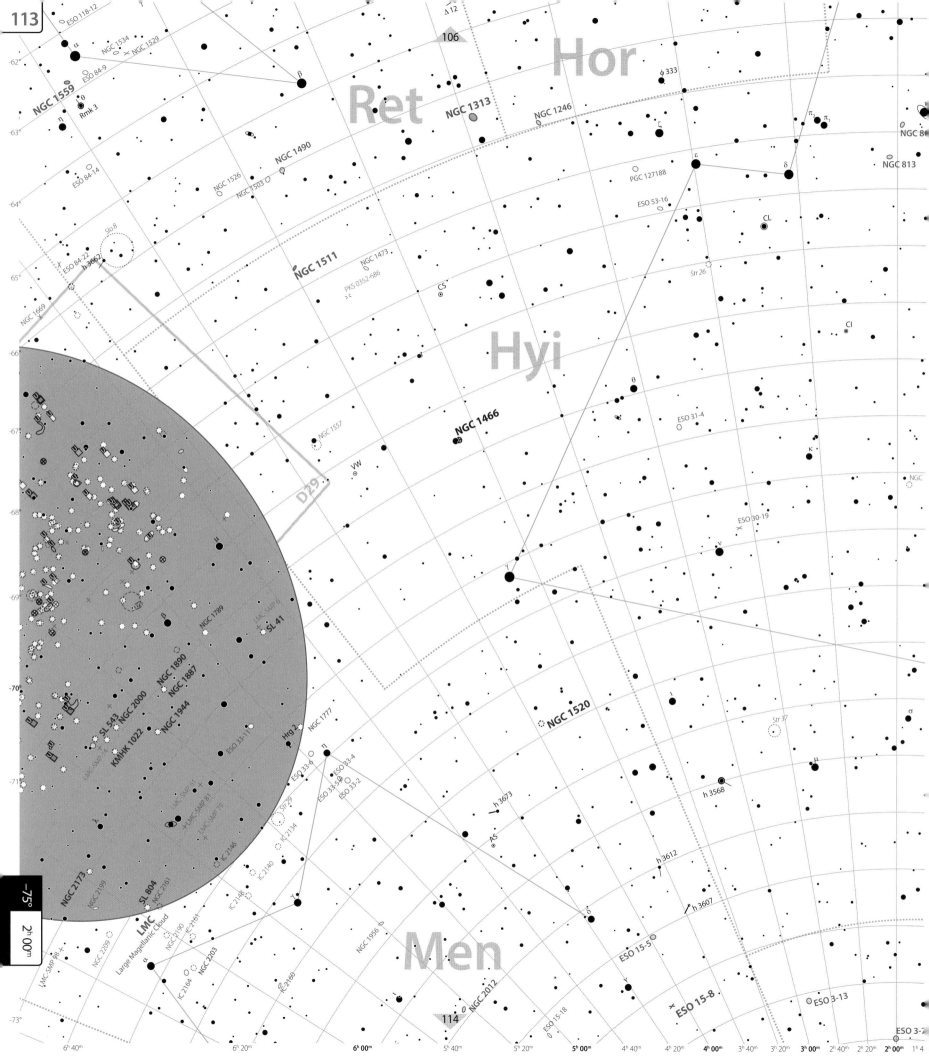

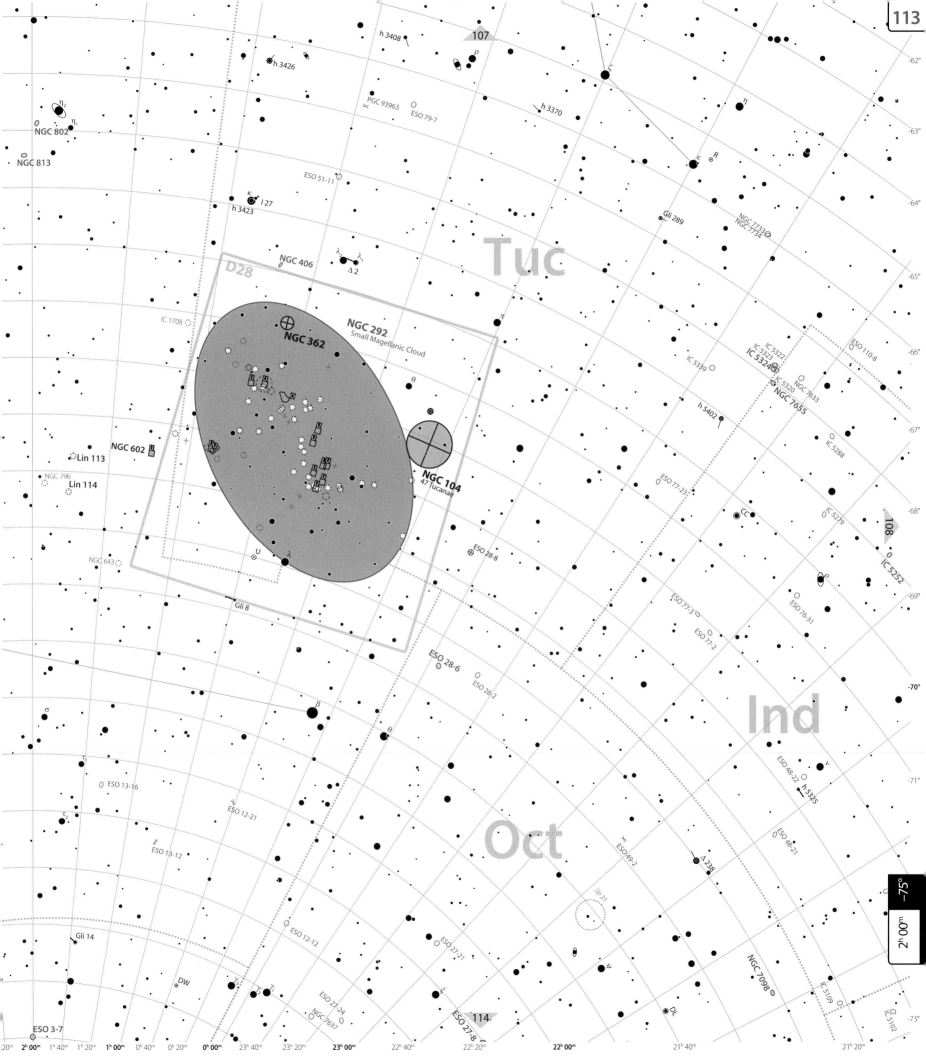

Tuc

Ind

Oct

NGC 802

η₂

η₁

o

NGC 813

ESO 51-11

h 3408

107

h 3426

PGC 93963

ESO 79-7

h 3370

ζ

η

ε

R

Gli 289

NGC 7233

NGC 7734

κ

I 27

h 3423

NGC 406

λ₂ λ₁

Δ 2

D28

IC 1708

NGC 362

NGC 292
Small Magellanic Cloud

θ

π

IC 5339

IC 5322

IC 5323

IC 5324

IC 5320

NGC 7633

NGC 7655

h 5402

IC 5288

NGC 602

Lin 113

U

NGC 104
47 Tucanae

ESO 77-23

IC 5279

NGC 796

Lin 114

ESO 76-31

NGC 643

U

λ

ESO 28-8

ESO 77-3

IC 5252

108

Gli 8

ESO 77-2

β

θ

ESO 28-6

ESO 28-2

-70°

σ

ν

ESO 48-27

h 5325

τ₁

ESO 13-16

ESO 12-21

ESO 46-21

τ₂

ESO 13-12

Str 31

ESO 49-2

Δ 238

-75°

2ʰ 00ᵐ

Gli 14

ESO 12-12

ESO 27-21

ψ

DL

NGC 7098

IC 5109

DW

γ

γ

ESO 27-24

NGC 7637

ESO 27-8

114

IC 5102

ESO 3-7

-62°

-63°

-64°

-65°

-66°

-67°

-68°

-69°

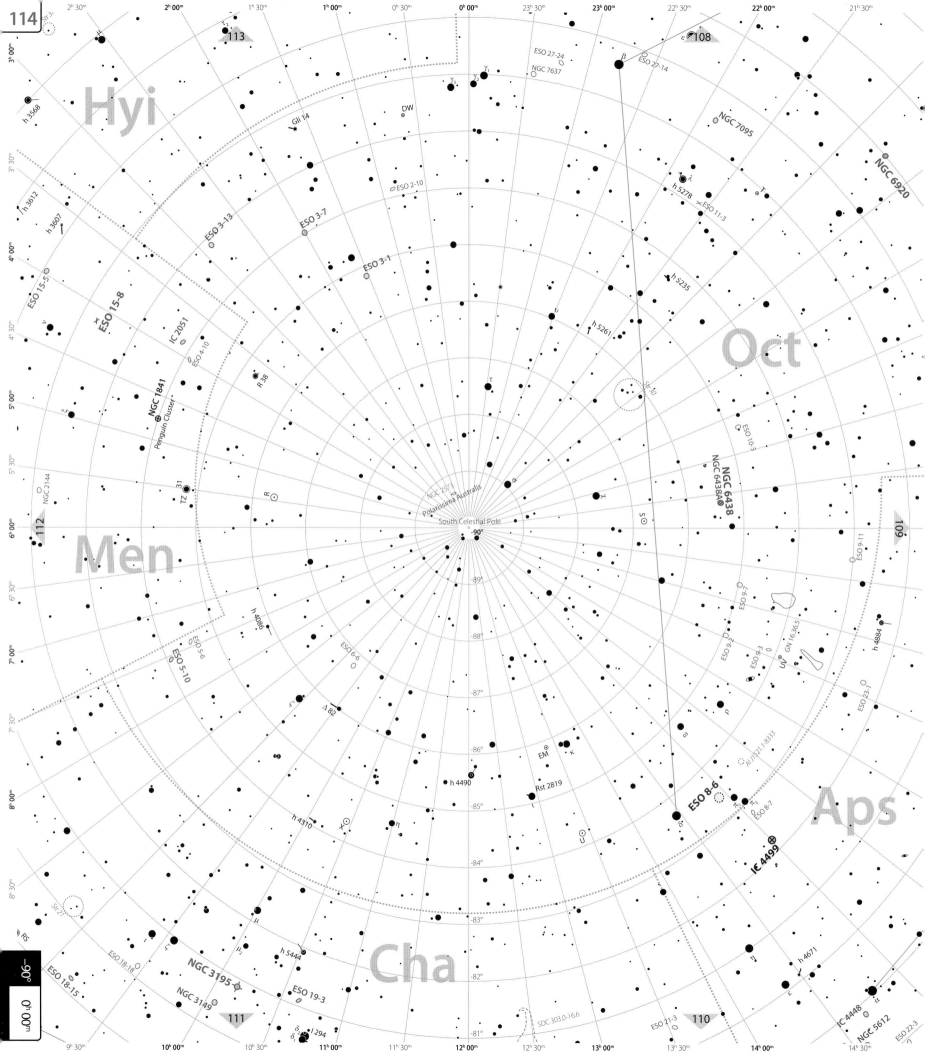

Hyi

Oct

Men

Aps

Cha

South Celestial Pole

-90°

0h 00m

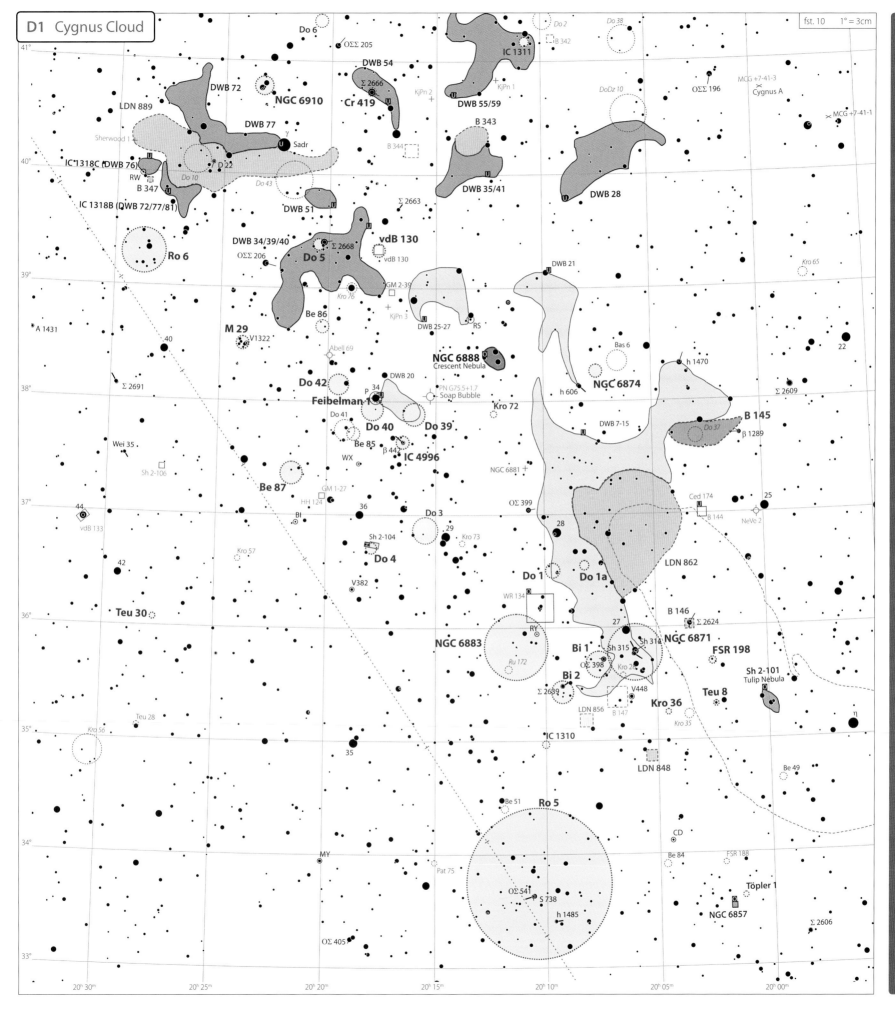

D1 Cygnus Cloud

fst. 10   1° = 3cm

Do 6

OΣΣ 205

DWB 54

Do 2

Do 38

B 342

IC 1311

U

DWB 72

Σ 2666

KjPn 2

KjPn 1

DoDz 10

OΣΣ 196

MCG +7-41-3
Cygnus A

NGC 6910

Cr 419

U

DWB 55/59

MCG +7-41-1

LDN 889

B 343

DWB 77

Sherwood 1

D 22

γ Sadr

B 344

DWB 35/41

DWB 28

IC 1318C (DWB 76)

U

RW

Do 10

Do 43

B 347

U

DWB 51

U

Σ 2663

IC 1318B (DWB 72/77/81)

Ro 6

DWB 34/39/40

U

vdB 130

OΣΣ 206

Σ 2668

Do 5

vdB 130

Kro 65

DWB 21

U

Kro 76

GM 2-39

A 1431

40

Be 86

KjPn 3

U

DWB 25-27

RS

Bas 6

NGC 6874

h 1470

M 29

V1322

Abell 69

NGC 6888
Crescent Nebula

h 606

Σ 2691

Do 42

DWB 20

p 34

U

PN G75.5+1.7
Soap Bubble

DWB 7-15

Σ 2609

Feibelman 1

Kro 72

B 145

Do 41

Do 40

Do 39

Do 37

β 1289

Wei 35

Be 85

β 442

U

Sh 2-106

WX

IC 4996

NGC 6881

Be 87

GM 1-27

OΣ 399

Ced 174

25

44

HH 124

36

Do 3

B 144

vdB 133

Bl

29

Kro 73

NeVe 2

28

Sh 2-104

42

Kro 57

Do 4

LDN 862

V382

Teu 30

Do 1

Do 1a

WR 134

B 146

Σ 2624

RY

27

B 146

NGC 6883

Bi 1

Sh 314

NGC 6871

FSR 198

Ru 172

Sh 315

OΣ 398

Kro 28

Sh 2-101
Tulip Nebula

Bi 2

V448

Teu 8

Σ 2639

Kro 36

Teu 28

LDN 856

B 147

Kro 35

Kro 56

IC 1310

35

LDN 848

Be 49

Be 51

Ro 5

CD

Be 84

FSR 188

MY

Pat 75

Töpler 1

OΣ 541

S 738

h 1485

NGC 6857

Σ 2606

OΣ 405

41°

40°

39°

38°

37°

36°

35°

34°

33°

20h 30m

20h 25m

20h 20m

20h 15m

20h 10m

20h 05m

20h 00m

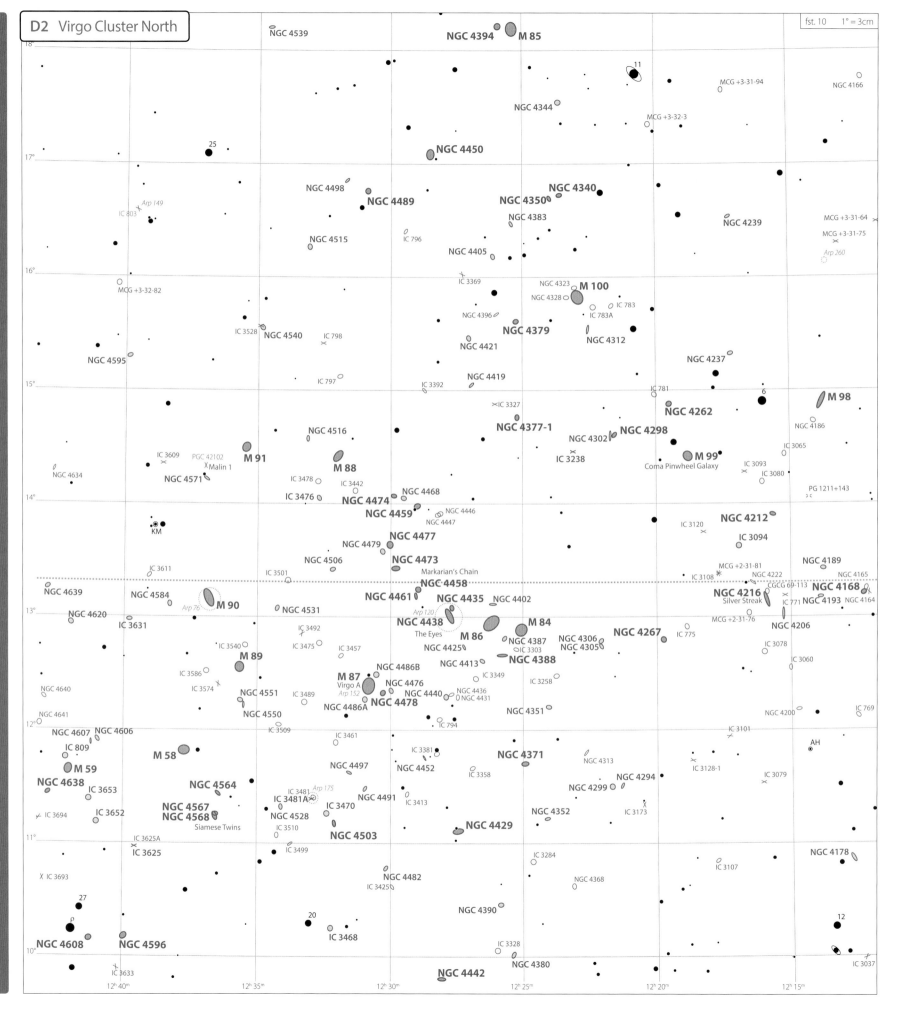

D2 Virgo Cluster North

fst. 10   1° = 3cm

NGC 4539

NGC 4394   **M 85**

11

MCG +3-31-94

NGC 4166

NGC 4344

MCG 3-32-3

25

NGC 4450

NGC 4498

NGC 4340

Arp 149

IC 803

NGC 4489

NGC 4350

NGC 4239

MCG +3-31-64

MCG +3-31-75

NGC 4383

Arp 260

NGC 4515

IC 796

NGC 4405

MCG +3-32-82

IC 3369

NGC 4323

M 100

NGC 4328

IC 783

NGC 4396

IC 783A

IC 3528

NGC 4540

IC 798

NGC 4379

NGC 4312

NGC 4421

NGC 4595

NGC 4237

IC 797

NGC 4419

IC 3392

IC 781

6

M 98

IC 3327

NGC 4262

NGC 4186

NGC 4516

NGC 4377-1

NGC 4302   **NGC 4298**

IC 3065

IC 3609   PGC 42102

M 91

M 99

IC 3238

IC 3093

NGC 4634

Malin 1

M 88

Coma Pinwheel Galaxy

IC 3080

NGC 4571

IC 3478   IC 3442

PG 1211+143

IC 3476

NGC 4474   NGC 4468

NGC 4459   NGC 4446

IC 3120

NGC 4212

NGC 4447

IC 3094

KM

NGC 4477

NGC 4479

NGC 4189

NGC 4506

NGC 4473

IC 3611

IC 3501

Markarian's Chain

IC 3108   MCG +2-31-81   NGC 4165

NGC 4222

NGC 4458

CGCG 69-113   **NGC 4168**

NGC 4639

NGC 4584

NGC 4461   **NGC 4435**   NGC 4402

NGC 4216   NGC 4193   NGC 4164

Arp 76   **M 90**

Silver Streak   IC 771

NGC 4620

NGC 4531

Arp 120

MCG +2-31-76

NGC 4206

IC 3631

NGC 4438

M 84

IC 3492

The Eyes

NGC 4387   NGC 4306   **NGC 4267**

IC 775

IC 3078

IC 3540

IC 3475   IC 3457

M 86   IC 3303   NGC 4305

IC 3060

M 89

NGC 4425

NGC 4388

NGC 4413

IC 3586

IC 3349   IC 3258

NGC 4486B

IC 3574

M 87   NGC 4476

NGC 4640

Virgo A   NGC 4436

NGC 4551   IC 3489   Arp 152   NGC 4440   NGC 4431

NGC 4351

NGC 4200   IC 769

NGC 4641

NGC 4550

NGC 4486A   **NGC 4478**

IC 794

IC 3101

NGC 4607   NGC 4606

IC 3509

AH

IC 809

IC 3461

IC 3381

NGC 4371

NGC 4313

IC 3128-1

M 58

NGC 4452

IC 3358

IC 3079

M 59

NGC 4497   NGC 4452

NGC 4294

NGC 4638

IC 3653

NGC 4564

IC 3481   Arp 175

NGC 4299

IC 3694

IC 3481A   NGC 4491   IC 3413

NGC 4352   IC 3173

NGC 4567   IC 3652

IC 3470

NGC 4568

NGC 4528

NGC 4429

Siamese Twins   IC 3510

IC 3625A

NGC 4503

IC 3625

IC 3284

NGC 4178

X IC 3693

IC 3499

IC 3107

NGC 4482

27

NGC 4368

IC 3425

ρ

20

NGC 4390

12

NGC 4608   **NGC 4596**

IC 3468

IC 3328

IC 3037

IC 3633

NGC 4380

NGC 4442

12ʰ 40ᵐ   12ʰ 35ᵐ   12ʰ 30ᵐ   12ʰ 25ᵐ   12ʰ 20ᵐ   12ʰ 15ᵐ

18°   17°   16°   15°   14°   13°   12°   11°   10°

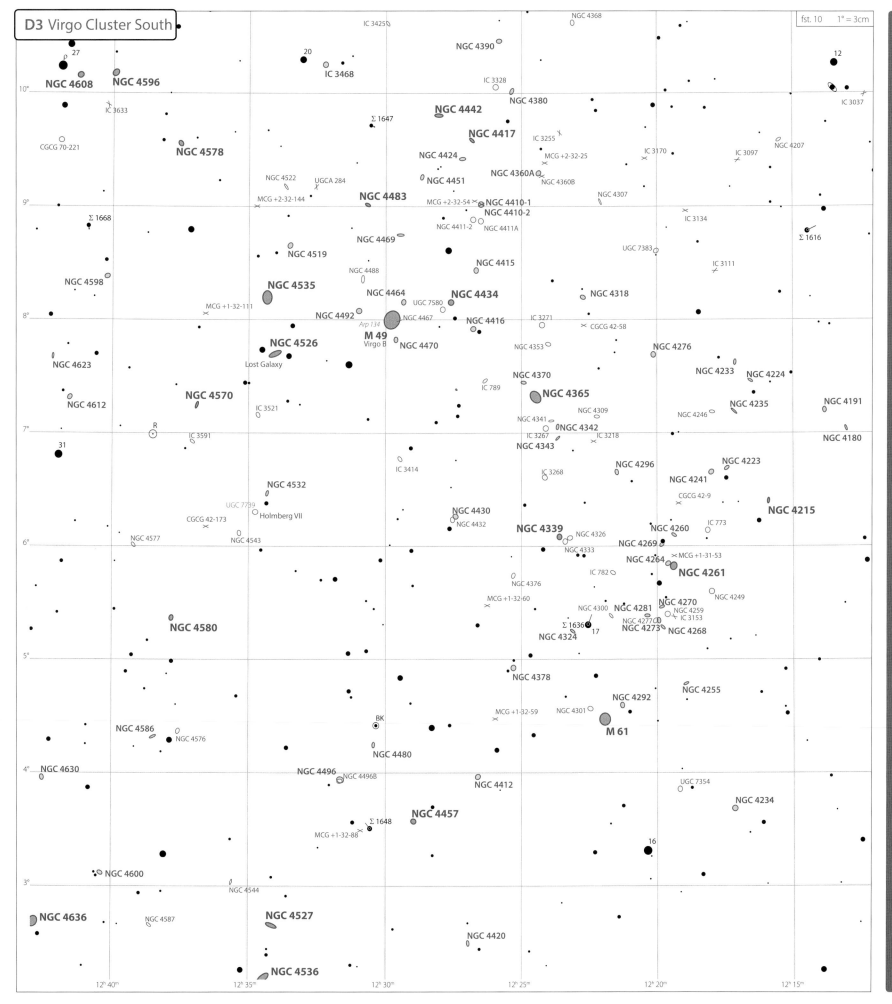

fst. 10   1° = 3cm

ρ 27
NGC 4608   NGC 4596
IC 3633
CGCG 70-221
Σ 1668
NGC 4598
NGC 4578
NGC 4623
NGC 4612
31
R
IC 3591
NGC 4570
NGC 4532
UGC 7739
CGCG 42-173   Holmberg VII
NGC 4577   NGC 4543
NGC 4580
NGC 4586
NGC 4576
NGC 4630
NGC 4496   NGC 4496B
BK
NGC 4480
NGC 4457
Σ 1648
MCG +1-32-88
NGC 4600
NGC 4636   NGC 4587
NGC 4527
NGC 4536
NGC 4544
NGC 4420

20
IC 3468
Σ 1647
NGC 4522   UGCA 284
MCG +2-32-144
NGC 4519
NGC 4488
NGC 4535
MCG +1-32-111
NGC 4526
Lost Galaxy
IC 3521
IC 3414
NGC 4430
NGC 4432
NGC 4483
NGC 4469
NGC 4464
NGC 4492   NGC 4467
Arp 134
M 49
Virgo B   NGC 4470
NGC 4412

IC 3425
NGC 4390
IC 3328
NGC 4380
NGC 4442
NGC 4417
NGC 4424
NGC 4451
NGC 4410-1
MCG +2-32-54   NGC 4410-2
NGC 4411-2   NGC 4411A
NGC 4415
UGC 7580
NGC 4434
NGC 4416
IC 3271   CGCG 42-58
NGC 4353
NGC 4370
IC 789
NGC 4365
NGC 4341   NGC 4309
NGC 4343
IC 3267   IC 3218
NGC 4342
IC 3268
NGC 4296
NGC 4376
MCG +1-32-60
NGC 4300   NGC 4281
Σ 1636   17
NGC 4324
NGC 4378
MCG +1-32-59   NGC 4301
NGC 4292
M 61

NGC 4368
12
IC 3037
IC 3255
MCG +2-32-25   IC 3170   IC 3097   NGC 4207
NGC 4360A
NGC 4360B   NGC 4307
IC 3134
Σ 1616
UGC 7383
IC 3111
NGC 4318
NGC 4276
NGC 4233   NGC 4224
NGC 4235   NGC 4191
NGC 4246
NGC 4180
NGC 4223
NGC 4241
CGCG 42-9
NGC 4215
IC 773
NGC 4260   NGC 4269
NGC 4326
NGC 4333
NGC 4264   MCG +1-31-53
IC 782   NGC 4261
NGC 4249
NGC 4270
NGC 4259
NGC 4277   IC 3153
NGC 4273   NGC 4268
NGC 4255
UGC 7354
NGC 4234
16

27
10°
9°
8°
7°
6°
5°
4°
3°

12ʰ 40ᵐ   12ʰ 35ᵐ   12ʰ 30ᵐ   12ʰ 25ᵐ   12ʰ 20ᵐ   12ʰ 15ᵐ

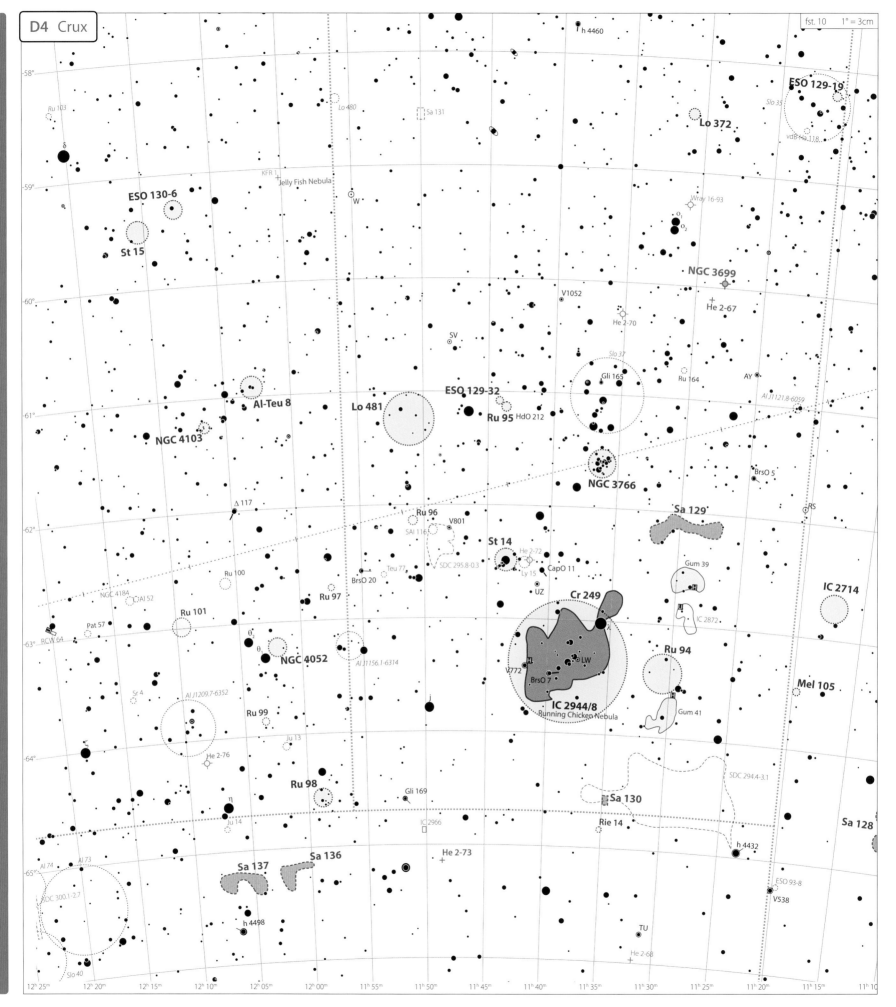

D4 Crux

fst. 10   1° = 3cm

Ru 103

ESO 129-19

Slo 35

Lo 480

Sa 131

Lo 372

vdB-Ha 118

h 4460

-58°

δ

ESO 130-6

KFR 1
Jelly Fish Nebula

Wray 16-93

W

o₁

o₂

St 15

-59°

NGC 3699

He 2-67

V1052

He 2-70

-60°

SV

Slo 37

Gli 165

Ru 164

AY

ESO 129-32

AJ 1121.8-6059

Al-Teu 8

Lo 481

Ru 95   HdO 212

NGC 4103

BrsO 5

-61°

NGC 3766

RS

Sa 129

Δ 117

Ru 96

V801

Gum 39

SAI 116

St 14

He 2-72

CapO 11

IC 2714

-62°

Ru 100

Teu 77

SDC 295.8-0.3

Ly 15

H

NGC 4184

Al 52

BrsO 20

UZ

IC 2872

Ru 97

Cr 249

λ

Ru 94

Ru 101

Pat 57

θ₂

Mel 105

RCW 64

θ₁

H

LW

-63°

NGC 4052

AJ 1156.1-6314

V772

H

Ru 99

BrsO 7

Gum 41

Sr 4

AJ 1209.7-6352

j

IC 2944/8
Running Chicken Nebula

He 2-76

SDC 294.4-3.1

-64°

Ru 98

Gli 169

Sa 130

ζ

Rie 14

Sa 128

IC 2966

η

Ju 14

h 4432

Al 74   Al 73

Sa 137   Sa 136

He 2-73

ESO 93-8

-65°

SDC 300.1-2.7

V538

h 4498

TU

Slo 40

He 2-68

12ʰ 25ᵐ   12ʰ 20ᵐ   12ʰ 15ᵐ   12ʰ 10ᵐ   12ʰ 05ᵐ   12ʰ 00ᵐ   11ʰ 55ᵐ   11ʰ 50ᵐ   11ʰ 45ᵐ   11ʰ 40ᵐ   11ʰ 35ᵐ   11ʰ 30ᵐ   11ʰ 25ᵐ   11ʰ 20ᵐ   11ʰ 15ᵐ   11ʰ 10ᵐ

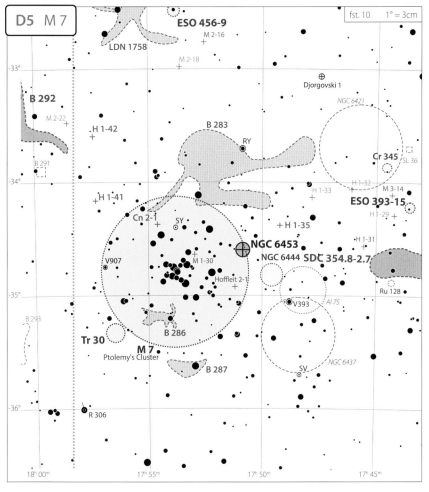

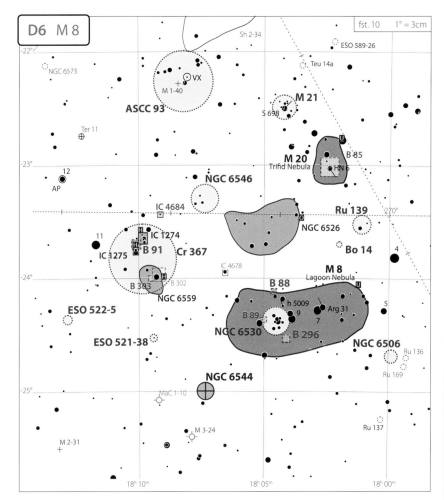

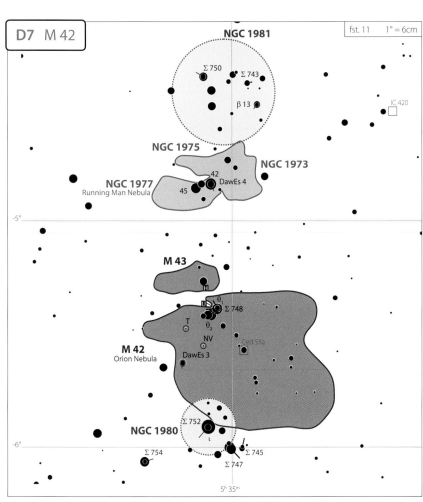

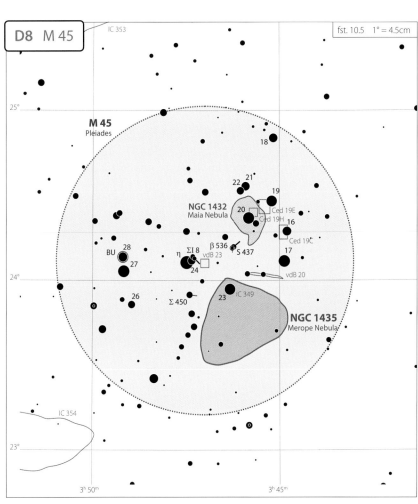

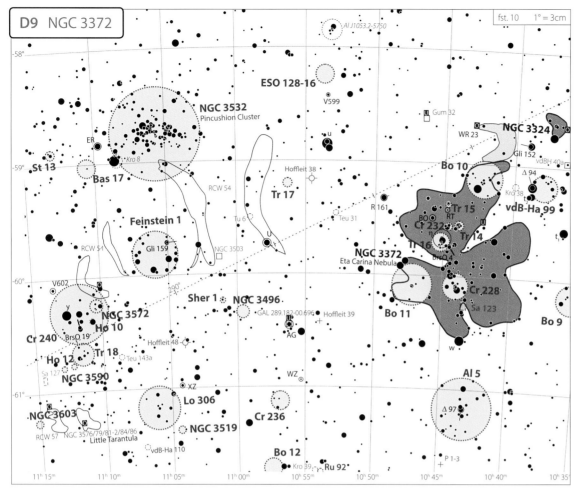

D9 NGC 3372

fst. 10   1° = 3cm

Al J1053.2-5750
-58°
ESO 128-16
V599
Gum 32
NGC 3324
NGC 3532
Pincushion Cluster
WR 23
ER
Bo 10
St 13
-59°
Kro 8
Gli 152
vdBH 40a
Bas 17
Hoffleit 38
Δ 94
Tr 17
RCW 54
u
vdB-Ha 99
Kro 38
R 161
Tr 15
Teu 31
Feinstein 1
Tu 6
RT
Cr 232
BO
Tr 14
Gli 159
NGC 3503
NGC 3372
Il 16
Eta Carina Nebula
BrsO 4
V602
Cr 228
-60°
RCW 54
y
Sher 1
NGC 3496
Sa 123
NGC 3572
GAL 289.182-00.696
Hoffleit 39
Bo 11
Bo 9
Ho 10
AG
Cr 240
BrsO 19
Hoffleit 48
Al 5
Ho 12
Tr 18
Teu 143a
Sa 127
WZ
Δ 97
NGC 3590
-61°
XZ
Lo 306
NGC 3603
Cr 236
Cr 240 NGC 3576/79/81-2/84/86
RCW 57
NGC 3519
w
Little Tarantula
vdB-Ha 110
Bo 12
P 1-3
Kro 39
Ru 92
11ʰ 15ᵐ 11ʰ 10ᵐ 11ʰ 05ᵐ 11ʰ 00ᵐ 10ʰ 55ᵐ 10ʰ 50ᵐ 10ʰ 45ᵐ 10ʰ 40ᵐ 10ʰ 35ᵐ

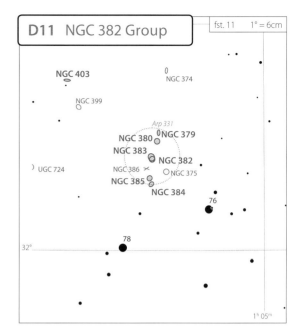

D11 NGC 382 Group

fst. 11   1° = 6cm

NGC 403
NGC 374
NGC 399
Arp 331
NGC 380 NGC 379
NGC 383
NGC 382
UGC 724
NGC 386
NGC 375
NGC 385
NGC 384
76
32°
78
1ʰ 05ᵐ

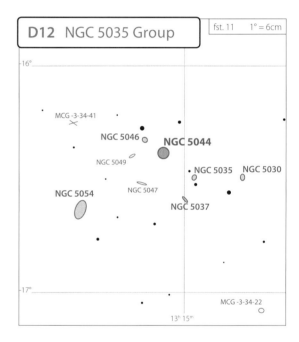

D12 NGC 5035 Group

fst. 11   1° = 6cm

-16°
MCG -3-34-41
NGC 5046
NGC 5044
NGC 5049
NGC 5035 NGC 5030
NGC 5047
NGC 5054
NGC 5037
-17°
MCG -3-34-22
13ʰ 15ᵐ

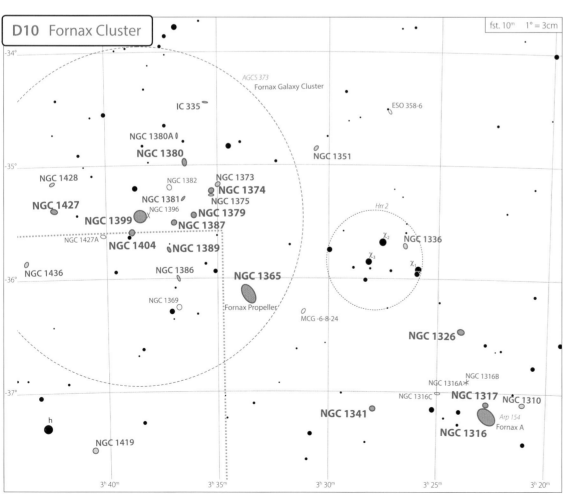

D10 Fornax Cluster

fst. 10ᵐ   1° = 3cm

-34°
AGCS 373
Fornax Galaxy Cluster
IC 335
ESO 358-6
NGC 1380A
NGC 1380
NGC 1351
NGC 1428
NGC 1382
NGC 1373
-35°
NGC 1374
NGC 1375
NGC 1427
NGC 1381
NGC 1379
NGC 1396
Hrr 2
NGC 1399
NGC 1387
χ₂
NGC 1336
NGC 1427A
NGC 1389
χ₃
NGC 1404
χ₁
NGC 1436
NGC 1386
-36°
NGC 1365
NGC 1369
Fornax Propeller
MCG -6-8-24
NGC 1326
NGC 1316B
NGC 1316A
NGC 1317 NGC 1310
NGC 1316C
-37°
NGC 1341
Arp 154
NGC 1316 Fornax A
h
NGC 1419
3ʰ 40ᵐ 3ʰ 35ᵐ 3ʰ 30ᵐ 3ʰ 25ᵐ 3ʰ 20ᵐ

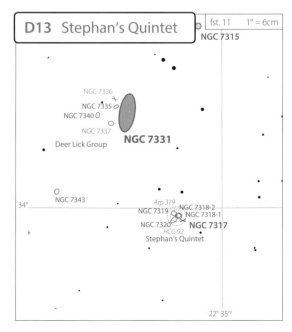

D13 Stephan's Quintet

fst. 11   1° = 6cm

NGC 7315
NGC 7336
NGC 7335
NGC 7340
NGC 7337
NGC 7331
Deer Lick Group
NGC 7343
Arp 319
NGC 7318-2
34°
NGC 7319 NGC 7318-1
NGC 7320 NGC 7317
HCG 92
Stephan's Quintet
22ʰ 35ᵐ

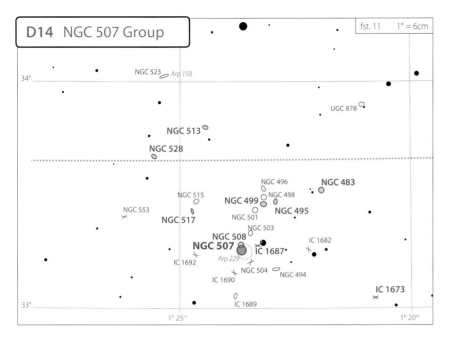

D14 NGC 507 Group

fst. 11   1° = 6cm

34°

NGC 523 *Arp 158*

UGC 878

NGC 513

NGC 528

NGC 496

NGC 483

NGC 515

NGC 499 NGC 498

NGC 553

NGC 517

NGC 495

NGC 501

NGC 503

NGC 508

IC 1682

NGC 507

IC 1687

IC 1692 *Arp 229*

NGC 504 NGC 494

IC 1690

IC 1673

33°

IC 1689

1ʰ 25ᵐ   1ʰ 20ᵐ

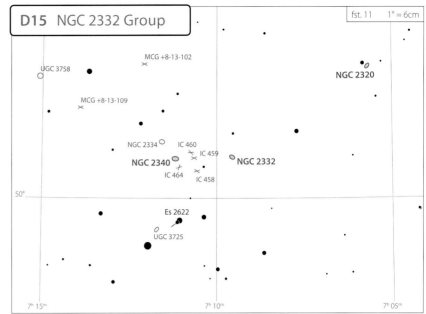

D15 NGC 2332 Group

fst. 11   1° = 6cm

MCG +8-13-102

UGC 3758

NGC 2320

MCG +8-13-109

NGC 2334 IC 460

IC 459

NGC 2332

NGC 2340

IC 464 IC 458

50°

Es 2622

UGC 3725

7ʰ 15ᵐ   7ʰ 10ᵐ   7ʰ 05ᵐ

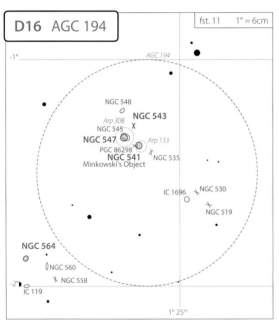

D16 AGC 194

fst. 11   1° = 6cm

-1°

AGC 194

NGC 548

NGC 543

Arp 308

NGC 545

NGC 547

Arp 133

PGC 86298 NGC 535

NGC 541

Minkowski's Object

IC 1696 NGC 530

NGC 519

NGC 564

NGC 560

-2° NGC 558

IC 119

1ʰ 25ᵐ

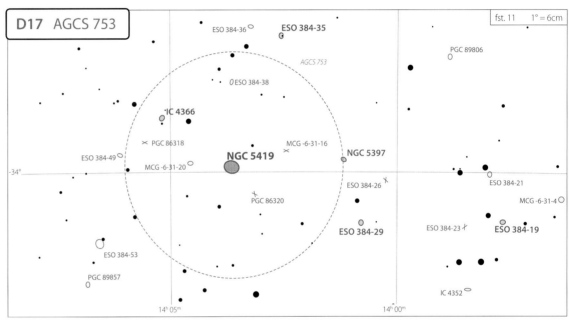

D17 AGCS 753

fst. 11   1° = 6cm

ESO 384-36 **ESO 384-35**

PGC 89806

AGCS 753

ESO 384-38

IC 4366

PGC 86318 MCG -6-31-16

NGC 5397

ESO 384-49 MCG -6-31-20 **NGC 5419**

ESO 384-21

-34°

ESO 384-26

MCG -6-31-4

PGC 86320

ESO 384-23 **ESO 384-19**

ESO 384-29

ESO 384-53

IC 4352

PGC 89857

14ʰ 05ᵐ   14ʰ 00ᵐ

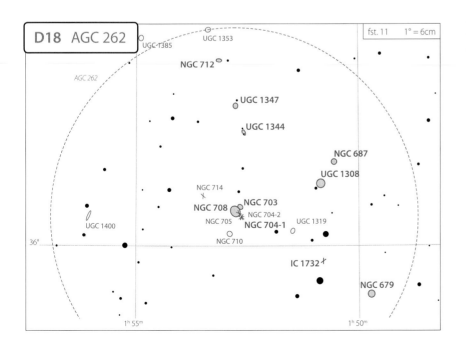

D18 AGC 262

fst. 11   1° = 6cm

UGC 1385 UGC 1353

NGC 712

AGC 262

UGC 1347

UGC 1344

NGC 687

UGC 1308

NGC 714

NGC 708 NGC 703

NGC 704-2

NGC 708 NGC 703

UGC 1400 NGC 705 **NGC 704-1** UGC 1319

NGC 710

36°

IC 1732

NGC 679

1ʰ 55ᵐ   1ʰ 50ᵐ

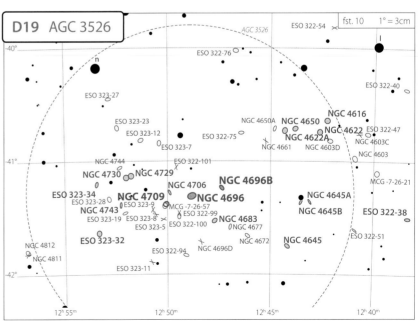

D19 AGC 3526

fst. 10   1° = 3cm

ESO 322-54

-40° ESO 322-76

AGC 3526

n

ESO 322-40

ESO 323-27

NGC 4616

ESO 323-23 NGC 4650A **NGC 4650** **NGC 4622**

ESO 323-12 ESO 322-75 **NGC 4622A** ESO 322-47

NGC 4603C

ESO 323-7 NGC 4661 NGC 4603D NGC 4603

NGC 4744 NGC 4729

-41° NGC 4730 ESO 322-101 **NGC 4706** **NGC 4696B**

NGC 4645A MCG -7-26-21

ESO 323-34 **NGC 4709** **NGC 4696**

ESO 323-28 MCG -7-26-57 NGC 4645B **ESO 322-38**

NGC 4743 ESO 323-9 ESO 322-99

NGC 4645B

ESO 323-19 ESO 323-8 ESO 322-100 **NGC 4683**

NGC 4677

ESO 323-5 ESO 322-51

NGC 4812 **ESO 323-32** NGC 4672 **NGC 4645**

NGC 4811 ESO 322-94 NGC 4696D

-42° ESO 323-11

12ʰ 55ᵐ   12ʰ 50ᵐ   12ʰ 45ᵐ   12ʰ 40ᵐ

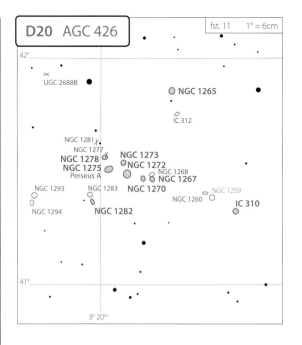

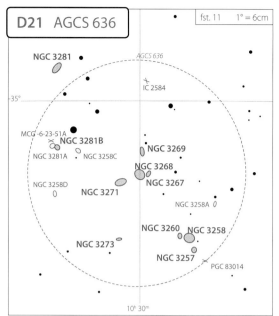

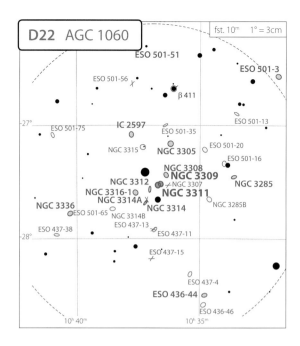

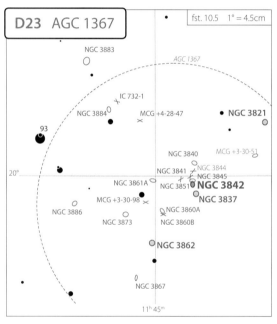

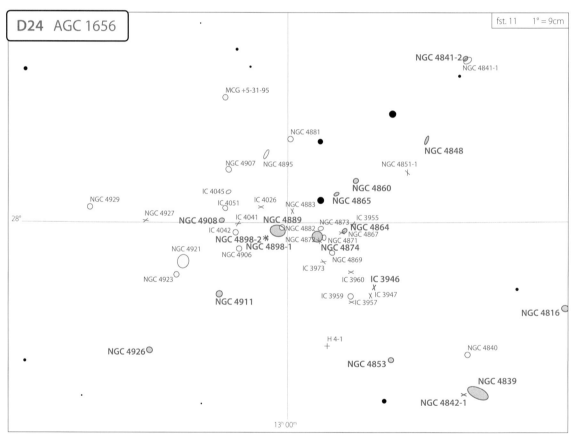

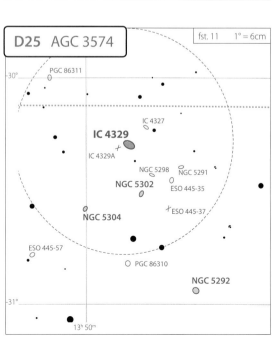

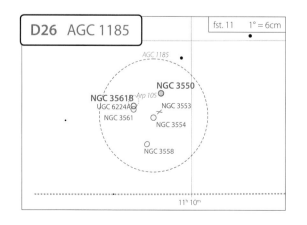

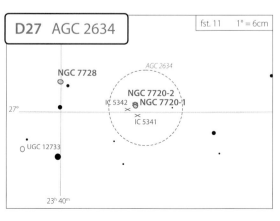

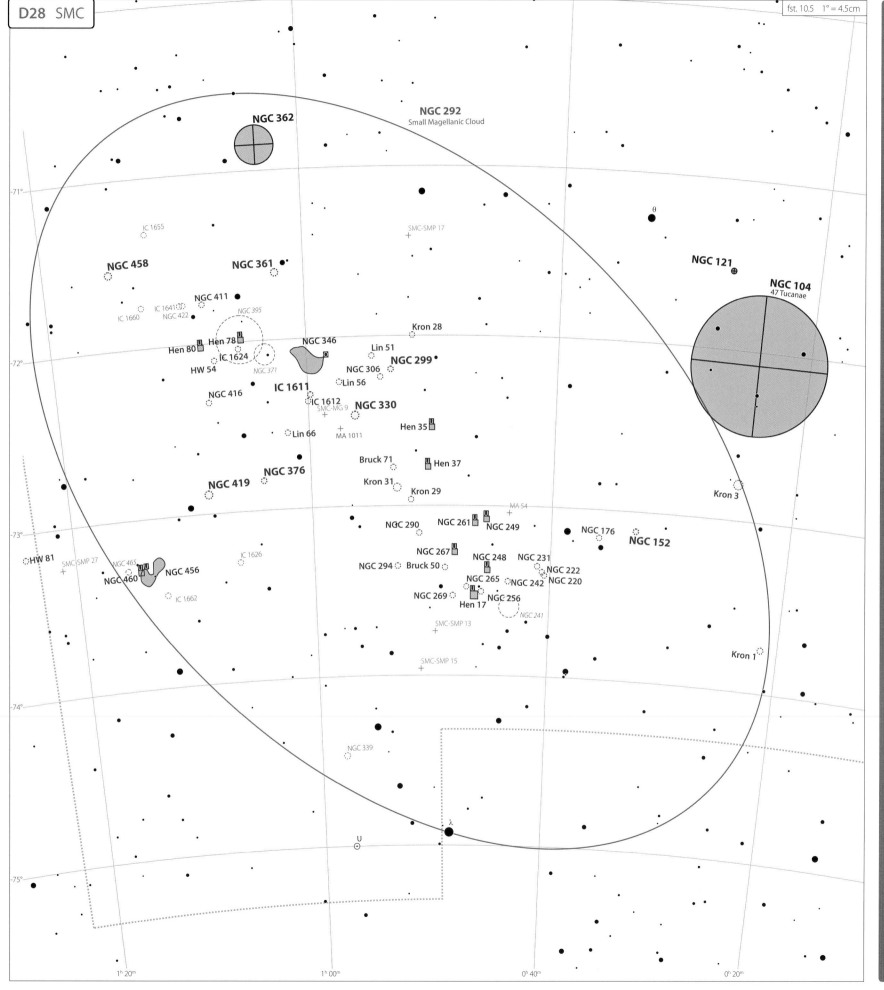

fst. 10.5   1° = 4.5cm

NGC 362

NGC 292
Small Magellanic Cloud

θ

-71°

IC 1655

SMC-SMP 17

NGC 121

NGC 104
47 Tucanae

NGC 458

NGC 361

NGC 411

IC 1641
IC 1660
NGC 422

NGC 395

Kron 28

Hen 80
Hen 78

HW 54

IC 1624

NGC 346

NGC 371

Lin 51

NGC 306

Lin 56

NGC 299

-72°

NGC 416

IC 1611

IC 1612
SMC-MG 9

NGC 330

Hen 35

Lin 66

MA 1011

NGC 376

Bruck 71

Hen 37

NGC 419

Kron 31

Kron 29

MA 54

NGC 290

NGC 261

NGC 249

NGC 176

NGC 152

-73°

HW 81

SMC-SMP 27

NGC 465

NGC 460

NGC 456

IC 1626

NGC 267

NGC 294

Bruck 50

NGC 248

NGC 265

NGC 231

NGC 242

NGC 222

NGC 220

IC 1662

NGC 269

Hen 17

NGC 256

NGC 241

Kron 3

Kron 1

SMC-SMP 13

SMC-SMP 15

-74°

NGC 339

λ

U
⊙

-75°

1ʰ 20ᵐ   1ʰ 00ᵐ   0ʰ 40ᵐ   0ʰ 20ᵐ

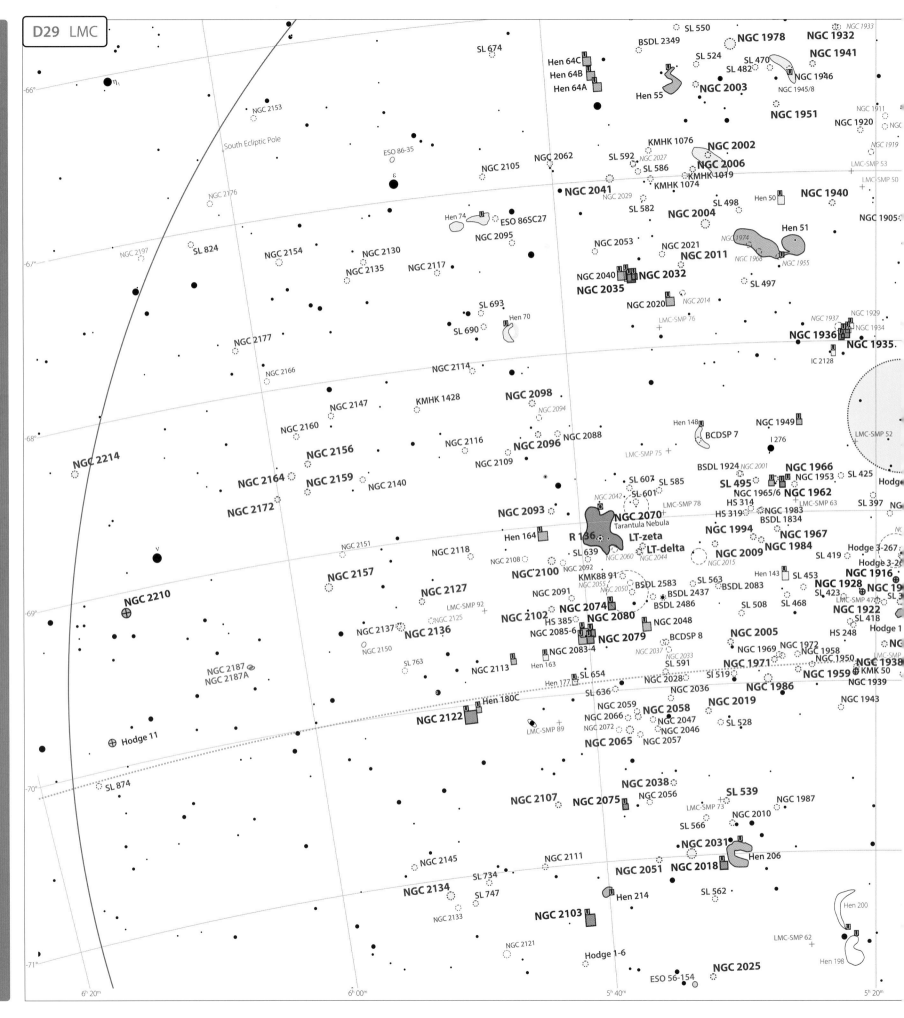

D29 LMC

SL 674

SL 550
BSDL 2349
NGC 1978   NGC 1932
NGC 1933
SL 524
NGC 1941
Hen 64C
SL 470
SL 482
NGC 1946
Hen 64B
NGC 1945/8
Hen 64A
Hen 55   NGC 2003
NGC 1951
NGC 2153
NGC 1911
NGC 1920
NGC

South Ecliptic Pole
KMHK 1076   NGC 2002
NGC 1919
ESO 86-35
NGC 2062
SL 592   NGC 2006
NGC 2027
3
NGC 2105
SL 586   NGC 2027
LMC-SMP 53
KMHK 1019
LMC-SMP 50
NGC 2176
KMHK 1074
NGC 2041   NGC 2029   SL 498   Hen 50   NGC 1940
SL 582   NGC 2004
NGC 1905
Hen 74   ESO 86SC27
NGC 2053   Hen 51
NGC 2021   NGC 1974
SL 824   NGC 2095
NGC 2011
NGC 2197   NGC 2154   NGC 2130
NGC 1968   NGC 1955
-67°
NGC 2135   NGC 2117
NGC 2040   NGC 2032
SL 497
NGC 2035
SL 693
NGC 2020   NGC 2014
SL 690   Hen 70
NGC 1937   NGC 1929
NGC 2177
LMC-SMP 76
NGC 1936   NGC 1934
NGC 1935
IC 2128
NGC 2166
NGC 2114
NGC 2147   KMHK 1428   NGC 2098
NGC 2094
NGC 2160
NGC 1949
-68°
NGC 2214   NGC 2156   NGC 2116   NGC 2096 NGC 2088   Hen 148   I 276
BCDSP 7
NGC 2109
LMC-SMP 75   LMC-SMP 52
NGC 2164   NGC 2159   NGC 2140
BSDL 1924 NGC 2001   NGC 1966
NGC 1953   SL 425
SL 607   SL 585   SL 495   NGC 1962
Hodge
NGC 2172
SL 601   NGC 1965/6
NGC 2042   LMC-SMP 78   HS 314   LMC-SMP 63   SL 397   NG
NGC 2093   HS 319   NGC 1983
NGC 2070   BSDL 1834
Tarantula Nebula   NGC 1994   NGC 1967
Hen 164   LT-zeta   NGC 2009 NGC 1984   N
NGC 2151   R 136   LT-delta   SL 419   Hodge 3-267
v   SL 639   NGC 2060   NGC 2044   NGC 2015   Hodge 3-2
NGC 2118   NGC 2108   Hen 143   SL 453   NGC 1916
NGC 2157   NGC 2100 NGC 2092   NGC 19
KMK88 91   SL 563   BSDL 2083   NGC 1928   NGC 19
NGC 2127   NGC 2091   NGC 2055 BSDL 2583   BSDL 2437   SL 423   LMC-SMP 47 SL 3
-69°   NGC 2050   BSDL 2486   SL 508   SL 468   NGC 1922
NGC 2210   LMC-SMP 92   NGC 2074   NGC 2048   SL 418
NGC 2125   NGC 2102   HS 385   NGC 2080   NGC 2005   HS 248   Hodge 1
NGC 2137   NGC 2136   NGC 2085-6   NGC 1969 NGC 1972   NG
NGC 2150   NGC 2079   BCDSP 8   NGC 1958
NGC 2037 NGC 2033   NGC 1950   NGC 1938
SL 763   NGC 2083-4   SL 591   NGC 1971   LMC-SMP
NGC 2113   Hen 163   NGC 2028   SI 519   NGC 1959 KMK 50
Hen 177 SL 654   NGC 2036   NGC 1986   NGC 1939
Hen 180C   SL 636   NGC 2059   NGC 2019   NGC 1943
NGC 2122   NGC 2066 NGC 2058
LMC-SMP 89   NGC 2072   NGC 2047
NGC 2046
Hodge 11   NGC 2065 NGC 2057
NGC 2038
NGC 2056   SL 539
SL 874   NGC 2107   NGC 2075   NGC 1987
LMC-SMP 73   NGC 2010
SL 566
NGC 2031   Hen 206
NGC 2145   NGC 2111   NGC 2051 NGC 2018
SL 734
NGC 2134   SL 747   Hen 214   SL 562   Hen 200
NGC 2133   NGC 2103
NGC 2121   LMC-SMP 62
Hodge 1-6   Hen 198
NGC 2025
ESO 56-154
6ʰ 20ᵐ   6ʰ 00ᵐ   5ʰ 40ᵐ   5ʰ 20ᵐ

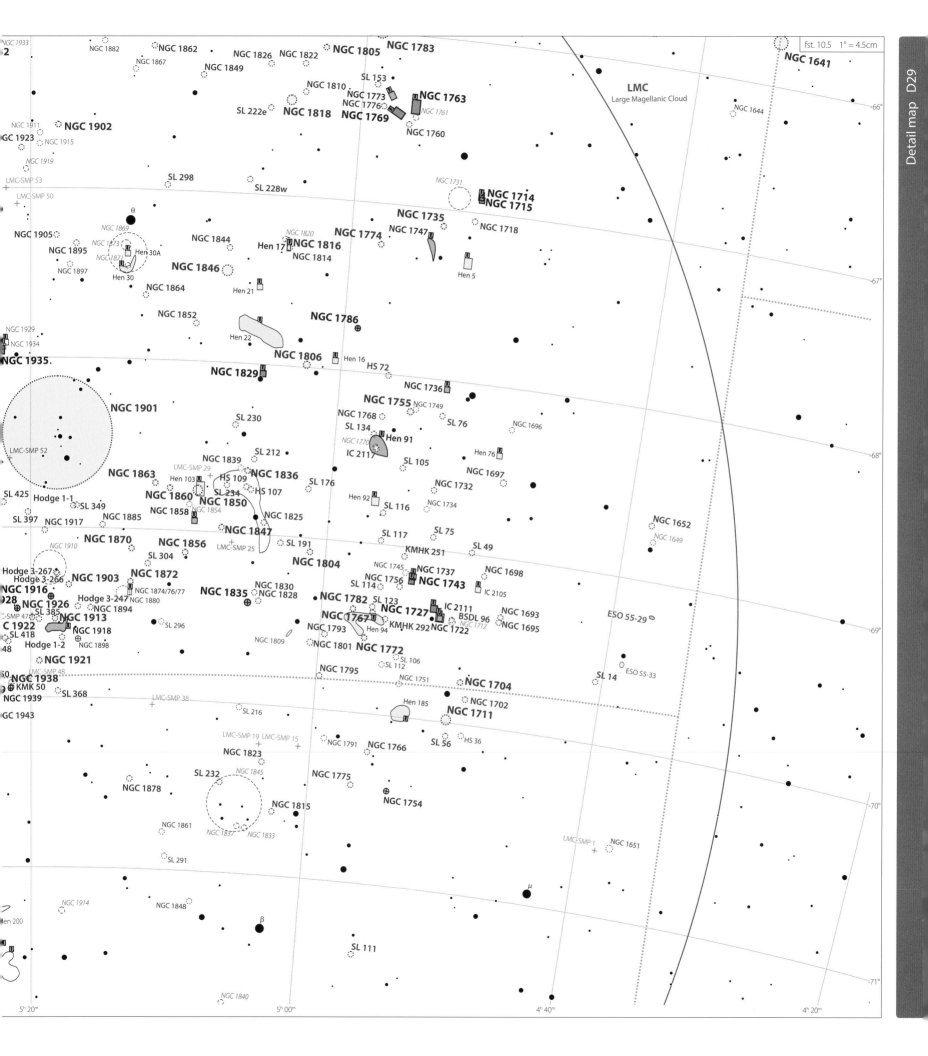

fst. 10.5   1° = 4.5cm

LMC
Large Magellanic Cloud

NGC 1641

NGC 1933
NGC 1882
NGC 1867
NGC 1862
NGC 1849
NGC 1826
NGC 1822
NGC 1805
NGC 1783
SL 153
NGC 1810
NGC 1773
NGC 1776
NGC 1763
NGC 1761
NGC 1818
NGC 1769
NGC 1760
SL 222e
NGC 1644

NGC 1911
NGC 1902
NGC 1923
NGC 1915
NGC 1919
LMC-SMP 53
SL 298
SL 228w
NGC 1731
NGC 1714
NGC 1715

LMC-SMP 50
θ
NGC 1869
NGC 1905
NGC 1873
NGC 1895
NGC 1871
NGC 1844
NGC 1820
NGC 1816
NGC 1774
NGC 1747
NGC 1735
NGC 1718
Hen 17
NGC 1814
NGC 1897
Hen 30A
Hen 30
NGC 1846
NGC 1864
Hen 21
Hen 5

NGC 1929
NGC 1934
NGC 1852
Hen 22
NGC 1786
NGC 1935
NGC 1806
Hen 16
HS 72

NGC 1901
NGC 1829
NGC 1736
LMC-SMP 52
SL 230
NGC 1755
NGC 1749
NGC 1768
SL 76
NGC 1696
SL 134
NGC 1863
NGC 1839
SL 212
Hen 91
IC 2117
SL 105
Hen 76
NGC 1697
SL 425
Hodge 1-1
LMC-SMP 29
Hen 103
HS 109
NGC 1836
SL 176
NGC 1732
SL 349
NGC 1860
HS 107
SL 234
Hen 92
SL 116
NGC 1734
SL 397
NGC 1885
NGC 1858
NGC 1854
NGC 1825
NGC 1850
NGC 1917
NGC 1847
SL 117
SL 75
NGC 1870
NGC 1856
LMC-SMP 25
SL 191
NGC 1804
KMHK 251
SL 49
NGC 1910
SL 304
NGC 1745
NGC 1737
NGC 1698
Hodge 3-267
Hodge 3-266
NGC 1903
NGC 1872
NGC 1830
NGC 1756
NGC 1743
NGC 1916
Hodge 3-247
NGC 1874/76/77
NGC 1835
NGC 1828
SL 114
IC 2105
NGC 1926
NGC 1880
NGC 1894
NGC 1782
SL 123
IC 2111
NGC 1693
NGC 1928
LMC-SMP 47
SL 385
NGC 1767
NGC 1727
BSDL 96
NGC 1695
NGC 1913
NGC 1922
SL 296
NGC 1793
Hen 94
NGC 1722
NGC 1712
ESO 55-29
IC 1922
SL 418
NGC 1918
NGC 1809
KMHK 292
SL 48
Hodge 1-2
NGC 1898
NGC 1801
NGC 1772
SL 106
NGC 1921
LMC-SMP 48
SL 112
ESO 55-33
NGC 1795
NGC 1751
SL 14
NGC 1938
KMK 50
NGC 1704
NGC 1939
SL 368
LMC-SMP 38
NGC 1702
GC 1943
SL 216
Hen 185
NGC 1711
LMC-SMP 19
LMC-SMP 15
NGC 1791
NGC 1766
SL 56
HS 36
NGC 1823
SL 232
NGC 1845
NGC 1775
NGC 1878
NGC 1815
NGC 1754
NGC 1861
NGC 1837
NGC 1833
SL 291
μ
LMC-SMP 1
NGC 1651
NGC 1914
NGC 1848
Hen 200
β
SL 111

-66°
-67°
-68°
-69°
-70°
-71°

5h 20m
5h 00m
4h 40m
4h 20m

Index of deep-sky objects

OC

Object	Page(s)
Al 1	27
Al 2	14
Al 3	96
Al 5	104, D9
Al 8	91, 92, 102
Al 10	65, 66
Al 12	29, 41
Al 15	60
Al 16	60
Al 18	84
Al 20	8, 15
Al 21	60, 72
Al 22	16, 27, 28, 39
Al 31	67
Al 34	95, 96, 105
Al 37	16
Al 43	95
Al 44	54
Al 52	D4
Al 53	48, 6U
Al 56	42
Al 57	42
Al 58	48
Al 59	60
Al 60	60
Al 62	30, 42
Al 64	73
Al 70	8
Al-Teu 1	15
Al-Teu 3	96, 105
Al-Teu 5	8
Al-Teu 7	95
Al-Teu 8	103, 104, D4
Al-Teu 9	38
Al-Teu 10	38
Al-Teu 11	9, 17, 18
Al-Teu 12	102
Alicante 1	14
AM 2	84
Archinal 1	54
ASCC 6	15
ASCC 8	14, 15
ASCC 9	14, 15
ASCC 11	25, 26
ASCC 13	25
ASCC 15	25, 37
ASCC 21	61
ASCC 23	24, 25
ASCC 31	60
ASCC 37	84
ASCC 40	72
ASCC 61	104
ASCC 75	103
ASCC 77	102, 103
ASCC 88	79, 91
ASCC 90	79
ASCC 93	66, 67, 78, 79, D6
ASCC 101	18, 30
ASCC 116	8
ASCC 117	8
ASCC 128	8, 16
Auner 1	72
Aveni-Hunter 1	16, 27
Bar 1	17
Bar 2	8, 16, 17
Bas 1	54, 66
Bas 4	36, 37
Bas 5	78, 79
Bas 6	D1
Bas 7	48, 60
Bas 8	48, 60
Bas 10	15
Bas 11A	72
Bas 11B	36, 37, 48, 49
Bas 12	17
Bas 13	17
Bas 14	17
Bas 15	17
Bas 17	D9
Bas 18	103
Bas 20	104
BCDSP 7	D29
BCDSP 8	D29
Be 1	8, 15
Be 2	8, 15
Be 4	8, 15
Be 5	15
Be 6	15
Be 7	95
Be 8	2, 6, 7
Be 9	14, 26
Be 10	6, 7, 14
Be 11	25, 26
Be 12	25
Be 13	14, 25
Be 14	25
Be 15	25
Be 17	37
Be 18	25
Be 19	37
Be 20	61
Be 21	37, 48, 49
Be 22	48, 49, 60, 61
Be 23	48
Be 24	60
Be 25	72
Be 29	48
Be 35	60
Be 36	72
Be 37	60
Be 39	60
Be 43	42
Be 44	42
Be 45	42
Be 47	42
Be 49	D1
Be 51	D1
Be 52	29
Be 53	8, 9, 17
Be 54	17
Be 55	8, 16, 17
Be 56	17
Be 58	8, 15
Be 59	2, 7, 8, 15
Be 60	8, 15
Be 61	2, 7, 15
Be 62	8, 15
Be 63	14, 15
Be 64	7, 14, 15
Be 65	14, 15
Be 66	14, 15
Be 67	25, 26
Be 68	25
Be 69	37
Be 70	25
Be 71	37
Be 72	37, 49
Be 73	60, 72
Be 75	72, 84
Be 76	72
Be 77	60
Be 78	60
Be 79	54
Be 80	54
Be 81	54
Be 82	42
Be 83	29, 30
Be 84	D1
Be 85	D1
Be 86	D1
Be 87	17, 29, D1
Be 88	17, 18
Be 89	17, 18
Be 90	17
Be 91	17
Be 92	8, 9
Be 94	8
Be 95	8
Be 96	8
Be 97	8
Be 98	8, 16
Be 99	2, 7
Be 100	8, 15
Be 101	2, 7, 8, 15
Be 102	8, 15
Be 103	8, 15
Be 104	8, 15
Bi 1	17, 18, 29, 30, D1
Bi 2	17, 18, 29, 30, D1
Bi 7	48, 60
Bi 8	48, 60
Bi 9	60
Bi 10	60
Bi 11	60
Bi 12	60
Bi 13	60
Bica 1	17, D1
Bica 2	17, D1
Bica 3	17, D1
Blanco 1	76, 87
Bo 2	60
Bo 3	60
Bo 5	72
Bo 6	72
Bo 7	95
Bo 9	104, D9
Bo 10	D9
Bo 11	D9
Bo 12	104, D9
Bo 13	79, 91
Bo 14	78, 79, D6
Briceno 1	61
Bruck 50	D28
Bruck 71	D28
BSDL 96	D29
BSDL 1834	D29
BSDL 1924	D29
BSDL 2083	D29
BSDL 2349	D29
BSDL 2437	D29
BSDL 2486	D29
BSDL 2583	D29
C 2140+658	2, 8, 9
Cr 32	14, 15
Cr 33	14, 15
Cr 34	14, 15
Cr 69	49, 61
Cr 74	49, 61
Cr 89	36, 48
Cr 92	60
Cr 95	48
Cr 104	60
Cr 107	60
Cr 110	60
Cr 115	60
Cr 121	84
Cr 132	84
Cr 135	84, 96
Cr 140	84
Cr 185	83, 95
Cr 187	83
Cr 196	83
Cr 197	95
Cr 213	94, 95, 104
Cr 220	104
Cr 223	104
Cr 228	D9
Cr 232	D9
Cr 236	D9
Cr 240	104, D9
Cr 249	103, 104, 110, 111, D4
Cr 269	103, 110
Cr 271	103
Cr 272	103
Cr 275	103
Cr 277	103, 110
Cr 292	102
Cr 307	91, 92, 102
Cr 333	79
Cr 338	79, 91
Cr 345	D5
Cr 347	79
Cr 350	55
Cr 351	78, 79
Cr 367	78, 79, D6
Cr 371	66
Cr 394	66, 78
Cr 401	54
Cr 419	17, 18, D1
Cr 421	17, 18
Cr 427	2, 3
Cr 428	17
Cr 463	2, 7
Cr 465	72
Cr 466	72
Cr 469	66
Cz 1	8, 15
Cz 2	8, 15
Cz 3	15
Cz 4	15
Cz 6	15
Cz 7	15
Cz 8	14, 15
Cz 9	14, 15
Cz 11	14, 15
Cz 12	14, 15
Cz 14	14, 15
Cz 15	14, 15
Cz 16	14, 15
Cz 17	14, 15
Cz 18	37
Cz 19	37
Cz 21	25, 37
Cz 23	36, 37
Cz 24	36, 37, 48, 49
Cz 25	48, 60
Cz 27	48, 60
Cz 29	72
Cz 30	72
Cz 31	72, 84
Cz 32	83, 84
Cz 37	78, 79
Cz 38	54
Cz 39	54
Cz 40	30, 42
Cz 41	29, 30
Cz 42	8
Cz 43	8, 15
Cz 44	8, 15
Cz 45	2, 7, 8, 15
Danks 1	103
Danks 2	103
DC 3	84, 96
DC 4	72
DC 8	36, 37
Dias 1	8, 15
Dias 2	60
Dias 3	60, 72
Dias 6	66
Do 1	17, 18, 29, 30, D1
Do 1a	17, 18, 29, 30, D1
Do 4	17, 18, 29, 30, D1
Do 5	17, 18, D1
Do 6	D1
Do 8	17, 18
Do 13	8, 15
Do 14	37, 38
Do 15	37
Do 16	37
Do 18	37
Do 22	60
Do 23a	60
Do 23b	60
Do 25	60
Do 28	66
Do 30	54, 66
Do 31	54, 66
Do 32	54
Do 33	54
Do 39	17, 18, 29, 30, D1
Do 40	17, 18, 29, 30, D1
Do 41	D1
Do 42	17, 29, D1
Do 45	17, 29
Do 47	17, 29
Do 49	60
ESO 8-6	110, 104
ESO 21-6	109, 110
ESO 43-13	109, 110
ESO 64-5	110, 111
ESO 65-3	110, 111
ESO 86SC27	D29
ESO 92-5	104
ESO 92-18	104
ESO 93-8	D4
ESO 97-15	102, 103
ESO 99-6	102, 103, 109, 110
ESO 123-26	105
ESO 128-16	D9
ESO 129-19	104, D4
ESO 129-32	103, 104, D4
ESO 130-6	103, 104, D4
ESO 130-13	103, 104
ESO 131-9	103, 104
ESO 134-12	102, 103
ESO 137-23	102
ESO 137-43	102
ESO 139-13	101, 102
ESO 139-54	101, 102
ESO 141-47	101
ESO 165-09	104, 105
ESO 166-4	95, 104, 105
ESO 175-6	103
ESO 211-1	95, 104, 105
ESO 211-3	95, 105
ESO 211-9	95, 104
ESO 226-6	91, 92, 102
ESO 236-7	89, 100
ESO 245-9	98, 99
ESO 258-1	95, 96
ESO 260-6	95
ESO 260-7	95
ESO 260-17	95
ESO 261-3	95
ESO 261-7	95
ESO 265-1	94
ESO 275-1	91, 92
ESO 281-24	90
ESO 309-3	96
ESO 311-14	95, 96
ESO 311-21	95, 96
ESO 312-3	95, 96
ESO 312-4	95
ESO 313-3	95
ESO 313-12	95
ESO 314-14	83, 95
ESO 315-14	95
ESO 324-15	93
ESO 329-2	92
ESO 332-8	91
ESO 332-13	79, 91
ESO 332-20	91
ESO 332-22	91
ESO 334-2	90, 91
ESO 335-5	90, 91
ESO 337-23	78, 90
ESO 368-11	83, 84, 95
ESO 368-14	83, 84
ESO 370-17	83, 95
ESO 371-25	83, 95
ESO 389-5	79, 80, 91, 92
ESO 392-13	79
ESO 393-12	79, 91
ESO 393-15	79, D5
ESO 397-1	78
ESO 425-6	84, 85
ESO 425 15	84
ESO 427-32	84
ESO 429-2	84
ESO 429-5	84
ESO 429-13	84
ESO 430-9	83, 84
ESO 430-14	83, 84
ESO 430-18	83, 84
ESO 435-9	82, 83
ESO 435-15	82, 83
ESO 435-17	82, 83
ESO 435-33	82, 83
ESO 435-48	82, 83
ESO 436-2	82
ESO 447-29	80
ESO 456-9	78, 79, D5
ESO 456-29	78, 79
ESO 489-1	84, 85
ESO 493-3	84
ESO 494-9	83, 84
ESO 518-3	79
ESO 521-38	78, D6
ESO 522-5	78, D6
ESO 522-16	78
ESO 524-1	78
ESO 525-8	66, 78
ESO 559-2	78
ESO 559-13	72, 84
ESO 561-5	71, 72, 83, 84
ESO 587-4	67
ESO 589-26	D6
Feibelman 1	17, 18, D1
Feinstein 1	104, D9
Frolov 1	8, 15
Frr 1	78
Frr 8	25, 26
Frr 10	60
Frr 11	60
FSR 31	66, 67, 78, 79
FSR 124	42
FSR 133	42
FSR 154	30, 42
FSR 158	30
FSR 162	29, 30
FSR 167	29, 30
FSR 188	D1
FSR 198	17, 18, 29, 30, D1
FSR 276	9, 17, 18
FSR 320	8, 17
FSR 333	8
FSR 342	8, 16, 17
FSR 354	8
FSR 357	8, 16
FSR 381	8
FSR 384	8
FSR 401	8
FSR 494	2, 8, 15
FSR 519	8, 15
FSR 537	15
FSR 667	14, 25, 26
FSR 733	25
FSR 735	25
FSR 756	37
FSR 761	25
FSR 812	37
FSR 821	37
FSR 850	37
FSR 852	36, 37
FSR 858	36, 37
FSR 866	36
FSR 883	36, 37, 48, 49
FSR 923	48
FSR 927	48
FSR 937	48
FSR 941	48
FSR 942	48
FSR 948	48
FSR 953	48
FSR 974	48
FSR 975	48
FSR 977	48
FSR 979	48
FSR 1025	48, 60
FSR 1029	48, 60
FSR 1031	60
FSR 1053	60
FSR 1083	60
FSR 1085	60
FSR 1113	60
FSR 1144	60, 72
FSR 1150	60, 72
FSR 1171	72
FSR 1183	72
FSR 1209	72
FSR 1294	72, 84
FSR 1363	83, 84, 96
Graham 1	104
H 6	103, 110, 111
H 8	103, 110
H 10	102
H 13	91
H 16	79, 91
H 20	41, 42
H 21	8, 15
Haf 4	72
Haf 6	72
Haf 7	84
Haf 8	72
Haf 9	72
Haf 10	72
Haf 11	84
Haf 13	84
Haf 14	84
Haf 15	83, 84
Haf 16	83, 84
Haf 17	83, 84
Haf 18	83, 84
Haf 19	83, 84
Haf 20	83, 84
Haf 21	83, 84
Haf 22	83, 84
Haf 23	72
Haf 26	83
Havlen-Moff at 1	79, 91
Herschel 1	60
Ho 2	104
Ho 10	D9
Ho 12	D9
Ho 14	103, 104
Ho 15	103, 104
Ho 16	103
Ho 17	103, 104
Ho 18	92, 102, 103
Ho 19	91, 92
Ho 22	91
Hodge 1-1	D29
Hodge 1-2	D29
Hodge 1-6	D29
Hodge 3-247	D29
Hodge 3-266	D29
Hodge 3-267	D29
HS 36	D29
HS 107	D29
HS 109	D29
HS 248	D29
HS 314	D29
HS 319	D29
HS 358	105, 106, 112
HS 385	D29
HW 54	D28
HW 81	D28
IC 166	15
IC 348	37, 38
IC 361	14
IC 1310	D1
IC 1311	D1
IC 1369	17
IC 1434	8, 16, 17
IC 1442	8, 16
IC 1590	15
IC 1611	D28
IC 1612	D28
IC 1624	D28
IC 1626	D28
IC 1641	D28
IC 1655	D28
IC 1660	D28
IC 1662	D28
IC 1708	108, 113
IC 2117	D28
IC 2134	112, 113
IC 2140	111, 112, 113
IC 2146	111, 112, 113
IC 2148	111, 112, 113
IC 2157	42
IC 2161	111, 112, 113
IC 2391	95, 104, 105
IC 2395	95
IC 2488	104, 105
IC 2581	104
IC 2602	104, 111
IC 2714	103, 104, D4
IC 4291	103
IC 4651	90, 91, 102
IC 4665	43, 55
IC 4756	54
IC 4996	17, 18, 29, 30, D1
Ivanov 8	83, 95
Johansson 1	91, 92, 102
Ju 1	42
Ju 3	42, 54
Ju 7	72
Ju 9	14
Ju 11	14, 26
Ju 12	72, 84
Ju 13	D4
Ju 14	D4
Ju 16	104
Ju 18	48, 60
Ju 19	14, 25, 26
Ju 20	25, 26
Ju 21	41, 42
Ju 22	102, 103
Ju 23	49
Juchert-Saloranta 1	8, 15
K 1	2, 7, 8, 15
K 2	15
K 4	14, 15
K 5	14, 15, 26
K 6	14, 15
K 7	14, 25, 26
K 8	36, 37
K 9	8
K 10	8
K 11	2, 7
K 12	8, 15
K 13	8, 15
K 14	8, 15
K 15	8, 15
K 16	8, 15
K 17	25, 37
K 18	8
K 19	8
K 20	8, 15
K 21	7, 8, 15
K 23	60
K 26	42
Kharchenko 2	66
Kharchenko 3	66
KMHK 251	D29
KMHK 292	D29
KMHK 723	106, 112
KMHK 1019	D29
KMHK 1022	112, 113
KMHK 1074	D29
KMHK 1076	D29
KMHK 1428	D29
KMK 50	D29
KMK88 91	D29
Kp 10	24, 25, 36, 37
Kp 12	24, 25, 36, 37
Kp 43	36, 37
Kp 53	36, 37
Kp 63	36, 37
Kro 4	30
Kro 12	36, 48
Kro 13	42
Kro 14	17
Kro 18	25, 37
Kro 23	8
Kro 25	66
Kro 28	D1
Kro 31	30
Kro 33	95, 104
Kro 36	17, 18, 29, 30, D1
Kro 39	D9
Kro 52	29, 30
Kro 53	29, 30
Kro 54	29, 30
Kro 57	D1
Kro 72	D1
Kro 73	D1
Kro 79	42
Kro 80	8, 9, 17
Kro 81	8, 17
Kro 83	8, 9
Kro 84	8, 17
Kro 85	83, 84, 95, 96
Kro 86	71
Kro 87	95, 104, 105
Kron 1	D28
Kron 3	D28
Kron 28	D28
Kron 29	D28
Kron 31	D28
Kumar 21	8
Lin 51	D28
Lin 56	D28
Lin 66	D28
Lin 113	108, 112, 113
Lin 114	108, 112, 113
Lo 27	104
Lo 28	104
Lo 89	104
Lo 306	D9
Lo 372	103, 104, D4
Lo 481	103, 104, D4
Lo 682	103, 104
Lo 694	103
Lo 757	103, 110
Lo 807	103
Lo 821	103
Lo 915	103
Lo 1011	103
Lo 1171	103
Lo 1225	103
Lo 1256	102, 103
Lo 1289	103
Lo 1339	102, 103
Lo 1378	102, 103
Lo 1409	102, 103
Lo 2045	102, 103
Loiano 1	29, 3
LT-delta	D29
LT-zeta	D29
Ly 1	103
Ly 2	103
Ly 3	102, 103
Ly 4	102
Ly 5	102
Ly 6	91, 92, 102
Ly 8	91, 92
Ly 9	91, 92
Ly 11	91
Ly 12	91, 92, 102
Ly 13	91
Ly 14	91
Ly 15	D4
M 6	79
M 7	78, 79, 90, 91, D5
M 11	54, 66
M 16	66
M 18	66
M 21	66, 67, 78, 79, D6
M 23	66, 67
M 25	66
M 26	66
M 29	17, 29, D1
M 34	37
M 35	36, 37
M 36	37
M 37	36, 37
M 38	25, 37
M 39	16, 17
M 41	72, 84
M 44	47
M 45	37, 38, 50, D8
M 46	47
M 47	72
M 48	59, 71
M 50	60, 72
M 52	8, 15
M 67	47
M 93	72, 84
M 103	15
Mayer 1	8, 15
Mayer 2	14, 25
Mayer 3	72
Mel 20	14, 25, 26
Mel 25	49
Mel 31	37
Mel 66	95, 96
Mel 71	72
Mel 101	104
Mel 105	103, 104, D4
Mel 111	33, 45
Miller 1	95, 104
Moff at 1	102
Mrk 18	95, 104, 105
Mrk 38	66
Mrk 50	8, 15
Muzzio 1	95
NGC 103	8, 15
NGC 110	2, 7
NGC 129	8, 15
NGC 133	8, 15
NGC 136	8, 15
NGC 146	8, 15
NGC 152	D28
NGC 176	D28
NGC 188	1
NGC 189	8, 15
NGC 222	D28
NGC 225	8, 15
NGC 231	D28
NGC 242	D28
NGC 256	D28
NGC 265	D28
NGC 269	D28
NGC 290	D28
NGC 294	D28
NGC 306	D28
NGC 330	D28
NGC 339	D28
NGC 361	D28
NGC 366	15
NGC 381	15
NGC 422	D28
NGC 433	15
NGC 436	15
NGC 457	15
NGC 458	D28
NGC 559	15
NGC 609	15
NGC 637	15
NGC 643	108, 112, 113
NGC 654	15
NGC 657	15
NGC 659	15
NGC 663	15
NGC 743	15
NGC 744	15
NGC 752	26, 27, 38, 39
NGC 796	108, 112, 113
NGC 869	15
NGC 886	14, 15
NGC 956	26
NGC 957	14, 15
NGC 1027	14, 15
NGC 1193	26
NGC 1220	14, 15, 26
NGC 1245	26
NGC 1342	26, 38
NGC 1348	14, 25, 26
NGC 1444	14, 25, 26
NGC 1496	14, 25, 26
NGC 1502	7, 14
NGC 1513	25, 26
NGC 1528	14, 25, 26
NGC 1545	25, 26
NGC 1605	25
NGC 1624	25, 26
NGC 1641	D29
NGC 1644	D29
NGC 1647	49
NGC 1649	D29
NGC 1651	D29
NGC 1652	D29
NGC 1662	49
NGC 1663	49
NGC 1664	25
NGC 1695	D29
NGC 1696	D29
NGC 1697	D29
NGC 1698	D29
NGC 1702	D29
NGC 1704	D29
NGC 1708	14, 25
NGC 1711	D29
NGC 1732	D29
NGC 1734	D29
NGC 1735	D29
NGC 1746	37, 49
NGC 1749	D29
NGC 1750	37, 49
NGC 1751	D29
NGC 1755	D29
NGC 1758	37, 49
NGC 1760	D29
NGC 1766	D29
NGC 1767	D29
NGC 1768	D29
NGC 1772	D29
NGC 1774	D29
NGC 1775	D29
NGC 1776	D29
NGC 1777	112, 113
NGC 1778	25, 37
NGC 1782	D29
NGC 1783	106, D29
NGC 1789	D29
NGC 1791	D29
NGC 1793	D29
NGC 1795	D29
NGC 1798	25
NGC 1801	D29
NGC 1804	D29
NGC 1805	D29
NGC 1806	D29
NGC 1810	D29
NGC 1814	D29
NGC 1815	D29
NGC 1816	D29
NGC 1818	49
NGC 1822	D29
NGC 1823	D29
NGC 1825	D29
NGC 1826	D29
NGC 1828	D29
NGC 1830	D29
NGC 1831	106, 112
NGC 1836	D29
NGC 1839	D29
NGC 1844	D29
NGC 1846	D29
NGC 1847	D29
NGC 1849	D29
NGC 1850	D29
NGC 1852	D29
NGC 1854	D29
NGC 1856	D29
NGC 1857	25, 37
NGC 1859	106, 112
NGC 1860	D29
NGC 1861	D29
NGC 1862	D29
NGC 1863	D29
NGC 1864	D29
NGC 1866	106, 112
NGC 1867	D29
NGC 1868	105, 106
NGC 1870	D29
NGC 1872	D29
NGC 1878	D29
NGC 1880	D29
NGC 1882	D29
NGC 1883	25
NGC 1885	D29
NGC 1887	112, 113
NGC 1890	112, 113
NGC 1893	37
NGC 1894	D29
NGC 1897	D29
NGC 1900	105, 106
NGC 1901	106, 112, D29
NGC 1902	D29
NGC 1903	D29
NGC 1905	D29
NGC 1907	37
NGC 1911	D29
NGC 1913	D29
NGC 1915	D29
NGC 1920	D29
NGC 1921	D29
NGC 1922	D29
NGC 1923	105, 106, 112
NGC 1926	D29
NGC 1932	D29
NGC 1938	D29
NGC 1940	D29
NGC 1942	105, 106
NGC 1943	D29
NGC 1944	112, 113
NGC 1946	D29
NGC 1950	D29
NGC 1951	D29
NGC 1953	D29
NGC 1958	D29
NGC 1959	D29
NGC 1966	D29
NGC 1967	D29
NGC 1969	D29
NGC 1971	D29
NGC 1972	D29
NGC 1978	D29
NGC 1980	61, 73, D7
NGC 1981	61, D7
NGC 1983	D29
NGC 1984	D29
NGC 1986	D29
NGC 1987	D29
NGC 1994	D29
NGC 1997	105, 106
NGC 2000	112, 113
NGC 2002	D29
NGC 2003	D29
NGC 2004	D29
NGC 2005	D29

NGC 2006 ... D29
NGC 2009 ... D29
NGC 2010 ... D29
NGC 2011 ... D29
NGC 2017 ... 73
NGC 2019 ... D29
NGC 2021 ... D29
NGC 2025 ... D29
NGC 2026 ... 49
NGC 2028 ... D29
NGC 2031 ... D29
NGC 2036 ... D29
NGC 2038 ... D29
NGC 2041 ... D29
NGC 2046 ... D29
NGC 2047 ... D29
NGC 2051 ... D29
NGC 2053 ... D29
NGC 2056 ... D29
NGC 2057 ... D29
NGC 2058 ... D29
NGC 2059 ... D29
NGC 2062 ... D29
NGC 2065 ... D29
NGC 2066 ... D29
NGC 2072 ... D29
NGC 2088 ... D29
NGC 2091 ... D29
NGC 2092 ... D29
NGC 2093 ... D29
NGC 2095 ... D29
NGC 2096 ... D29
NGC 2097 ... 105, 106
NGC 2098 ... D29
NGC 2100 ... D29
NGC 2102 ... D29
NGC 2105 ... D29
NGC 2107 ... D29
NGC 2108 ... D29
NGC 2109 ... D29
NGC 2111 ... D29
NGC 2112 ... 61
NGC 2114 ... D29
NGC 2116 ... D29
NGC 2117 ... D29
NGC 2118 ... D29
NGC 2120 ... 105, 106
NGC 2121 ... D29
NGC 2123 ... 105, 106
NGC 2125 ... D29
NGC 2126 ... 13, 14, 24, 25
NGC 2129 ... 36, 37, 48, 49
NGC 2130 ... D29
NGC 2133 ... D29
NGC 2134 ... D29
NGC 2135 ... D29
NGC 2136 ... D29
NGC 2137 ... D29
NGC 2138 ... D29
NGC 2140 ... D29
NGC 2141 ... 48, 49
NGC 2145 ... D29
NGC 2147 ... D29
NGC 2151 ... D29
NGC 2153 ... D29
NGC 2154 ... D29
NGC 2155 ... 105, 106, 112
NGC 2156 ... D29
NGC 2157 ... D29
NGC 2158 ... 36, 37, 48
NGC 2159 ... D29
NGC 2160 ... D29
NGC 2161 ... 111, 112, 113
NGC 2162 ... 105, 106
NGC 2164 ... D29
NGC 2165 ... 13, 14, 24, 25
NGC 2166 ... D29
NGC 2169 ... 48
NGC 2171 ... D29
NGC 2172 ... D29
NGC 2173 ... 111, 112, 113
NGC 2176 ... D29
NGC 2177 ... D29
NGC 2180 ... 60
NGC 2181 ... 105, 106
NGC 2184 ... 60
NGC 2186 ... 60
NGC 2190 ... 111, 112, 113
NGC 2192 ... 24, 25
NGC 2193 ... 105, 106
NGC 2194 ... 48
NGC 2197 ... D29
NGC 2202 ... 48, 60
NGC 2203 ... 111, 112, 113
NGC 2204 ... 72
NGC 2209 ... 111, 112, 113
NGC 2213 ... 111, 112
NGC 2214 ... D29
NGC 2215 ... 60, 72
NGC 2219 ... 60
NGC 2225 ... 72
NGC 2231 ... 105, 112

NGC 2232 ... 60
NGC 2236 ... 48, 60
NGC 2241 ... 112
NGC 2243 ... 84
NGC 2244 ... 60
NGC 2249 ... 112
NGC 2250 ... 60
NGC 2251 ... 48, 60
NGC 2252 ... 60
NGC 2254 ... 48, 60
NGC 2259 ... 48
NGC 2260 ... 60
NGC 2262 ... 60
NGC 2264 ... 48
NGC 2265 ... 48
NGC 2266 ... 36
NGC 2269 ... 60
NGC 2270 ... 60
NGC 2281 ... 24
NGC 2286 ... 60
NGC 2301 ... 60
NGC 2302 ... 60, 72
NGC 2304 ... 48
NGC 2306 ... 60, 72
NGC 2309 ... 60, 72
NGC 2311 ... 60
NGC 2312 ... 48
NGC 2319 ... 60
NGC 2324 ... 60
NGC 2331 ... 36
NGC 2335 ... 72
NGC 2338 ... 60, 72
NGC 2343 ... 72
NGC 2345 ... 72
NGC 2348 ... 105, 111, 112
NGC 2349 ... 60, 72
NGC 2352 ... 72, 84
NGC 2353 ... 72
NGC 2354 ... 84
NGC 2355 ... 48
NGC 2358 ... 72
NGC 2360 ... 72
NGC 2362 ... 84
NGC 2364 ... 60, 72
NGC 2367 ... 72, 84
NGC 2374 ... 72
NGC 2383 ... 72, 84
NGC 2384 ... 72, 84
NGC 2394 ... 48, 60
NGC 2395 ... 48
NGC 2396 ... 72
NGC 2401 ... 72
NGC 2409 ... 72
NGC 2414 ... 72
NGC 2420 ... 36, 48
NGC 2421 ... 72, 84
NGC 2423 ... 72
NGC 2425 ... 72
NGC 2428 ... 72
NGC 2430 ... 72
NGC 2432 ... 72
NGC 2439 ... 84
NGC 2448 ... 72
NGC 2451A ... 83, 84, 95, 96
NGC 2451B ... 83, 84, 95, 96
NGC 2453 ... 84
NGC 2455 ... 72, 84
NGC 2477 ... 84, 95, 96
NGC 2482 ... 71, 72
NGC 2483 ... 83, 84
NGC 2489 ... 83, 84
NGC 2506 ... 71, 72
NGC 2509 ... 71, 72
NGC 2516 ... 105
NGC 2527 ... 83, 84
NGC 2533 ... 83, 84
NGC 2539 ... 71
NGC 2546 ... 83, 84, 95, 96
NGC 2547 ... 95, 96
NGC 2567 ... 83, 84, 95, 96
NGC 2568 ... 83, 84, 95, 96
NGC 2571 ... 83
NGC 2580 ... 83
NGC 2587 ... 83
NGC 2588 ... 83
NGC 2609 ... 104, 105
NGC 2627 ... 83
NGC 2635 ... 83
NGC 2645 ... 95
NGC 2658 ... 83
NGC 2659 ... 95
NGC 2660 ... 95
NGC 2669 ... 95, 104, 105
NGC 2670 ... 95
NGC 2671 ... 95
NGC 2818 ... 83, 95
NGC 2849 ... 95
NGC 2866 ... 94, 95, 104
NGC 2910 ... 95, 104
NGC 2925 ... 95, 104
NGC 2972 ... 94, 95, 104

NGC 2982 ... 94, 95
NGC 3033 ... 104
NGC 3036 ... 104, 105
NGC 3105 ... 104
NGC 3114 ... 104
NGC 3228 ... 94, 95, 104
NGC 3231 ... 5, 12
NGC 3255 ... 104
NGC 3293 ... 104
NGC 3330 ... 104
NGC 3446 ... 94
NGC 3496 ... D9
NGC 3519 ... D9
NGC 3532 ... 104, D9
NGC 3572 ... D9
NGC 3590 ... D9
NGC 3603 ... 103, 104, D9
NGC 3680 ... 94
NGC 3766 ... 103, 104, D4
NGC 3909 ... 93, 94
NGC 3960 ... 103, 104
NGC 4052 ... 103, 104, 110, 111, D4
NGC 4103 ... 103, 104, D4
NGC 4184 ... D4
NGC 4230 ... 103, 104
NGC 4337 ... 103, 104
NGC 4349 ... 103, 104
NGC 4439 ... 103, 104
NGC 4463 ... 103, 104, 110, 111
NGC 4609 ... 103, 104
NGC 4755 ... 103
NGC 4815 ... 103, 110
NGC 4852 ... 103
NGC 5043 ... 103
NGC 5138 ... 103
NGC 5168 ... 103
NGC 5269 ... 103
NGC 5281 ... 103
NGC 5288 ... 103
NGC 5316 ... 103
NGC 5359 ... 110
NGC 5381 ... 103
NGC 5460 ... 92, 93
NGC 5593 ... 103
NGC 5606 ... 102, 103
NGC 5617 ... 102, 103
NGC 5662 ... 102, 103
NGC 5715 ... 102, 103
NGC 5749 ... 102, 103
NGC 5764 ... 92, 102, 103
NGC 5800 ... 92, 102, 103
NGC 5822 ... 102, 103
NGC 5823 ... 102, 103
NGC 5925 ... 102
NGC 5999 ... 102
NGC 6005 ... 102
NGC 6025 ... 102
NGC 6031 ... 102
NGC 6067 ... 102
NGC 6087 ... 102
NGC 6115 ... 91, 92, 102
NGC 6124 ... 91, 92
NGC 6134 ... 91, 92
NGC 6152 ... 91, 102
NGC 6167 ... 91, 92
NGC 6169 ... 91
NGC 6178 ... 91
NGC 6192 ... 91
NGC 6193 ... 91
NGC 6200 ... 91
NGC 6204 ... 91
NGC 6208 ... 91, 102
NGC 6216 ... 91
NGC 6231 ... 91
NGC 6242 ... 91
NGC 6249 ... 91
NGC 6250 ... 91
NGC 6253 ... 91, 102
NGC 6259 ... 91
NGC 6268 ... 91
NGC 6281 ... 79, 91
NGC 6318 ... 91
NGC 6322 ... 91
NGC 6383 ... 79
NGC 6396 ... 79, 91
NGC 6400 ... 78, 79, 91
NGC 6404 ... 79
NGC 6416 ... 78, 79
NGC 6425 ... 79
NGC 6444 ... D5
NGC 6451 ... 78, 79
NGC 6469 ... 66, 67, 78, 79
NGC 6506 ... 78, 79, D6
NGC 6507 ... 66, 67
NGC 6520 ... 78, 79
NGC 6525 ... 42, 43
NGC 6530 ... 78, 79, D6
NGC 6546 ... 66, 67, 78, 79, D6
NGC 6554 ... 66
NGC 6561 ... 66
NGC 6568 ... 66, 78
NGC 6573 ... D6

NGC 6583 ... 66, 78
NGC 6596 ... 66
NGC 6603 ... 66
NGC 6604 ... 66
NGC 6605 ... 66
NGC 6625 ... 66
NGC 6631 ... 66
NGC 6633 ... 42, 54
NGC 6639 ... 66
NGC 6645 ... 66
NGC 6649 ... 66
NGC 6664 ... 54, 66
NGC 6683 ... 54, 66
NGC 6698 ... 78
NGC 6704 ... 54
NGC 6709 ... 42
NGC 6716 ... 66
NGC 6724 ... 42
NGC 6728 ... 54, 66
NGC 6735 ... 54
NGC 6737 ... 66
NGC 6738 ... 42
NGC 6743 ... 30
NGC 6755 ... 54
NGC 6756 ... 54
NGC 6773 ... 66
NGC 6774 ... 66
NGC 6775 ... 54
NGC 6791 ... 18, 30
NGC 6793 ... 30, 42
NGC 6800 ... 30
NGC 6802 ... 42
NGC 6811 ... 17, 18
NGC 6819 ... 17, 18
NGC 6823 ... 30, 42
NGC 6827 ... 30, 42
NGC 6828 ... 42, 54
NGC 6830 ... 30, 41, 42
NGC 6832 ... 9
NGC 6834 ... 29, 30
NGC 6837 ... 42
NGC 6840 ... 41, 42
NGC 6843 ... 41, 42
NGC 6846 ... 29, 30
NGC 6856 ... 9
NGC 6858 ... 41, 42
NGC 6866 ... 17, 18
NGC 6871 ... 17, 18, 29, 30, D1
NGC 6874 ... 17, 18, 29, 30, D1
NGC 6883 ... 17, 18, 29, 30, D1
NGC 6885 ... 29, 30
NGC 6910 ... 17, 18, D1
NGC 6938 ... 29, 41
NGC 6939 ... 8, 9
NGC 6940 ... 29
NGC 6950 ... 41
NGC 6991-1 ... 17
NGC 6991-2 ... 17
NGC 6991a ... 17
NGC 6991b ... 17
NGC 6997 ... 17
NGC 7011 ... 17
NGC 7024 ... 17
NGC 7031 ... 8, 9, 17
NGC 7037 ... 29
NGC 7039 ... 17
NGC 7044 ... 17
NGC 7055 ... 8, 9
NGC 7058 ... 8, 17
NGC 7062 ... 17
NGC 7063 ... 17, 29
NGC 7067 ... 16, 17
NGC 7071 ... 16, 17
NGC 7082 ... 16, 17
NGC 7086 ... 8, 16, 17
NGC 7093 ... 16, 17
NGC 7127 ... 8
NGC 7128 ... 8, 17
NGC 7142 ... 8, 9
NGC 7160 ... 8, 9
NGC 7175 ... 8
NGC 7209 ... 16, 17
NGC 7226 ... 8
NGC 7235 ... 8
NGC 7243 ... 16, 17
NGC 7245 ... 8
NGC 7261 ... 8
NGC 7281 ... 8
NGC 7380 ... 8
NGC 7394 ... 8, 16
NGC 7419 ... 8
NGC 7423 ... 8
NGC 7429 ... 8
NGC 7438 ... 8, 16
NGC 7510 ... 8
NGC 7686 ... 16, 27
NGC 7762 ... 2, 7, 8
NGC 7772 ... 40
NGC 7788 ... 8, 15
NGC 7789 ... 8, 15
NGC 7790 ... 8, 15

NGC 7801 ... 8, 15, 16, 27
NGC 7826 ... 64, 75, 76, 87
Pat 3 ... 25
Pat 48 ... 29, 30
Pat 57 ... D4
Pat 65 ... 17, 29
Pat 75 ... D1
Pat 78 ... 2, 7, 8, 15
Pat 89 ... 17, 18
Pat 90 ... 60
Pat 103 ... 9, 17
Pfl 1 ... 7, 15
Pfl 3 ... 8
Pfl 4 ... 7, 8, 15
Pi 2 ... 95, 96
Pi 3 ... 83, 95
Pi 4 ... 95
Pi 5 ... 95
Pi 7 ... 83, 95
Pi 8 ... 95
Pi 11 ... 95, 104
Pi 12 ... 95
Pi 15 ... 94, 95
Pi 16 ... 95, 104
Pi 19 ... 102, 103
Pi 20 ... 102, 103
Pi 21 ... 102, 103
Pi 22 ... 91, 92, 102
Pi 23 ... 91, 92
Pi 24 ... 79
Pi 27 ... 36, 48
Pismis-Moreno 1 ... 8
Platais 1 ... 16, 17
R 136 ... D29
Reiland 1 ... 8
Rie 4 ... 15
Rie 11 ... 60
Rie 14 ... D4
Ro 1 ... 42
Ro 2 ... 30, 42
Ro 3 ... 29, 30, 41, 42
Ro 4 ... 29, 30
Ro 5 ... 29, 30, D1
Ro 6 ... 17, 29, D1
Ro 7 ... 17, 29
Ru 1 ... 72
Ru 2 ... 84
Ru 3 ... 84
Ru 4 ... 72
Ru 5 ... 72
Ru 6 ... 72
Ru 7 ... 72
Ru 8 ... 72
Ru 10 ... 72
Ru 11 ... 72, 84
Ru 12 ... 84
Ru 13 ... 84
Ru 14 ... 84
Ru 15 ... 72
Ru 16 ... 72
Ru 17 ... 72, 84
Ru 18 ... 84
Ru 19 ... 72, 84
Ru 20 ... 84
Ru 21 ... 84
Ru 22 ... 84
Ru 23 ... 72, 84
Ru 24 ... 72
Ru 25 ... 72, 84
Ru 26 ... 72
Ru 27 ... 84
Ru 28 ... 84
Ru 29 ... 84
Ru 31 ... 83, 84, 95, 96
Ru 32 ... 84
Ru 33 ... 72, 84
Ru 34 ... 72, 84
Ru 35 ... 83, 84
Ru 36 ... 84
Ru 37 ... 72
Ru 38 ... 72, 84
Ru 39 ... 71, 72, 83, 84
Ru 40 ... 72, 84
Ru 41 ... 83, 84
Ru 42 ... 83, 84
Ru 43 ... 83, 84
Ru 44 ... 83, 84
Ru 45 ... 71, 72
Ru 46 ... 71, 72
Ru 47 ... 83, 84
Ru 48 ... 83, 84
Ru 49 ... 83, 84
Ru 50 ... 83, 84
Ru 51 ... 83, 84
Ru 52 ... 83, 84
Ru 53 ... 83, 84
Ru 54 ... 83, 84
Ru 55 ... 83, 84
Ru 56 ... 95, 96
Ru 57 ... 83
Ru 58 ... 83

Ru 60 ... 95, 96
Ru 61 ... 83
Ru 62 ... 71
Ru 63 ... 95, 96
Ru 64 ... 95
Ru 65 ... 17, 29
Ru 66 ... 83, 95
Ru 67 ... 95
Ru 68 ... 83, 95
Ru 69 ... 95
Ru 71 ... 95
Ru 72 ... 83, 95
Ru 73 ... 95, 104, 105
Ru 74 ... 83, 95
Ru 75 ... 104, 105
Ru 76 ... 94, 95, 104
Ru 77 ... 104
Ru 78 ... 95, 104
Ru 79 ... 104
Ru 81 ... 94, 95
Ru 82 ... 104
Ru 83 ... 104
Ru 84 ... 104
Ru 85 ... 104
Ru 86 ... 104
Ru 87 ... 94, 95, 104
Ru 88 ... 104
Ru 89 ... 104
Ru 90 ... 104
Ru 91 ... 104
Ru 92 ... D9
Ru 94 ... 103, 104, D4
Ru 95 ... 103, 104, D4
Ru 96 ... D4
Ru 97 ... 8
Ru 98 ... 103, 104, 110, 111, D4
Ru 99 ... D4
Ru 100 ... D4
Ru 101 ... D4
Ru 104 ... 103, 104
Ru 105 ... 103, 104
Ru 107 ... 103
Ru 108 ... 103
Ru 110 ... 103, 110
Ru 111 ... 102, 103
Ru 112 ... 102, 103
Ru 113 ... 102
Ru 114 ... 102
Ru 115 ... 91, 92, 102
Ru 116 ... 91, 92, 102
Ru 117 ... 91, 92, 102
Ru 119 ... 91, 92
Ru 120 ... 91, 92
Ru 121 ... 91
Ru 122 ... 91
Ru 123 ... 79, 91
Ru 125 ... 91
Ru 126 ... 91
Ru 127 ... 79, 91
Ru 130 ... 78, 79
Ru 131 ... 79
Ru 133 ... 78, 79
Ru 134 ... 78, 79
Ru 135 ... 66, 67
Ru 136 ... D6
Ru 137 ... D6
Ru 139 ... 78, 79, D6
Ru 140 ... 66
Ru 141 ... 66
Ru 142 ... 66
Ru 143 ... 66
Ru 144 ... 66
Ru 145 ... 66
Ru 149 ... 72, 84
Ru 150 ... 84
Ru 151 ... 72
Ru 152 ... 84, 95, 96
Ru 153 ... 83, 84
Ru 154 ... 95, 96
Ru 158 ... 95, 96
Ru 159 ... 104, 105
Ru 160 ... 94, 95
Ru 161 ... 104
Ru 162 ... 104
Ru 163 ... 104, 110, 111
Ru 165 ... 103, 104
Ru 167 ... 103
Ru 168 ... 78, 79
Ru 169 ... D6
Ru 170 ... 66
Ru 171 ... 66
Ru 174 ... 17, 29
Ru 175 ... 29
SAI 1 ... 8, 15, 16, 27
SAI 4 ... 2, 8, 15
SAI 17 ... 15
SAI 21 ... 14, 15

SAI 36 ... 25, 26
SAI 43 ... 25
SAI 46 ... 25, 37
SAI 47 ... 25
SAI 48 ... 37
SAI 49 ... 14, 24, 25
SAI 69 ... 72
SAI 72 ... 60
SAI 81 ... 83, 84
SAI 86 ... 83, 84, 95, 96
SAI 88 ... 95, 96
SAI 91 ... 95, 96, 105
SAI 109 ... 94, 95, 104
SAI 116 ... D4
SAI 118 ... 103
SAI 132 ... 29, 30
SAI 149 ... 8, 15
Schuster 1 ... 104
Sher 1 ... D9
Sk 1 ... 2, 7, 15
Sk 2 ... 25
Sk 3 ... 37
Sk 4 ... 48
Sk 5 ... 48
Sk 6 ... 17, 18, 30
Sk 7 ... 8, 15
Sk 8 ... 104
SL 14 ... D29
SL 28 ... 112, 113
SL 41 ... 112, 113
SL 49 ... D29
SL 56 ... D29
SL 75 ... D29
SL 76 ... D29
SL 105 ... D29
SL 106 ... D29
SL 111 ... D29
SL 112 ... D29
SL 114 ... D29
SL 116 ... D29
SL 117 ... D29
SL 123 ... D29
SL 134 ... D29
SL 153 ... D29
SL 168 ... 106, 112
SL 191 ... D29
SL 212 ... D29
SL 216 ... D29
SL 222e ... D29
SL 228w ... D29
SL 230 ... D29
SL 232 ... D29
SL 234 ... D29
SL 296 ... D29
SL 298 ... D29
SL 349 ... D1
SL 368 ... D29
SL 383 ... D29
SL 385 ... D29
SL 397 ... D29
SL 410 ... 105, 106, 112
SL 415 ... 105, 106, 112
SL 418 ... D29
SL 419 ... D29
SL 423 ... D29
SL 425 ... D29
SL 453 ... D29
SL 470 ... D29
SL 482 ... D29
SL 485 ... 106, 112
SL 486 ... 106, 112
SL 495 ... D29
SL 497 ... D29
SL 498 ... D29
SL 502 ... D29
SL 508 ... D29
SL 515 ... 105, 106
SL 521 ... 105, 106, 112
SL 524 ... D29
SL 528 ... D29
SL 539 ... D29
SL 543 ... 112, 113
SL 549 ... 105, 106
SL 550 ... 94, 95
SL 556 ... D29
SL 562 ... D29
SL 563 ... D29
SL 582 ... D29
SL 585 ... D29
SL 586 ... D29
SL 591 ... D29
SL 601 ... D29
SL 607 ... D29
SL 639 ... D29
SL 654 ... D29
SL 674 ... D29
SL 690 ... D29
SL 693 ... D29

SL 734 ... D29
SL 747 ... D29
SL 763 ... D29
SL 804 ... 111, 112, 113
SL 824 ... D29
SL 874 ... D29
Sr 1 ... 60
Sr 2 ... 95
Sr 3 ... 104
Sr 4 ... D4
Sr 5 ... 30
Sr 6 ... 29, 30
St 1 ... 30
St 2 ... 15
St 3 ... 15
St 5 ... 14, 15
St 7 ... 14, 15
St 8 ... 37
St 9 ... 37
St 10 ... 24, 25, 37
St 11 ... 8
St 12 ... 8, 16, 27
St 13 ... D9
St 14 ... 103, 104, 110, D4
St 16 ... 103
St 17 ... 7, 8, 15
St 18 ... 2, 7, 8, 15
St 19 ... 8, 15
St 20 ... 2, 8, 15
St 21 ... 8, 15
St 23 ... 14, 15
St 24 ... 8, 15
Steph 1 ... 18, 30
Stn 7 ... 14, 15
Stn 30 ... 42
Stn 31 ... 42
Stn 32 ... 41, 42
Stn 33 ... 41, 42
Teu 1 ... 37
Teu 2 ... 24, 25
Teu 3 ... 25, 37
Teu 7 ... 30
Teu 8 ... 17, 18, 29, 30, D1
Teu 10 ... 37
Teu 11 ... 48
Teu 12 ... 48
Teu 13 ... 60
Teu 14a ... D6
Teu 18 ... 8, 16
Teu 19 ... 25, 37
Teu 22 ... 17
Teu 23 ... 7, 8, 15
Teu 25 ... 83, 84
Teu 27 ... 42
Teu 30 ... 17, 29, D1
Teu 31 ... D9
Teu 35 ... 18, 30
Teu 38 ... 83, 95
Teu 39 ... 16, 28
Teu 40 ... 30, 42
Teu 42 ... 42
Teu 43 ... 30
Teu 44 ... 104
Teu 48 ... 95, 104
Teu 49 ... 104
Teu 50 ... 83, 84, 95, 96
Teu 51 ... 36, 37
Teu 53 ... 8
Teu 54 ... 8
Teu 55 ... 14, 15
Teu 59B ... 60
Teu 61 ... 72
Teu 64 ... 95
Teu 74 ... 95, 104
Teu 77 ... D4
Teu 79 ... 103
Teu 80 ... 102, 103
Teu 84 ... 91
Teu 85 ... 91
Teu 89 ... 37
Teu 102 ... 95
Teu 103 ... 94, 95
Teu 124 ... 29
Teu 126 ... 8
Teu 127 ... 8
Teu 132 ... 25, 37
Teu 143a ... 72
Teu 144 ... 8, 16, 17
Teu 145 ... 54
Teu 146 ... 54
Teu 175 ... 15
Teu 178 ... 72, 84
Teu 180 ... 104
Teu 181 ... 102
Teu 182 ... 102
Teu 183 ... 66
Tom 1 ... 72, 84

Tom 2 ... 72, 84
Tom 4 ... 14, 15
Tom 5 ... 14
Töpler 1 ... D1
Tr 1 ... 15
Tr 2 ... 14, 15
Tr 3 ... 14, 15
Tr 5 ... 48, 60
Tr 6 ... 84
Tr 7 ... 84
Tr 9 ... 83, 84
Tr 10 ... 95
Tr 11 ... 104
Tr 12 ... 104
Tr 13 ... 104
Tr 14 ... D9
Tr 15 ... D9
Tr 16 ... D9
Tr 17 ... D9
Tr 18 ... D9
Tr 19 ... 104
Tr 20 ... 103, 104
Tr 21 ... 103
Tr 22 ... 102, 103
Tr 23 ... 102
Tr 25 ... 91
Tr 26 ... 79
Tr 27 ... 79
Tr 28 ... 79
Tr 29 ... 90, 91
Tr 30 ... 78, 79, 90, 91, D5
Tr 31 ... 101, 102
Tr 32 ... 66
Tr 33 ... 66
Tr 34 ... 54, 66
Tr 35 ... 54
Tr 37 ... 8
Tu 3 ... 29, 30
Tu 5 ... 83, 95
Tu 6 ... D9
Tu 8 ... 30
vdB 1 ... 60
vdB 80 ... 72
vdB 113 ... 66, 78
vdB 130 ... 17, 18, D1
vdB-Ha 4 ... 84, 96
vdB-Ha 19 ... 83, 84
vdB-Ha 23 ... 83, 84, 95, 96
vdB-Ha 34 ... 95
vdB-Ha 37 ... 95
vdB-Ha 54 ... 95
vdB-Ha 55 ... 95
vdB-Ha 56 ... 95
vdB-Ha 58 ... 104, 105
vdB-Ha 63 ... 95, 104
vdB-Ha 67 ... 94, 95, 104
vdB-Ha 72 ... 95, 104
vdB-Ha 73 ... 94, 95, 104
vdB-Ha 75 ... 104
vdB-Ha 78 ... 104
vdB-Ha 79 ... 95, 104
vdB-Ha 84 ... 104
vdB-Ha 85 ... 94, 95
vdB-Ha 87 ... 104
vdB-Ha 88 ... 94, 95, 104
vdB-Ha 90 ... 104
vdB-Ha 92 ... 104
vdB-Ha 99 ... D9
vdB-Ha 106 ... 104
vdB-Ha 110 ... D9
vdB-Ha 111 ... 103, 104
vdB-Ha 118 ... 104
vdB-Ha 131 ... 103, 104, 111
vdB-Ha 132 ... 103, 104, 110, 111
vdB-Ha 140 ... 103, 110, 111
vdB-Ha 150 ... 103
vdB-Ha 151 ... 103
vdB-Ha 164 ... 102, 103, 110
vdB-Ha 197 ... 91
vdB-Ha 200 ... 91
vdB-Ha 211 ... 91
vdB-Ha 217 ... 91
vdB-Ha 221 ... 79
vdB-Ha 222 ... 79, 91
vdB-Ha 223 ... 79, 91
vdB-Ha 231 ... 79
vdB-Ha 245 ... 79

Ast

AI 4 ... 82, 83, 94, 95
AI 11 ... 41
AI 19 ... 42

AI 39 ... 36, 48
AI 42A ... 8, 16
AI 42B ... 8, 16
AI 48 ... 60
AI 51 ... 37, 49
AI 73 ... D4
AI 74 ... 103, 104, 110, 111, D4
AI 75 ... D5
AI 76 ... 84
AI 77 ... 95
AI 80A ... 79, 90, 91
AI 80B ... 79, 90, 91
AI 82 ... 103
AI 93 ... 95, 96, 105
AI 110 ... 48, 60
AI 111 ... 16, 17, 28
AI 115 ... 42
AI J0022.7+5417 ... 15
AI J0120.9-4933 ... 98, 99
AI J0123.1-3329 ... 87
AI J0232.4-5127 ... 98, 99, 107
AI J0234.0+4002 ... 26
AI J0240.4-5247 ... 98, 106, 107
AI J0304.6-5116 ... 98, 106, 107
AI J0343.5-2924 ... 86
AI J0345.0-2749 ... 86
AI J0404.5+7921 ... 6, 7
AI J0615.1+4849 ... 24, 25
AI J0624.3-3151 ... 84
AI J0639.8-2349 ... 72, 84
AI J0641.1+1647 ... 48
AI J0644.7-4658 ... 96
AI J0659.5-1027 ... 72
AI J0700.4-2746 ... 84
AI J0708.5+2159 ... 36, 48
AI J0709.5-0557 ... 60, 72
AI J0710.3-1826 ... 72
AI J0712.6-0236 ... 60
AI J0715.6-0727 ... 60, 72
AI J0721.8-3631 ... 84, 96
AI J0725.2-3771 ... 84
AI J0727.9-5141 ... 95, 96, 105
AI J0734.9+1154 ... 48
AI J0740.5-5155 ... 95, 96, 105
AI J0743.0-0005 ... 84
AI J0753.2-1936 ... 71, 72, 83
AI J0753.4-3423 ... 83, 84, 95
AI J0800.4-0452 ... 59, 60, 71, 72
AI J0812.4-3507 ... 83, 84, 95, 96
AI J0813.5-5011 ... 95, 96, 105
AI J0814.1-1432 ... 71
AI J0814.5-5806 ... 105
AI J0817.5-2521 ... 83
AI J0838.5-2502 ... 83
AI J0839.8-2629 ... 83
AI J0927.5-3810 ... 83, 95
AI J0951.3-4634 ... 94, 95
AI J1032.5-4437 ... 94
AI J1053.2-5750 ... D9
AI J1058.3-3727 ... 82, 94
AI J1121.1-2957 ... 82
AI J1121.8-6059 ... D4
AI J1156.1-6314 ... D4
AI J1209.7-6352 ... 104
AI J1309.4-2338 ... 69, 81
AI J1412.3-2416 ... 80
AI J1423.7-1256 ... 68
AI J1424.6-1442 ... 68
AI J1521.1-8333 ... 110, 114
AI J1524.6-4828 ... 91, 92
AI J1608.5-6221 ... 102, 110
AI J1616.2-5136 ... 91, 92, 102
AI J1636.3-3127 ... 79
AI J1651.1-2653 ... 79
AI J1706.8-3433 ... 79
AI J1708.3-4301 ... 79
AI J1741.9-6506 ... 101, 102, 109
AI J1750.1-4128 ... 90, 91
AI J1751.2-3033 ... 78, 79
AI J1758.0-4616 ... 90, 91
AI J1800.2-3724 ... 78, 79, 90, 91
AI J1802.7-2922 ... 78, 79
AI J1816.9-5932 ... 101, 102
AI J1827.9-4100 ... 90
AI J1847.9-1813 ... 79
AI J1924.6-0512 ... 54, 66
AI J1933.7+1147 ... 42
AI J1956.3+2627 ... 29, 30
AI J2005.2+4732 ... 17, 18
AI J2053.8-5939 ... 100, 101
AI J2100.5-0535 ... 53, 65
AI J2108.8+0731 ... 41, 53
AI J2142.5+1005 ... 41
AI J2145.0+1647 ... 41
AI J2231.2+6157 ... 8
AI J2247.1+5742 ... 8
AI J2340.6+0756 ... 40, 52
AI J2344.7+5523 ... 8, 15
AI J2350.5+4149 ... 16, 27
Al-Teu 2 ... 24, 25
Calvet 1 ... 17
Canali 1 ... 69
Cr 21 ... 38, 39

Cr 62....25
Cr 91....60
Cr 96....60
Cr 97....48, 60
Cr 106....48, 60
Cr 173....95, 96
Cr 257....103, 104
Cr 302....67, 79
Cr 316....91
Cr 399....42
Cr 464....5, 6, 7
Cr 471....2, 3, 7
Crinklaw 1....54, 66
Do 2....D1
Do 9....17, 18
Do 10....D1
Do 11....17
Do 12....8, 15
Do 17....49, 61
Do 19....49, 61
Do 20....37
Do 21....49, 61
Do 26....48
Do 27....55, 67
Do 29....54, 66
Do 35....42
Do 36....17, 18
Do 37....D1
Do 38....D1
Do 43....D1
Do 44....17
Do 46....8
DoDz 1....50
DoDz 2....49
DoDz 3....37
DoDz 4....37
DoDz 5....19, 31
DoDz 6....19, 31
DoDz 7....43
DoDz 8....31, 43
DoDz 9....30, 31
DoDz 10....D1
DoDz 11....17, 29
Elo 1....49, 61
Elo 3....48
Elo 4....70
French 1....41
French 2....82, 83
French 3....30, 42
Frr 5....37
Frr 6....11
Frr 7....8, 15
Frr 18....36
Frr 24....92, 102, 103
Frr 25....76, 88
Frr 26....25, 26, 38
Frr 37....68
Haf 3....60, 72
Haf 5....72, 84
Haf 21....84
Ho 1....94, 95, 104
Ho 8....104
Hrr 1....1
Hrr 2....D10
Hrr 5....60, 72
Hrr 6....34, 35
Hrr 7....43
Hrr 8....90, 91
Hrr 11....8, 9
Hrr 12....8, 15
IC 419....37
IC 1023....80, 92
IC 1243....43
IC 1278....30, 31
IC 1285....30
IC 1293....9
IC 1872....26
IC 2091....61
IC 2156....36, 37
IC 2438....4, 5, 6
IC 3252....33
IC 3743....45
IC 4385....92, 93
IC 4392....68
IC 4400....102, 103
IC 5097....53
Isserstedt 690....66
Ju 4....15, 26, 27
Ju 5....6, 13, 14
Ju J1220.5-2908....81
K 25....42
Kar 4....26, 38
Kar 9....9
Kar 16....84
Kar 18....84
Kar 19....72
Kar 20....84
Kar 21....83, 84
Kar 22....83, 84
Kar 23....83, 84
Kemble 1....6, 7, 14, 15
Kemble 2....2, 3

Kro 2....66
Kro 5....30
Kro 7....92, 102
Kro 8....D9
Kro 17....63, 75
Kro 19....71, 83
Kro 20....66
Kro 22....53
Kro 32....36, 37
Kro 35....D1
Kro 42....17, 18
Kro 44....17, 18
Kro 45....9, 17, 18
Kro 56....D1
Kro 65....D1
Kro 76....D1
Kro 78....17, 29
Kro J0124.0+5612....15
Kro J0156.7+5358....15
Kro J0324.0+4714....26
Kro J0347.6+6635....6, 7, 14
Kro J0434.3+5436....14
Kro J0542.8+1917....49
Kro J0551.8+0614....49, 61
Kro J0604.2+0911....48, 49, 60, 61
Kro J0607.1+3212....36, 37
Kro J1948.4+4306....17, 18
Kro J2013.1+5934....9
Kro J2039.5+5034....9, 17, 18
Kro J2048.9+2312....29, 41
Kro J2109.6+5230....8, 9, 17
Kro J2149.6+4104....16, 17
Kro J2153.7+4518....16, 17
Kro J2233.8+6549....2, 8
Larard 1....8, 9
Le-Wa 1....17, 18, 29, 30
Le-Wa J2108.8+0621....41, 53
Le-Wa J2204.3+4508....16, 17
Le-Wa J2340.5+5619....8, 15
Lederman 1....26, 27
LeDrew 7....54
LeDrew 8....30, 31
Leiter 3....1, 6
Leiter 4....41, 42
Leiter 5....42
Leiter 9....17
Leiter 11....36
Ling 1....30
Ling 2....42
Llano 1....57
Lo 143....104
Lo 480....D1
Lo 1373....102, 103
Lo 1375....102, 103
Lor 1....37, 49
Lor 2....43
Lor 3....66, 78
Lor 4....41, 42
Lor 5....66
Lor 6....8
Lor 11....101, 102
Lor 15....72
Lor 23....66
Lor 25....94, 104
M 40....11, 12
M 73....65
Mandushev 1....30
Markov 1....30, 31
Mel 186....54, 55
Mel 227....108, 109
Monti 1....60, 72
Monti 2....27, 39
Monti 3....27
Monti 4....48
Monti 7....59, 71
Naillon 1....39
Naillon 3....16, 17
NGC 272....39
NGC 305....51
NGC 358....15
NGC 629....2, 6, 7
NGC 1146....26
NGC 1252....106, 107
NGC 1330....26
NGC 1523....106
NGC 1548....25, 37
NGC 1557....112, 113
NGC 1582....25
NGC 1707....49, 61
NGC 1785....D29
NGC 1790....14, 25
NGC 1802....37, 49
NGC 1807....49
NGC 1891....85, 97
NGC 1896....37
NGC 1933....D29
NGC 1963....85, 97
NGC 1996....37
NGC 2054....73
NGC 2061....96, 97
NGC 2143....48, 49, 60, 61

NGC 2218....48
NGC 2220....96, 97
NGC 2224....48
NGC 2234....48
NGC 2240....36
NGC 2318....72
NGC 2368....72
NGC 2413....72
NGC 2459....48
NGC 2664....47
NGC 2678....47
NGC 2879....71
NGC 2886....71, 83
NGC 4937....93
NGC 4982....69
NGC 5385....3, 4, 5
NGC 5571....32
NGC 5998....79, 80
NGC 6151....109, 11
NGC 6222....91
NGC 6354....79, 91
NGC 6413....43
NGC 6432....79
NGC 6465....78, 79
NGC 6481....55
NGC 6669....30, 42
NGC 6839....41, 42
NGC 6863....53
NGC 6904....D4
NGC 6953....2, 3, 8, 9
NGC 6996....17
NGC 7050....17, 29
NGC 7134....65
NGC 7150....16, 17
NGC 7186....16, 17, 28, 29
NGC 7193....40, 41
NGC 7295....9, 16
NGC 7352....8
NGC 7708....2, 7
NGC 7795....8, 15
NGC 7833....28, 39
O'Neal 1....53
O'Neal 2....92
O'Neal 3....53, 65
O'Neal 4....73
O'Neal 5....73
O'Neal 7....73
O'Neal 8....49
O'Neal 10....82
O'Neal 11....68, 80
O'Neal 13....42, 54
O'Neal 14....64
O'Neal 15....64, 76
O'Neal 16....64, 76
Pardanaud 1....59
Pat 1....15, 26, 27
Pat 2....36
Pat 10....8, 16, 17
Pat 11....15, 27
Pat 14....14, 15, 26
Pat 15....37, 38
Pat 29....30, 31, 42
Pat 40....64
Pat 43....25, 26
Pat 50....43, 55
Pat 83....41, 42
Pat 100....28, 40
Patchick-Wienerroither 1....50, 62
Persson 1....D5
Picot 1....44
Picot 2....41
Polakis 1....66
Ponsot 1....42
Poskus 1....41
Pot 3....3, 4
Pot 4....8, 9
Pot 6....2, 8, 15
Pot 7....8, 15
Pot 8....6, 7
Pot 10....42
Pot 11....69
Pot 15....65
Pot 17....60
Pot 20....54
Ray 1....14, 15
Ray 2....34
Ray 3....47, 59
Ray 4....47, 59
Ray 5....47, 59
Ray 6....29, 30, 41, 42
Ray 8....52
Ray 11....41
Ray 15....42
Ray 16....54
Ray 18....42
Ren 5....30, 42
Ren 8....54, 66
Ren 9....54, 66
Ren 14....28
Ren 18....39

Ren 25....31, 32
Ren 27....24, 25
Ren 37....54
Ru 30....84
Ru 103....D4
Ru 124....91
Ru 129....78, 79
Ru 146....66, 78
Ru 172....17, 29
Ru 173....17, 29
Sachariassen 1....12
Sal 4....35, 36
Sal 8....18, 30
Sal 16....42, 43
Slo 4....69
Slo 5....97, 98
Slo 8....106, 112, 113
Slo 10....84, 96
Slo 11....84
Slo 15....83, 84, 95, 96
Slo 16....83, 84, 96
Slo 20....83
Slo 21....83
Slo 22....95
Slo 26....104
Slo 32....82
Slo 33....82
Slo 35....D4
Slo 37....D4
Slo 40....103, 104, 110, 111, D4
Slo 42....110, 111
Slo 44....103
Slo 45....103
Slo 51....102
Slo 53....91, 92
Slo 54....102
Slo 55....79, 80, 91, 92
Slo 56....79, 80
Slo 57....102, 109, 110
Sn 20....17, 18
Spano 1....51, 63
Spano 2....85, 97
Str 1....36
Str 2....36
Str 3....36
Str 5....15
Str 6....71
Str 7....105, 111
Str 10....108, 109
Str 11....82
Str 12....82
Str 13....109, 110
Str 14....109, 110
Str 15....90, 91
Str 17....82
Str 18....85, 97
Str 19....85
Str 21....111, 112, 114
Str 22....69
Str 23....69
Str 24....58, 70
Str 25....36
Str 26....112, 113
Str 27....107
Str 28....92
Str 29....112, 113
Str 30....114
Str 31....108, 113
Str 32....66
Str 33....111, 112
Str 35....101
Str 36....70
Str 37....112, 113
Str 38....100
Str 39....110, 111
Str 40....77
Str 41....108, 109
Str 42....108, 109
Str 43....108, 109
Str 44....100, 101
Str 45....71, 83
Str 47....71
Str 48....76, 87
Str 49....41, 42
Str 51....101, 102
Str 52....49
Str 54....48
Str 55....60
Str 56....61, 73
Str 58....61, 73
Str 59....8, 16, 17
Str 60....8, 16, 17
Str 61....77
Str 62....77, 89
Str 63....89, 101
Str 64....43
Str 65....89
Str 66....100, 101
Str 67....41, 42
Str 71....90
Str 72....43, 55
Str 73....30

Str 76....81
Str 78....29, 30
Str 79....85
Str 80....72
Str 81....48
Str 83....79, 80, 91, 92
Str 88....76, 87
Str 89....76, 87, 88, 99
Str 90....87, 99
Str 91....85
Thompson 1....41
Töpler 2....36, 37
TPK 1....16, 27
Tr 24....91
Upgren1....21, 33
vdB 150....2, 3, 7
vdB 152....2
vdB-Ha 214....79, 91
Wa 2....95
Watson 2....9, 18
Webb 2....30, 31
Zannin 1....27, 39
Zannin 3....26
Zannin 5....6, 7, 14

StC

Cr 65....49
Cr 70....61
M 24....66
NGC 206....27
NGC 241....D28
NGC 371....D28
NGC 395....D28
NGC 465....D28
NGC 592....39
NGC 1712....D29
NGC 1731....D29
NGC 1761....D29
NGC 1770....D29
NGC 1787....106, 112
NGC 1820....D29
NGC 1833....D29
NGC 1837....D29
NGC 1840....D29
NGC 1845....D29
NGC 1869....D29
NGC 1871....D29
NGC 1873....D29
NGC 1910....D29
NGC 1914....D29
NGC 1919....D29
NGC 1925....106, 112
NGC 1937....D29
NGC 1955....D29
NGC 1968....D29
NGC 1974....D29
NGC 2001....D29
NGC 2013....13, 14
NGC 2014....D29
NGC 2015....D29
NGC 2027....D29
NGC 2033....D29
NGC 2037....D29
NGC 2039....49, 61
NGC 2042....D29
NGC 2044....D29
NGC 2050....D29
NGC 2055....D29
NGC 2060....D29
NGC 2063....49, 61
NGC 2094....D29
NGC 5045....103
NGC 5250....103
NGC 5155....103
NGC 5284....103
NGC 6227....91
NGC 6421....D5
NGC 6437....D5
NGC 6480....78, 79
NGC 6647....66
NGC 6680....52
NGC 6895....9, 17, 18
NGC 6989....17

GC

2MASS-GC 1....66
2MASS-GC 2....66, 78
2MASS-GC 3....91
AL 3....78
AM 1....97, 98
AM 4....80, 81
Arp 2....78
Balbinot 1....40
Crater GC....70
Djorgovski 1....D5
Djorgovski 2....78, 79
E 3....111, 112
Eridanus GC....73, 85

ESO 28-8....108, 113
ESO 121-3....105, 106
ESO 280-6....90, 91
ESO 452-11....79
Fornax 1....86
Fornax 2....86
Fornax 4....86
Fornax 5....86
Fornax 6....86
G 1....27
GLIMPSE-C01....54
GLIMPSE-C02....66
Hodge 11....D29
HP 1....91
IC 1257....55, 67
IC 1276....54, 66
IC 4499....110, 114
Koposov 1....45, 46
Koposov 2....35, 36
Liller 1....79
LY 7....102
M 2....53
M 3....33
M 4....79
M 5....56
M 9....67
M 10....55
M 12....55
M 13....19, 31
M 14....55
M 15....41
M 19....79
M 22....66, 78
M 28....78
M 30....65, 77
M 53....45
M 54....78
M 55....78
M 56....30
M 62....79
M 68....81
M 69....78
M 70....78
M 71....41, 42
M 72....65
M 75....65, 66, 77, 78
M 79....85
M 80....67, 79
M 92....19
M 107....67
NGC 104....108, 113, D28
NGC 121....D28
NGC 288....87
NGC 362....108, 113, D28
NGC 1049....86
NGC 1261....106, 107
NGC 1466....112, 113
NGC 1754....D29
NGC 1786....D29
NGC 1835....D29
NGC 1841....114
NGC 1851....97
NGC 1898....D29
NGC 1916....D29
NGC 1928....D29
NGC 1939....D29
NGC 2210....D29
NGC 2257....105, 106
NGC 2298....84, 96
NGC 2419....23, 24, 36
NGC 2808....104, 105
NGC 3201....94, 95
NGC 4147....45
NGC 4372....110, 111
NGC 4833....110, 111
NGC 5053....45
NGC 5139....92, 93
NGC 5286....92, 93, 103
NGC 5466....32, 33
NGC 5634....56, 68
NGC 5694....80
NGC 5824....80
NGC 5897....68, 80
NGC 5927....91, 92, 102
NGC 5946....91, 92, 102
NGC 5986....79, 80, 91, 92
NGC 6101....109, 110
NGC 6139....79, 91
NGC 6144....79
NGC 6229....19
NGC 6235....67, 79
NGC 6256....79, 91
NGC 6284....79
NGC 6287....67, 79
NGC 6293....79
NGC 6304....79
NGC 6316....79
NGC 6325....67, 79
NGC 6342....67
NGC 6352....90, 91
NGC 6355....79
NGC 6356....67

NGC 6362....102, 109
NGC 6366....55
NGC 6380....91
NGC 6388....90, 91
NGC 6397....91, 101, 102
NGC 6401....79
NGC 6426....55
NGC 6440....67, 79
NGC 6441....78, 79, 90, 91
NGC 6453....78, 79, 90, D5
NGC 6496....90, 91
NGC 6517....66, 67
NGC 6522....78, 79
NGC 6528....78, 79
NGC 6535....54, 55
NGC 6539....54, 66
NGC 6540....78, 79
NGC 6541....90, 91
NGC 6544....78, 79, D6
NGC 6553....78, 79
NGC 6558....78, 79
NGC 6569....78, 79
NGC 6584....90, 91, 101
NGC 6624....79
NGC 6638....78
NGC 6642....66, 78
NGC 6652....78
NGC 6712....54, 66
NGC 6717....66, 78
NGC 6723....78, 90
NGC 6749....54
NGC 6752....101
NGC 6760....54
NGC 6934....41, 53
NGC 7006....41
NGC 7492....64
Pal 1....6, 7
Pal 2....37
Pal 3....58
Pal 4....34
Pal 5....56
Pal 6....79
Pal 8....66
Pal 10....42
Pal 11....54, 66
Pal 12....65, 77
Pal 13....40
Pal 14....43
Pal 15....66
PWM 78....54, 55
Pyxis GC....83, 95
Reticulum GC....106
Ru 106....93, 94, 103
Ter 1....79
Ter 2....79
Ter 3....79, 91
Ter 4....79
Ter 5....79
Ter 6....78, 79
Ter 7....78
Ter 8....78
Ter 9....78, 79
Ter 10....78, 79
Ter 11....D6
Ton 2....79, 91
UKS 1....78, 79
vdB-Ha 176....91, 92, 102
Whiting 1....62, 63

GN

Abell 11....49, 61
BFS 15....8
BFS 17....8
Cas A....8, 15
Ced 19C....D8
Ced 19E....D8
Ced 19H....D8
Ced 33....37
Ced 55a....D7
Ced 59....49, 61
Ced 110....110, 111
Ced 111....110, 111
Ced 122....103
Ced 174....D1
Ced 211....64
Ced 214....2, 7, 8, 15
CG 1....96
CG 2....96
CG 4....95, 96
CG 8....95, 96
CG 15....95, 96, 105
CG 16....95, 96, 105
CG 22....83
CTB 1....7, 8, 15
CTB 41....67
DG 169....8, 9, 17
DG 170....8, 9, 17
DG 181....8
DG 185....8

DG 187....16
DuRe 1....103, 104
DWB 7-15....D1
DWB 20....D1
DWB 21....D1
DWB 25-27....D1
DWB 51....D1
DWB 52....D1
DWB 74....D1
DWB 77....D1
DWB 111....17, 18
DWB 114....17, 18
DWB 118....17, 18
DWB 129....17, 18
DWB 130....17
DWB 145-148....17, 18
DWB 165....17, 18
DWB 34/39/40....D1
DWB 35/41....D1
DWB 55/59....17, D1
GAL 289.182-00.696....D9
GM 1-3....2, 7
GM 1-27....D1
GM 1-29....2, 3, 9
GM 1-56....42
GM 1-66....25, 37
GM 1-73....48, 60
GM 2-39....D1
GM 3-13....8
GM 3-14....8
GN 5.11.2....37
GN 5.28.8....49
GN 12.41.9....103
GN 15.22.7....80
GN 16.36.5....109, 114
GN 17.05.5....109, 110
GN 18.46.6....54
GN 22.33.6....2, 8
Gum 12....94, 95
Gum 12....95, 105
Gum 12....95, 105
Gum 12....95, 96, 105
Gum 15....95
Gum 17....95
Gum 23....95
Gum 25....95, 104, 105
Gum 32....D9
Gum 39....D4
Gum 41....D4
Gum 49....102
Gum 50....102
Hen 5....D29
Hen 16....D29
Hen 21....D29
Hen 22....D29
Hen 30....D29
Hen 30A....D29
Hen 37....D28
Hen 49....106, 112
Hen 50....D29
Hen 51....D29
Hen 55....D29
Hen 64A....D29
Hen 64B....D29
Hen 64C....D29
Hen 70....D29
Hen 74....D29
Hen 76....D29
Hen 78....D28
Hen 80....D28
Hen 91....D29
Hen 92....D29
Hen 94....D29
Hen 103....D29
Hen 143....D29
Hen 148....D29
Hen 164....D29
Hen 177....D29
Hen 180C....D29
Hen 185....D29
Hen 198....D29
Hen 200....D29
Hen 206....D29
Hen 214....D29
HH 1....61, 73
HH 2....61, 73
HH 35....61, 73
HH 124....D1
HH 162....8, 15
HH 164....8, 15
HH 222....61, 73

IC 417....37
IC 420....D7
IC 423....61
IC 424....61
IC 426....61
IC 430....61, 73
IC 431....61
IC 432....61
IC 434....61
IC 435....61
IC 443....36, 48
IC 444....36, 48
IC 446....48
IC 448....48, 60
IC 466....60
IC 1274....D6
IC 1275....D6
IC 1283....66
IC 1284....66
IC 1287....66
IC 1318A (DWB 82)....17, 18
IC 1318B (DWB 72/77/81)....D1
IC 1318C (DWB 76)....D1
IC 1340....29
IC 1396....8
IC 1470....8
IC 1795....14, 15
IC 1805....14, 15
IC 1848....14, 15
IC 1871....14, 15
IC 2067....37
IC 2087....37
IC 2105....D29
IC 2111....D29
IC 2128....D29
IC 2144....36, 37, 49
IC 2159....48
IC 2162....48
IC 2169....48
IC 2177....72
IC 2220....105
IC 2631....110, 111
IC 2872....D29
IC 2944/8....103, 104, 110, 111, D4
IC 2966....D4
IC 4592....67, 79
IC 4601....67
IC 4603....79
IC 4604....67, 79
IC 4605....79
IC 4628....91
IC 4678....D29
IC 4684....D6
IC 4703....66
IC 4706....66
IC 4812....78, 90
IC 4954....29, 30
IC 4955....29, 30
IC 5067/70....17
IC 5068....17
IC 5076....17
IC 5146....16, 17
LBN 30....55, 67
LBN 266....17, 29
LBN 289....17, 29
LBN 438....16, 28
LBN 640....15, 27
LBN 653....15
LBN 886....16
M 1....37, 49
M 8....78, 79, D6
M 17....66, 67, 78, 79, D6
M 42....61, 73, D7
M 43....61, D7
M 78....61
Magakian 82....25
Magakian 146....37
Magakian 165....48, 49
Magakian 634....79, 80, 91
Magakian 683....91
Magakian 712....109, 110
Magakian 714....79
Magakian 843....8, 9, 17
MOL 154....8
MWC 1080....8, 15

NGC 1491....14, 25, 26
NGC 1499....25, 26, 37, 38
NGC 1555....49
NGC 1579....37
NGC 1714....D29
NGC 1715....D29
NGC 1722....D29
NGC 1727....D29
NGC 1736....D29
NGC 1737....D29
NGC 1743....D29
NGC 1745....D29
NGC 1747....D29
NGC 1763....D29
NGC 1769....D29
NGC 1773....D29
NGC 1788....61
NGC 1829....D29
NGC 1858....D29
NGC 1874/76/77....D29
NGC 1895....D29
NGC 1909 (IC 2118)....61, 73
NGC 1918....D29
NGC 1929....D29
NGC 1931....37
NGC 1934....D29
NGC 1935....D29
NGC 1936....D29
NGC 1945/8....D29
NGC 1949....D29
NGC 1965/6....D29
NGC 1970....D29
NGC 1973....61, D7
NGC 1975....61, D7
NGC 1977....61, D7
NGC 1985....37
NGC 1999....61, 73
NGC 2018....D29
NGC 2020....D29
NGC 2023....61
NGC 2024....61
NGC 2029....D29
NGC 2030....105, 106, 112
NGC 2032....D29
NGC 2035....D29
NGC 2040....D29
NGC 2048....D29
NGC 2064....61
NGC 2067....61
NGC 2070....112, D29
NGC 2071....61
NGC 2075....D29
NGC 2077....D29
NGC 2078-9/83-4....D29
NGC 2080....D29
NGC 2085-6....D29
NGC 2103....D29
NGC 2113....D29
NGC 2122....D29
NGC 2149....72, 73
NGC 2163....48
NGC 2170....36, 48
NGC 2174....36, 48
NGC 2182....60, 72
NGC 2183....60, 72
NGC 2185....60, 72
NGC 2237-9/46....60
NGC 2245....48
NGC 2247....48
NGC 2261....48, 60
NGC 2282....60
NGC 2296....72
NGC 2313....60, 72
NGC 2316....60, 72
NGC 2327....72
NGC 2359....25
NGC 2467....83, 84
NGC 2579....83, 95
NGC 2626....95
NGC 2736....95
NGC 3199....104
NGC 3247....104
NGC 3324....104, D9
NGC 3372....104, D9
NGC 3503....D9
NGC 3576/79/81-2/84/86....D9
NGC 5367....92, 93
NGC 6164-5....91, 92
NGC 6188....91, 92
NGC 6334....79, 91
NGC 6357....79
NGC 6526....D6
NGC 6559....D6
NGC 6589/90....66
NGC 6595....66
NGC 6726-7....78, 90
NGC 6729....78, 90
NGC 6813....30
NGC 6820....30, 42
NGC 6857....D1
NGC 6888....17, 18, 29, D1

NGC 6914 ... 17, 18
NGC 6960 ... 29
NGC 6974/9 ... 29
NGC 6995 ... 29
NGC 7000 ... 17
NGC 7023 ... 2, 3
NGC 7129 ... 2, 8
NGC 7538 ... 8, 15
NGC 7635 ... 8, 15
NGC 7822 ... 2, 7
Parsamyan 21 ... 42
PKS 1209-52 ... 93, 103, 104
Pup A ... 95, 96
RCW 19 ... 83, 84, 95, 96
RCW 27 ... 95
RCW 34 ... 95
RCW 54 ... D9
RCW 57 ... D9
RCW 58 ... 104, 111
RCW 64 ... D4
RCW 71 ... 103, 104
RCW 75 ... 103
RCW 85 ... 102, 103
RCW 86 ... 102, 103
RCW 103 ... 91, 92, 102
RCW 104 ... 91, 92, 102
RCW 113 ... 91
RCW 132 ... 79
Sh 2-3 ... 79, 91
Sh 2-9 ... 79
Sh 2-27 ... 55, 67
Sh 2-34 ... 66, 67, 78, 79, D6
Sh 2-44 ... 66
Sh 2-54 ... 66
Sh 2-80 ... 42
Sh 2-82 ... 42
Sh 2-83 ... 30, 42
Sh 2-84 ... 42
Sh 2-88 ... 30
Sh 2-90 ... 30
Sh 2-91 ... 30
Sh 2-92 ... 30
Sh 2-93 ... 29, 30
Sh 2-94 ... 30
Sh 2-101 ... D1
Sh 2-102 ... 29
Sh 2-104 ... D1
Sh 2-106 ... D1
Sh 2-107 ... 17, 29
Sh 2-112 ... 17
Sh 2-115 ... 17, 18
Sh 2-119 ... 17
Sh 2-124 ... 8, 16, 17
Sh 2-126 ... 16, 28
Sh 2-128 ... 8
Sh 2-129 ... 8, 9
Sh 2-132 ... 8
Sh 2-135 ... 8
Sh 2-140 ... 8
Sh 2-142 ... 8
Sh 2-147 ... 8
Sh 2-148 ... 8
Sh 2-152 ... 8
Sh 2-155 ... 8
Sh 2-157 ... 8, 15
Sh 2-157a ... 8, 15
Sh 2-163 ... 8, 15
Sh 2-165 ... 7, 8, 15
Sh 2-168 ... 8, 15
Sh 2-170 ... 2, 7, 8, 15
Sh 2-173 ... 2, 8, 15
Sh 2-175 ... 2, 7, 8, 15
Sh 2-201 ... 14, 15
Sh 2-207 ... 14, 25
Sh 2-208 ... 14, 25
Sh 2-212 ... 25, 26
Sh 2-224 ... 25
Sh 2-226 ... 25, 37
Sh 2-228 ... 25, 37
Sh 2-230 ... 25, 37
Sh 2-232 ... 24, 25, 36, 37
Sh 2-235 ... 24, 25, 36, 37
Sh 2-239 ... 49
Sh 2-241 ... 36, 37
Sh 2-242 ... 36, 37
Sh 2-254 ... 48
Sh 2-257 ... 48
Sh 2-261 ... 48
Sh 2-264 ... 49, 61
Sh 2-266 ... 48
Sh 2-269 ... 48
Sh 2-270 ... 48
Sh 2-273 ... 48, 60
Sh 2-276 ... 60, 61
Sh 2-280 ... 60
Sh 2-282 ... 60
Sh 2-284 ... 60
Sh 2-291 ... 60, 72
Sh 2-292 ... 72
Sh 2-294 ... 72
Sh 2-301 ... 72
Sh 2-302 ... 72

Sh 2-305 ... 72
Sh 2-307 ... 72
Sh 2-308 ... 72, 84
Sh 2-310 ... 84
Simeis 3-123 ... 66
Simeis 3-210 ... 29
Simeis 147 ... 37
Simeis 159 ... 48
V838 Mon ... 60
vdB 1 ... 8, 15
vdB 2 ... 2, 7, 8, 15
vdB 8 ... 7, 15
vdB 10 ... 14, 15
vdB 11 ... 14, 15
vdB 16 ... 38
vdB 20 ... D8
vdB 23 ... D8
vdB 24 ... 25, 26, 38
vdB 27 ... 37
vdB 29 ... 37
vdB 31 ... 37
vdB 35 ... 49
vdB 37 ... 49
vdB 38 ... 49, 61
vdB 40 ... 49, 61
vdB 43 ... 49, 61
vdB 45 ... 37
vdB 48 ... 61
vdB 54 ... 61, 73
vdB 56 ... 49
vdB 62 ... 61
vdB 64 ... 72, 73
vdB 65 ... 36, 37
vdB 68 ... 60, 72
vdB 69 ... 60, 72
vdB 83 ... 84
vdB 87 ... 60, 72
vdB 92 ... 72
vdB 95 ... 72
vdB 96 ... 72, 84
vdB 97 ... 72
vdB 98 ... 84
vdB 101 ... 67
vdB 111 ... 43, 55
vdB 123 ... 54
vdB 126 ... 30, 42
vdB 130 ... D1
vdB 131 ... 17, 18
vdB 132 ... 17, 18
vdB 133 ... D1
vdB 138 ... 17
vdB 140 ... 8, 9
vdB 141 ... 2, 8
vdB 142 ... 8
vdB 143 ... 2, 8
vdB 147 ... 16, 17
vdB 148 ... 8
vdB 149 ... 2, 3, 7
vdB 150 ... 2, 3, 7
vdB 152 ... 2
vdB 155 ... D6
vdB 157 ... 2, 7
vdB 158 ... 16, 27
vdBH 6 ... 83, 84, 95
vdBH 11 ... 95, 96
vdBH 12 ... 95, 96, 105
vdBH 34 ... 104
vdBH 44 ... 104
vdBH 63 ... 102, 103, 110
vdBH 65a ... 102, 103
vdBH 81 ... 91, 102
VMT 10 ... 48, 60
WR 23 ... D9
WR 128 ... 42
WR 134 ... D1

DN

B 1 ... 38
B 2 ... 38
B 3 ... 38
B 4 ... 37, 38
B 5 ... 37, 38
B 6 ... 14
B 7 ... 37
B 8 ... 14
B 9 ... 14, 25
B 10 ... 37
B 11 ... 14
B 12 ... 14, 25
B 13 ... 14
B 14 ... 37
B 15-17 ... 25, 26
B 18 ... 37, 49
B 19/22 ... 37
B 20 ... 14, 25, 26
B 21 ... 37
B 23 ... 37
B 24 ... 37
B 25 ... 25
B 26 ... 37

B 27 ... 37
B 28 ... 37
B 29 ... 37
B 30 ... 49
B 31 ... 49
B 32 ... 49
B 33 ... 61
B 34 ... 36, 37
B 35 ... 49, 61
B 36 ... 49, 61
B 37/8 ... 48
B 39 ... 48
B 40 ... 67
B 41 ... 67
B 42 ... 67, 79
B 43 ... 67, 79
B 44a ... 91
B 45 ... 67, 79
B 46 ... 67, 79
B 47 ... 67, 79
B 48 ... 91
B 49 ... 79
B 50 ... 79
B 51 ... 67, 79
B 53 ... 79
B 54 ... 79
B 55 ... 79
B 56 ... 79
B 57 ... 67, 79
B 58 ... 91
B 59 ... 79
B 60 ... 67, 79
B 61 ... 67, 79
B 62 ... 67, 79
B 63 ... 67, 79
B 64 ... 79
B 65 ... 79
B 66 ... 79
B 67a ... 67, 79
B 68 ... 67, 79
B 69 ... 67, 79
B 70 ... 79
B 71 ... 79
B 72 ... 67, 79
B 73 ... 79
B 74 ... 79
B 75 ... 79
B 76 ... 79
B 77 ... 79
B 78 ... 79
B 79 ... 67
B 80 ... 67, 79
B 81 ... 79
B 82 ... 67, 79
B 83 ... 79
B 83a ... 67
B 84 ... 67, 79
B 84a ... 66, 67
B 85 ... D6
B 86 ... 78, 79
B 87 ... 78, 79
B 88 ... 78, 79, D6
B 89 ... D6
B 90 ... 78, 79
B 91 ... 78, D6
B 92 ... 66
B 93 ... 66
B 94 ... 66
B 95 ... 66
B 96 ... 66
B 97 ... 66
B 98 ... 78
B 99 ... 66, 78
B 100 ... 54, 66
B 101 ... 54, 66
B 102 ... 66
B 103 ... 54, 66
B 104 ... 54
B 105 ... 54
B 106 ... 54
B 107 ... 54
B 108 ... 54, 66
B 109 ... 54, 66
B 110 ... 54
B 111 ... 54, 66
B 112 ... 54, 66
B 113 ... 54
B 114 ... 54, 66
B 115 ... 54, 66
B 116 ... 54, 66
B 117 ... 54, 66
B 117a ... 54
B 118 ... 54
B 119 ... 54
B 119a ... 54
B 120 ... 54
B 121 ... 54
B 122 ... 54
B 123 ... 54
B 124 ... 54

B 125 ... 54
B 126 ... 54
B 127 ... 54
B 128-131 ... 54
B 129 ... 54
B 130 ... 54, 66
B 132 ... 54
B 133 ... 54, 66
B 134 ... 54, 66
B 135 ... 54
B 136 ... 54
B 137/8 ... 54
B 139 ... 54
B 140 ... 54
B 141 ... 54
B 142 ... 42
B 143 ... 42
B 144 ... 17, 29, 30, D1
B 145 ... 17, 18, 29, 30, D1
B 146 ... D1
B 147 ... D1
B 148 ... 8, 9
B 149 ... 8, 9
B 150 ... 8, 9
B 151 ... 8, 9
B 152 ... 8, 9
B 153 ... 8, 9
B 154 ... 8, 9
B 155 ... 16, 17
B 156 ... 16, 17
B 157 ... 16, 17
B 158 ... 16, 17
B 159 ... 16, 17
B 160 ... 8
B 161 ... 8
B 162 ... 8
B 163 ... 8
B 164 ... 8, 16, 17
B 165 ... 8
B 166 ... 8
B 167 ... 8
B 167a ... 67, 79
B 168 ... 16, 17
B 169 ... 8
B 170 ... 8
B 171 ... 8
B 173 ... 8
B 174 ... 8
B 175 ... 2
B 201 ... 38
B 202 ... 38
B 203 ... 38
B 204 ... 38
B 205 ... 38
B 206 ... 38
B 207 ... 37, 38
B 208 ... 37, 38
B 209 ... 37, 38
B 210 ... 37
B 211 ... 37
B 212 ... 37
B 213 ... 37
B 214 ... 37
B 215 ... 37
B 216 ... 37
B 217 ... 37
B 218 ... 37
B 219 ... 37
B 220 ... 37
B 221 ... 37
B 222 ... 37
B 223 ... 49, 61
B 224 ... 49
B 225 ... 49
B 226 ... 49
B 227 ... 48, 49
B 228 ... 79, 80, 91
B 229 ... 79
B 230 ... 67
B 231 ... 79, 91
B 232 ... 79
B 233 ... 79, 91
B 234 ... 79
B 236/7 ... 79
B 238 ... 67, 79
B 239 ... 79
B 240 ... 79
B 241 ... 79
B 242 ... 79
B 243 ... 79
B 244 ... 79
B 245 ... 79
B 246 ... 67, 79
B 247 ... 79
B 248 ... 79
B 249 ... 79
B 250 ... 79
B 251 ... 67
B 252 ... 79
B 253 ... 67, 79
B 254 ... 79
B 255 ... 67, 79

B 256 ... 79
B 257 ... 79, 91
B 258 ... 79
B 259 ... 67
B 260 ... 79
B 261 ... 67, 79
B 262 ... 67, 79
B 263 ... 91
B 264 ... 79
B 265 ... 79
B 266 ... 79
B 267 ... 79
B 268 ... 67, 79
B 269 ... 67, 79
B 270 ... 67
B 271 ... 79, 91
B 272 ... 67, 79
B 273 ... 79
B 274 ... 67, 79
B 275 ... 79
B 276 ... 67
B 277 ... 67, 79
B 278 ... 78, 79, D5
B 279 ... 67, 79
B 280 ... 67, 79
B 281 ... 67, 79
B 282 ... 67, 79
B 283 ... D5
B 284 ... 67
B 285 ... 67
B 286 ... D1
B 287 ... D5
B 288 ... 78, 79, 90, 91
B 289 ... 78, 79
B 290 ... 78, 79, 90, 91
B 291 ... D5
B 292 ... 78, 79, D5
B 293 ... 78, 79, 90, 91, D5
B 294 ... 78, 79
B 295 ... 78, 79
B 296 ... 78, 79, D6
B 297 ... 66, 67
B 298 ... 78, 79
B 299 ... 78, 79
B 300 ... 78, 79
B 301 ... 66
B 302 ... D6
B 303 ... D6
B 304 ... 66
B 305 ... 78, 79
B 306 ... 78
B 307 ... 66
B 308 ... 66, 78
B 309 ... 78
B 310 ... 66
B 311 ... 66
B 312 ... 66
B 313 ... 66
B 314 ... 66
B 315 ... 66
B 316 ... 54
B 317 ... 66
B 318 ... 54, 66
B 319 ... 54
B 320 ... 54, 66
B 321 ... 66
B 322 ... 54
B 323 ... 54
B 324 ... 54
B 325 ... 54
B 326 ... 54
B 327 ... 54
B 328 ... 54
B 329 ... 54
B 330 ... 42, 54
B 331 ... 42, 54
B 332 ... 42, 54
B 333 ... 42
B 334 ... 42
B 335 ... 42, 54
B 336 ... 42
B 337 ... 42
B 338 ... 42, 54
B 339 ... 42, 54
B 340 ... 42
B 341 ... 29, 30
B 342 ... D1
B 343 ... D1
B 344 ... D1
B 345 ... 17, 18
B 346 ... 17, 18
B 347 ... D1
B 348 ... D1
B 349 ... 17
B 350 ... 17
B 351 ... 17
B 352 ... 17
B 353 ... 17
B 354 ... 8, 9
B 355 ... 17
B 356 ... 17
B 357 ... 8, 9

B 358 ... 17
B 359 ... 8, 9
B 360 ... 8, 9
B 361 ... 17
B 362 ... 8, 16, 17
B 363 ... 16, 17
B 364 ... 8
B 365 ... 8
B 366 ... 8, 9
B 367 ... 8
B 368 ... 8
B 369 ... 13, 14
B 370 ... 8
Bernes 142 ... 110, 111
Bernes 145 ... 102, 103, 110
GDC 4 ... 95, 96, 105
GDC 7 ... 95, 96, 105
LDN 582 ... 54
LDN 669 ... 42
LDN 673 ... 42
LDN 676 ... 42
LDN 684 ... 42
LDN 688 ... 42
LDN 720 ... 42
LDN 778 ... 30, 42
LDN 807 ... 30
LDN 808 ... 30
LDN 831 ... 29, 30
LDN 848 ... D1
LDN 856 ... D1
LDN 862 ... D1
LDN 889 ... D1
LDN 961 ... 17
LDN 962 ... 9, 17
LDN 963 ... 17
LDN 966 ... 8, 9, 17
LDN 986 ... 16, 17
LDN 1029 ... 8, 9, 17
LDN 1604 ... 48
LDN 1609 ... 48
LDN 1613 ... 48, 60
LDN 1719 ... 67, 79
LDN 1758 ... 78, 79, D5
LDN 1782 ... 67
LDN 1788 ... 78, 79
Sa 101 ... 95, 96
Sa 102 ... 96
Sa 103 ... 95, 96
Sa 104 ... 95, 96
Sa 105 ... 95, 96
Sa 106 ... 95, 96, 105
Sa 107 ... 95, 96, 105
Sa 108 ... 95, 96, 105
Sa 109 ... 95, 96, 105
Sa 111 ... 95, 96, 105
Sa 112 ... 95, 96, 105
Sa 114 ... 95
Sa 115 ... 95
Sa 116 ... 95
Sa 117 ... 94, 95
Sa 119 ... 94, 95, 104
Sa 120 ... 94, 95, 104
Sa 121 ... 94, 95, 104
Sa 123 ... D9
Sa 124 ... 103, 104
Sa 125 ... 104
Sa 126 ... 103, 104
Sa 127 ... D9
Sa 128 ... 103, 104, 111, D4
Sa 129 ... 103, 104, D4
Sa 130 ... 103, 104, 110, 111, D4
Sa 131 ... 104
Sa 133 ... 110, 111
Sa 134 ... 110, 111
Sa 136 ... 103, 104, 110, 111, D4
Sa 137 ... 103, 104, 110, 111, D4
Sa 138 ... 110, 111
Sa 139 ... 103, 104, 110, 111
Sa 140 ... 103, 104, 110, 111
Sa 141 ... 110, 111
Sa 142 ... 103, 104
Sa 143 ... 110, 111
Sa 144 ... 103, 104
Sa 145 ... 110, 111
Sa 146 ... 110, 111
Sa 147 ... 110, 111
Sa 148 ... 103, 104, 110, 111
Sa 149 ... 110, 111
Sa 150 ... 103, 104
Sa 151 ... 110, 111
Sa 152 ... 110, 111
Sa 153 ... 110, 111
Sa 154 ... 110, 111
Sa 155 ... 103
Sa 156 ... 110, 111
Sa 158 ... 110, 111
Sa 159 ... 110, 111
Sa 160 ... 110, 111
Sa 161 ... 103
Sa 162 ... 103

Sa 163 ... 103
Sa 164 ... 103
Sa 166 ... 102, 103
Sa 167 ... 103
Sa 169 ... 102, 103
Sa 170 ... 102, 103, 110
Sa 171 ... 102, 103
Sa 172 ... 102, 103
Sa 173 ... 102, 103
Sa 174 ... 102, 103
Sa 175 ... 91, 92, 102
Sa 176 ... 91, 92, 102
Sa 177 ... 102
Sa 178 ... 91, 102
Sa 179 ... 91, 92
Sa 180 ... 91, 92
Sa 181 ... 91, 92
Sa 182 ... 91, 92
Sa 183 ... 91, 102
Sa 184 ... 91
Sa 185 ... 91, 102
Sa 186 ... 91
Sa 187-8 ... 91
Sa 189 ... 91
Sa 190 ... 91
Sa 191 ... 91
Sa 192 ... 91
Sa 193 ... 90, 91
Sa 194 ... 90, 91
Sa 195 ... 90, 91
SDC 287.1-2.7 ... 104
SDC 294.4-3.1 ... D4
SDC 295.8-0.3 ... D4
SDC 298.3-4.5 ... 103, 104, 110, 111
SDC 299.0-4.0 ... 103, 104, 110, 111
SDC 300.1-2.7 ... D4
SDC 300.9-2.6 ... 103, 110
SDC 301.7-2.6 ... 103
SDC 302.3-17.7 ... 110, 111
SDC 302.6-15.9 ... 110, 111
SDC 303.0-16.6 ... 110, 111, 114
SDC 303.8+1.3 ... 103, 104
SDC 304.7-0.3 ... 103
SDC 305.0-3.6 ... 103, 110
SDC 305.2-1.6 ... 103
SDC 307.2-1.0 ... 103
SDC 308.0+2.1 ... 103
SDC 308.3+5.8 ... 103
SDC 312.5+3.0 ... 103
SDC 317.1-2.6 ... 102, 103
SDC 319.3-3.5 ... 102, 103
SDC 319.4+2.2 ... 102, 103
SDC 322.2-4.5 ... 102, 103
SDC 324.3-3.8 ... 102
SDC 325.3-2.8 ... 102
SDC 325.6-3.0 ... 102
SDC 325.9+5.9 ... 91, 92, 102
SDC 326.9-3.2 ... 102
SDC 332.4-3.3 ... 102
SDC 334.7-1.0 ... 91, 92
SDC 336.8-3.1 ... 91
SDC 338.0-2.0 ... 91
SDC 345.2-2.9 ... 91
SDC 345.2-3.6 ... 91
SDC 345.8-2.3 ... 91
SDC 346.8-0.4 ... 91
SDC 354.8-2.7 ... 79, D5
SL 1 ... 95
SL 2 ... 95
SL 3 ... 95
SL 4 ... 95
SL 5 ... 94, 95
SL 6 ... 91, 92
SL 7 ... 91, 92
SL 9 ... 91, 92
SL 10 ... 91, 92
SL 11 ... 79, 80, 91, 92
SL 12 ... 79, 80
SL 13 ... 79, 80, 91
SL 14 ... 91, 92
SL 16 ... 91
SL 17 ... 91
SL 19 ... 91
SL 21 ... 79, 91
SL 23 ... 91
SL 24 ... 79
SL 26 ... 91
SL 28-9 ... 91
SL 35 ... 79
SL 36 ... 91
SL 39-40 ... 78, 90
SL 41 ... 78, 90
SL 42 ... 78, 90

PN

Abell 1 ... 2, 7
Abell 2 ... 15
Abell 3 ... 14, 15

Abell 4 ... 26
Abell 5 ... 14, 15, 26
Abell 6 ... 14, 15
Abell 7 ... 73
Abell 8 ... 25, 37
Abell 9 ... 25, 37
Abell 10 ... 49, 61
Abell 12 ... 48, 49
Abell 13 ... 60
Abell 14 ... 48
Abell 15 ... 84
Abell 16 ... 13, 14
Abell 18 ... 60
Abell 19 ... 48
Abell 20 ... 60
Abell 21 ... 48
Abell 22 ... 60
Abell 23 ... 83, 84, 95
Abell 24 ... 60
Abell 25 ... 59
Abell 26 ... 83, 84
Abell 27 ... 83
Abell 28 ... 12, 13
Abell 29 ... 71, 83
Abell 30 ... 47
Abell 31 ... 47, 59
Abell 33 ... 59
Abell 34 ... 71
Abell 35 ... 69, 81
Abell 36 ... 81
Abell 38 ... 79
Abell 39 ... 31
Abell 40 ... 67, 79
Abell 41 ... 67
Abell 42 ... 55, 67
Abell 43 ... 43
Abell 45 ... 66
Abell 46 ... 30
Abell 47 ... 54
Abell 48 ... 54
Abell 49 ... 54, 66
Abell 51 ... 66
Abell 52 ... 42
Abell 53 ... 42, 54
Abell 54 ... 30, 42
Abell 55 ... 54
Abell 56 ... 54
Abell 57 ... 54
Abell 58 ... 54
Abell 59 ... 42
Abell 60 ... 66
Abell 61 ... 18
Abell 62 ... 42
Abell 63 ... 42
Abell 65 ... 66, 78
Abell 66 ... 65, 66, 77, 78
Abell 67 ... 53, 54
Abell 68 ... 29, 30, 41, 42
Abell 70 ... 53, 65
Abell 71 ... 17, 18
Abell 72 ... 41
Abell 73 ... 8, 9
Abell 74 ... 29, 41
Abell 78 ... 29
Abell 79 ... 8
Abell 80 ... 8, 16
Abell 82 ... 8, 15
Abell 83 ... 8, 15
Abell 84 ... 8, 15, 16, 27
Abell 86 ... 2, 7
Alves 1 ... 29
Ap 1-12 ... 78, 79
Baade 1 ... 49, 50
BIDz 1 ... 93, 94, 103, 104
BoBn 1 ... 75
BV 5-1 ... 2, 8, 15
BV 5-2 ... 8, 15
BV 5-3 ... 15
CGMW 4-2085 ... 78
Cn 1-1 ... 91, 92
Cn 1-3 ... 91
Cn 1-4 ... 90, 91
Cn 1-5 ... 78
Cn 2-1 ... D5
Cn 3-1 ... 42
CRL 618 ... 25, 37
CRL 915 ... 72
CRL 1381 ... 47
CRL 2688 ... 17, 29
CRL 5237 ... 72
CRL 5385 ... 79
CRL 6815 ... 79
CTSS 1 ... 42
CTSS 3 ... 42
DD 1 ... 17, 18
DdDm 1 ... 19, 31
DeHt 1 ... 72, 73, 84, 85
DeHt 3 ... 2, 7
DeHt 5 ... 2, 7

Drilling 1 ... 94
EGB 1 ... 2, 7
EGB 6 ... 47
ESO 40-11 ... 109, 110, 111
ESO 259-10 ... 95, 96
Fg 1 ... 94, 104
Fg 2 ... 90, 91
Fg 3 ... 90, 91
Fr 2-25 ... 59, 71
GLMP 621 ... 55, 67
GN 18.32.5 ... 54
H 1-1 ... 79, 80, 92
H 1-2 ... 79, 91
H 1-4 ... 79
H 1-7 ... 91
H 1-11 ... 67, 79
H 1-16 ... 79
H 1-17 ... 79
H 1-21 ... 91
H 1-23 ... 79
H 1-26 ... 91
H 1-27 ... 67, 79
H 1-29 ... D5
H 1-31 ... D5
H 1-32 ... D5
H 1-33 ... D5
H 1-35 ... D5
H 1-36 ... 78, 79, 90, 91
H 1-37 ... 90, 91
H 1-40 ... 78, 79
H 1-41 ... D5
H 1-42 ... 79
H 1-45 ... 78, 79
H 1-46 ... 78, 79
H 1-50 ... 78, 79
H 1-52 ... 78, 79, 90, 91
H 1-54 ... 78, 79
H 1-56 ... 78, 79
H 1-59 ... 78, 79
H 1-63 ... 78
H 1-66 ... 78
H 2-1 ... 79
H 2-39 ... 78, 79
H 2-43 ... 78
H 2-48 ... 66, 78
H 3-75 ... 49
H 4-1 ... D24
HaTr 10 ... 54
HaWe 2 ... 14, 15
HaWe 3 ... 26
HaWe 4 ... 26
HaWe 5 ... 25, 26, 37, 38
HaWe 8 ... 36, 48
HaWe 10 ... 84
HaWe 13 ... 78
HaWe 14 ... 77, 78
HaWe 16 ... 16, 17
Hb 5 ... 78, 79
Hb 7 ... 78
Hb 8 ... 78
Hb 12 ... 8, 15
He 1-3 ... 30, 42
He 1-4 ... 29, 30
He 1-5 ... 41
He 1-6 ... 29
He 2-5 ... 95, 96, 105
He 2-7 ... 95, 96
He 2-9 ... 95
He 2-11 ... 95
He 2-15 ... 95
He 2-18 ... 95, 104, 105
He 2-21 ... 104, 105
He 2-25 ... 104, 105
He 2-26 ... 104, 105
He 2-28 ... 104
He 2-29 ... 104
He 2-35 ... 94, 95, 104
He 2-36 ... 104
He 2-37 ... 94, 95
He 2-39 ... 104
He 2-41 ... 104
He 2-47 ... 104
He 2-50 ... 94, 104
He 2-51 ... 104
He 2-55 ... 104
He 2-62 ... 110, 111
He 2-63 ... 94, 104
He 2-67 ... D4
He 2-68 ... D4
He 2-70 ... D4
He 2-71 ... 110, 111
He 2-72 ... D4
He 2-73 ... D4
He 2-76 ... D4
He 2-82 ... 103, 104
He 2-84 ... 103, 104, 110, 111

He 2-85 ... 103, 104, 110, 111
He 2-86 ... 103, 104, 110, 111
He 2-88 ... 103
He 2-90 ... 103
He 2-96 ... 103
He 2-102 ... 103
He 2-97 ... 110, 111
He 2-103 ... 102, 103
He 2-104 ... 92, 93, 103
He 2-105 ... 109, 110, 111
He 2-108 ... 92, 93, 103
He 2-109 ... 103
He 2-111 ... 102, 103
He 2-112 ... 102, 103
He 2-114 ... 102, 103
He 2-115 ... 102, 103
He 2-116 ... 102, 103
He 2-117 ... 102, 103
He 2-118 ... 92
He 2-120 ... 102, 103
He 2-123 ... 102
He 2-128 ... 91, 92, 102
He 2-129 ... 92, 102
He 2-131 ... 109, 110
He 2-132 ... 102, 103
He 2-133 ... 102
He 2-136 ... 102, 103, 109, 110
He 2-138 ... 102, 109, 110
He 2-141 ... 102
He 2-143 ... 102
He 2-149 ... 102
He 2-153 ... 91, 102
He 2-158 ... 91, 102
He 2-159 ... 102
He 2-161 ... 91, 102
He 2-163 ... 102
He 2-164 ... 91, 102
He 2-165 ... 102
He 2-170 ... 91, 102
He 2-171 ... 79
He 2-175 ... 79, 91
He 2-182 ... 102
He 2-185 ... 109, 110
He 2-186 ... 91, 102
He 2-207 ... 91
He 2-306 ... 90, 91
He 2-418 ... 78
He 2-430 ... 30
He 2-434 ... 108, 109
He 2-436 ... 78
He 2-438 ... 30
He 3-1312 ... 91, 102
He 3-1333 ... 102
He 3-1357 ... 102
He 3-1475 ... 67
He 3-1863 ... 89, 90
HFG 1 ... 14, 15
HFG 2 ... 84
HoCr 1 ... 36, 48
Hoffleit 2-1 ... D5
Hoffleit 2-2 ... 78
Hoffleit 4 ... 104
Hoffleit 38 ... D9
Hoffleit 39 ... D9
Hoffleit 48 ... D9
Hu 1-1 ... 15
Hu 1-2 ... 17
HuBi 1 ... 66, 67
HuDo 1 ... 30
IC 289 ... 14, 15
IC 351 ... 25, 37, 38
IC 418 ... 73
IC 972 ... 68, 69
IC 1266 ... 90, 91
IC 1295 ... 54, 66
IC 1297 ... 90
IC 1454 ... 1, 2, 7
IC 1747 ... 15
IC 2003 ... 37, 38
IC 2149 ... 24, 25
IC 2165 ... 37
IC 2448 ... 111, 112
IC 2501 ... 104, 105
IC 2553 ... 104
IC 2621 ... 104, 111
IC 3568 ... 1, 4, 5
IC 4191 ... 103, 110
IC 4406 ... 92, 93
IC 4593 ... 43
IC 4599 ... 91, 92
IC 4634 ... 67, 79
IC 4637 ... 91
IC 4642 ... 102
IC 4663 ... 90, 91
IC 4670 ... 66, 67, 78, 79
IC 4673 ... 78, 79
IC 4677 ... 3, 9, 10
IC 4699 ... 90, 91
IC 4732 ... 66, 78
IC 4776 ... 78

IC 4846 ... 54, 66
IC 4997 ... 41
IC 5117 ... 16, 17
IC 5148-50 ... 88, 89
IC 5217 ... 8, 16, 17
IPHASX J194359.5+170901 ... 42
IRAS 09371+1212 ... 47
IRAS 16342-3814 ... 79, 91
IRAS 16594-4656 ... 91
IRAS 17106-3046 ... 79
IRAS 17245-3951 ... 91
IRAS 18059-3211 ... 78, 79
IRAS 19477+2401 ... 30
IsWe 1 ... 25, 26
IsWe 2 ... 2, 8
J 320 ... 49
J 900 ... 48
Jacoby 1 ... 10, 20
Jn 1 ... 28
JnEr 1 ... 13, 23, 24
K 1-20 ... 16, 27
K 1-22 ... 82
K 1-23 ... 93
K 1-30 ... 91, 92
K 2-1 ... 37
K 2-2 ... 48
K 3-1 ... 54
K 3-4 ... 54
K 3-26 ... 54
K 3-27 ... 30
K 3-35 ... 30, 42
K 3-36 ... 42, 54
K 3-51 ... 41, 42
K 3-66 ... 37
K 3-67 ... 25, 37
K 3-68 ... 37
K 3-81 ... 17, 29
K 3-82 ... 8, 16, 17
K 3-84 ... 16, 17
K 3-89 ... 8, 15
K 4-5 ... 54, 66
K 4-8 ... 54, 66
K 4-10 ... 42
KFR 1 ... D4
KjPn 1 ... D1
KjPn 2 ... D1
KjPn 3 ... D1
KjPn 6 ... 2, 8
Kron 15 ... 30
Kron 23 ... 29
Kron 33 ... 14
Kron 56 ... 66
Kron 58 ... 26, 27
Kron 59 ... 9, 10
Kron 60 ... 48
Kron 63 ... 61
Kron 77 ... 102
Kun 4 ... 2, 3, 9
Le Dú 1 ... 8, 9, 17
LMC-SMP 1 ... D29
LMC-SMP 6 ... 112, 113
LMC-SMP 15 ... D29
LMC-SMP 19 ... D29
LMC-SMP 25 ... D29
LMC-SMP 29 ... D29
LMC-SMP 35 ... 106, 112
LMC-SMP 38 ... D29
LMC-SMP 47 ... D29
LMC-SMP 48 ... D29
LMC-SMP 50 ... D29
LMC-SMP 52 ... D29
LMC-SMP 53 ... D29
LMC-SMP 61 ... 111, 112, 113
LMC-SMP 62 ... D29
LMC-SMP 63 ... D29
LMC-SMP 73 ... D29
LMC-SMP 74 ... 112, 113
LMC-SMP 75 ... D29
LMC-SMP 76 ... D29
LMC-SMP 78 ... D29
LMC-SMP 79 ... 111, 112, 113
LMC-SMP 81 ... 111, 112, 113
LMC-SMP 89 ... D29
LMC-SMP 92 ... D29
LMC-SMP 98 ... 111, 112, 113
LMC-SMP 99 ... 111, 112
Lo 3 ... 96
Lo 5 ... 94
Lo 7 ... 103, 104
Lo 16 ... 90, 91
LoTr 4 ... 93, 94
LoTr 5 ... 33
LoTr 7 ... 103, 110
LSA 1 ... 54, 66
M 1-1 ... 26, 27
M 1-2 ... 15, 26, 27
M 1-4 ... 14, 25, 26
M 1-5 ... 27
M 1-7 ... 36, 48
M 1-8 ... 60
M 1-9 ... 60
M 1-13 ... 72

M 1-14 ... 72
M 1-16 ... 72
M 1-17 ... 72
M 1-18 ... 72
M 1-19 ... 79
M 1-20 ... 67
M 1-22 ... 67
M 1-23 ... 67
M 1-24 ... 67
M 1-25 ... 67, 79
M 1-26 ... 79
M 1-30 ... D5
M 1-31 ... 66
M 1-32 ... 66, 67
M 1-33 ... 66, 67
M 1-34 ... 78, 79
M 1-35 ... 78, 79
M 1-40 ... D6
M 1-42 ... 78, 79
M 1-46 ... 66
M 1-47 ... 66, 78
M 1-50 ... 66
M 1-52 ... 66
M 1-53 ... 66
M 1-54 ... 66
M 1-56 ... 66
M 1-57 ... 66
M 1-58 ... 66
M 1-59 ... 66
M 1-60 ... 66
M 1-61 ... 66
M 1-62 ... 66, 78
M 1-63 ... 66
M 1-64 ... 30
M 1-66 ... 54
M 1-69 ... 54
M 1-71 ... 42
M 1-73 ... 42
M 1-74 ... 42
M 1-77 ... 17
M 1-79 ... 16, 17
M 1-80 ... 8
M 1-92 ... 30
M 2-2 ... 14
M 2-4 ... 79
M 2-6 ... 79
M 2-8 ... 79
M 2-9 ... 67
M 2-11 ... 79
M 2-12 ... 79
M 2-13 ... 67
M 2-15 ... 67
M 2-16 ... D5
M 2-17 ... 67
M 2-18 ... D5
M 2-20 ... 78, 79
M 2-21 ... 78, 79
M 2-22 ... D5
M 2-23 ... 78
M 2-24 ... 78, 79, 91
M 2-25 ... 78, 79
M 2-28 ... 78, 79
M 2-29 ... 78, 79
M 2-30 ... 78
M 2-31 ... 78
M 2-32 ... 78, 79
M 2-33 ... 78
M 2-35 ... 78
M 2-36 ... 78
M 2-38 ... 78
M 2-39 ... 78
M 2-41 ... 78
M 2-42 ... 78
M 2-44 ... 54
M 2-47 ... 54
M 2-48 ... 29, 30
M 2-49 ... 78, 79
M 2-50 ... 8, 16, 17
M 2-51 ... 8
M 2-52 ... 8
M 2-53 ... 8
M 2-55 ... 2, 7
M 3-1 ... 84
M 3-3 ... 83
M 3-4 ... 83, 84
M 3-5 ... 83, 84
M 3-6 ... 83
M 3-7 ... 79
M 3-10 ... 79
M 3-14 ... D5
M 3-15 ... 67, 79
M 3-16 ... 66, 78
M 3-20 ... 78, 79
M 3-21 ... 78, 79, 90, 91
M 3-22 ... 78, 79
M 3-23 ... 78, 79
M 3-24 ... D6
M 3-25 ... 78

M 3-27 ... 42
M 3-29 ... 78
M 3-30 ... 66
M 3-32 ... 78
M 3-33 ... 78
M 3-34 ... 54, 66
M 3-35 ... 29
M 3-36 ... 79
M 4-2 ... 84, 96
M 4-3 ... 79
M 4-9 ... 54
M 4-10 ... 66
M 4-11 ... 66
M 4-14 ... 42, 54
M 4-17 ... 17, 18
M 27 ... 29, 30, 41, 42
M 57 ... 78, 79
M 76 ... 15, 26, 27
M 97 ... 12
MA 54 ... D28
MA 1011 ... D28
MaC 1-10 ... D6
MaC 1-16 ... 66
MaC 2-1 ... 61, 73
Mayall 60 ... 104
Me 1-1 ... 91
Me 2-1 ... 68, 80
Me 2-2 ... 16, 17
MGP 2 ... 92, 102, 103
MRMG 1 ... 8
MWP 1 ... 29
MyCn 18 ... 103, 110
MyCn 26 ... 79
Mz 1 ... 102, 103
Mz 2 ... 102
Mz 3 ... 91, 92, 102
Nassau 1 ... 91
Nassau 2 ... 66
NeVe 2 ... D1
NGC 246 ... 75
NGC 1360 ... 86
NGC 1501 ... 14
NGC 1514 ... 37, 38
NGC 1535 ... 73
NGC 2022 ... 49, 61
NGC 2242 ... 24
NGC 2346 ... 60
NGC 2371-2 ... 36, 48
NGC 2392 ... 36, 48
NGC 2438 ... 72
NGC 2440 ... 72
NGC 2452 ... 84
NGC 2610 ... 71
NGC 2792 ... 84
NGC 2818A ... 83, 95
NGC 2867 ... 104, 105
NGC 2899 ... 104, 105
NGC 3132 ... 94, 95
NGC 3195 ... 111, 114
NGC 3211 ... 104
NGC 3242 ... 70
NGC 3699 ... 103, 104, D4
NGC 3918 ... 103, 104
NGC 4071 ... 104, 110, 111
NGC 4361 ... 95
NGC 5189 ... 103, 110
NGC 5307 ... 92, 93, 103
NGC 5315 ... 103
NGC 5844 ... 102, 103, 110
NGC 5873 ... 80, 92
NGC 5882 ... 92
NGC 5979 ... 102, 103
NGC 6026 ... 79, 80, 91, 92
NGC 6058 ... 19, 20
NGC 6072 ... 79, 80, 91, 92
NGC 6153 ... 91
NGC 6210 ... 31, 43
NGC 6302 ... 79, 91
NGC 6309 ... 67
NGC 6326 ... 91, 102
NGC 6337 ... 79, 91
NGC 6369 ... 67, 79
NGC 6439 ... 67
NGC 6445 ... 67, 79
NGC 6537 ... 66, 67, 78, 79
NGC 6543 ... 3, 9, 10
NGC 6563 ... 78, 79
NGC 6565 ... 78, 79
NGC 6567 ... 66
NGC 6572 ... 42, 54
NGC 6578 ... 66, 78
NGC 6620 ... 78
NGC 6629 ... 66, 78
NGC 6644 ... 78
NGC 6741 ... 54
NGC 6742 ... 18
NGC 6751 ... 54, 66
NGC 6765 ... 30
NGC 6772 ... 54
NGC 6778 ... 66
NGC 6781 ... 42, 54

NGC 6790 ... 54
NGC 6803 ... 42
NGC 6804 ... 42, 54
NGC 6807 ... 54
NGC 6818 ... 66
NGC 6826 ... 17, 18
NGC 6833 ... 17, 18
NGC 6842 ... 29, 30
NGC 6852 ... 53, 54
NGC 6879 ... 41
NGC 6881 ... D1
NGC 6884 ... 17, 18
NGC 6886 ... 41
NGC 6891 ... 41
NGC 6894 ... 29
NGC 6905 ... 41
NGC 7008 ... 8, 9, 17
NGC 7009 ... 65
NGC 7026 ... 17
NGC 7027 ... 17
NGC 7048 ... 17
NGC 7076 ... 8, 9
NGC 7094 ... 41
NGC 7139 ... 8, 9
NGC 7293 ... 64, 76
NGC 7354 ... 8
NGC 7662 ... 16
Outters 1 ... 14, 25, 26
Outters 2 ... 8, 15
Outters 3 ... 30, 42
Outters 4 ... 8, 9
P 1-1 ... 104
P 1-2 ... 104
P 1-3 ... D9
P 1-4 ... 91, 92, 102
P 1-5 ... 91, 92
P 1-7 ... 91
P 1-13 ... 66, 78
P 1-16 ... 54, 66
P 1-18 ... 54, 66
P 1-19 ... 54, 66
P 2-4 ... 95, 104
P 2-13 ... 78
Pa-Ru 2-1 ... 97
Patchick 1 ... 29, 30
Patchick 15 ... 29, 41
Patchick 23 ... 41
Patchick 25 ... 41
Patchick 26 ... 41
PB 1 ... 72
PB 2 ... 95, 96
PB 3 ... 95, 104, 105
PB 4 ... 104, 105
PB 5 ... 95
PB 6 ... 94, 95
PB 8 ... 103, 104
PB 9 ... 42
PB 10 ... 42
PBOZ 6 ... 67, 79
PC 11 ... 102
PC 12 ... 67
PC 13 ... 79
PC 14 ... 91, 102
PC 17 ... 90, 91
PC 19 ... 54
PC 20 ... 54
PC 21 ... 66, 78
PC 22 ... 42
PC 23 ... 29, 30
PC 24 ... 29
Pe 1-11 ... 78, 79
Pe 1-17 ... 66
Pe 2-7 ... 104
Pease 1 ... 41
PGC 49877 ... 92, 93, 103
PHR 1019-6059 ... 104
PM 1-295 ... 42
PN G75.5+1.7 ... D1
PPA 1855-2328 ... 66, 78
PuWe 1 ... 13, 14
RCW 181 ... 42, 54
Sa 1-6 ... 90, 91, 101, 102
Sa 1-8 ... 66
Sa 2-21 ... 71
Sa 2-56 ... 94, 95, 104
Sa 2-91 ... 103, 110
Sa 2-93 ... 103
Sa 2-215 ... 79, 91
Sa 2-237 ... 67
Sa 2-376 ... 66, 78
Sa 3-96 ... 66, 67
Sa 4-1 ... 19
SaSt 2-3 ... 72
SaWe 1 ... 72, 84
SaWe 2 ... 79
SB 20 ... 66
Sh 1-89 ... 17
Sh 2-68 ... 54
Sh 2-71 ... 54
Sh 2-174 ... 1, 2, 7
Sh 2-176 ... 8, 15

Sh 2-216 ... 25
Shane 1 ... 55
Sherwood 1 ... D1
ShWi 2-5 ... 78, 79
Simeis 22 ... 15
SMC-MG 9 ... D28
SMC-SMP 13 ... D28
SMC-SMP 15 ... D28
SMC-SMP 27 ... D28
Sp 1 ... 91, 92, 102
Sp 3 ... 90, 91, 101, 102
Sp 4-1 ... 18, 30
Steph 3-1 ... 60
StWr 4-10 ... 91, 92
SwSt 1 ... 78
TDC 1 ... 54
Te 11 ... 61
TeJu 18 ... 79
TeJu 21 ... 79
Th 2-A ... 103
Th 3-1 ... 79
Th 4-5 ... 67
V-V 3-6 ... 66
Vd 1-1 ... 79, 91
Vd 1-4 ... 91
Vd 1-6 ... 79, 91
Volk 2 ... 95, 96
Volk 3 ... 95
Vy 1-1 ... 8, 15, 27
Vy 1-2 ... 30, 31
Vy 2-1 ... 78
Vy 2-2 ... 42
Vy 2-3 ... 91
W 1-1 ... 2, 7, 15
W 1-9 ... 29, 30
W 3-13 ... 108, 113
W 3-16 ... 108, 113
WeBo 1 ... 14, 15
WeDe 1 ... 48, 49
WeSb 1 ... 15
WeSb 5 ... 41, 42
Wray 15-1537 ... 79
Wray 15-1876 ... 78
Wray 16-93 ... D4
Wray 16-122 ... 103
Wray 16-189 ... 91, 92
Wray 16-199 ... 91, 92
Wray 16-278 ... 90, 91
Wray 16-282 ... 79
Wray 16-363 ... 78, 79
Wray 16-385 ... 90, 91
Wray 16-411 ... 90
Wray 16-423 ... 78
Wray 17-20 ... 95
Wray 17-40 ... 104
Wray 17-107 ... 78, 79
Y-C 2-5 ... 71, 83

Gx

2Sz 18 ... 69
2Zw 123 ... 53
Abell 64 ... 54
Abell 76 ... 53
And V ... 27
Boo Dwarf ... 44, 45
Cas I ... 7, 15
CGCG 4-8 ... 59
CGCG 4-15 ... 59
CGCG 4-40 ... 59
CGCG 4-43 ... 59
CGCG 4-53 ... 59
CGCG 4-85 ... 59
CGCG 8-55 ... 58
CGCG 12-53 ... 58
CGCG 13-29 ... 57, 58
CGCG 42-9 ... D3
CGCG 42-58 ... D3
CGCG 42-173 ... D3
CGCG 48-28 ... 44, 56
CGCG 59-32 ... 47, 48, 59, 60
CGCG 59-34 ... 47, 48
CGCG 69-59 ... 45
CGCG 69-113 ... D2
CGCG 70-221 ... D3
CGCG 77-25 ... 44
CGCG 77-74 ... 44
CGCG 105-46 ... 44
CGCG 182-20 ... 34, 35
CGCG 237-18 ... 23
CGCG 240-29 ... 22, 23
CGCG 241-60 ... 22
CGCG 247-15 ... 20, 21
CGCG 250-48 ... 19, 20
CGCG 251-36 ... 19, 20
CGCG 251-43 ... 19
CGCG 253-18 ... 18, 19
CGCG 253-26 ... 18, 19

CGCG 266-9 ... 12, 22, 23
CGCG 266-31 ... 12
CGCG 279-3 ... 9, 10
CGCG 292-85 ... 5, 11, 12
CGCG 300-14 ... 9, 10
CGCG 320-35 ... 10
CGCG 333-64 ... 4, 5
CGCG 368-2 ... 1, 3
CGCG 380-9 ... 52
CGCG 395-16 ... 61
CGCG 406-13 ... 40, 52
CGCG 420-15 ... 61
CGCG 421-27 ... 61
CGCG 436-26 ... 51
CGCG 454-71 ... 40
CGCG 496-50 ... 28
CGCG 500-74 ... 39
CGCG 501-58 ... 39
CGCG 524-54 ... 26, 38
CVn I Dwarf ... 33
CVn II Dwarf ... 33
ESO 2-10 ... 114
ESO 3-1 ... 114
ESO 3-7 ... 113, 114
ESO 3-13 ... 113, 114
ESO 4-10 ... 114
ESO 5-6 ... 114
ESO 5-10 ... 114
ESO 6-6 ... 114
ESO 8-7 ... 110, 114
ESO 9-2 ... 114
ESO 9-3 ... 114
ESO 9-7 ... 114
ESO 10-3 ... 114
ESO 11-3 ... 108, 114
ESO 12-12 ... 108, 113
ESO 12-21 ... 108, 113
ESO 13-12 ... 108, 113
ESO 13-16 ... 108, 113
ESO 15-5 ... 112, 113, 114
ESO 15-8 ... 112, 113, 114
ESO 15-18 ... 112, 113
ESO 17-2 ... 111, 112
ESO 17-6 ... 111, 112
ESO 17-9 ... 111, 112
ESO 18-1 ... 111, 112
ESO 18-2 ... 111, 112
ESO 18-7 ... 111, 112
ESO 18-8 ... 111, 112
ESO 18-9 ... 111, 112
ESO 18-13 ... 111, 112
ESO 18-15 ... 111, 112, 114
ESO 18-18 ... 111, 112, 114
ESO 19-3 ... 111, 114
ESO 21-2 ... 110, 111
ESO 21-3 ... 111, 112
ESO 21-4 ... 110, 111
ESO 22-3 ... 109, 110, 114
ESO 22-10 ... 109, 110
ESO 23-1 ... 109, 110, 114
ESO 24-9 ... 109, 110
ESO 27-14 ... 108, 114
ESO 27-21 ... 108, 113
ESO 27-24 ... 108, 113, 114
ESO 28-2 ... 108, 113
ESO 28-6 ... 108, 113
ESO 30-19 ... 112, 113
ESO 31-4 ... 112, 113
ESO 33-2 ... 112, 113
ESO 33-4 ... 112, 113
ESO 33-5 ... 112, 113
ESO 33-6 ... 112, 113
ESO 33-11 ... 112, 113
ESO 34-11 ... 111, 112
ESO 34-12 ... 111, 112
ESO 35-1 ... 111, 112
ESO 35-4 ... 111, 112
ESO 35-11 ... 111, 112
ESO 36-5 ... 111, 112
ESO 36-10 ... 111, 112
ESO 36-19 ... 111, 112
ESO 37-9 ... 110, 111, 112
ESO 37-10 ... 110, 111, 112
ESO 37-13 ... 111, 112
ESO 40-2 ... 110, 111
ESO 42-8 ... 109, 110
ESO 42-12 ... 109, 110
ESO 42-14 ... 109, 110
ESO 43-2 ... 109, 110
ESO 43-11 ... 109, 110
ESO 43-56 ... 109, 110
ESO 44-1 ... 109, 110
ESO 44-18 ... 108, 109, 110
ESO 45-11 ... 108, 109
ESO 47-34 ... 108, 109
ESO 48-10A ... 108, 109, 113
ESO 48-21 ... 108, 109, 113
ESO 49-2 ... 108, 113

ESO 51-11 ... 107, 108, 113
ESO 53-16 ... 112, 113
ESO 55-29 ... D29
ESO 55-33 ... D29
ESO 56-154 ... D29
ESO 57-73 ... D29
ESO 58-5 ... 105, 112
ESO 58-14 ... 111, 112
ESO 58-19 ... 111, 112
ESO 59-11 ... 111, 112
ESO 60-12 ... 105, 111, 112
ESO 60-19 ... 111, 112
ESO 60-26 ... 111, 112
ESO 60-27 ... 111, 112
ESO 61-5 ... 111, 112
ESO 61-8 ... 111
ESO 61-15 ... 111
ESO 62-3 ... 111
ESO 68-4 ... 109, 110
ESO 68-7 ... 109, 110
ESO 68-12 ... 102, 109, 110
ESO 68-16A ... 102, 109, 110
ESO 69-1 ... 102, 109, 110
ESO 69-10 ... 109, 110
ESO 69-11 ... 109, 110
ESO 69-14 ... 109, 110
ESO 70-2 ... 109, 110
ESO 70-4 ... 109, 110
ESO 70-5 ... 109, 110
ESO 70-6 ... 109, 110
ESO 70-13 ... 109
ESO 71-13 ... 108, 109
ESO 72-13 ... 101, 108, 109
ESO 73-6 ... 108, 109
ESO 73-13 ... 108, 109
ESO 73-19 ... 108, 109
ESO 74-7 ... 108, 109
ESO 74-9A ... 108, 109
ESO 74-20A ... 108, 109
ESO 75-28 ... 108, 109
ESO 75-32 ... 100, 108
ESO 75-56 ... 108
ESO 76-31 ... 108, 113
ESO 77-2 ... 108, 113
ESO 77-3 ... 108, 113
ESO 77-23 ... 108, 113
ESO 79-7 ... 107, 108, 113
ESO 84-9 ... 106, 113
ESO 84-14 ... 106, 112, 113
ESO 84-18 ... 106
ESO 84-22 ... 106, 112, 113
ESO 84-28 ... 106
ESO 84-33 ... 106, 112
ESO 85-5 ... 106
ESO 85-14A ... 106
ESO 85-30 ... 105, 106
ESO 85-34 ... 105, 106
ESO 85-38 ... 105, 106
ESO 86-62 ... D29
ESO 87-10 ... 105, 106, 112
ESO 87-14 ... 105, 106
ESO 87-29 ... 105, 112
ESO 88-4 ... 105
ESO 88-17 ... 105, 111, 112
ESO 88-18 ... 105, 111, 112
ESO 88-22 ... 105, 111, 112
ESO 89-9 ... 105, 111, 112
ESO 89-16 ... 105, 111, 112
ESO 89-17 ... 105, 111, 112
ESO 90-9 ... 105, 111, 112
ESO 90-12 ... 104, 105, 111
ESO 90-15 ... 104, 105, 111
ESO 91-3 ... 104, 105
ESO 91-7 ... 104, 105
ESO 92-1 ... 104, 111
ESO 92-14 ... 104, 111
ESO 92-21 ... 104, 111
ESO 97-13 ... 102, 103
ESO 100-11 ... 102, 109, 110
ESO 100-20 ... 102, 109, 110
ESO 100-14 ... 102, 109
ESO 101-8 ... 102, 109
ESO 101-11 ... 102, 109, 110
ESO 101-20 ... 102
ESO 101-21 ... 101, 102
ESO 101-24 ... 102, 109
ESO 102-7 ... 101, 102
ESO 102-7A ... 101, 102
ESO 103-5 ... 101, 102
ESO 103-46 ... 101, 102
ESO 103-56 ... 101, 102
ESO 104-7 ... 101, 102
ESO 105-4 ... 101, 108, 109
ESO 105-26 ... 101, 108, 109
ESO 107-4 ... 100, 101, 108
ESO 107-44 ... 108, 113
ESO 108-10A ... 100, 108

ESO 108-16 ... 100, 108
ESO 108-21 ... 100, 108
ESO 110-8 ... 100, 108, 113
ESO 111-6 ... 100, 107
ESO 111-10 ... 100, 107
ESO 112-5 ... 100, 107
ESO 113-30 ... 107
ESO 113-41 ... 107
ESO 113-44 ... 107
ESO 113-50 ... 107
ESO 114-4 ... 107
ESO 115-8 ... 106, 107
ESO 115-25A ... 106, 107
ESO 116-1 ... 106, 107
ESO 116-12 ... 106, 107
ESO 118-12 ... 106, 113
ESO 118-30 ... 106
ESO 118-34 ... 106
ESO 119-11 ... 106
ESO 119-13 ... 106
ESO 119-25 ... 106
ESO 119-48 ... 105, 106
ESO 119-53 ... 105, 106
ESO 119-54 ... 105, 106
ESO 119-55 ... 105, 106
ESO 121-6 ... 105, 106
ESO 121-26 ... 105, 106
ESO 122-1 ... 105
ESO 122-3 ... 105, 106
ESO 122-16 ... 105
ESO 124-14 ... 104, 105, 112
ESO 126-1 ... 104, 105
ESO 126-2 ... 104, 105
ESO 126-3 ... 104, 105
ESO 126-10 ... 104, 105
ESO 126-14 ... 104, 105
ESO 126-21 ... 104, 105
ESO 126-24 ... 104, 105
ESO 126-25 ... 104, 105
ESO 137-6 ... 102
ESO 137-7 ... 102
ESO 137-8 ... 102
ESO 137-10 ... 102
ESO 137-12 ... 102, 110
ESO 137-19 ... 102
ESO 137-24 ... 102
ESO 137-29 ... 102
ESO 137-34 ... 102
ESO 137-35 ... 102
ESO 137-36 ... 102
ESO 137-38 ... 102
ESO 137-42 ... 102
ESO 137-44 ... 102
ESO 137-45 ... 102
ESO 138-1 ... 102
ESO 138-6 ... 102
ESO 138-10 ... 102
ESO 138-11 ... 102
ESO 138-16 ... 101, 102
ESO 138-17 ... 102
ESO 138-21 ... 101, 102
ESO 138-26 ... 101, 102
ESO 138-29 ... 101, 102
ESO 138-30 ... 101, 102
ESO 139-1 ... 101, 102
ESO 139-5 ... 101, 102
ESO 139-9 ... 101, 102
ESO 139-11 ... 101, 102
ESO 139-12 ... 101, 102
ESO 139-26 ... 101, 102
ESO 139-28 ... 101, 102
ESO 139-36 ... 101, 102
ESO 139-41 ... 101, 102
ESO 139-45 ... 101
ESO 139-53 ... 101, 102
ESO 139-55 ... 101, 102
ESO 140-12 ... 101, 102
ESO 140-23 ... 101, 102
ESO 140-31 ... 101
ESO 140-38 ... 100, 101
ESO 141-3 ...
ESO 141-17A ... 101
ESO 141-21 ... 101
ESO 141-32 ... 101
ESO 141-55 ... 101
ESO 142-19 ... 101
ESO 142-49 ... 101
ESO 142-51 ... 101
ESO 143-35 ... 100, 101
ESO 143-38 ... 100, 101
ESO 146-28 ... 100
ESO 147-14 ... 100
ESO 148-17 ... 100
ESO 149-11A ... 100, 107

ESO 151-12 ... 99, 107
ESO 151-27 ... 107
ESO 153-16 ... 98, 99, 107
ESO 153-18 ... 98, 99, 107
ESO 153-20 ... 107
ESO 153-23 ... 107
ESO 153-29 ... 98, 99, 107
ESO 153-34 ... 98, 107
ESO 154-13 ... 106, 107
ESO 155-14 ... 106, 107
ESO 158-3 ... 106
ESO 158-17 ... 106
ESO 159-2 ... 97, 106
ESO 159-4 ... 106
ESO 159-12 ... 106
ESO 159-19 ... 97, 106
ESO 160-22 ... 105, 106
ESO 161-24 ... 105
ESO 161-25 ... 105
ESO 162-2 ... 96, 105
ESO 162-17 ... 105
ESO 163-14 ... 105
ESO 171-4 ... 103, 104
ESO 171-8 ... 93, 103, 104
ESO 181-1 ... 101, 102
ESO 182-1 ... 101, 102
ESO 182-4 ... 90, 91, 101, 102
ESO 182-7 ... 101, 102
ESO 182-8 ... 101, 102
ESO 182-10 ... 101, 102
ESO 183-3 ... 101
ESO 183-30 ... 101
ESO 183-34 ... 101
ESO 184-5 ... 90, 101
ESO 184-15 ... 101
ESO 184-26 ... 101
ESO 184-33 ... 101
ESO 184-42 ... 101
ESO 184-43 ... 101
ESO 184-71 ... 90, 101
ESO 184-81 ... 90, 101
ESO 185-27 ... 101
ESO 185-32 ... 101
ESO 185-43A ... 101
ESO 185-53 ... 101
ESO 185-54 ... 101
ESO 185-61A ... 101
ESO 186-4 ... 101
ESO 186-12 ... 101
ESO 186-36 ... 101
ESO 186-39 ... 101
ESO 186-52 ... 89, 101
ESO 186-53 ... 89, 101
ESO 186-62 ... 89, 101
ESO 186-65 ... 101
ESO 189-31 ... 100
ESO 193-10 ... 88, 99, 100, 107
ESO 193-41 ... 88, 99
ESO 194-21 ... 88, 99, 107
ESO 194-36B ... 99
ESO 195-3 ... 99
ESO 195-11 ... 99
ESO 197-10 ... 98, 99
ESO 197-18 ... 98, 99, 107
ESO 197-21 ... 98, 99, 107
ESO 198-1 ... 98, 99
ESO 198-2 ... 98, 99
ESO 199-12 ... 98, 106, 107
ESO 200-29 ... 97, 98
ESO 202-2 ... 97, 98, 106
ESO 202-22 ... 97, 98
ESO 202-37 ... 97, 98, 106
ESO 202-56 ... 97, 106
ESO 205-28 ... 96, 97, 105, 106
ESO 205-34 ... 96, 97, 105, 106
ESO 206-20A ... 96, 97, 105
ESO 207-9 ... 96
ESO 207-15 ... 96
ESO 207-19 ... 96
ESO 208-15 ... 95, 96, 105
ESO 208-21 ... 95, 96
ESO 208-25 ... 95, 96
ESO 209-9 ... 95, 96
ESO 213-2 ... 94, 95
ESO 213-11 ... 94, 95
ESO 215-7 ... 94, 104
ESO 215-15 ... 94
ESO 215-23 ... 94
ESO 215-32 ... 94
ESO 215-39 ... 94
ESO 216-3 ... 94
ESO 216-10 ... 93, 94, 104
ESO 216-24 ... 93, 94, 104
ESO 216-28 ... 93, 94, 104

ESO 217-14 ... 93, 94, 103, 104
ESO 217-15 ... 93, 94, 103, 104
ESO 218-2 ... 93, 103
ESO 218-4 ... 93, 94, 103
ESO 219-7 ... 93
ESO 219-13 ... 93
ESO 219-18 ... 93, 103
ESO 219-39 ... 93
ESO 219-21 ... 93, 103
ESO 219-41 ... 93
ESO 220-6 ... 93, 103
ESO 220-9 ... 92, 93
ESO 221-3 ... 92, 93
ESO 221-6 ... 92, 93
ESO 221-8 ... 92, 93
ESO 221-8A ... 92, 93
ESO 221-9 ... 92, 93
ESO 221-10 ... 92, 93
ESO 221-13 ... 92, 93
ESO 221-14 ... 92, 93
ESO 221-18 ... 92, 93
ESO 221-20 ... 92, 93
ESO 221-26 ... 92, 93
ESO 221-27 ... 92, 93
ESO 221-32 ... 92, 93
ESO 221-34A ... 92, 93
ESO 221-35 ... 92, 93
ESO 229-8 ... 90, 91, 101, 102
ESO 230-3 ... 90, 91, 101
ESO 230-7 ... 90
ESO 230-9 ... 90, 101
ESO 231-1 ... 90, 101
ESO 231-2 ... 90
ESO 231-9 ... 90
ESO 231-13 ... 90
ESO 231-17 ... 90
ESO 231-24 ... 90, 101
ESO 232-6 ... 90, 101
ESO 232-9 ... 90, 101
ESO 233-14 ... 89, 90, 101
ESO 233-22 ... 89, 90, 101
ESO 233-27 ... 89, 90, 101
ESO 233-35 ... 89, 90
ESO 233-44 ... 89, 90, 101
ESO 233-49 ... 89, 90
ESO 234-11 ... 89, 90, 101
ESO 234-28 ... 89, 90, 101
ESO 234-49 ... 89, 90, 101
ESO 234-50 ... 89, 90, 101
ESO 234-51 ... 89, 90, 101
ESO 234-68 ... 89, 101
ESO 234-70 ... 89, 100, 101
ESO 235-42 ... 89, 101
ESO 235-49 ... 89, 101
ESO 235-55 ... 89, 100, 101
ESO 235-55 ... 89, 101
ESO 235-35 ... 89
ESO 236-25 ... 88, 89
ESO 236-26 ... 88, 89
ESO 236-37 ... 88, 89
ESO 237-35 ... 88, 89
ESO 237-47 ... 88, 89
ESO 238-2 ... 88, 89
ESO 239-6 ... 88
ESO 240-10 ... 88, 99
ESO 242-14 ... 99
ESO 242-17 ... 99
ESO 243-35 ... 99
ESO 243-45 ... 93
ESO 243-51 ... 99
ESO 244-21 ... 99
ESO 244-31 ... 99
ESO 244-34 ... 98, 99
ESO 244-45 ... 98, 99
ESO 245-5 ... 98, 99
ESO 245-7 ... 98, 99
ESO 246-13 ... 98
ESO 246-21 ... 98
ESO 249-8 ... 97, 98
ESO 251-32 ... 97
ESO 252-7 ... 97
ESO 253-15 ... 96, 97
ESO 253-30 ... 96, 97
ESO 254-6 ... 96, 97
ESO 254-16 ... 96, 97
ESO 254-36 ... 96, 97
ESO 254-41 ... 96, 97
ESO 255-10 ... 96, 97
ESO 256-11 ... 96
ESO 257-19 ... 95, 96
ESO 263-14 ... 94, 95
ESO 263-28 ... 94, 95
ESO 263-33 ... 94, 95
ESO 263-37 ... 94, 95
ESO 264-9 ... 94
ESO 264-31 ... 94
ESO 264-36 ... 94
ESO 264-46 ... 94
ESO 264-47 ... 94

ESO 264-49 ... 94
ESO 265-7 ... 94
ESO 265-29 ... 94
ESO 265-31 ... 94
ESO 265-35 ... 94
ESO 266-3 ... 93, 94
ESO 266-15 ... 93, 94
ESO 266-22 ... 93, 94
ESO 267-11 ... 93, 94
ESO 267-16 ... 93, 94
ESO 267-27 ... 93, 94
ESO 267-30 ... 93, 94
ESO 267-43 ... 93, 94
ESO 268-3 ... 93, 94
ESO 268-4 ... 93, 94
ESO 268-5 ... 93, 94
ESO 268-22 ... 93
ESO 268-23 ... 93
ESO 268-36 ... 93
ESO 268-38 ... 93
ESO 268-47 ... 93
ESO 269-8 ... 93
ESO 269-12 ... 93
ESO 269-13 ... 93
ESO 269-22 ... 93
ESO 269-25 ... 93
ESO 269-31 ... 93
ESO 269-38 ... 93
ESO 269-49 ... 93
ESO 269-57 ... 93
ESO 269-58 ... 93
ESO 269-60 ... 93
ESO 269-70 ... 93
ESO 269-72 ... 93
ESO 269-74 ... 93
ESO 269-80 ... 93
ESO 269-85 ... 93
ESO 269-90 ... 93
ESO 270-6 ... 93
ESO 270-7 ... 93
ESO 270-14 ... 93
ESO 270-17 ... 92, 93
ESO 271-10 ... 92, 93
ESO 271-17 ... 92, 93
ESO 271-26 ... 92, 93
ESO 273-2 ... 92
ESO 273-4 ... 92
ESO 274-1 ... 92
ESO 274-6 ... 92
ESO 281-4 ... 90, 91
ESO 281-5 ... 90, 91
ESO 281-8 ... 90, 91
ESO 281-9 ... 90, 91
ESO 281-11 ... 90
ESO 281-14 ... 90
ESO 281-15 ... 90
ESO 281-18 ... 90
ESO 281-27 ... 90
ESO 281-31 ... 90
ESO 281-33 ... 90
ESO 281-38 ... 90
ESO 282-10 ... 90
ESO 282-21 ... 90
ESO 282-24 ... 90
ESO 282-27 ... 90
ESO 282-28 ... 90
ESO 283-15 ... 89, 90
ESO 284-4 ... 89, 90
ESO 284-17 ... 89, 90
ESO 284-21 ... 89, 90
ESO 284-26 ... 89, 90
ESO 284-32 ... 89, 90
ESO 284-33 ... 89, 90
ESO 284-37 ... 89, 90
ESO 284-38 ... 89, 90
ESO 284-41 ... 89, 90
ESO 284-44 ... 89, 90
ESO 284-51 ... 89, 90
ESO 284-53 ... 89, 90
ESO 285-23 ... 89
ESO 285-24 ... 89
ESO 285-36 ... 89
ESO 285-48 ... 89
ESO 285-49 ... 89
ESO 285-52 ... 89
ESO 286-10 ... 89
ESO 286-50 ... 89
ESO 286-52 ... 89
ESO 286-59 ... 89
ESO 286-63 ... 89
ESO 287-4 ... 89
ESO 287-13 ... 89
ESO 287-16 ... 89
ESO 287-33 ... 88, 89
ESO 287-35 ... 88, 89
ESO 287-45 ... 88, 89
ESO 287-46 ... 88, 89
ESO 289-4 ... 88, 89
ESO 289-47 ... 88
ESO 290-6 ... 88
ESO 293-37 ... 88, 99
ESO 293-49 ... 76, 87, 88, 99

ESO 295-12 ... 99
ESO 295-13 ... 87, 99
ESO 296-2 ... 87, 99
ESO 296-19 ... 87, 99
ESO 296-38 ... 87, 99
ESO 297-3 ... 87, 99
ESO 297-7 ... 87, 99
ESO 297-8 ... 99
ESO 298-16 ... 98, 99
ESO 298-19 ... 98, 99
ESO 299-1 ... 86, 98
ESO 299-20 ... 86, 98
ESO 303-20 ... 97
ESO 303-21 ... 85, 97
ESO 304-6 ... 97
ESO 304-21 ... 97
ESO 306-7 ... 97
ESO 306-9 ... 97
ESO 306-13 ... 96, 97
ESO 306-17 ... 96, 97
ESO 307-13 ... 96, 97
ESO 309-8 ... 84, 96
ESO 309-13 ... 96
ESO 309-15 ... 84, 96
ESO 311-12 ... 95, 96
ESO 315-3 ... 83, 95
ESO 316-8 ... 94, 95
ESO 316-25 ... 94, 95
ESO 316-26 ... 94, 95
ESO 316-31 ... 94, 95
ESO 316-33 ... 82, 94, 95
ESO 316-34 ... 94, 95
ESO 316-38 ... 82, 94, 95
ESO 316-40 ... 82, 94, 95
ESO 316-44 ... 94, 95
ESO 316-46 ... 82, 94, 95
ESO 316-47 ... 94, 95
ESO 317-3 ... 82, 94, 95
ESO 317-5 ... 94, 95
ESO 317-14 ... 94, 95
ESO 317-15 ... 94, 95
ESO 317-20 ... 94, 95
ESO 317-21 ... 94, 95
ESO 317-23 ... 94
ESO 317-42 ... 94
ESO 318-4 ... 82, 94
ESO 318-6 ... 94
ESO 318-17 ... 94
ESO 318-21 ... 94
ESO 319-14 ... 94
ESO 319-18 ... 94
ESO 319-19 ... 82, 94
ESO 319-22 ... 94
ESO 319-25 ... 94
ESO 320-5 ... 94
ESO 320-7 ... 82, 94
ESO 320-24 ... 93, 94
ESO 320-35 ... 82, 93, 94
ESO 321-1 ... 93, 94
ESO 321-5 ... 93, 94
ESO 321-19 ... 93, 94
ESO 321-20 ... 93, 94
ESO 321-21 ... 93, 94
ESO 321-25 ... 93, 94
ESO 321-26 ... 93, 94
ESO 322-5 ... 93
ESO 322-21 ... 93
ESO 322-25 ... 93
ESO 322-27 ... 93
ESO 322-31 ... 93
ESO 322-34 ... 93
ESO 322-37 ... 93
ESO 322-38 ... D19
ESO 322-40 ... D19
ESO 322-47 ... D19
ESO 322-51 ... D19
ESO 322-54 ... D19
ESO 322-75 ... D19
ESO 322-76 ... D19
ESO 322-84 ... 93
ESO 322-94 ... D19
ESO 322-99 ... D19
ESO 322-100 ... D19
ESO 322-101 ... D19
ESO 323-5 ... D19
ESO 323-7 ... D19
ESO 323-8 ... D19
ESO 323-9 ... D19
ESO 323-10 ... 93
ESO 323-11 ... D19
ESO 323-12 ... D19
ESO 323-14 ... 93
ESO 323-15 ... 81, 93
ESO 323-19 ... D19
ESO 323-23 ... D19
ESO 323-25 ... 81, 93
ESO 323-27 ... D19
ESO 323-28 ... D19

ESO 323-32 ... D19
ESO 323-34 ... D19
ESO 323-44 ... 93
ESO 323-63 ... 93
ESO 323-73 ... 81, 93
ESO 323-77 ... 93
ESO 323-79 ... 81, 93
ESO 323-85 ... 93
ESO 323-89 ... 93
ESO 323-90 ... 93
ESO 323-92 ... 93
ESO 323-93 ... 93
ESO 323-99 ... 93
ESO 324-29 ... 93
ESO 324-33 ... 81, 93
ESO 324-44 ... 92, 93
ESO 325-1 ... 81, 92, 93
ESO 325-4 ... 81, 92, 93
ESO 325-16 ... 81, 92, 93
ESO 325-19A ... 81, 92, 93
ESO 325-25 ... 92, 93
ESO 325-28 ... 81, 92, 93
ESO 325-30 ... 81, 92, 93
ESO 325-44 ... 92, 93
ESO 326-6 ... 92, 93
ESO 326-20 ... 92
ESO 327-1 ... 92
ESO 327-8 ... 92
ESO 327-17 ... 80, 92
ESO 327-20 ... 80, 92
ESO 327-21 ... 92
ESO 327-23 ... 80, 92
ESO 327-31 ... 80, 92
ESO 327-39 ... 92
ESO 328-6 ... 80, 92
ESO 328-19 ... 92
ESO 328-22 ... 92
ESO 328-25 ... 80, 92
ESO 328-30 ... 92
ESO 328-35 ... 92
ESO 328-37 ... 92
ESO 328-50 ... 92
ESO 329-7 ... 80, 92
ESO 329-12 ... 80, 91, 92
ESO 330-4 ... 91, 92
ESO 336-3 ... 90
ESO 336-4 ... 90
ESO 336-6 ... 78, 90
ESO 336-8 ... 90
ESO 336-9 ... 90
ESO 336-10 ... 90
ESO 336-14 ... 90
ESO 336-17 ... 90
ESO 336-21 ... 90
ESO 337-1 ... 90
ESO 337-2 ... 90
ESO 337-6 ... 90
ESO 337-8 ... 78, 90
ESO 337-9 ... 90
ESO 337-10 ... 90
ESO 337-16 ... 90
ESO 338-4 ... 90
ESO 339-1 ... 89, 90
ESO 339-3 ... 89, 90
ESO 339-12 ... 89, 90
ESO 339-17 ... 89, 90
ESO 339-20 ... 89, 90
ESO 339-21 ... 89, 90
ESO 339-25 ... 89, 90
ESO 339-34 ... 89, 90
ESO 340-3 ... 77, 89, 90
ESO 340-7 ... 77, 78, 89, 90
ESO 340-12 ... 89, 90
ESO 340-15 ... 89, 90
ESO 340-16 ... 89, 90
ESO 340-21 ... 89, 90
ESO 340-25 ... 89, 90
ESO 340-32 ... 89
ESO 340-36 ... 89
ESO 340-43 ... 89
ESO 341-4 ... 77, 89
ESO 342-22 ... 77, 89
ESO 342-50 ... 77, 89
ESO 343-1 ... 89
ESO 343-13 ... 77, 89
ESO 344-7 ... 88, 89
ESO 344-10 ... 76, 77, 88, 89
ESO 344-12 ... 88, 89
ESO 344-16 ... 88, 89
ESO 346-3 ... 76, 88
ESO 347-3 ... 76, 88
ESO 349-1 ... 76, 87, 99
ESO 349-26A ... 76, 87, 88, 99
ESO 349-26C ... 76, 87, 88, 99
ESO 349-27 ... 76, 87, 88, 99
ESO 349-31 ... 76, 87, 88
ESO 349-38 ... 76, 87
ESO 350-40 ... 87
ESO 351-30 ... 87

ESO 352-41 ... 87
ESO 352-55 ... 87
ESO 352-69 ... 87
ESO 352-73 ... 87
ESO 353-7 ... 87
ESO 353-9 ... 87
ESO 353-25 ... 87, 99
ESO 353-26 ... 87, 99
ESO 353-40 ... 86, 87, 98, 99
ESO 354-3 ... 86, 87, 98, 99
ESO 354-19 ... 86, 87, 98, 99
ESO 354-25 ... 86, 87
ESO 354-26 ... 86, 87
ESO 354-29 ... 86, 87
ESO 354-33 ... 86, 87
ESO 355-30 ... 86
ESO 356-4 ... 86
ESO 356-9 ... 86
ESO 356-13 ... 86, 98
ESO 356-16 ... 86, 98
ESO 356-24 ... 86, 98
ESO 358-6 ... D10
ESO 358-22 ... 86
ESO 358-50 ... D10
ESO 358-59 ... 85, 86, 97, 98
ESO 358-63 ... 85, 86, 97, 98
ESO 359-2 ... 85, 86, 97, 98
ESO 362-8 ... 85
ESO 362-12 ... 85, 97
ESO 362-15 ... 85, 97
ESO 362-18 ... 85, 97
ESO 363-18 ... 84, 85
ESO 363-27 ... 84, 85
ESO 364-6 ... 84, 85, 96
ESO 364-17 ... 80, 85, 96
ESO 364-33 ... 84, 85
ESO 364-39 ... 84, 85
ESO 365-9 ... 84
ESO 365-11 ... 84, 96
ESO 366-16 ... 84, 96
ESO 367-8 ... 84
ESO 371-16 ... 83
ESO 372-12 ... 83, 95
ESO 373-2 ... 83, 95
ESO 373-3 ... 83, 95
ESO 373-5 ... 83, 95
ESO 373-19 ... 83
ESO 373-28 ... 82, 83
ESO 374-38 ... 82, 83
ESO 374-46 ... 82, 83, 95
ESO 374-46A ... 82, 83, 94, 95
ESO 375-7 ... 82, 94, 95
ESO 375-69 ... 82, 94
ESO 376-7 ... 82, 94
ESO 376-9 ... 82
ESO 376-26 ... 82
ESO 377-10 ... 82, 94
ESO 377-12 ... 82, 94
ESO 377-21 ... 82, 94
ESO 377-24 ... 82, 94
ESO 377-29 ... 82
ESO 377-41 ... 82
ESO 377-46 ... 82, 94
ESO 377-48 ... 82, 94
ESO 378-20 ... 81, 82, 93, 94
ESO 379-19 ... 81, 82, 93, 94
ESO 379-22 ... 81, 82
ESO 379-26 ... 81, 82, 93, 94
ESO 379-31 ... 81, 82, 94
ESO 379-35 ... 81, 82, 94
ESO 380-1 ... 81, 82, 93, 94
ESO 380-6 ... 81, 82, 93, 94
ESO 380-19 ... 81, 93
ESO 380-30 ... 81
ESO 380-33 ... 81
ESO 381-9 ... 81, 93
ESO 381-12 ... 81
ESO 381-23 ... 81
ESO 381-29 ... 81, 93
ESO 381-32 ... 81, 93
ESO 381-42 ... 81
ESO 381-47 ... 81, 93
ESO 381-50 ... 81
ESO 382-2 ... 81
ESO 382-16 ... 81, 93
ESO 382-24 ... 81
ESO 382-25 ... 81
ESO 382-34 ... 81, 93
ESO 382-60 ... 81
ESO 382-67 ... 81, 93
ESO 383-20 ... 81, 93
ESO 383-25 ... 81
ESO 383-30 ... 81
ESO 383-37 ... 81
ESO 383-38 ... 81
ESO 383-44 ... 81
ESO 383-45 ... 81
ESO 383-47 ... 81, 93

ESO 383-49 ... 81
ESO 383-50 ... 81, 93
ESO 383-60 ... 81
ESO 383-76 ... 80, 81
ESO 383-81 ... 80, 81
ESO 383-87 ... 80, 81, 92, 93
ESO 384-6 ... 80, 81, 92
ESO 384-12 ... 80, 81
ESO 384-13 ... 80, 81
ESO 384-19 ... D17
ESO 384-21 ... D17
ESO 384-23 ... D17
ESO 384-26 ... D17
ESO 384-29 ... D17
ESO 384-35 ... D17
ESO 384-36 ... D17
ESO 384-38 ... D17
ESO 384-49 ... D17
ESO 384-51 ... 80, 81
ESO 384-53 ... D17
ESO 384-55 ... 80, 81, 92, 93
ESO 385-15 ... 80
ESO 385-17 ... 80
ESO 385-28 ... 80
ESO 385-32 ... 80, 92
ESO 386-2 ... 80, 92
ESO 386-4 ... 80, 92
ESO 386-9 ... 80
ESO 386-11 ... 80, 92
ESO 386-14 ... 80, 92
ESO 386-31 ... 80, 92
ESO 386-33 ... 80, 92
ESO 386-34 ... 80, 92
ESO 386-38 ... 80, 92
ESO 386-39 ... 80, 92
ESO 386-40 ... 80, 92
ESO 386-41 ... 80, 92
ESO 387-12 ... 80, 92
ESO 387-18 ... 80, 92
ESO 387-19 ... 80, 92
ESO 387-38 ... 80, 92
ESO 394-30 ... 78, 79, 90, 91
ESO 396-7 ... 78
ESO 396-9 ... 78
ESO 396-17 ... 78, 90
ESO 397-4 ... 78
ESO 397-6 ... 78
ESO 397-15 ... 78
ESO 397-17 ... 78
ESO 398-22 ... 77, 78, 89, 90
ESO 399-10 ... 77, 78
ESO 399-18 ... 77, 78, 89, 90
ESO 399-23 ... 77, 78, 89, 90
ESO 400-4 ... 77, 78, 89, 90
ESO 400-28 ... 77
ESO 400-38 ... 77
ESO 400-43 ... 77, 89
ESO 402-8 ... 77, 89
ESO 402-10 ... 77
ESO 402-30 ... 77
ESO 404-12 ... 76, 77, 88, 89
ESO 404-27 ... 76, 77
ESO 406-10A ... 76
ESO 407-2 ... 76
ESO 407-14 ... 76
ESO 409-12 ... 76, 87
ESO 409-25 ... 87
ESO 411-34 ... 87
ESO 412-1 ... 87
ESO 413-5 ... 87
ESO 413-24 ... 87
ESO 414-1 ... 87
ESO 414-25 ... 86, 87
ESO 414-26 ... 86, 87
ESO 414-27 ... 86, 87
ESO 415-22 ... 86
ESO 416-32 ... 86
ESO 416-36 ... 86
ESO 417-3 ... 86
ESO 417-5 ... 86
ESO 417-6 ... 86
ESO 417-21 ... 86
ESO 418-7A ... 86
ESO 418-8 ... 86
ESO 418-9 ... 86
ESO 419-3 ... 86
ESO 420-5 ... 85, 86
ESO 420-13 ... 85, 86
ESO 422-16 ... 85
ESO 422-12 ... 85
ESO 422-23 ... 85
ESO 422-28 ... 85
ESO 423-20 ... 85
ESO 423-24 ... 85
ESO 424-10 ... 85
ESO 424-12 ... 85
ESO 424-17 ... 85

ESO 425-4 ... 84, 85
ESO 425-10 ... 84, 85
ESO 425-14 ... 84
ESO 425-19 ... 84
ESO 426-7 ... 84
ESO 426-14 ... 84
ESO 427-6 ... 84
ESO 427-29 ... 84
ESO 428-2 ... 84
ESO 428-4 ... 84
ESO 428-11 ... 84
ESO 428-14 ... 84
ESO 428-23 ... 84
ESO 428-29 ... 84
ESO 428-32 ... 84
ESO 432-17 ... 83
ESO 433-7 ... 83
ESO 433-8 ... 83
ESO 433-18 ... 83
ESO 433-19 ... 83
ESO 434-9 ... 83
ESO 434-15 ... 83
ESO 434-18 ... 83
ESO 434-28 ... 83
ESO 434-40 ... 82, 83
ESO 435-1 ... 82, 83
ESO 435-16 ... 82, 83
ESO 435-20 ... 82, 83
ESO 435-49 ... 82, 83
ESO 436-27 ... 82
ESO 436-29 ... 82
ESO 436-44 ... D22
ESO 436-46 ... D22
ESO 437-4 ... D22
ESO 437-11 ... D22
ESO 437-13 ... D22
ESO 437-14 ... 82
ESO 437-15 ... D22
ESO 437-19 ... 82
ESO 437-30 ... 82
ESO 437-33 ... 82
ESO 437-38 ... D22
ESO 437-45 ... 82
ESO 437-50 ... 82
ESO 437-54 ... 82
ESO 437-67 ... 82
ESO 438-8 ... 82
ESO 438-12 ... 82
ESO 438-14 ... 82
ESO 438-15 ... 82
ESO 438-23 ... 82
ESO 439-18 ... 82
ESO 439-19 ... 82
ESO 440-25 ... 81, 82
ESO 440-32 ... 81, 82
ESO 440-37 ... 81, 82
ESO 440-38 ... 81, 82
ESO 441-17 ... 81, 82
ESO 441-20 ... 81, 82
ESO 442-3 ... 81
ESO 442-15 ... 81
ESO 443-4 ... 81
ESO 443-7 ... 81
ESO 443-15 ... 81
ESO 443-24 ... 81
ESO 443-28 ... 81
ESO 443-34 ... 81
ESO 443-39 ... 81
ESO 443-41 ... 81
ESO 443-43 ... 81
ESO 443-50 ... 81
ESO 443-54 ... 81
ESO 443-55 ... 81
ESO 443-66 ... 81
ESO 443-80 ... 81
ESO 444-7 ... 81
ESO 444-10A ... 81
ESO 444-12 ... 81
ESO 444-15 ... 81
ESO 444-19 ... 81
ESO 444-26 ... 81
ESO 444-38 ... 81
ESO 444-55 ... 81
ESO 444-87 ... 81
ESO 445-1 ... 81
ESO 445-5 ... 81
ESO 445-14 ... 81
ESO 445-28 ... D25
ESO 445-35 ... D25
ESO 445-36 ... 80, 81
ESO 445-37 ... D25
ESO 445-49 ... 80, 81
ESO 445-57 ... 80, 81
ESO 445-58 ... 80, 81
ESO 445-59 ... 80, 81

ESO 445-59A ... 80, 81
ESO 445-75 ... 80, 81
ESO 446-3 ... 80, 81
ESO 446-17 ... 80, 81
ESO 446-26 ... 80, 81
ESO 446-39 ... 80
ESO 446-49 ... 80
ESO 447-17 ... 80
ESO 447-30 ... 80
ESO 447-31 ... 80
ESO 448-9 ... 80
ESO 449-5 ... 80
ESO 449-9 ... 80
ESO 450-9 ... 80
ESO 451-4 ... 79, 80
ESO 459-6 ... 78
ESO 460-4 ... 78
ESO 460-10 ... 78
ESO 461-2 ... 77, 78
ESO 461-4 ... 77, 78
ESO 461-13 ... 77, 78
ESO 461-19 ... 77, 78
ESO 461-35 ... 77, 78
ESO 461-42 ... 77, 78
ESO 462-15 ... 77
ESO 462-16 ... 77
ESO 462-20 ... 77
ESO 463-8 ... 77
ESO 466-7 ... 76, 77
ESO 466-18 ... 76, 77
ESO 466-21 ... 76, 77
ESO 466-24 ... 76, 77
ESO 466-26 ... 76, 77
ESO 466-50 ... 76, 77
ESO 467-26 ... 76
ESO 467-27 ... 76
ESO 467-28 ... 76
ESO 467-43 ... 76
ESO 467-54 ... 76
ESO 468-27 ... 76
ESO 471-45 ... 76, 87
ESO 472-20 ... 87
ESO 473-18 ... 87
ESO 474-7 ... 87
ESO 474-27 ... 87
ESO 475-15 ... 87
ESO 475-16 ... 75, 87
ESO 476-4 ... 87
ESO 476-8 ... 75, 87
ESO 476-18 ... 87
ESO 477-8 ... 86, 87
ESO 478-6 ... 74, 86, 87
ESO 478-15 ... 86
ESO 479-9 ... 86
ESO 479-35 ... 86
ESO 481-29 ... 86
ESO 483-13 ... 73, 85
ESO 484-28 ... 85
ESO 485-3 ... 85
ESO 486-19 ... 73, 85
ESO 486-23 ... 73, 85
ESO 486-39A ... 85
ESO 487-22 ... 85
ESO 488-1 ... 85
ESO 488-5 ... 85
ESO 488-7 ... 85
ESO 488-19 ... 85
ESO 488-27 ... 85
ESO 488-33 ... 84, 85
ESO 488-59 ... 84, 85
ESO 489-2 ... 84, 85
ESO 489-6 ... 72, 84, 85
ESO 489-7 ... 84, 85
ESO 489-15 ... 72, 84
ESO 489-20 ... 84
ESO 489-35 ... 84
ESO 489-57 ... 84
ESO 490-6 ... 84
ESO 490-10 ... 84
ESO 490-14 ... 84
ESO 490-26 ... 84
ESO 490-37 ... 84
ESO 491-6 ... 84
ESO 491-20 ... 84
ESO 491-21 ... 84
ESO 492-2 ... 84
ESO 494-19 ... 71, 72, 83, 84
ESO 494-25 ... 83, 84
ESO 494-31 ... 71, 83
ESO 494-36 ... 71, 83
ESO 494-39 ... 71, 83

ESO 495-5 ... 83
ESO 495-6 ... 83
ESO 495-11 ... 83
ESO 495-13 ... 83
ESO 495-16 ... 83
ESO 495-21 ... 83
ESO 496-3 ... 71, 83
ESO 497-22 ... 83
ESO 497-27 ... 83
ESO 497-39 ... 83
ESO 498-4 ... 83
ESO 498-5 ... 83
ESO 498-6 ... 83
ESO 499-7 ... 82, 83
ESO 499-9 ... 71, 83
ESO 499-13 ... 82, 83
ESO 499-23 ... 82, 83
ESO 499-28 ... 82, 83
ESO 499-32 ... 82, 83
ESO 499-41 ... 70, 71, 82, 83
ESO 500-41 ... 82
ESO 501-1 ... 82
ESO 501-3 ... D22
ESO 501-13 ... D22
ESO 501-20 ... D22
ESO 501-24 ... 82
ESO 501-32 ... 82
ESO 501-35 ... D22
ESO 501-51 ... D22
ESO 501-65 ... D22
ESO 501-75 ... D22
ESO 501-84 ... 82
ESO 501-86 ... 82
ESO 501-88 ... 70, 82
ESO 501-102 ... 70, 82
ESO 502-5 ... 82
ESO 502-8 ... 82
ESO 503-5 ... 82
ESO 504-1 ... 82
ESO 504-3 ... 82
ESO 504-17 ... 81, 82
ESO 505-14 ... 81, 82
ESO 505-32 ... 81
ESO 506-4 ... 81
ESO 506-15 ... 81
ESO 506-19 ... 81
ESO 506-29 ... 81
ESO 506-32 ... 69, 81
ESO 506-33 ... 81
ESO 507-14 ... 81
ESO 507-17 ... 69, 81
ESO 507-21 ... 81
ESO 507-24 ... 81
ESO 507-25 ... 81
ESO 507-27 ... 81
ESO 507-32 ... 81
ESO 507-38 ... 81
ESO 507-42 ... 81
ESO 507-43 ... 81
ESO 507-46 ... 81
ESO 507-62 ... 81
ESO 507-63 ... 69, 81
ESO 508-33 ... 81
ESO 508-45 ... 81
ESO 508-63 ... 69, 81
ESO 509-8 ... 81
ESO 509-33 ... 81
ESO 509-53 ... 69, 81
ESO 509-64 ... 69, 81
ESO 509-74 ... 81
ESO 509-87 ... 81
ESO 509-97 ... 81
ESO 509-98 ... 81
ESO 509-108 ... 81
ESO 510-9 ... 80, 81
ESO 510-10 ... 80, 81
ESO 510-13 ... 80, 81
ESO 510-33 ... 80, 81
ESO 510-44 ... 80, 81
ESO 510-53 ... 80, 81
ESO 510-54 ... 80, 81
ESO 510-56 ... 80, 81
ESO 510-60 ... 80, 81
ESO 510-63 ... 80, 81
ESO 510-65 ... 80, 81
ESO 510-66 ... 80, 81
ESO 511-8 ... 80
ESO 511-21 ... 80
ESO 511-26 ... 80
ESO 511-31 ... 80
ESO 511-34 ... 80
ESO 511-50 ... 80

ESO 512-9 ... 80
ESO 512-18 ... 80
ESO 512-19 ... 80
ESO 512-20 ... 68, 80
ESO 512-22 ... 80
ESO 513-11B ... 80
ESO 514-3 ... 80
ESO 515-3 ... 68, 80
ESO 515-4 ... 80
ESO 524-10 ... 78
ESO 525-4 ... 78
ESO 526-8 ... 66, 78
ESO 526-10 ... 66, 77, 78
ESO 526-16 ... 65, 66, 77, 78
ESO 526-17 ... 77, 78
ESO 527-1 ... 65, 66, 77, 78
ESO 527-5 ... 77, 78
ESO 527-7 ... 77, 78
ESO 527-11 ... 77, 78
ESO 527-19 ... 77
ESO 528-8 ... 65, 77
ESO 528-19 ... 65, 77
ESO 528-36 ... 77
ESO 529-1 ... 65, 77
ESO 529-2 ... 65, 77
ESO 529-3 ... 77
ESO 529-5 ... 77
ESO 530-6 ... 77
ESO 531-11 ... 65, 77
ESO 531-27 ... 77
ESO 532-34 ... 64, 76
ESO 533-6 ... 76
ESO 533-7 ... 76
ESO 533-14 ... 76
ESO 533-18 ... 76
ESO 533-25 ... 76
ESO 533-28 ... 76
ESO 534-2 ... 76
ESO 534-10 ... 76
ESO 534-24 ... 64, 76
ESO 534-31 ... 64, 76
ESO 534-33 ... 64, 76
ESO 535-1 ... 76
ESO 535-14 ... 76
ESO 535-15 ... 64, 76
ESO 535-17 ... 64, 76
ESO 536-2 ... 64, 76
ESO 539-5 ... 75
ESO 540-1 ... 75, 87
ESO 540-3 ... 75
ESO 540-23 ... 75
ESO 541-1 ... 75
ESO 541-15 ... 75, 87
ESO 542-3 ... 75
ESO 542-15 ... 75, 87
ESO 542-30 ... 75
ESO 543-12 ... 75
ESO 544-30 ... 74, 86
ESO 545-13 ... 74
ESO 545-40 ... 74
ESO 546-3 ... 74, 86
ESO 547-2 ... 74, 86
ESO 547-15 ... 74
ESO 548-28 ... 74
ESO 548-35 ... 74
ESO 548-36 ... 74, 86
ESO 548-44 ... 74
ESO 548-68 ... 74
ESO 548-81 ... 74, 86
ESO 549-23 ... 74, 86
ESO 549-40 ... 73, 74
ESO 549-49 ... 73, 74
ESO 549-50 ... 73, 74, 85, 86
ESO 552-5 ... 73
ESO 552-14 ... 73
ESO 552-23 ... 73
ESO 552-52 ... 73, 85
ESO 552-57 ... 73
ESO 552-59 ... 73
ESO 553-2 ... 73
ESO 553-12 ... 73
ESO 553-20 ... 73
ESO 554-1 ... 73, 85
ESO 554-27 ... 73, 85
ESO 554-30 ... 73
ESO 554-38 ... 73
ESO 555-4 ... 73
ESO 555-13 ... 72, 73, 84
ESO 555-18 ... 72, 73, 84, 85
ESO 555-22 ... 72, 73, 84, 85
ESO 562-5 ... 71, 83
ESO 562-7 ... 71, 83
ESO 562-10 ... 71
ESO 562-14 ... 71
ESO 562-15 ... 71
ESO 562-20 ... 71, 83
ESO 562-22 ... 71

ESO 562-23 ... 71, 83
ESO 563-3 ... 71, 83
ESO 563-11 ... 71
ESO 563-14 ... 71
ESO 563-21 ... 71
ESO 563-24 ... 71
ESO 563-31 ... 71
ESO 563-33 ... 71, 83
ESO 563-34 ... 71, 83
ESO 563-36 ... 71, 83
ESO 564-1 ... 71, 83
ESO 564-15 ... 71
ESO 564-19 ... 71
ESO 565-6 ... 71
ESO 565-7 ... 71
ESO 565-8 ... 71
ESO 565-11 ... 71, 83
ESO 565-19 ... 71, 83
ESO 565-30 ... 71, 83
ESO 566-7 ... 71
ESO 566-20 ... 70, 71, 82, 83
ESO 566-24 ... 70, 71, 82
ESO 566-40 ... 70, 71, 82, 83
ESO 567-25 ... 70, 82
ESO 567-37 ... 70, 82
ESO 567-51 ... 70, 82
ESO 568-8 ... 70, 82
ESO 568-21 ... 70, 82
ESO 569-12 ... 70
ESO 569-24 ... 70
ESO 569-27 ... 70
ESO 571-3 ... 70, 82
ESO 571-4 ... 70, 82
ESO 571-12 ... 70
ESO 572-18 ... 69, 70
ESO 572-23 ... 69, 70, 81, 82
ESO 572-34 ... 69, 70
ESO 572-4 ... 69, 70, 82
ESO 573-2 ... 69
ESO 573-10 ... 69
ESO 574-12 ... 69
ESO 574-29 ... 69, 81
ESO 574-33 ... 69, 81
ESO 575-6 ... 69
ESO 575-13 ... 69, 81
ESO 575-23 ... 69
ESO 575-32 ... 69, 81
ESO 575-33 ... 69, 81
ESO 575-34 ... 69, 81
ESO 575-41 ... 69, 81
ESO 575-43 ... 69, 81
ESO 575-44 ... 69, 81
ESO 575-47 ... 69
ESO 576-27 ... 69
ESO 576-30 ... 69
ESO 576-51 ... 69
ESO 576-66 ... 69, 81
ESO 576-76 ... 69, 81
ESO 577-9 ... 69, 81
ESO 578-11 ... 68, 69
ESO 578-19 ... 68, 69, 80, 81
ESO 579-21 ... 68
ESO 580-27 ... 68, 80
ESO 580-43 ... 68
ESO 581-16 ... 68
ESO 592-9 ... 66
ESO 592-10 ... 66
ESO 593-1 ... 66
ESO 593-11 ... 66, 78
ESO 594-1 ... 66, 78
ESO 594-4 ... 66
ESO 594-5 ... 66
ESO 595-14 ... 65, 66, 77, 78
ESO 596-48 ... 65
ESO 596-49 ... 65
ESO 597-23 ... 65
ESO 597-26 ... 65, 77
ESO 597-27 ... 65, 77
ESO 597-41 ... 65
ESO 598-20 ... 65, 77
ESO 602-10 ... 64
ESO 602-25 ... 64
ESO 602-30 ... 64
ESO 604-10 ... 64, 76
ESO 605-16 ... 64, 76
ESO 606-11 ... 64
GR 8 ... 45
IC 3 ... 63
IC 4 ... 51
IC 5 ... 75
IC 6 ... 63
IC 7 ... 51
IC 10 ... 8, 15
IC 19 ... 75
IC 20 ... 75
IC 23 ... 75
IC 34 ... 51, 63

Object	Pages
IC 3959	D24
IC 3960	D24
IC 3973	D24
IC 3986	81
IC 3987	21, 33
IC 3993	21
IC 4014	33, 45
IC 4026	D24
IC 4032	33
IC 4034	21, 33
IC 4041	D24
IC 4042	D24
IC 4045	D24
IC 4051	D24
IC 4062	21
IC 4070	45
IC 4071	57, 69
IC 4115	21, 33
IC 4122	45
IC 4133	33
IC 4169	21, 33
IC 4171	21, 33
IC 4180	69, 81
IC 4182	21, 33
IC 4184	21, 33
IC 4187	21, 33
IC 4189	21, 33
IC 4197	69, 81
IC 4200	93, 103
IC 4214	81
IC 4219	81
IC 4220	69
IC 4221	69
IC 4226	33
IC 4229	57
IC 4234	33
IC 4237	69, 81
IC 4241	33
IC 4243	81
IC 4244	33
IC 4248	81
IC 4250-1	33
IC 4251	81
IC 4252	81
IC 4255	81
IC 4258	33
IC 4261	81
IC 4270	81
IC 4271-1	21, 33
IC 4271-2	21, 33
IC 4275	81
IC 4280	81
IC 4289	81
IC 4292	81
IC 4293	81
IC 4296	81
IC 4298	81
IC 4299	81
IC 4300	33
IC 4305	33
IC 4307	33
IC 4310	81
IC 4311	92, 93, 103
IC 4312	92, 93, 103
IC 4313	33
IC 4314	33
IC 4320	81
IC 4321	81
IC 4324	81
IC 4326	80, 81
IC 4327	D25
IC 4329	80, 81, D25
IC 4329A	D25
IC 4334	32, 33
IC 4339	20, 21, 32, 33
IC 4350	80, 81
IC 4351	80, 81
IC 4352	D17
IC 4359	92, 93
IC 4362	92, 93
IC 4366	D17
IC 4367	92, 93
IC 4373	32, 33
IC 4374	80, 81
IC 4377	109, 110, 111
IC 4378	80, 81, 93
IC 4380	20, 21, 32, 33
IC 4386	92, 93
IC 4388	80
IC 4390	92, 93
IC 4391	80
IC 4397	32
IC 4398	32
IC 4402	92, 93
IC 4405	32
IC 4413	20, 32
IC 4414	32
IC 4416	32
IC 4418	32
IC 4422	80, 92
IC 4425	32
IC 4426	44
IC 4429	44
IC 4430	80
IC 4435	20, 32
IC 4436	32
IC 4444	92
IC 4447	32
IC 4448	109, 110, 114
IC 4451	80, 92
IC 4452	32
IC 4453	80
IC 4463	44
IC 4464	80, 92
IC 4475	32, 44
IC 4476	68
IC 4478	44
IC 4480	44
IC 4486	44
IC 4492	20, 32
IC 4494	44
IC 4497	32
IC 4498	32
IC 4500	20, 32
IC 4501	68, 80
IC 4503	44
IC 4504	32
IC 4506	32
IC 4508-1	32
IC 4516	44
IC 4522	109, 110
IC 4527	92
IC 4529	92
IC 4533	32
IC 4537	56
IC 4538	68, 80
IC 4555	109, 110
IC 4556	32
IC 4558	32
IC 4559	32
IC 4561	32
IC 4562	19, 20
IC 4562A	19, 20
IC 4566	19, 20
IC 4567	19, 20
IC 4571	102, 109, 110
IC 4576	32, 44
IC 4578	109, 110
IC 4584	102, 110
IC 4585	102, 109, 110
IC 4587	31, 32
IC 4590	31, 32
IC 4595	109, 110
IC 4597	79
IC 4608	109, 110
IC 4612	19, 31
IC 4617	19, 31
IC 4618	109, 110
IC 4619	43
IC 4621	43, 55
IC 4630	31
IC 4640	109, 110
IC 4641	109, 110
IC 4646	101, 102
IC 4647	109, 110
IC 4652	101, 102
IC 4653	101, 102
IC 4654	108, 109, 110
IC 4661	108, 109, 110
IC 4662	101, 102
IC 4664	101, 102
IC 4676	42, 43
IC 4679	101, 102
IC 4680	101, 102
IC 4682	108, 109
IC 4686	101, 102
IC 4687	101, 102
IC 4696	101, 102
IC 4702	101, 102
IC 4704	108, 109
IC 4705	108, 109
IC 4708	9, 10
IC 4709	101, 102
IC 4710	101, 109
IC 4712	108, 109
IC 4713	101, 109
IC 4718	101, 102
IC 4719	101
IC 4720	101, 102
IC 4721	101, 102
IC 4721A	101, 102
IC 4722	101
IC 4723	101, 102
IC 4726	101, 102
IC 4727	101, 102
IC 4729	101, 109
IC 4731	101, 102
IC 4734	101
IC 4737	101, 102
IC 4741	101, 102
IC 4742	101, 102
IC 4748	101, 102
IC 4749	101, 102
IC 4751	101, 102
IC 4753	101, 102
IC 4754	101, 102
IC 4757	101
IC 4758	101, 109
IC 4760	101, 102
IC 4761	90, 101
IC 4763	3, 9
IC 4765	101, 102
IC 4766	101, 102
IC 4772	18
IC 4774	101
IC 4777	90, 101
IC 4778	101, 102
IC 4780	101
IC 4783	101
IC 4784	101, 102
IC 4785	101
IC 4789	101, 108, 109
IC 4790	101, 109
IC 4794	101
IC 4796	101
IC 4797	101
IC 4798	101
IC 4799	101, 102
IC 4800	101, 102
IC 4801	101
IC 4806	101
IC 4807	101
IC 4808	90
IC 4814	101
IC 4815	101
IC 4819	101
IC 4821	101
IC 4827	101
IC 4830	101
IC 4831	101
IC 4832	101
IC 4833	101
IC 4835	101
IC 4836	101
IC 4837	101
IC 4837A	101
IC 4838	101
IC 4839	101
IC 4840	101
IC 4842	101
IC 4844	101
IC 4845	101
IC 4847	101, 108, 109
IC 4848	101
IC 4849	101
IC 4852	101
IC 4854	101
IC 4857	101
IC 4866	101
IC 4869	101
IC 4872	101
IC 4875	89, 90, 101
IC 4876	90, 101
IC 4879	89, 90, 101
IC 4881	101
IC 4882	101
IC 4886	89, 90, 101
IC 4887	108, 109
IC 4888	101
IC 4889	101
IC 4894	89, 90, 101
IC 4899	108, 109
IC 4901	101
IC 4904	108, 109
IC 4906	101
IC 4908	101
IC 4909	89, 90
IC 4913	77, 78, 89, 90
IC 4916	89, 90, 101
IC 4923	89, 90, 101
IC 4926	89, 90
IC 4931	89, 90
IC 4933	28
IC 4935	101
IC 4938	101
IC 4943	89, 90
IC 4944	101
IC 4946	89, 90
IC 4952	101
IC 4956	89, 90
IC 4960	108, 109
IC 4963	101
IC 4965	101
IC 4967	108, 109
IC 4970	108, 109
IC 4974-1	100, 101, 109
IC 4975	89, 90, 101
IC 4980	101
IC 4983	89, 90, 101
IC 4985	108, 109
IC 4994	89, 101
IC 4995	89, 101
IC 4999	77
IC 5002	101
IC 5005	77
IC 5009	108, 109
IC 5011	77, 89
IC 5013	77, 89
IC 5014	108, 109
IC 5020	77
IC 5021	101
IC 5023	101, 108, 109
IC 5027	100, 101
IC 5031	101, 108, 109
IC 5032	101, 108, 109
IC 5038	100, 101, 108
IC 5039	77
IC 5041	77
IC 5042	100, 101, 108
IC 5049-1	77, 89
IC 5049-2	77, 89
IC 5050	53, 65
IC 5052	108, 109
IC 5053	108, 109
IC 5054	108, 109
IC 5056	89
IC 5063	100, 101
IC 5064	100, 101
IC 5065	77
IC 5066	100, 101
IC 5069	108, 109
IC 5071	108, 109
IC 5074	100, 101
IC 5078	65
IC 5080	41
IC 5081	41
IC 5083	41
IC 5084	100, 101
IC 5086	77
IC 5088	65, 77
IC 5090	53
IC 5092	100, 101
IC 5094	100, 101, 108
IC 5096	100, 101
IC 5101	100, 101, 108
IC 5102	108, 109, 113
IC 5105	89
IC 5106	108, 109
IC 5109	108, 109, 113
IC 5110	100, 101
IC 5116	108, 109
IC 5125	89, 100
IC 5128	88, 89
IC 5131	76, 77, 88
IC 5138	108
IC 5139	76, 77
IC 5141	100
IC 5149	76, 77
IC 5151	52, 53
IC 5152	88, 89, 100
IC 5154	100, 108
IC 5156	76, 77
IC 5157	76, 77, 88
IC 5161	40
IC 5169	76, 77, 88, 89
IC 5170	88, 89
IC 5171	88, 89
IC 5173	108
IC 5178	64, 76
IC 5179	76, 77, 88, 89
IC 5180	16, 17, 28
IC 5181	88, 89
IC 5185	100, 108
IC 5186	76, 77, 88, 89
IC 5187	100
IC 5188	100
IC 5193	16, 17, 28, 29
IC 5201	88, 89
IC 5210	64
IC 5212	76, 88
IC 5222	100, 108
IC 5227	100
IC 5233	28
IC 5235	100, 108
IC 5240	88
IC 5242	28, 40
IC 5243	28, 40
IC 5246	100
IC 5250A	88
IC 5250B	100, 108
IC 5252	100, 108, 113
IC 5258	28, 40
IC 5261	64
IC 5262-1	76
IC 5262-2	76
IC 5264	76, 88
IC 5267	88
IC 5267A	88
IC 5267B	88
IC 5269	76, 88
IC 5269A	76, 88
IC 5270	76, 88
IC 5273	76, 88
IC 5274	40
IC 5277	100, 108
IC 5279	108, 113
IC 5283	40
IC 5285	28, 40
IC 5288	100, 108, 113
IC 5289	76
IC 5291	40, 52
IC 5297	28
IC 5298	28
IC 5304	64
IC 5305	40
IC 5312	40
IC 5315	28
IC 5320	100, 108, 113
IC 5321	64
IC 5322	100, 108, 113
IC 5323	100, 108, 113
IC 5324	100, 108, 113
IC 5325	88
IC 5328	88, 99
IC 5328A	88, 99
IC 5332	76, 88
IC 5339	108, 113
IC 5341	D27
IC 5342	D27
IC 5345	64, 76
IC 5346	28
IC 5347	28
IC 5350	76
IC 5351	52
IC 5353	76, 87
IC 5354-1	76
IC 5355	28, 39
IC 5356	52
IC 5357	52
IC 5358-1	76
IC 5362	76, 87
IC 5364-1	76, 87
IC 5370	28, 39
IC 5372	28, 39
IC 5378-1	40, 51
IC 5378-2	40, 51
IRAS 00160-0719	63, 75
IRAS 00241-6019	100, 107
IRAS 02117-6158	106, 107
IRAS 03178-5956	106, 107
IRAS 03200-5724	106, 107
IRAS 03467-5354	106
IRAS 04098-4608	97, 98
IRAS 04114-1737	73
IRAS 04257-0432	61
IRAS 07327+3529	36
IRAS 08175-1433	71
IRAS 11212-0425	58
IRAS 11551-0953	69, 70
IRAS 12018-0501	57, 69
IRAS 12142-4841	93, 94, 103
IRAS 12447-5316	93, 103
IRAS 13299+1121	45
IRAS 13304-2317	69, 81
IRAS 13512-3731	80, 81, 92, 93
IRAS 14059-3001	80, 81
IRAS 14164-1915	68
IRAS 15032-4022	92
IRAS 16483-5834	102
IRAS 16493-6254	102
IRAS 17344-5823	101, 102
IRAS 18063-5617	101, 102
IRAS 18078-5815	101, 102
IRAS 18432-6024	101
IRAS 20087-0757	53, 65
IRAS 20168-0528	53, 65
IRAS 20206-5138	89, 90, 101
IRAS 20440-0232	53
KKH 21	14, 15
KKH 41	6, 7
KKH 44	6, 7, 14
KKH 99	28, 39
KUG 1134+157	46
LMC	105, 106, 111, 112, 113, D29
M 31	27
M 32	27
M 33	39
M 49	45, 57, D3
M 51	20, 21
M 58	45, D2
M 59	45, D2
M 60	45
M 61	57, D3
M 63	21
M 64	33, 45
M 65	46
M 66	46
M 74	51
M 77	62
M 81	5, 12
M 82	5
M 83	81
M 85	45, D2
M 86	45, D2
M 87	45, D2
M 88	45, D2
M 89	45, D2
M 90	45, D2
M 91	45, D2
M 94	21
M 95	46
M 96	46
M 98	45, D2
M 99	45, D2
M 100	45, D2
M 101	11
M 102	10, 11
M 104	69
M 105	46
M 106	21, 22
M 108	12
M 109	11, 12, 21, 22
M 110	27
MB 1	14, 15
MCG -7-2-13	87, 99
MCG -7-3-19	99
MCG -7-4-7	99
MCG -7-4-13	99
MCG -7-5-6	98, 99
MCG -7-10-9	97, 98
MCG -7-24-4	93, 94
MCG -7-24-5	93, 94
MCG -7-26-6	93, 94
MCG -7-26-21	D19
MCG -7-26-57	D19
MCG -7-27-50	93
MCG -7-27-51	93
MCG -7-31-9	92
MCG -7-40-5	89, 90
MCG -7-40-6	89, 90
MCG -7-40-8	89, 90
MCG -7-41-1	89, 90
MCG -7-41-5	89, 90
MCG -7-41-27	89, 90
MCG -7-42-14	89
MCG -7-42-17	89
MCG -7-43-1	89
MCG -7-44-13	89
MCG -7-46-5	88
MCG -7-47-17	88
MCG -7-47-31	88
MCG -7-47-32	88
MCG -7-48-19	76, 88, 99
MCG -7-48-27	76, 88, 99
MCG -6-1-1	76, 87, 99
MCG -6-1-2	76, 87
MCG -6-1-5	76, 87
MCG -6-1-28	76, 87, 88, 99
MCG -6-1-32	76, 87, 88, 99
MCG -6-2-22	87
MCG -6-3-4	87, 99
MCG -6-4-36	87, 99
MCG -6-4-40	87, 99
MCG -6-4-54	87, 99
MCG -6-4-65	87
MCG -6-5-22	86, 87, 98, 99
MCG -6-5-26	86, 98, 99
MCG -6-6-6	86
MCG -6-6-12	86
MCG -6-7-7	86
MCG -6-8-24	D10
MCG -6-10-7	85, 97
MCG -6-12-9	85
MCG -6-12-15	85, 97
MCG -6-13-12	84, 85, 96, 97
MCG -6-13-20	84, 85, 96, 97
MCG -6-14-3	84, 85, 96, 97
MCG -6-14-5	84, 85
MCG -6-14-12	84, 85
MCG -6-14-13	96, 97
MCG -6-15-6	84
MCG -6-15-12	84
MCG -6-15-13	84, 96
MCG -6-15-15	84, 96
MCG -6-20-4	95
MCG -6-22-2	82, 83
MCG -6-22-4	82, 83, 94, 95
MCG -6-22-9	82, 83, 94, 95
MCG -6-23-9	82, 83, 94, 95
MCG -6-23-21	82, 83, 95
MCG -6-23-51A	D21
MCG -6-24-11	82, 94
MCG -6-25-7	82, 94
MCG -6-25-12	82, 94
MCG -6-27-31	81, 93
MCG -6-28-10	81
MCG -6-28-16	81
MCG -6-29-8	81
MCG -6-29-20	81, 93
MCG -6-29-34	81, 93
MCG -6-30-22	80, 81, 92, 93
MCG -6-31-4	D17
MCG -6-31-16	D17
MCG -6-31-20	D17
MCG -6-31-26	80, 81, 92, 93
MCG -6-31-29	80, 81, 93
MCG -6-33-5	80, 92
MCG -6-40-2	78, 90
MCG -6-43-4	77, 78, 89, 90
MCG -6-43-8	78, 89, 90
MCG -6-43-9	77, 78, 89, 90
MCG -6-43-10	77, 78, 89, 90
MCG -6-43-11	77, 78
MCG -6-44-4	89, 90
MCG -6-44-6	77, 78, 89, 90
MCG -6-44-12	77, 78
MCG -6-45-10	77
MCG -6-46-4	77
MCG -6-46-6	77
MCG -6-47-10	77, 89
MCG -6-47-13	76, 77, 88, 89
MCG -6-48-4	76, 77, 88
MCG -6-48-6	76, 77, 88, 89
MCG -6-48-13	76, 77, 88, 89
MCG -6-48-23	76, 77, 88, 89
MCG -6-49-14	76
MCG -6-50-4	76, 88
MCG -6-50-7	76, 88
MCG -6-50-11	76
MCG -6-50-22	76
MCG -6-50-25	76
MCG -6-51-2	76, 88
MCG -6-51-4	76, 88
MCG -6-51-7	76
MCG -6-51-9	76
MCG -6-51-15	76, 88
MCG -6-52-4	76, 87, 88, 99
MCG -6-52-5	76, 87, 88, 99
MCG -5-1-16	76, 87
MCG -5-6-2	86, 87
MCG -5-7-6	86
MCG -5-11-13	85
MCG -5-11-15	85
MCG -5-14-19	84, 85
MCG -5-14-20	84, 85
MCG -5-22-6	83
MCG -5-28-13	81, 82
MCG -5-29-4	81, 82
MCG -5-29-11	81, 82
MCG -5-32-74	81
MCG -5-45-5	78
MCG -5-46-4	78
MCG -5-47-3	77, 78
MCG -5-51-15	76, 77
MCG -5-52-35	76, 77
MCG -4-2-39	75, 87
MCG -4-3-52	75, 87
MCG -4-7-3	74, 86
MCG -4-7-15	86
MCG -4-8-34	86
MCG -4-8-55	86
MCG -4-15-16	84
MCG -4-16-6	84
MCG -4-23-4	83
MCG -4-31-13	81
MCG -4-31-42	81
MCG -4-32-35	81
MCG -4-33-18	81
MCG -4-33-37	68, 69, 80, 81
MCG -4-33-51	80, 81
MCG -4-35-14	80
MCG -4-48-12	77
MCG -4-52-34	76
MCG -3-1-9	64, 75
MCG -3-2-39	75
MCG -3-2-40	75
MCG -3-2-6	75
MCG -3-4-14	75
MCG -3-4-38	75
MCG -3-5-7	75
MCG -3-5-18	75
MCG -3-7-20	74
MCG -3-7-32	74
MCG -3-7-52	74
MCG -3-8-25	74
MCG -3-8-57	74
MCG -3-9-20	74
MCG -3-9-44	74
MCG -3-10-42	74
MCG -3-10-45	74
MCG -3-11-16	73
MCG -3-11-20	73
MCG -3-12-8	73
MCG -3-12-11	73
MCG -3-13-4	73
MCG -3-13-10	73
MCG -3-13-26	73
MCG -3-13-27	73
MCG -3-13-42	73
MCG -3-13-51	73
MCG -3-13-53	73
MCG -3-13-56	73
MCG -3-13-63	73
MCG -3-14-11	73
MCG -3-15-6	73
MCG -3-16-1	72, 73
MCG -3-16-7	72, 73, 84, 85
MCG -3-16-14	72, 73
MCG -3-16-18	72
MCG -3-17-5	72
MCG -3-23-9	71
MCG -3-25-16	71
MCG -3-25-25	71
MCG -3-26-30	70
MCG -3-27-10	70
MCG -3-27-14	70
MCG -3-27-17	70
MCG -3-28-17	70
MCG -3-28-24	70
MCG -3-29-2	70
MCG -3-29-6	70
MCG -3-30-7	70
MCG -3-31-23	69
MCG -3-32-3	69
MCG -3-32-16	69
MCG -3-33-18	69, 81
MCG -3-33-23	69
MCG -3-34-14	69
MCG -3-34-22	D12
MCG -3-34-41	D12
MCG -3-34-44	69
MCG -3-34-48	69
MCG -3-34-51	69
MCG -3-34-55	69
MCG -3-34-57	69
MCG -3-34-60	69
MCG -3-34-72	69, 81
MCG -3-34-81	69, 81
MCG -3-34-82	69
MCG -3-35-5	69
MCG -3-35-7	69
MCG -3-35-9	69
MCG -3-35-19	69
MCG -3-38-10	68, 80
MCG -3-40-3	68
MCG -3-50-1	66
MCG -3-53-25	65
MCG -3-56-11	64
MCG -3-57-16	64
MCG -3-57-19	64
MCG -3-57-24	64
MCG -3-58-6	64
MCG -3-58-13	64
MCG -3-60-17	64
MCG -2-1-36	63, 75
MCG -2-1-52	75
MCG -2-2-30	75
MCG -2-2-38	75
MCG -2-2-40	75
MCG -2-2-46	75
MCG -2-2-73	75
MCG -2-2-80	75
MCG -2-3-15	75
MCG -2-3-18	75
MCG -2-3-19	75
MCG -2-3-22	75
MCG -2-3-52	63, 75
MCG -2-3-63	75
MCG -2-3-68	75
MCG -2-4-32	75
MCG -2-4-46	75
MCG -2-4-56	75
MCG -2-4-61	75
MCG -2-4-64	75
MCG -2-5-8	75
MCG -2-5-17	75
MCG -2-5-20	75
MCG -2-5-27	75
MCG -2-5-40	75
MCG -2-5-46	75
MCG -2-5-50	75
MCG -2-5-64	63, 75
MCG -2-7-2	74
MCG -2-7-6	74
MCG -2-7-12	74
MCG -2-7-25	74
MCG -2-7-41	74
MCG -2-7-69	74
MCG -2-7-73	74
MCG -2-8-18	62, 74
MCG -2-9-2	74
MCG -2-9-3	74
MCG -2-11-20	73
MCG -2-11-28	73
MCG -2-11-32	73
MCG -2-11-39	73
MCG -2-12-6	73
MCG -2-12-18	73
MCG -2-12-21	73
MCG -2-12-23	73
MCG -2-12-26	73
MCG -2-12-30	73
MCG -2-12-47	73
MCG -2-12-48	73
MCG -2-12-54	61, 73
MCG -2-13-6	73
MCG -2-13-9	73
MCG -2-13-10	73
MCG -2-13-12	73
MCG -2-13-40A	73
MCG -2-22-1	71
MCG -2-22-3	71
MCG -2-22-7	71
MCG -2-22-8	71
MCG -2-22-13	71
MCG -2-22-18	71
MCG -2-22-23	71
MCG -2-22-25	71
MCG -2-24-5	71
MCG -2-24-7	71
MCG -2-24-13	71
MCG -2-24-27	71
MCG -2-24-28	71
MCG -2-25-2	71
MCG -2-25-3	71
MCG -2-25-6	71
MCG -2-25-11	71
MCG -2-25-17	71
MCG -2-25-23	71
MCG -2-25-24	71
MCG -2-25-25	71
MCG -2-26-3	70, 71
MCG -2-26-8	70, 71
MCG -2-26-10	70, 71
MCG -2-26-14	70, 71
MCG -2-26-27	70, 71
MCG -2-26-31	70, 71
MCG -2-26-40	70
MCG -2-28-20	70
MCG -2-28-29	70
MCG -2-28-40	70
MCG -2-28-45	70
MCG -2-29-5	70
MCG -2-29-27	70
MCG -2-29-39	70
MCG -2-30-7	70
MCG -2-30-19	70
MCG -2-30-31	70
MCG -2-30-38	70
MCG -2-31-13	69, 70
MCG -2-31-19	69
MCG -2-31-19A	69
MCG -2-32-26	69
MCG -2-32-3	69
MCG -2-33-15	69
MCG -2-33-17	69
MCG -2-33-28	69
MCG -2-33-35	69
MCG -2-33-54	69
MCG -2-33-63	69
MCG -2-33-75	69
MCG -2-34-1	69
MCG -2-34-29	69
MCG -2-34-31	69
MCG -2-34-32	69
MCG -2-34-47	69
MCG -2-34-52	69
MCG -2-34-54	69
MCG -2-34-60	69
MCG -2-35-2	69
MCG -2-35-5	69
MCG -2-35-8	69
MCG -2-35-10	69
MCG -2-35-11	69
MCG -2-35-18	69
MCG -2-36-11	68, 69
MCG -2-36-17	68
MCG -2-38-29	68
MCG -2-38-30	68
MCG -2-39-8	68
MCG -2-41-1	67
MCG -2-51-2	65
MCG -2-51-3	65
MCG -2-51-4	65
MCG -2-51-5	65
MCG -2-51-6	65
MCG -2-51-8	65
MCG -2-52-6	65
MCG -2-52-19	65
MCG -2-53-3	65
MCG -2-53-8	65
MCG -2-53-17	65
MCG -2-53-23	65
MCG -2-56-1	64, 65
MCG -2-56-10	64, 65
MCG -2-57-2	64
MCG -2-57-8	52, 64
MCG -2-58-23	64
MCG -2-58-24	64
MCG -2-59-20	52, 64
MCG -2-60-16	52, 64
MCG -1-1-8	52, 63
MCG -1-1-11	52, 63
MCG -1-1-18	52, 63, 64, 75
MCG -1-1-27	52, 63, 64, 75
MCG -1-1-30	63, 75
MCG -1-1-41	63, 75
MCG -1-1-44	63, 75
MCG -1-1-52	63
MCG -1-1-71	63, 75
MCG -1-2-34	63, 75
MCG -1-2-40	63
MCG -1-2-47	63, 75
MCG -1-3-10	63, 75
MCG -1-3-18	63, 75
MCG -1-3-49	63, 75
MCG -1-3-51	63
MCG -1-3-84	63, 75
MCG -1-3-85	63, 75
MCG -1-4-9	63, 75
MCG -1-4-16	63, 75
MCG -1-4-40	63
MCG -1-4-51	63, 75
MCG -1-4-58	63
MCG -1-5-29	63
MCG -1-5-31	63
MCG -1-6-12	62, 63, 74, 75
MCG -1-6-18	62, 63, 74, 75
MCG -1-6-22	62, 63, 74, 75
MCG -1-7-6	62, 74
MCG -1-7-16	62
MCG -1-7-29	62
MCG -1-8-25	62
MCG -1-9-22	62
MCG -1-9-24	62, 74
MCG -1-9-31	62, 74
MCG -1-9-39	62, 74
MCG -1-9-43	62
MCG -1-9-45	62
MCG -1-10-1	62
MCG -1-10-6	62
MCG -1-11-5	61, 73
MCG -1-12-15	61
MCG -1-13-8	61
MCG -1-13-17	61
MCG -1-13-30	61
MCG -1-13-34	61
MCG -1-14-12	61, 73
MCG -1-22-2	59, 71
MCG -1-22-13	59, 71
MCG -1-22-15	59, 71
MCG -1-22-18	59
MCG -1-22-20	59
MCG -1-22-25	59
MCG -1-22-29	59
MCG -1-22-34	59
MCG -1-23-2	59, 71
MCG -1-23-5	59, 71
MCG -1-23-8	59, 71
MCG -1-23-19	59, 71
MCG -1-23-21	59, 71
MCG -1-24-4	71
MCG -1-24-10	59, 71
MCG -1-24-14	59, 71
MCG -1-25-2	59, 71
MCG -1-25-3	59, 71
MCG -1-25-5	59, 71
MCG -1-25-9	59
MCG -1-25-15	59, 71
MCG -1-25-18	71
MCG -1-25-19	59
MCG -1-25-41	59, 71
MCG -1-25-48	71
MCG -1-26-10	58, 59, 70, 71
MCG -1-26-16	58, 70
MCG -1-26-21	58, 70
MCG -1-27-31	58, 70
MCG -1-28-6	58, 70
MCG -1-29-2	58
MCG -1-29-4	58
MCG -1-29-6	58, 70
MCG -1-29-10	58, 70
MCG -1-29-13	58, 70
MCG -1-29-15	58, 70

MCG -1-29-17....58
MCG -1-29-18....58
MCG -1-29-19....70
MCG -1-30-11....58, 70
MCG -1-30-12....70
MCG -1-30-25....58, 70
MCG -1-30-33....58
MCG -1-30-41....58, 70
MCG -1-31-1....57, 58
MCG -1-31-3....57
MCG -1-31-4....57
MCG -1-32-7....57, 69
MCG -1-32-17....57, 69
MCG -1-32-18....57, 69
MCG -1-32-26....57
MCG -1-32-33....57
MCG -1-32-35....69
MCG -1-33-6....69
MCG -1-33-7....57, 69
MCG -1-33-31....69
MCG -1-33-34....69
MCG -1-33-48....57, 69
MCG -1-33-59....57
MCG -1-34-8....57, 69
MCG -1-34-17....57, 69
MCG -1-35-5....57, 69
MCG -1-35-7....57, 69
MCG -1-35-8....57, 69
MCG -1-35-10....57, 69
MCG -1-35-12....57, 69
MCG -1-36-5....56, 68
MCG -1-36-10....68
MCG -1-37-6....56, 68
MCG -1-37-11....56, 68
MCG -1-39-5....56
MCG -1-40-8....56, 68
MCG -1-41-5....55
MCG -1-42-4....55
MCG -1-52-7....53
MCG -1-52-17....53, 65
MCG -1-53-2....53
MCG -1-53-4....53
MCG -1-53-6....53
MCG -1-53-8....53
MCG -1-53-13....53, 65
MCG -1-53-18....53
MCG -1-53-20....53, 65
MCG -1-56-3....52
MCG -1-56-5....52
MCG -1-57-4....52
MCG -1-57-16....52
MCG -1-58-9....52
MCG -1-58-15....52, 64
MCG -1-60-12....52
MCG -1-60-14....52
MCG -1-60-21....52
MCG -1-60-26....52, 64
MCG +0-1-39....63
MCG +0-4-167....63
MCG +0-5-46....63
MCG +0-6-10....62, 63
MCG +0-6-15....62, 63
MCG +0-8-37....62
MCG +0-8-75....62
MCG +0-8-91....62
MCG +0-8-95....62
MCG +0-9-1....62
MCG +0-9-22....62
MCG +0-9-26....62
MCG +0-10-21....62
MCG +0-10-22....62
MCG +0-11-47....61
MCG +0-12-51....61
MCG +0-12-53....61
MCG +0-12-54....61
MCG +0-12-58....61
MCG +0-12-65....61
MCG +0-13-35....61
MCG +0-14-20....61
MCG +0-23-20....59
MCG +0-25-5....59
MCG +0-25-9....59
MCG +0-27-2....58
MCG +0-27-4....58
MCG +0-27-5....58
MCG +0-27-22....58
MCG +0-27-27....58
MCG +0-30-3....58
MCG +0-30-27....58
MCG +0-31-23....57, 58
MCG +0-31-41....57
MCG +0-32-18....57
MCG +0-32-29....57
MCG +0-33-3....57
MCG +0-33-23....57
MCG +0-34-5....57
MCG +0-34-28....57
MCG +0-34-35....57
MCG +0-34-37....57
MCG +0-35-18....57
MCG +0-36-3....56, 57
MCG +0-36-14....56, 57

MCG +0-37-9....56
MCG +0-37-13....56
MCG +0-37-17....56
MCG +0-39-4....56
MCG +0-42-5....55
MCG +0-43-3....55
MCG +0-52-16....53
MCG +0-52-40....53
MCG +0-55-14....53
MCG +0-58-22....52
MCG +0-59-18....52
MCG +0-60-32....52
MCG +1-2-18....51, 63
MCG +1-6-13....62, 63
MCG +1-8-27....50, 62
MCG +1-11-1....49, 50, 61, 62
MCG +1-14-7....49, 61
MCG +1-21-5....47, 48, 59, 60
MCG +1-21-14....59
MCG +1-22-15....47, 59
MCG +1-24-8....47, 59
MCG +1-24-11....47, 59
MCG +1-24-15....59
MCG +1-24-23....59
MCG +1-25-26....59
MCG +1-25-29....59
MCG +1-26-1....58, 59
MCG +1-26-15....58
MCG +1-26-16....58
MCG +1-26-17....58
MCG +1-27-5....58
MCG +1-27-20....46, 58
MCG +1-28-20....58
MCG +1-29-17....58
MCG +1-30-5....58
MCG +1-30-6....58
MCG +1-30-18....46, 58
MCG +1-31-9....45, 46, 57, 58
MCG +1-31-53....D3
MCG +1-32-59....D3
MCG +1-32-60....D3
MCG +1-32-88....D3
MCG +1-32-111....D3
MCG +1-34-13....45, 57
MCG +1-35-5....57
MCG +1-35-14....57
MCG +1-35-28....57
MCG +1-35-37....45, 57
MCG +1-36-5....44, 45, 56, 57
MCG +1-36-24....44, 56
MCG +1-37-33....44, 56
MCG +1-37-41....56
MCG +1-37-43....56
MCG +1-39-18....56
MCG +1-39-24....56
MCG +1-41-4....55, 56
MCG +1-42-8....55
MCG +1-43-6....55
MCG +1-45-2....43, 55
MCG +1-53-11....41, 53
MCG +1-55-5....41, 53
MCG +1-56-4....40, 41, 52, 53
MCG +1-58-22....40
MCG +1-59-59....40, 52
MCG +1-60-39....40, 52
MCG +2-7-10....50
MCG +2-18-3....48
MCG +2-18-4....48
MCG +2-25-14....47
MCG +2-25-23....47
MCG +2-25-34....47
MCG +2-25-35....47, 59
MCG +2-25-39....47, 59
MCG +2-25-42....47, 59
MCG +2-26-8....46, 47
MCG +2-27-4....46
MCG +2-27-9....46
MCG +2-28-10....46
MCG +2-28-26....46
MCG +2-29-4....46
MCG +2-31-7....45, 46
MCG +2-31-76....D2
MCG +2-31-81....D2
MCG +2-32-25....D3
MCG +2-32-54....D3
MCG +2-32-144....D3
MCG +2-33-12....45, 57
MCG +2-35-18....45, 57
MCG +2-35-22....45
MCG +2-36-10....44, 45, 56, 57
MCG +2-36-30....44, 45
MCG +2-36-35....44, 45
MCG +2-36-45....44, 56
MCG +2-37-8....44
MCG +2-38-34....44
MCG +2-39-6....44
MCG +2-39-20....44, 56
MCG +2-40-9....44
MCG +2-40-10....44
MCG +2-41-3....43, 44
MCG +2-41-10....43
MCG +2-45-5....43

MCG +2-52-25....41
MCG +2-54-12....41
MCG +2-56-6....40, 41
MCG +2-56-26....40
MCG +2-60-17....40
MCG +3-1-5....40, 51
MCG +3-6-8....50, 51
MCG +3-20-11....48
MCG +3-21-2....47, 48
MCG +3-23-13....47
MCG +3-23-22....47
MCG +3-24-2....47
MCG +3-24-24....47
MCG +3-25-7....47
MCG +3-27-2....46
MCG +3-28-2....46
MCG +3-28-26....46
MCG +3-28-29....46
MCG +3-30-7....46
MCG +3-30-14....46
MCG +3-30-33....46
MCG +3-30-38....46
MCG +3-30-51....D23
MCG +3-30-98....D23
MCG +3-31-25....45, 46
MCG +3-31-26....45, 46
MCG +3-31-29....45, 46
MCG +3-31-30....45, 46
MCG +3-31-49....45
MCG +3-31-64....D2
MCG +3-31-75....D2
MCG +3-31-91....D2
MCG +3-31-94....D2
MCG +3-32-3....D2
MCG +3-32-82....D2
MCG +3-33-22....45
MCG +3-34-12....45
MCG +3-35-33....45
MCG +3-36-47....44, 45
MCG +3-36-50....44
MCG +3-38-57....44
MCG +3-40-9....44
MCG +3-41-4....31, 43, 44
MCG +3-41-33....43, 44
MCG +3-41-61....43, 44
MCG +3-41-63....43, 44
MCG +3-41-71....43, 44
MCG +3-41-108....43, 44
MCG +3-42-26....43
MCG +3-43-5....43
MCG +3-47-8....42
MCG +3-47-10....42
MCG +3-60-22....40
MCG +4-5-36....38, 39
MCG +4-6-49....38
MCG +4-7-8....38, 50
MCG +4-7-17....38
MCG +4-17-1....36, 48
MCG +4-18-7....36, 48
MCG +4-20-69....35, 47
MCG +4-25-34....34, 46
MCG +4-28-47....D23
MCG +4-28-54....34, 46
MCG +4-28-122....33, 34, 45, 46
MCG +4-32-2....33, 45
MCG +4-32-7....33, 45
MCG +4-35-17....32
MCG +4-37-4....32, 44
MCG +4-37-14....32, 44
MCG +4-37-55....31, 32, 43, 44
MCG +4-38-14....31, 32, 43, 44
MCG +4-38-45....31, 43
MCG +4-41-18....31
MCG +4-42-17....30, 31, 42, 43
MCG +4-42-22....30, 31
MCG +4-43-31....30, 42
MCG +4-55-2....28
MCG +5-1-63....39
MCG +5-5-11....38, 39
MCG +5-5-29....38, 39
MCG +5-7-18....38
MCG +5-17-12....36
MCG +5-18-11....36
MCG +5-19-4....36
MCG +5-20-7....35
MCG +5-22-25....35
MCG +5-22-34....35
MCG +5-25-9....34
MCG +5-25-31....34
MCG +5-26-3....34
MCG +5-26-47....34
MCG +5-27-47....34
MCG +5-27-52....34
MCG +5-29-35....33, 34
MCG +5-30-64....33
MCG +5-30-116....33
MCG +5-31-45....33
MCG +5-31-67....33
MCG +5-31-95....D24
MCG +5-31-135....33
MCG +5-31-167....33
MCG +5-32-1....33
MCG +5-32-49....33

MCG +5-33-28....32, 33
MCG +5-34-23....32
MCG +5-37-17....32
MCG +5-38-19....31, 32
MCG +5-40-2....31
MCG +5-40-38....31
MCG +5-43-16....30
MCG +5-44-2....30
MCG +5-54-3....28
MCG +5-54-41....28
MCG +5-55-10....28
MCG +6-1-12....16, 27, 28, 39
MCG +6-1-26....39
MCG +6-1-30....16, 27, 39
MCG +6-4-9....27, 39
MCG +6-4-55....39
MCG +6-5-5....26, 38, 39
MCG +6-5-73....26, 27, 38, 39
MCG +6-16-1....36
MCG +6-16-4....36
MCG +6-16-12....36
MCG +6-18-2....35, 36
MCG +6-19-20....35
MCG +6-21-51....35
MCG +6-22-9....22, 34, 35
MCG +6-22-38....22, 23, 34, 35
MCG +6-22-44....22, 23, 34, 35
MCG +6-23-10....22, 34
MCG +6-23-23....22, 34
MCG +6-25-6....22, 34
MCG +6-26-10....34
MCG +6-26-31....21, 22, 33, 34
MCG +6-26-65....33, 34
MCG +6-27-46....21, 33
MCG +6-27-54....21, 33
MCG +6-28-13....33
MCG +6-28-42....33
MCG +6-29-56....33
MCG +6-29-67....21, 33
MCG +6-30-3....33
MCG +6-30-73....20, 21, 32, 33
MCG +6-30-89....20, 21, 32, 33
MCG +6-31-84....21, 32, 33
MCG +6-32-57....32
MCG +6-32-70....32
MCG +6-33-20....20, 32
MCG +6-38-5....19, 31
MCG +6-40-6....18, 19, 30, 31
MCG +6-41-6....18, 30
MCG +6-49-60....28
MCG +6-49-72....28
MCG +6-50-25....16, 28
MCG +7-2-18....27
MCG +7-2-19....27
MCG +7-3-31....27
MCG +7-6-6....26, 27
MCG +7-6-20....26, 38
MCG +7-6-74....26
MCG +7-7-1....26
MCG +7-7-8....26
MCG +7-16-15....23, 24
MCG +7-18-6....23, 35
MCG +7-18-55....23
MCG +7-19-2....23
MCG +7-19-3....23
MCG +7-20-68....22, 23
MCG +7-21-2....22, 23
MCG +7-21-49....22, 34
MCG +7-22-1....22, 23
MCG +7-22-54....22, 34
MCG +7-23-18....22
MCG +7-23-19....22
MCG +7-23-41....22, 34
MCG +7-25-7....21, 22
MCG +7-25-15....21, 22
MCG +7-25-61....21, 22
MCG +7-26-2....21, 22
MCG +7-26-34....21, 33
MCG +7-29-37....20, 21, 32
MCG +7-31-10....20
MCG +7-32-44....19, 20
MCG +7-33-11....19, 20
MCG +7-33-25....19, 20
MCG +7-33-27....19, 20
MCG +7-33-40....19, 20
MCG +7-33-51....19, 20
MCG +7-34-15....19, 31
MCG +7-34-19....19
MCG +7-34-35....19
MCG +7-34-36....19, 31
MCG +7-34-105....19
MCG +7-34-130....19, 31
MCG +7-35-15....19
MCG +7-35-55....19
MCG +7-36-1....19, 31
MCG +7-36-30....18, 19
MCG +7-41-1....D1
MCG +7-41-3....D1
MCG +7-47-3....16
MCG +8-13-61....24
MCG +8-13-102....D15
MCG +8-13-109....D15

MCG +8-14-34....23, 24
MCG +8-15-8....23, 24
MCG +8-20-28....22
MCG +8-20-40....22
MCG +8-20-83....22
MCG +8-21-16....22
MCG +8-22-21....21, 22
MCG +8-23-26....21, 22
MCG +8-23-32....21, 22
MCG +8-23-41....21, 22
MCG +8-23-52....21, 22
MCG +8-24-86....21
MCG +8-27-18....20
MCG +8-27-60....11, 20
MCG +8-27-62....10, 11, 20
MCG +8-30-16....19, 20
MCG +8-30-24....19, 20
MCG +8-30-28....19, 20
MCG +8-31-4....19
MCG +8-31-19....19
MCG +8-36-3....17, 18
MCG +9-12-4....13
MCG +9-13-1....13, 24
MCG +9-13-99....13
MCG +9-14-31....13
MCG +9-14-50....13
MCG +9-14-61....13
MCG +9-14-80....13, 23
MCG +9-15-11....12, 13
MCG +9-16-42....12
MCG +9-18-14....12, 22
MCG +9-19-14....12
MCG +9-19-49....12, 22
MCG +9-19-73....12
MCG +9-19-97....12, 21, 22
MCG +9-19-112....12
MCG +9-20-97....11, 12, 21
MCG +9-20-116....11, 21, 22
MCG +9-22-20....11, 21
MCG +9-22-94....11
MCG +9-25-3....10, 11, 20
MCG +9-25-54....10
MCG +10-10-21....13
MCG +10-12-103....13
MCG +10-17-19....11, 12
MCG +10-17-64....4, 11, 12
MCG +10-18-51....11, 12
MCG +10-19-71....11
MCG +10-23-14....10
MCG +10-23-51....4, 10
MCG +10-23-55....10
MCG +10-24-52....10
MCG +10-24-80....10
MCG +10-25-34....9, 10
MCG +10-25-116....9, 10
MCG +11-8-12....13, 14
MCG +11-12-10....12, 13
MCG +11-14-33....11, 12
MCG +11-18-4....4, 10, 11
MCG +11-18-27....4, 10, 11
MCG +12-14-4....4
MCG +13-6-23....5, 6
MCG +13-7-22....5, 6
MCG +13-11-12....3, 4
MCG +13-12-3....3, 4
Mrk 335....28, 40, 51
Mrk 360....51
Mrk 421....22, 34
Mrk 757....33, 34
NGC 1....28, 39
NGC 2....28, 39
NGC 3....51, 63
NGC 9....28, 39, 51
NGC 12....63
NGC 16....28, 39
NGC 19....28, 39
NGC 20....28, 39
NGC 23....28, 39
NGC 24....76, 87
NGC 25....100, 107
NGC 26....28, 39
NGC 28....100, 107
NGC 29....28, 39
NGC 35....75
NGC 37....100, 107
NGC 38....63, 75
NGC 39....28, 39
NGC 41....39, 51
NGC 43....28, 39
NGC 45....75, 87
NGC 50....63, 75
NGC 51....16, 27
NGC 53....100, 107
NGC 55....88, 99
NGC 57....51
NGC 59....75, 87
NGC 61-1....63, 75
NGC 62....75
NGC 63....51

NGC 64....63, 75
NGC 65....75, 87
NGC 66....75, 87
NGC 68....39
NGC 70....39
NGC 71....39
NGC 72....39
NGC 72A....39
NGC 75....51, 63
NGC 76....39
NGC 77....75, 87
NGC 78....63
NGC 78A....63
NGC 79....39, 51
NGC 80....39, 51
NGC 83....39, 51
NGC 85A....39, 51
NGC 88....88, 99
NGC 89....88, 99
NGC 90....39, 51
NGC 92....88, 99
NGC 93....39, 51
NGC 97....39
NGC 98....88, 99
NGC 99....51
NGC 100....51
NGC 101....87
NGC 102....75
NGC 105....51
NGC 106....63
NGC 108....39
NGC 112....39
NGC 113....63
NGC 114....63
NGC 115....87
NGC 118....75
NGC 119....100, 107
NGC 124....63
NGC 125....63
NGC 128....63
NGC 131....87
NGC 132....63
NGC 134....87
NGC 137....51
NGC 140....39
NGC 144....75, 87
NGC 145....63
NGC 147....16, 27
NGC 148....87
NGC 150....87
NGC 151....75
NGC 157....63, 75
NGC 160....39, 51
NGC 161....63
NGC 163....75
NGC 165....75
NGC 167....75, 87
NGC 169....39, 51
NGC 170....63
NGC 171....75
NGC 173....63
NGC 174....87
NGC 179....75
NGC 180....51, 63
NGC 182....39
NGC 183....39
NGC 185....27
NGC 187....75
NGC 190....51, 63
NGC 190-2....51, 63
NGC 191....75
NGC 191A....63, 75
NGC 192....63
NGC 193....63
NGC 194....63
NGC 195....75
NGC 196....63
NGC 197....63
NGC 198....63
NGC 199....63
NGC 200....63
NGC 201....63
NGC 204....63
NGC 207....75
NGC 209....75
NGC 210....75
NGC 212....107
NGC 214....39
NGC 215....107
NGC 216....75, 87
NGC 217....75
NGC 219....63
NGC 223....63
NGC 226....39
NGC 227....63
NGC 232....75, 87
NGC 233....39
NGC 234....51
NGC 235A....75, 87
NGC 235B....75, 87

NGC 236....63
NGC 237....63
NGC 238....99, 107
NGC 240....51, 63
NGC 243....39
NGC 244....75
NGC 245....63
NGC 247....75, 87
NGC 252....39
NGC 253....87
NGC 254....87
NGC 255....75
NGC 257....51, 63
NGC 258....39
NGC 260....39
NGC 262....39
NGC 264....87, 99
NGC 266....39
NGC 268....63
NGC 270....63, 75
NGC 271....63
NGC 273....63, 75
NGC 274....63, 75
NGC 275....63, 75
NGC 278....27
NGC 279....63
NGC 282....39
NGC 284....75
NGC 287....39
NGC 289....87
NGC 292....108, 113, D28
NGC 295....39
NGC 296....39
NGC 300....87, 99
NGC 304....39, 51
NGC 307....63
NGC 309....75
NGC 311....39
NGC 312....99, 107
NGC 314....87
NGC 315....39
NGC 317....27
NGC 317A....27
NGC 318....39
NGC 319....99
NGC 320....75, 87
NGC 322....51, 63
NGC 322-1....99
NGC 323....99, 107
NGC 324....99
NGC 326....39
NGC 332....51, 63
NGC 333B....75
NGC 337....63, 75
NGC 338....39
NGC 340....63, 75
NGC 341....75
NGC 348....99, 107
NGC 349....63, 75
NGC 351....63
NGC 352....63
NGC 354....39, 51
NGC 356....63, 75
NGC 357....63, 75
NGC 359....63
NGC 364....63
NGC 365....87
NGC 368....99
NGC 369....75
NGC 374....D11
NGC 375....D11
NGC 378....87
NGC 379....D11
NGC 380....D11
NGC 382....D11
NGC 383....D11
NGC 384....D11
NGC 385....D11
NGC 386....D11
NGC 391....63
NGC 392....39
NGC 393....27
NGC 394....39
NGC 399....D11
NGC 403....D11
NGC 404....39
NGC 406....108, 113
NGC 407....39
NGC 409....87, 99
NGC 410....39
NGC 414....39
NGC 417....75
NGC 418....87
NGC 420....39
NGC 423....87
NGC 424....87, 99
NGC 425....27, 39
NGC 426....63
NGC 428....63
NGC 430....63
NGC 431....39
NGC 432....107
NGC 434....107

NGC 437....51, 63
NGC 438....87, 99
NGC 439....87
NGC 440....107
NGC 441....87
NGC 442....63
NGC 443....39
NGC 445....63
NGC 446....63
NGC 448....63
NGC 450....63
NGC 451....39
NGC 454-1....107
NGC 454-2....107
NGC 455....63
NGC 461....87
NGC 462....63
NGC 466....107
NGC 467....63
NGC 470....63
NGC 471....51
NGC 473....51
NGC 474....63
NGC 476....51
NGC 477....27
NGC 478....75, 87
NGC 479....63
NGC 481....75
NGC 483....D14
NGC 484....107
NGC 485....51, 63
NGC 486....63
NGC 487....75
NGC 488....63
NGC 489....51, 63
NGC 491....87
NGC 493....63
NGC 494....D14
NGC 495....D14
NGC 496....D14
NGC 497....63
NGC 498....D14
NGC 499....D14
NGC 501....D14
NGC 502....51, 63
NGC 503....D14
NGC 504....D14
NGC 505....51, 63
NGC 507....39, D14
NGC 508....D14
NGC 513....D14
NGC 514....51
NGC 515....D14
NGC 516....51
NGC 517....D14
NGC 519....D14
NGC 520....63
NGC 521....63
NGC 523....D14
NGC 524....51
NGC 525....51
NGC 526A....87
NGC 528....D14
NGC 529....39
NGC 530....D16
NGC 533....63
NGC 534....87, 99
NGC 535....D16
NGC 536....39
NGC 537....D14
NGC 541....D16
NGC 543....D16
NGC 544....87, 99
NGC 545....D16
NGC 547....D16
NGC 548....D16
NGC 550....63
NGC 551....51
NGC 553....D14
NGC 554A....75, 87
NGC 554B....75, 87
NGC 558....D16
NGC 560....D16
NGC 561....39
NGC 562....26, 27
NGC 564....D16
NGC 568....87, 99
NGC 570....63
NGC 573....27
NGC 574....87, 99
NGC 575....39, 51
NGC 576....98, 99, 107
NGC 577....99
NGC 578....75, 87
NGC 579....39
NGC 582....39
NGC 583....75
NGC 584....63, 75
NGC 586....63, 75
NGC 587....39

NGC 591....27, 39
NGC 594....75
NGC 596....63, 75
NGC 597....87
NGC 599....75
NGC 600....63, 75
NGC 605....26, 27
NGC 606....39, 51
NGC 612....87, 99
NGC 613....87
NGC 614....39
NGC 615....63, 75
NGC 617....75
NGC 620....26, 27
NGC 621....27, 39
NGC 622....63
NGC 623....87, 99
NGC 624....75
NGC 625....98, 99
NGC 626....99
NGC 630....99
NGC 632....51, 63
NGC 633....87, 99
NGC 634....39
NGC 635....75, 87
NGC 636....63, 75
NGC 638....51, 63
NGC 641....98, 99
NGC 642....87
NGC 645....63
NGC 652....51, 63
NGC 656....39
NGC 658....51
NGC 660....51
NGC 661....39
NGC 662....26, 27, 38, 39
NGC 664....63
NGC 665....51
NGC 666....26, 38, 39
NGC 667....75, 87
NGC 668....26, 27, 38, 39
NGC 669....26, 27, 38, 39
NGC 670....39
NGC 671....51
NGC 672....38, 39
NGC 673....51
NGC 676....51, 63
NGC 677....51
NGC 678....39, 51
NGC 679....D18
NGC 680....39, 51
NGC 681....75
NGC 682....75
NGC 683....75
NGC 684....38, 39
NGC 685....98, 99, 107
NGC 686....87
NGC 687....D18
NGC 688....26, 27, 38, 39
NGC 689....86, 87
NGC 691....39, 51
NGC 692....98, 99
NGC 693....51, 63
NGC 694....39, 51
NGC 695....38, 39, 50, 51
NGC 697....38, 39, 50, 51
NGC 698....86, 87, 98, 99
NGC 701....75
NGC 702....63
NGC 703....D18
NGC 704-1....D18
NGC 704-2....D18
NGC 705....D18
NGC 706....51, 63
NGC 707-1....63, 75
NGC 707-2....63, 75
NGC 708....D18
NGC 710....D18
NGC 711....51
NGC 712....D18
NGC 714....D18
NGC 715....75
NGC 716....51
NGC 718....63
NGC 719....50, 51
NGC 720....63
NGC 721....26, 27
NGC 723....86, 87
NGC 731....39
NGC 736....38, 39
NGC 741....50, 51, 62, 63
NGC 742....51, 62, 63
NGC 745-1....107
NGC 745-2....107
NGC 745-3....107
NGC 746....26, 27
NGC 748....62, 63
NGC 749....86, 87
NGC 750....38, 39
NGC 753....26, 27, 38, 39
NGC 754....107

NGC 755....74, 75
NGC 759....26, 27, 38, 39
NGC 762....62, 63, 74, 75
NGC 766....50, 51, 62, 63
NGC 768....62, 63
NGC 769....38, 39
NGC 770....50, 51
NGC 772....50, 51
NGC 773....74, 75
NGC 774....50, 51
NGC 775....38, 39
NGC 776....38, 39, 50, 51
NGC 777....38, 39
NGC 778....39
NGC 779....62, 63, 74, 75
NGC 781....50, 51
NGC 782....107
NGC 783....38, 39
NGC 784....38, 39
NGC 785....38, 39
NGC 786....50, 51
NGC 788....62, 63, 74, 75
NGC 790....62, 63, 74, 75
NGC 791....50, 51, 62, 63
NGC 792....50, 51
NGC 794....50, 51
NGC 795....107
NGC 797....26, 27, 38, 39
NGC 798....38, 39
NGC 800....62, 63
NGC 802....107, 113
NGC 803....50, 51
NGC 807....38, 39
NGC 808....74, 75, 86, 87
NGC 811....74, 75
NGC 812....26, 27
NGC 813....107, 113
NGC 816....38, 39
NGC 817....74, 75
NGC 818....26, 27, 38
NGC 819....38, 39
NGC 820....50
NGC 821....50
NGC 822....98, 99
NGC 823....86, 87
NGC 824....86, 87, 98, 99
NGC 827....50, 62
NGC 828....26, 27
NGC 829....62, 74
NGC 830....62, 74
NGC 831....50, 62
NGC 833....74
NGC 834....26, 27, 38, 39
NGC 835....74
NGC 836....74, 86
NGC 838....74
NGC 839....74
NGC 841....26, 27, 38, 39
NGC 842....62, 74
NGC 844....50, 62
NGC 845....26, 27, 38, 39
NGC 846....26, 27
NGC 848....74
NGC 850....62
NGC 851....62
NGC 852....107
NGC 853....74
NGC 854....86, 87, 98, 99
NGC 855....38
NGC 857....86, 87
NGC 858-1....74, 86
NGC 859....62
NGC 860....38
NGC 862....98, 99
NGC 863....74
NGC 864....50, 62
NGC 865....38
NGC 867....62
NGC 871....50
NGC 873....74
NGC 877....50
NGC 878....74, 86
NGC 880....62, 74
NGC 881....62, 74
NGC 883....62, 74
NGC 887....74
NGC 888....106, 107
NGC 889....98, 99
NGC 890....38
NGC 891....26, 27
NGC 893....98, 99
NGC 895....62, 74
NGC 897....86
NGC 898....26, 27
NGC 899....74, 86
NGC 902....74
NGC 906....26, 27
NGC 907....74, 86
NGC 908....74, 86
NGC 909....26, 27
NGC 910....26, 27

Object	Pages
NGC 911	26
NGC 914	26
NGC 915	38
NGC 918	50
NGC 922	86
NGC 923	26
NGC 924	50
NGC 925	38
NGC 926	62
NGC 927	50
NGC 928	38
NGC 932	50
NGC 934	62
NGC 935	50
NGC 936	62
NGC 938	50
NGC 939	98, 99
NGC 940	38
NGC 941	62
NGC 945	74
NGC 947	74
NGC 949	26, 38
NGC 953	38
NGC 954	98
NGC 955	62
NGC 958	62
NGC 959	38
NGC 962	38
NGC 963	62
NGC 964	86, 98
NGC 966	74
NGC 967	74
NGC 968	38
NGC 969	38
NGC 972	38
NGC 974	38
NGC 975	50
NGC 976	38, 50
NGC 978	38
NGC 979	98
NGC 980	26
NGC 982	62
NGC 985	62, 74
NGC 986	98
NGC 987	38
NGC 988	74
NGC 989	74
NGC 990	50
NGC 991	62, 74
NGC 993	62
NGC 995	26
NGC 996	26
NGC 997	50, 62
NGC 999	26
NGC 1002	38
NGC 1003	26
NGC 1004	62
NGC 1005	26
NGC 1008	62
NGC 1010	74
NGC 1011	74
NGC 1012	38
NGC 1013	74
NGC 1015	62
NGC 1016	62
NGC 1019	62
NGC 1022	62, 74
NGC 1023	26, 38
NGC 1023A	26, 38
NGC 1024	50
NGC 1025	106, 107
NGC 1026	50, 62
NGC 1029	50
NGC 1031	106, 107
NGC 1032	62
NGC 1034	74
NGC 1035	62, 74
NGC 1036	50
NGC 1038	62
NGC 1040-1	26
NGC 1041	62, 74
NGC 1042	62, 74
NGC 1044	50, 62
NGC 1045	74
NGC 1046	50, 62
NGC 1047	62, 74
NGC 1050	38
NGC 1051	62, 74
NGC 1052	62, 74
NGC 1053-1	26
NGC 1054	50
NGC 1055	62
NGC 1056	38
NGC 1058	26, 38
NGC 1060	38
NGC 1065	74
NGC 1067	38
NGC 1070	62
NGC 1072	62
NGC 1073	62
NGC 1076	74
NGC 1077-1	26
NGC 1079	86
NGC 1080	62
NGC 1081	74
NGC 1082-1	62, 74
NGC 1084	62, 74
NGC 1085	62
NGC 1086	26
NGC 1087	62
NGC 1088	50
NGC 1089	74
NGC 1090	62
NGC 1092	74
NGC 1093	38
NGC 1094	62
NGC 1095	62
NGC 1096	106, 107
NGC 1097	86
NGC 1097A	86
NGC 1098	74
NGC 1099	74
NGC 1100	74
NGC 1101	62
NGC 1103	74
NGC 1104	62
NGC 1105	74
NGC 1106	26
NGC 1107	50, 62
NGC 1108	62, 74
NGC 1109	50
NGC 1114	74
NGC 1117A	50
NGC 1119	74
NGC 1120	74
NGC 1121	62
NGC 1123	26
NGC 1125	74
NGC 1128-1	50, 62
NGC 1128-2	50, 62
NGC 1129	26
NGC 1131	26
NGC 1132	62
NGC 1133	62, 74
NGC 1134	50
NGC 1136	106, 107
NGC 1137	62
NGC 1138	26
NGC 1140	74
NGC 1141	62
NGC 1142	62
NGC 1149	62
NGC 1153	62
NGC 1154	74
NGC 1155	74
NGC 1156	38
NGC 1159	26
NGC 1160	26
NGC 1161	26
NGC 1162	74
NGC 1164	26
NGC 1165	86
NGC 1167	38
NGC 1169	26
NGC 1171	26
NGC 1172	74
NGC 1175	26
NGC 1177	26
NGC 1179	74
NGC 1184	1, 6, 7
NGC 1186	26
NGC 1187	74, 86
NGC 1188	74
NGC 1191	74
NGC 1194	62
NGC 1196	74
NGC 1198	26
NGC 1199	74
NGC 1200	74
NGC 1201	86
NGC 1203-1	74
NGC 1204	74
NGC 1206	67, 74
NGC 1207	26, 38
NGC 1208	74
NGC 1209	74
NGC 1210	86
NGC 1211	62
NGC 1217-1	86, 98
NGC 1217-2	86, 98
NGC 1218	62
NGC 1219	62
NGC 1222	62
NGC 1226	38
NGC 1232	74, 86
NGC 1233	26, 38
NGC 1238	74
NGC 1239	62
NGC 1241	62, 74
NGC 1246	106, 107, 112, 113
NGC 1249	98, 106, 107
NGC 1250	26
NGC 1253	62
NGC 1255	86
NGC 1256	74, 86
NGC 1258	74, 86
NGC 1259	D20
NGC 1260	D20
NGC 1263	74
NGC 1265	D20
NGC 1266	62
NGC 1267	D20
NGC 1268	D20
NGC 1270	D20
NGC 1272	D20
NGC 1273	D20
NGC 1275	D20
NGC 1277	D20
NGC 1278	D20
NGC 1280	62
NGC 1281	D20
NGC 1282	D20
NGC 1283	D20
NGC 1285	62, 74
NGC 1286	62, 74
NGC 1287	62
NGC 1288	86
NGC 1289	62
NGC 1291	98
NGC 1292	86
NGC 1293	D20
NGC 1294	D20
NGC 1297	74
NGC 1298	62
NGC 1299	62, 74
NGC 1300	74
NGC 1302	74, 86
NGC 1303	62, 74
NGC 1304	62
NGC 1305	62
NGC 1306	86
NGC 1308	62
NGC 1309	74
NGC 1310	D10
NGC 1313	106, 107, 112, 113
NGC 1315	74, 86
NGC 1316	86, 98, D10
NGC 1316A	D10
NGC 1316B	D10
NGC 1316C	D10
NGC 1317	86, 98, D10
NGC 1319	74, 86
NGC 1320	62
NGC 1321	62
NGC 1322	62
NGC 1324	62, 74
NGC 1325	74, 86
NGC 1325A	74, 86
NGC 1326	86, 98, D10
NGC 1329	74
NGC 1331	74, 86
NGC 1332	74, 86
NGC 1336	D10
NGC 1337	62, 74
NGC 1338	74
NGC 1339	86
NGC 1341	86, 98, D10
NGC 1343	6, 7
NGC 1344	86
NGC 1346	62, 74
NGC 1347-1	74, 86
NGC 1347-2	74, 86
NGC 1349	62
NGC 1350	86
NGC 1351	D10
NGC 1352	74
NGC 1353	74, 86
NGC 1354	74
NGC 1355	74
NGC 1356	97, 98, 106
NGC 1357	74
NGC 1358	62
NGC 1359	74
NGC 1362	74, 86
NGC 1363	74
NGC 1365	86, 98, D10
NGC 1366	86
NGC 1369	D10
NGC 1370	74, 86
NGC 1371	86
NGC 1372	74
NGC 1373	D10
NGC 1374	86, D10
NGC 1375	D10
NGC 1376	62
NGC 1377	74, 86
NGC 1379	86, 98, D10
NGC 1380	86, D10
NGC 1380A	D10
NGC 1381	D10
NGC 1382	D10
NGC 1383	74
NGC 1385	86
NGC 1386	D10
NGC 1387	86, 98, D10
NGC 1388	74
NGC 1389	86, 98, D10
NGC 1391	74
NGC 1393	74
NGC 1394	74
NGC 1395	74, 86
NGC 1396	D10
NGC 1398	86
NGC 1399	86, 98, D10
NGC 1400	74
NGC 1401	74, 86
NGC 1402	74
NGC 1403	74, 86
NGC 1404	86, 98, D10
NGC 1406	86
NGC 1407	74
NGC 1409	62
NGC 1410	62
NGC 1411	97, 98
NGC 1412	86
NGC 1415	74, 86
NGC 1416	74, 86
NGC 1417	62
NGC 1418	62
NGC 1419	D10
NGC 1421	74
NGC 1425	86
NGC 1426	74, 86
NGC 1427	85, 86, 97, 98, D10
NGC 1427A	D10
NGC 1428	D10
NGC 1433	97, 98
NGC 1436	D10
NGC 1438	74, 86
NGC 1439	74, 86
NGC 1440	74
NGC 1441	62
NGC 1449	62
NGC 1450-1	74
NGC 1450-2	74
NGC 1451	62
NGC 1452	74
NGC 1453	62
NGC 1457	97, 98
NGC 1459	86
NGC 1460	85, 86, 97, 98
NGC 1461	74
NGC 1463	106
NGC 1469	6, 7, 14
NGC 1473	106, 112, 113
NGC 1476	97, 98
NGC 1477	62, 74
NGC 1481	73, 74, 85, 86
NGC 1482	73, 74, 85, 86
NGC 1483	97, 98
NGC 1484	85, 86, 97, 98
NGC 1485	6, 7
NGC 1487	97, 98
NGC 1490	106, 112, 113
NGC 1492	85, 86, 97, 98
NGC 1493	97, 98
NGC 1494	97, 98
NGC 1495	97, 98
NGC 1497	37, 38, 49, 50
NGC 1500	97, 98, 106
NGC 1503	106, 112, 113
NGC 1505	73, 74
NGC 1506	97, 98, 106
NGC 1507	61
NGC 1509	73, 74
NGC 1510	97, 98
NGC 1511	106, 112, 113
NGC 1512	97, 98
NGC 1515	97, 98
NGC 1516-1	61, 73
NGC 1517	49, 61
NGC 1518	73, 74, 85, 86
NGC 1519	73
NGC 1521	73, 85
NGC 1522	97, 98, 106
NGC 1525	61, 73
NGC 1526	106, 112, 113
NGC 1527	97, 98
NGC 1529	106, 112, 113
NGC 1530	6, 7
NGC 1531	85, 86
NGC 1532	85, 86
NGC 1533	97, 98
NGC 1534	106, 113
NGC 1536	106
NGC 1537	85, 86
NGC 1539-1	37
NGC 1540A	85
NGC 1543	106
NGC 1544	1
NGC 1546	106
NGC 1547	73
NGC 1549	106
NGC 1551	61
NGC 1552	61
NGC 1553	106
NGC 1556	97, 98
NGC 1558	97, 98
NGC 1559	106, 113
NGC 1560	6, 7
NGC 1562	73
NGC 1565	73
NGC 1566	106
NGC 1567	97, 98
NGC 1569	6, 7, 14
NGC 1570	97, 98
NGC 1572	97, 98
NGC 1573	6, 7
NGC 1574	106
NGC 1576	61
NGC 1577	73
NGC 1578	97, 98, 106
NGC 1581	106
NGC 1583	73
NGC 1584	73
NGC 1585	97
NGC 1586	61
NGC 1587	61
NGC 1588	61
NGC 1589	61
NGC 1590	49, 61
NGC 1591	85
NGC 1594	61, 73
NGC 1595	97, 98
NGC 1596	106
NGC 1597	73
NGC 1598	97, 98
NGC 1599	61
NGC 1600	61
NGC 1601	61
NGC 1602	106
NGC 1603	61
NGC 1604	62
NGC 1607	61
NGC 1609	61
NGC 1612	61
NGC 1613	61
NGC 1614	61, 73
NGC 1615	49
NGC 1616	97
NGC 1617	106
NGC 1618	61
NGC 1620	61
NGC 1622	61
NGC 1625	61
NGC 1627	61
NGC 1631	73, 85
NGC 1633	49, 61
NGC 1634	49, 61
NGC 1635	61
NGC 1636	61, 73
NGC 1637	61
NGC 1638	61
NGC 1640	73, 85
NGC 1642	61
NGC 1643	61
NGC 1645	61, 73
NGC 1646-1	61, 73
NGC 1650	73
NGC 1653	61
NGC 1654	61
NGC 1656	61
NGC 1659	61
NGC 1661	61
NGC 1665	61
NGC 1666	61, 73
NGC 1667	61, 73
NGC 1668	97
NGC 1669	106, 112, 113
NGC 1670	61
NGC 1671	61
NGC 1672	106
NGC 1678	61
NGC 1679	85
NGC 1680	97
NGC 1681	61, 73
NGC 1682	61
NGC 1684	61
NGC 1688	106
NGC 1691	61
NGC 1699	73, 85
NGC 1700	61
NGC 1701	85
NGC 1703	106
NGC 1705	97, 106
NGC 1706	106
NGC 1710	73
NGC 1713	61
NGC 1716	61
NGC 1720	61, 73
NGC 1721	73
NGC 1723	73
NGC 1725	73
NGC 1726	61, 73
NGC 1728	73
NGC 1729	61
NGC 1730	73
NGC 1738	73
NGC 1739	73
NGC 1740	61
NGC 1741A	61
NGC 1744	85
NGC 1752	61, 73
NGC 1759	85, 97
NGC 1762	61
NGC 1765	106
NGC 1779	73
NGC 1780	73
NGC 1781	73
NGC 1784	73
NGC 1792	85, 97
NGC 1796	106
NGC 1799	61, 73
NGC 1800	85
NGC 1803	97
NGC 1808	85, 97
NGC 1809	D29
NGC 1812	85
NGC 1819	61
NGC 1824	106
NGC 1827	85, 97
NGC 1832	73
NGC 1843	73
NGC 1853	106
NGC 1875	49, 61
NGC 1879	85
NGC 1888	73
NGC 1889	73
NGC 1892	105, 106
NGC 1924	61
NGC 1930	96, 97
NGC 1947	105, 106
NGC 1954	73
NGC 1956	112, 113
NGC 1961	6
NGC 1964	73, 85
NGC 1979	73, 85
NGC 1989	85
NGC 1992	85
NGC 1993	73
NGC 2008	96, 97, 106
NGC 2012	112, 113
NGC 2049	85
NGC 2073	73, 85
NGC 2076	73
NGC 2082	105, 106
NGC 2087	105, 106
NGC 2089	73
NGC 2090	84, 85, 96
NGC 2101	96, 97, 105, 106
NGC 2104	96, 97, 105, 106
NGC 2106	73, 85
NGC 2110	61, 73
NGC 2115	96, 97, 105, 106
NGC 2119	48, 49
NGC 2124	72, 73, 84, 85
NGC 2128	13, 14
NGC 2139	84, 85
NGC 2144	112, 114
NGC 2146	5, 6
NGC 2148	105, 106
NGC 2150	D29
NGC 2178	105, 106
NGC 2179	72, 73, 84, 85
NGC 2187	D29
NGC 2187A	D29
NGC 2188	84, 85, 97
NGC 2191	96, 97, 105, 106
NGC 2196	72, 84
NGC 2199	111, 112, 113
NGC 2201	96, 97
NGC 2205	105, 106
NGC 2206	84
NGC 2207	72, 84
NGC 2208	13, 24, 25
NGC 2211	72
NGC 2217	72, 84
NGC 2221	105, 106
NGC 2222	105, 106
NGC 2223	72, 84
NGC 2227	72, 84
NGC 2228	105, 106
NGC 2230	105, 106
NGC 2235	105, 106
NGC 2253	6, 13, 14
NGC 2256	5, 6
NGC 2258	5, 6
NGC 2263	84
NGC 2267	84
NGC 2268	1
NGC 2271	72, 84
NGC 2272	84
NGC 2273	73
NGC 2273A	13, 14
NGC 2273B	13
NGC 2274	36
NGC 2275	36
NGC 2276	1
NGC 2280	84
NGC 2283	72
NGC 2288	36
NGC 2289	36
NGC 2290	36
NGC 2291	36
NGC 2292	84
NGC 2293	84
NGC 2294	36
NGC 2295	84
NGC 2297	105, 106
NGC 2300	1
NGC 2303	24
NGC 2305	105, 106
NGC 2307	105, 106
NGC 2310	96
NGC 2314	5, 6
NGC 2320	D15
NGC 2325	84
NGC 2328	96
NGC 2329	24
NGC 2332	D15
NGC 2333	36
NGC 2334	D15
NGC 2336	5, 6
NGC 2337	24
NGC 2339	48
NGC 2340	D15
NGC 2341	48
NGC 2342	48
NGC 2344	24
NGC 2347	6, 13
NGC 2350	48
NGC 2365	36, 48
NGC 2366	5, 6, 13
NGC 2369	105
NGC 2369A	105
NGC 2369B	105
NGC 2370	36, 48
NGC 2373	36
NGC 2376	36, 48
NGC 2377	72
NGC 2379	36
NGC 2381	105
NGC 2382	84
NGC 2389	36
NGC 2397	105, 111, 112
NGC 2398-1	36
NGC 2402-1	48
NGC 2403	5, 6, 13
NGC 2405-1	36
NGC 2405-2	36
NGC 2406	48
NGC 2407	48
NGC 2411	48
NGC 2415	36
NGC 2416	48
NGC 2417	105
NGC 2418	48
NGC 2426	13, 23, 24
NGC 2427	95, 96
NGC 2431	13, 23, 24
NGC 2434	111, 112
NGC 2435	36
NGC 2441	5, 6
NGC 2442	111, 112
NGC 2444	23, 24
NGC 2446	13
NGC 2449	36
NGC 2456	13
NGC 2458	13
NGC 2460	13
NGC 2462	13
NGC 2463	13
NGC 2466	111, 112
NGC 2469	13
NGC 2470	60
NGC 2474	13, 23, 24
NGC 2475	13, 23, 24
NGC 2476	23, 24
NGC 2484	23, 24, 35, 36
NGC 2485	47, 48, 59, 60
NGC 2486	35, 36
NGC 2487	35, 36
NGC 2488	13
NGC 2492	35, 36
NGC 2493	23, 24
NGC 2494	59, 60
NGC 2496	47, 48, 59, 60
NGC 2497	13
NGC 2498	35, 36
NGC 2499	47, 48, 59, 60
NGC 2500	13, 23, 24
NGC 2501	71, 72
NGC 2502	95, 96, 105
NGC 2504	47, 48, 59, 60
NGC 2505	13, 23
NGC 2507	47, 48
NGC 2508	47, 48, 59, 60
NGC 2510	47, 48
NGC 2512	35, 36, 47, 48
NGC 2513	47, 48
NGC 2514	47, 48
NGC 2517	71, 72
NGC 2518	13, 23, 24
NGC 2521	13
NGC 2522	47, 48
NGC 2523	5, 6
NGC 2523A	5, 6
NGC 2523C	5, 6
NGC 2524	23, 24
NGC 2525	71
NGC 2528	23, 24
NGC 2532	35, 36
NGC 2534	13
NGC 2535	35
NGC 2536	
NGC 2537	23, 24
NGC 2538	59
NGC 2541	23, 24
NGC 2543	23, 24, 35, 36
NGC 2544	5, 6
NGC 2545	35, 47
NGC 2549	13
NGC 2551	5, 6
NGC 2552	23, 24
NGC 2554	35, 47
NGC 2555	59
NGC 2556	35, 47
NGC 2557	35, 47
NGC 2558	47
NGC 2559	83
NGC 2561	59
NGC 2562	35, 47
NGC 2563	35, 47
NGC 2564	71, 83
NGC 2566	83
NGC 2569	35, 47
NGC 2573	114
NGC 2574	59, 71
NGC 2575	35, 47
NGC 2577	35, 47
NGC 2578	71
NGC 2581	47
NGC 2582	47
NGC 2583	59
NGC 2591	5, 6
NGC 2592	35
NGC 2594	35
NGC 2595	35, 47
NGC 2596	47
NGC 2599	35, 47
NGC 2601	105, 111, 112
NGC 2604	12, 13, 23
NGC 2604A	35
NGC 2607	35
NGC 2608	35
NGC 2612	71
NGC 2614	71, 83
NGC 2615	59
NGC 2616	59
NGC 2617	59
NGC 2618	59
NGC 2619	35
NGC 2623	35
NGC 2624	47
NGC 2628	35, 47
NGC 2629	5, 6
NGC 2633	5, 6
NGC 2634	5, 6
NGC 2636	5, 6
NGC 2638	23, 35
NGC 2639	13, 23
NGC 2640	104, 105
NGC 2642	59
NGC 2644	59
NGC 2646	5, 6
NGC 2647	47
NGC 2648	47
NGC 2649	35
NGC 2650	5, 6
NGC 2654	12, 13
NGC 2655	5, 6
NGC 2656	12, 13, 23
NGC 2657	47
NGC 2661	47
NGC 2662	71
NGC 2663	83
NGC 2665	71
NGC 2667B	47
NGC 2672	47
NGC 2673	47
NGC 2675	12, 13, 23
NGC 2676	23
NGC 2679	35
NGC 2680	35
NGC 2681	12, 13, 23
NGC 2683	35
NGC 2684	12, 13, 23
NGC 2685	12, 13
NGC 2691	23, 35
NGC 2692	12, 13, 23
NGC 2693	12, 13, 23
NGC 2695	59
NGC 2696	59
NGC 2697	59
NGC 2698	59
NGC 2699	59
NGC 2701	12, 13, 23
NGC 2704	23, 35
NGC 2706	59
NGC 2708	59
NGC 2709	59
NGC 2710	12, 13
NGC 2711	47
NGC 2712	23
NGC 2713	59
NGC 2714	104, 105
NGC 2715	1, 5, 6
NGC 2716	59
NGC 2717	83
NGC 2718	47, 59
NGC 2719	35
NGC 2719A	35
NGC 2720	47
NGC 2721	59
NGC 2722	59
NGC 2723	59
NGC 2725	47
NGC 2726	12, 13
NGC 2728	47
NGC 2729	59
NGC 2730	47
NGC 2731	47, 59
NGC 2732	1, 5, 6
NGC 2735	35
NGC 2738	35, 47
NGC 2742	12, 13
NGC 2742A	12, 13
NGC 2743	35
NGC 2744	47
NGC 2745	47
NGC 2746	35
NGC 2748	5, 6
NGC 2749	47
NGC 2750	35
NGC 2753-2	35
NGC 2755	23
NGC 2756	12, 13, 23
NGC 2759	23, 35
NGC 2761	47
NGC 2763	71
NGC 2764	35, 47
NGC 2765	59
NGC 2767	12, 13, 23
NGC 2768	12, 13
NGC 2769	12, 13, 23
NGC 2770	35
NGC 2771	12, 13, 23
NGC 2772	71, 83
NGC 2773	47, 59
NGC 2774	47
NGC 2775	47, 59
NGC 2776	23
NGC 2777	47, 59
NGC 2778	35
NGC 2780	35
NGC 2781	71
NGC 2782	23
NGC 2783	35
NGC 2784	83
NGC 2786	5, 6
NGC 2787	5, 6
NGC 2788	111
NGC 2789	35
NGC 2793	35
NGC 2794	47
NGC 2795	47
NGC 2796	35
NGC 2797	47
NGC 2798	23
NGC 2799	23
NGC 2804	47
NGC 2805	12, 13
NGC 2809	47
NGC 2810	5, 6
NGC 2811	71
NGC 2814	12, 13
NGC 2815	71, 83
NGC 2817	59
NGC 2819	47
NGC 2820	12, 13
NGC 2821	83
NGC 2822	111, 112
NGC 2824	35
NGC 2826	35
NGC 2829	35
NGC 2831	35
NGC 2832	35
NGC 2835	71, 83
NGC 2836	111, 112
NGC 2838	23, 35
NGC 2840	35
NGC 2841	12, 22, 23
NGC 2842	104, 105
NGC 2844	23
NGC 2845	83, 95
NGC 2848	71
NGC 2851	71
NGC 2852	23
NGC 2853	23
NGC 2854	22, 23
NGC 2855	71
NGC 2856	22, 23
NGC 2857	22, 23
NGC 2858	59
NGC 2859	35
NGC 2861	59
NGC 2863	71
NGC 2865	71, 83
NGC 2868	71
NGC 2872	47
NGC 2874	47
NGC 2876	59, 71
NGC 2878	59
NGC 2880	12, 13
NGC 2881-1	71
NGC 2881-2	71
NGC 2882	47, 59
NGC 2884	71
NGC 2885	35, 47
NGC 2887	104, 105
NGC 2888	83
NGC 2889	71
NGC 2891	83
NGC 2892	5, 12
NGC 2893	35
NGC 2894	47, 59
NGC 2895	12, 13
NGC 2896	35, 47
NGC 2898	59
NGC 2900	59
NGC 2902	71
NGC 2903	35, 47
NGC 2904	83
NGC 2906	47, 59
NGC 2907	71
NGC 2908	1, 5, 6
NGC 2911	47
NGC 2913	47
NGC 2914	47
NGC 2915	111, 112
NGC 2916	35, 47
NGC 2918	35
NGC 2919	47
NGC 2920	71, 83
NGC 2921	71, 83
NGC 2923	47
NGC 2924	71
NGC 2926	35
NGC 2927	35, 47
NGC 2935	71, 83
NGC 2936	59
NGC 2937	59
NGC 2939	47
NGC 2940	47
NGC 2942	35
NGC 2943	47
NGC 2944-1	35
NGC 2945	71, 83
NGC 2947	71
NGC 2948	47, 59
NGC 2949-2	47
NGC 2950	12
NGC 2951-2	59
NGC 2954	47
NGC 2955	22, 23, 34, 35
NGC 2958	47
NGC 2959	5, 12
NGC 2960	59
NGC 2961	5, 12
NGC 2962	59
NGC 2963	4, 5, 6
NGC 2964	59
NGC 2965	22, 23, 34, 35
NGC 2966	59
NGC 2967	59
NGC 2968	35
NGC 2969	59, 71
NGC 2970	35
NGC 2974	59
NGC 2976	5, 12
NGC 2977	4, 5, 6
NGC 2978	71
NGC 2979	71
NGC 2980	71
NGC 2983	71, 83
NGC 2984	47
NGC 2985	4, 5, 6
NGC 2986	71, 83
NGC 2987	59

Object	Pages	Object	Pages
NGC 4440	D2	NGC 4578	45, D3
NGC 4441	4, 5, 11, 12	NGC 4580	57, D3
NGC 4442	45, D2, D3	NGC 4581	57
NGC 4444	93, 94	NGC 4583	33
NGC 4446	D2	NGC 4584	D2
NGC 4447	D2	NGC 4585	33
NGC 4448	33	NGC 4586	D3
NGC 4449	21, 22	NGC 4587	D3
NGC 4450	45, D2	NGC 4589	4, 5
NGC 4451	D3	NGC 4592	57
NGC 4452	D2	NGC 4593	57
NGC 4454	57	NGC 4595	D2
NGC 4455	33, 45	NGC 4596	45, D2, D3
NGC 4456	81	NGC 4597	57, 69
NGC 4457	57, D3	NGC 4598	D3
NGC 4458	45, D2	NGC 4599	57
NGC 4459	45, D2	NGC 4600	D3
NGC 4460	21, 22	NGC 4602	57
NGC 4461	45, D2	NGC 4603	D19
NGC 4462	69, 81	NGC 4603C	D19
NGC 4464	D3	NGC 4603D	D19
NGC 4467	D3	NGC 4605	11, 12
NGC 4468	D2	NGC 4606	D2
NGC 4469	D3	NGC 4607	D2
NGC 4470	D3	NGC 4608	45, D2, D3
NGC 4473	45, D2	NGC 4612	D3
NGC 4474	45, D2	NGC 4613	33
NGC 4476	D2	NGC 4614	33
NGC 4477	45, D2	NGC 4615	33
NGC 4478	45, D2	NGC 4616	D19
NGC 4479	D3	NGC 4618	21
NGC 4480	D3	NGC 4619	33
NGC 4482	D2	NGC 4620	D2
NGC 4483	45, 57, D3	NGC 4622	D19
NGC 4485	21	NGC 4622A	D19
NGC 4486A	D2	NGC 4623	D3
NGC 4486B	D3	NGC 4625	21
NGC 4487	57, 69	NGC 4626	57, 69
NGC 4488	D3	NGC 4627	33
NGC 4489	45, D2	NGC 4629	57
NGC 4490	21	NGC 4630	D3
NGC 4491	D2	NGC 4631	33
NGC 4492	D3	NGC 4632	57
NGC 4494	33	NGC 4633	D2
NGC 4495	33	NGC 4634	D2
NGC 4496	D3	NGC 4635	45
NGC 4496B	D3	NGC 4636	57, D3
NGC 4497	D2	NGC 4638	45, D2
NGC 4498	D2	NGC 4639	D2
NGC 4499	93	NGC 4640	D2
NGC 4500	11, 12	NGC 4641	D2
NGC 4503	45, D2	NGC 4642	57
NGC 4504	57, 69	NGC 4643	57
NGC 4506	D2	NGC 4645	D19
NGC 4507	93	NGC 4645A	D19
NGC 4509	33	NGC 4645B	D19
NGC 4510	4, 5, 11, 12	NGC 4646	11
NGC 4513	4, 5, 11, 12	NGC 4647	45
NGC 4514	33	NGC 4648	4, 5
NGC 4515	D2	NGC 4650	D19
NGC 4516	D2	NGC 4650A	D19
NGC 4517	57	NGC 4651	45
NGC 4517A	57	NGC 4653	57
NGC 4519	D3	NGC 4654	45
NGC 4521	5, 11, 12	NGC 4656	33
NGC 4522	D3	NGC 4657	33
NGC 4525	33	NGC 4658	69
NGC 4526	45, 57, D3	NGC 4659	45
NGC 4527	57, D3	NGC 4660	45
NGC 4528	D2	NGC 4661	D19
NGC 4531	D2	NGC 4662	21, 33
NGC 4532	D3	NGC 4663	69
NGC 4534	33	NGC 4664	57
NGC 4535	45, 57, D3	NGC 4666	57
NGC 4536	57, D3	NGC 4668	57
NGC 4539	D2	NGC 4670	33
NGC 4540	D2	NGC 4671	57, 69
NGC 4541	57	NGC 4672	D19
NGC 4543	D3	NGC 4673	33
NGC 4544	D3	NGC 4674	57, 69
NGC 4545	11, 12	NGC 4676-1	33
NGC 4546	57	NGC 4677	D19
NGC 4547	11, 12	NGC 4678-2	57
NGC 4550	D2	NGC 4679	93
NGC 4551	D2	NGC 4680	69
NGC 4553	93	NGC 4681	93
NGC 4555	33	NGC 4682	69
NGC 4556	33	NGC 4683	D19
NGC 4559	33	NGC 4684	57
NGC 4561	45	NGC 4685	45
NGC 4564	45, D2	NGC 4686	11
NGC 4565	33	NGC 4687	33
NGC 4566	11, 21	NGC 4688	57
NGC 4567	45, D2	NGC 4689	45
NGC 4568	45, D2	NGC 4690	57
NGC 4570	45, 57, D2	NGC 4691	57
NGC 4571	D2	NGC 4692	33
NGC 4573	93	NGC 4694	D2
NGC 4574	81, 93	NGC 4695	11, 21
NGC 4575	93	NGC 4696	93, D19
NGC 4576	D3	NGC 4696B	93, D19
NGC 4577	D3	NGC 4696D	D19
		NGC 4697	57, 69

Object	Pages	Object	Pages
NGC 4698	45, 57	NGC 4864	D24
NGC 4699	57, 69	NGC 4865	D24
NGC 4700	69	NGC 4866	45
NGC 4701	57	NGC 4867	D24
NGC 4704	21	NGC 4868	21, 33
NGC 4706	D19	NGC 4869	D24
NGC 4709	93, D19	NGC 4871	D24
NGC 4710	45	NGC 4872	D24
NGC 4711	33	NGC 4873	D24
NGC 4712	33	NGC 4874	D24
NGC 4713	57	NGC 4877	69
NGC 4714	69	NGC 4878	57, 69
NGC 4716	69	NGC 4880	45
NGC 4719	33	NGC 4881	D24
NGC 4720	57	NGC 4882	D24
NGC 4722	69	NGC 4883	D24
NGC 4724	69	NGC 4885	57, 69
NGC 4725	33	NGC 4887	69
NGC 4727	69	NGC 4888	57, 69
NGC 4729	D19	NGC 4889	D24
NGC 4730	D19	NGC 4890	57
NGC 4731	57, 69	NGC 4893	21, 33
NGC 4731A	57, 69	NGC 4895	D24
NGC 4733	45	NGC 4897	69
NGC 4734	57	NGC 4898-1	D24
NGC 4739	57, 69	NGC 4898-2	D24
NGC 4742	69	NGC 4899	69
NGC 4743	D19	NGC 4900	57
NGC 4744	D19	NGC 4902	69
NGC 4746	45	NGC 4903	81
NGC 4747	33	NGC 4904	57
NGC 4748	69	NGC 4906	D24
NGC 4750	4, 5	NGC 4907	D24
NGC 4751	93	NGC 4908	D24
NGC 4753	57	NGC 4909	93
NGC 4754	45	NGC 4911	D24
NGC 4756	69	NGC 4914	21, 33
NGC 4759A	69	NGC 4915	57
NGC 4760	69	NGC 4920	69
NGC 4761	57, 69	NGC 4921	D24
NGC 4762	45	NGC 4922-1	33
NGC 4763	69	NGC 4922-2	33
NGC 4765	57	NGC 4923	D24
NGC 4767	93	NGC 4924	69
NGC 4767B	93	NGC 4925	57, 69
NGC 4770	69	NGC 4926	D24
NGC 4771	57	NGC 4927	D24
NGC 4772	57	NGC 4928	57, 69
NGC 4774	21, 33	NGC 4929	D24
NGC 4775	57, 69	NGC 4930	93
NGC 4777	69	NGC 4933A	69
NGC 4779	45	NGC 4933B	69
NGC 4781	69	NGC 4935	45
NGC 4782	69	NGC 4936	81
NGC 4783	69	NGC 4939	69
NGC 4785	93	NGC 4940	93
NGC 4786	57, 69	NGC 4941	57, 69
NGC 4789	33	NGC 4942	57, 69
NGC 4790	69	NGC 4944	33
NGC 4793	33	NGC 4945	93
NGC 4795	45, 57	NGC 4945A	93
NGC 4796	45, 57	NGC 4946	93
NGC 4798	33	NGC 4947	81
NGC 4799	57	NGC 4948A	57, 69
NGC 4800	21	NGC 4950	93
NGC 4803	45, 57	NGC 4951	57, 69
NGC 4804	69	NGC 4953-1	81, 93
NGC 4806	81	NGC 4955	81
NGC 4807	33	NGC 4956	33
NGC 4808	57	NGC 4957	33
NGC 4811	D19	NGC 4958	57, 69
NGC 4812	D19	NGC 4961	33
NGC 4813	57, 69	NGC 4962	33
NGC 4814	11	NGC 4963	21
NGC 4816	D24	NGC 4964	11
NGC 4818	57, 69	NGC 4965	81
NGC 4819	33	NGC 4966	33
NGC 4822	69	NGC 4967	11, 21
NGC 4825	69	NGC 4968	69, 81
NGC 4827	33	NGC 4969-1	45
NGC 4830	69	NGC 4969-2	45
NGC 4831	81	NGC 4970	69, 81
NGC 4832	93	NGC 4972	4, 5
NGC 4835	93	NGC 4973	11, 21
NGC 4836	69	NGC 4974	11, 21
NGC 4837-1	21	NGC 4976	93
NGC 4838	69	NGC 4978	45
NGC 4839	D24	NGC 4980	81
NGC 4840	D24	NGC 4981	57, 69
NGC 4841-1	D24	NGC 4984	69
NGC 4841-2	D24	NGC 4986	33
NGC 4842-1	D24	NGC 4987	11, 21
NGC 4845	57	NGC 4988	93
NGC 4847	69	NGC 4989	57
NGC 4848	D24	NGC 4990	57
NGC 4849	33	NGC 4992	45
NGC 4851-1	D24	NGC 4993	69, 81
NGC 4853	D24	NGC 4995	57, 69
NGC 4855	69	NGC 4996	57
NGC 4856	69	NGC 4997	69
NGC 4860	D24	NGC 4999	57
NGC 4861	33	NGC 5000	33

Object	Pages	Object	Pages
NGC 5004A	33	NGC 5144B	4, 5
NGC 5005	21, 33	NGC 5145	21
NGC 5006	69	NGC 5146	69
NGC 5007	11	NGC 5147	57
NGC 5008	32	NGC 5149	21, 33
NGC 5010	69	NGC 5150	81
NGC 5011	93	NGC 5151	45
NGC 5011B	93	NGC 5152	81
NGC 5011C	93	NGC 5153	81
NGC 5012	33, 45	NGC 5156	92, 93
NGC 5014	21, 33	NGC 5157	33
NGC 5015	57	NGC 5158	45
NGC 5016	33, 45	NGC 5161	81
NGC 5017	69	NGC 5164	11
NGC 5018	69	NGC 5165	45
NGC 5019	57	NGC 5167	45
NGC 5020	45	NGC 5169	20, 21
NGC 5021	21	NGC 5170	69
NGC 5026	93	NGC 5171	45
NGC 5027	45, 57	NGC 5172	45
NGC 5028	69	NGC 5173	20, 21
NGC 5029	21	NGC 5174	45
NGC 5030	D12	NGC 5176	45
NGC 5032A	33	NGC 5180	45
NGC 5033	21, 33	NGC 5181	45
NGC 5034	4, 5	NGC 5182	81
NGC 5035	D12	NGC 5183	57
NGC 5037	D12	NGC 5184	57
NGC 5042	69, 81	NGC 5188	81
NGC 5044	69, D12	NGC 5190	45
NGC 5046	D12	NGC 5192	57
NGC 5047	D12	NGC 5193	81
NGC 5048	81	NGC 5193A	81
NGC 5049	D12	NGC 5195	20, 21
NGC 5051	81	NGC 5198	20, 21
NGC 5052	33	NGC 5199	33
NGC 5054	D12	NGC 5201	11, 21
NGC 5056	33	NGC 5203	57, 69
NGC 5057	33	NGC 5204	11
NGC 5058	45	NGC 5205	11
NGC 5060	45, 57	NGC 5206	92, 93
NGC 5061	81	NGC 5209	45, 57
NGC 5062-1	81, 93	NGC 5210	45, 57
NGC 5062-2	81, 93	NGC 5211	57
NGC 5063	81	NGC 5212	45, 57
NGC 5064	93	NGC 5213	57
NGC 5065	33	NGC 5214	21
NGC 5066	69	NGC 5215A	81
NGC 5068	69, 81	NGC 5215B	81
NGC 5072	69	NGC 5216	11
NGC 5074	33	NGC 5216A	11
NGC 5076	69	NGC 5217	45
NGC 5077	69	NGC 5218	11
NGC 5078	81	NGC 5220	81
NGC 5079	69	NGC 5221	45
NGC 5080	45, 57	NGC 5222-1	45
NGC 5082	93	NGC 5223	33
NGC 5084	69, 81	NGC 5224	45, 57
NGC 5085	81	NGC 5225	11, 20, 21
NGC 5087	69, 81	NGC 5228	33
NGC 5088	69	NGC 5230	45
NGC 5090	93	NGC 5232	57, 69
NGC 5090A	93	NGC 5234	92, 93
NGC 5090B	93	NGC 5237	92, 93
NGC 5091	93	NGC 5240	21, 33
NGC 5092	33, 45	NGC 5243	21, 33
NGC 5094	69	NGC 5244	92, 93
NGC 5096	33	NGC 5246	57
NGC 5098A	33	NGC 5247	69
NGC 5099	69	NGC 5248	45, 57
NGC 5101	81	NGC 5249	45
NGC 5102	81, 93	NGC 5250	11, 20, 21
NGC 5103	21	NGC 5251	33
NGC 5105	69	NGC 5252	57
NGC 5106-2	45, 57	NGC 5253	81
NGC 5107	21, 33	NGC 5254	69
NGC 5112	21, 33	NGC 5256	20, 21
NGC 5113	11	NGC 5257	57
NGC 5114	81	NGC 5258	57
NGC 5116	33	NGC 5260	81
NGC 5118	45, 57	NGC 5264	81
NGC 5119	33	NGC 5265	20, 21, 32, 33
NGC 5121	81, 93	NGC 5266	92, 93
NGC 5122	69	NGC 5266A	92, 93
NGC 5123	21	NGC 5270	57
NGC 5124	81	NGC 5273	20, 21, 32, 33
NGC 5125	45	NGC 5274	33
NGC 5126	81	NGC 5275	33
NGC 5127	33	NGC 5276	20, 21, 32, 33
NGC 5128	93	NGC 5279	11
NGC 5129	45	NGC 5280	33
NGC 5130	69	NGC 5282	33
NGC 5132	45	NGC 5283	4, 11
NGC 5133	57	NGC 5290	20, 21
NGC 5134	69, 81	NGC 5291	D25
NGC 5135	81	NGC 5292	D25
NGC 5136	45	NGC 5293	45
NGC 5140	81	NGC 5294	11
NGC 5142	21, 33		
NGC 5144A	4, 5		

Object	Pages	Object	Pages
NGC 5295	4, 5	NGC 5448	20, 21
NGC 5297	20, 21	NGC 5454	44, 45
NGC 5298	D25	NGC 5456	44, 45
NGC 5300	57	NGC 5459	44, 45
NGC 5301	20, 21	NGC 5463	44, 56
NGC 5302	D25	NGC 5464	80, 81
NGC 5303A	20, 21, 33	NGC 5468	56, 68
NGC 5304	D25	NGC 5469	44, 56
NGC 5306	57, 69	NGC 5473	11
NGC 5308	11	NGC 5474	11, 20
NGC 5311	11	NGC 5475	11
NGC 5312	32, 33	NGC 5476	56, 68
NGC 5313	20, 21	NGC 5478	56
NGC 5318	32, 33	NGC 5480	11, 20, 21
NGC 5320	20, 21	NGC 5481	11, 20, 21
NGC 5322	11	NGC 5482	44, 56
NGC 5324	57, 69	NGC 5483	92, 93
NGC 5326	20, 21	NGC 5485	11
NGC 5327	57	NGC 5486	11
NGC 5328	80, 81	NGC 5488	80, 81
NGC 5329	57	NGC 5489	92, 93
NGC 5330	80, 81	NGC 5490A	44
NGC 5331-1	57	NGC 5490C	44
NGC 5331-2	57	NGC 5491A	44, 56
NGC 5332	45	NGC 5492	44
NGC 5333	92, 93	NGC 5493	56
NGC 5334	57	NGC 5494	80, 81
NGC 5336	20, 21	NGC 5495	80
NGC 5337	20, 21	NGC 5496	56
NGC 5338	57	NGC 5498	32
NGC 5342	11	NGC 5499	20, 21, 32, 33
NGC 5343	57, 69	NGC 5500	20, 21
NGC 5345	57	NGC 5501	56
NGC 5347	32, 33	NGC 5504A	44
NGC 5350	20, 21	NGC 5505	44
NGC 5351	20, 21, 32, 33	NGC 5506	56
NGC 5352	20, 21, 32, 33	NGC 5507	56
NGC 5353	20, 21	NGC 5508	32
NGC 5354	20, 21	NGC 5510	68
NGC 5355	20, 21	NGC 5511A	44, 56
NGC 5357	80, 81	NGC 5512	32, 33
NGC 5358	20, 21	NGC 5513	32, 44
NGC 5361	20, 21, 32, 33	NGC 5514	44, 56
NGC 5362	20, 21	NGC 5514A	44, 56
NGC 5363	57	NGC 5515	20, 21
NGC 5364	56, 57	NGC 5516	92, 93
NGC 5365	92, 93	NGC 5517	20, 21, 32, 33
NGC 5365A	92, 93	NGC 5518	32, 44
NGC 5366	56, 57	NGC 5520	20, 21
NGC 5368	11	NGC 5521	56
NGC 5369	56, 57, 68, 69	NGC 5523	32
NGC 5370	11	NGC 5525	44
NGC 5371	20, 21	NGC 5529	20, 21, 32, 33
NGC 5372	11	NGC 5530	92, 93
NGC 5373	56, 57	NGC 5531	44
NGC 5374	44, 45, 56, 57	NGC 5532	44
NGC 5376	11	NGC 5533	20, 21, 32, 33
NGC 5377	20, 21	NGC 5534	56, 68
NGC 5378	20, 21, 32, 33	NGC 5536	20, 21
NGC 5379	11	NGC 5539	44, 56
NGC 5380	20, 21, 32, 33	NGC 5540	11
NGC 5382	44, 45, 56, 57	NGC 5541-1	20, 21
NGC 5383	20, 21	NGC 5544	20, 21, 32, 33
NGC 5384	44, 45, 56, 57	NGC 5545	20, 21, 32, 33
NGC 5386	44, 45, 56, 57	NGC 5546	44, 56
NGC 5389	11	NGC 5547	3, 4
NGC 5393	80, 81	NGC 5548	32
NGC 5394	20, 21, 32, 33	NGC 5549	44, 56
NGC 5395	20, 21, 32, 33	NGC 5550	44
NGC 5396	32, 33	NGC 5551	56
NGC 5398	80, 81	NGC 5556	80
NGC 5400	56, 57	NGC 5557	20, 21, 32, 33
NGC 5405	44, 45, 56, 57	NGC 5560	56
NGC 5406	20, 21	NGC 5561	11
NGC 5407	20, 21	NGC 5562	44
NGC 5408	92, 93	NGC 5566	56, 57
NGC 5409	44, 45	NGC 5570	44, 56
NGC 5410	20, 21	NGC 5574	56
NGC 5411	44, 45, 56, 57	NGC 5576	56
NGC 5413	11	NGC 5577	56
NGC 5414	44, 45	NGC 5581	32, 44
NGC 5416	44, 45	NGC 5582	20, 21
NGC 5417	44, 45, 56, 57	NGC 5583	44
NGC 5418	44, 45, 56, 57	NGC 5584	56
NGC 5419	80, 81, D17	NGC 5585	11
NGC 5420	68, 69	NGC 5589	32
NGC 5421A	32, 33	NGC 5590	56
NGC 5421B	32, 33	NGC 5591-1	44
NGC 5422	11	NGC 5592	80
NGC 5423	44, 45, 56	NGC 5595	68
NGC 5424	44, 45	NGC 5596	20, 32
NGC 5426	56, 57, 68, 69	NGC 5597	68
NGC 5427	56, 57, 68, 69	NGC 5598	20, 21
NGC 5430	11	NGC 5600	44
NGC 5434A	44	NGC 5602	11, 20, 21
NGC 5434B	44	NGC 5603A	20, 21
NGC 5440	21, 32, 33	NGC 5604	56
NGC 5443	11	NGC 5605	56
NGC 5444	20, 21, 32, 33	NGC 5607	3, 4
NGC 5445	20, 21, 32, 33	NGC 5608	20
NGC 5446	44, 45		

Object	Pages	Object	Pages
NGC 5611	32	NGC 5770	56
NGC 5612	109, 110, 114	NGC 5771	32
NGC 5613	32	NGC 5772	20
NGC 5614	32	NGC 5773	32
NGC 5615	32	NGC 5774	56
NGC 5619A	56	NGC 5775	56
NGC 5620	4	NGC 5782	44
NGC 5622	20, 21	NGC 5783	10, 11
NGC 5623	32	NGC 5784	20
NGC 5624	11, 20, 21	NGC 5786	92
NGC 5625-1	20	NGC 5787	20
NGC 5626	80	NGC 5789	32
NGC 5627	44	NGC 5790	44, 56
NGC 5628	44	NGC 5791	68
NGC 5629	32	NGC 5792	56
NGC 5630	20	NGC 5793	68
NGC 5631	11	NGC 5794	10, 11, 20
NGC 5633	20, 21	NGC 5795	20
NGC 5635	32	NGC 5796	68
NGC 5637	32, 44	NGC 5797	10, 11, 20
NGC 5638	56	NGC 5798	32
NGC 5641	32	NGC 5799	109, 110
NGC 5642	32	NGC 5804	10, 11, 20
NGC 5643	92	NGC 5806	56
NGC 5644	44	NGC 5807	10, 11
NGC 5645	44, 56	NGC 5808	3, 4
NGC 5649	44	NGC 5810	56
NGC 5652	44, 56	NGC 5812	56, 68
NGC 5653	32	NGC 5813	56
NGC 5654	20, 32	NGC 5814	56
NGC 5655	44	NGC 5820	10, 11, 20
NGC 5656	32	NGC 5827	32
NGC 5660	20, 21	NGC 5828	10, 11, 20
NGC 5661	44, 56	NGC 5829	32, 44
NGC 5665	44, 56	NGC 5831	56
NGC 5665A	44, 56	NGC 5832	3, 4
NGC 5666	44	NGC 5833	109, 110
NGC 5667	10, 11	NGC 5837	44
NGC 5668	56	NGC 5838	56
NGC 5669	44	NGC 5839	56
NGC 5670	92	NGC 5842	32, 44
NGC 5672	32	NGC 5843	80, 92
NGC 5674	56	NGC 5845	56
NGC 5677	20, 21	NGC 5846	56
NGC 5678	10, 11	NGC 5846A	56
NGC 5679	56	NGC 5849	68
NGC 5679A	56	NGC 5850	56
NGC 5681	44, 56	NGC 5852	44
NGC 5684	20, 32	NGC 5854	56
NGC 5685	32	NGC 5855	56
NGC 5686	20, 32	NGC 5857	44
NGC 5687	11	NGC 5858	68
NGC 5688	92	NGC 5859	44
NGC 5689	20, 21	NGC 5860	20
NGC 5690	56	NGC 5861	68
NGC 5691	56	NGC 5863	68
NGC 5692	56	NGC 5864	56
NGC 5695	20, 32	NGC 5865	56
NGC 5696	20	NGC 5869	56
NGC 5698	20, 32	NGC 5874	10, 11
NGC 5701	56	NGC 5875	10, 11, 20
NGC 5702	44	NGC 5875A	10, 11, 20
NGC 5704	32	NGC 5876	10, 11, 20
NGC 5707-1	11, 20, 21	NGC 5878	68
NGC 5710	44	NGC 5879	10, 11
NGC 5713	56	NGC 5881	10, 11
NGC 5716	68	NGC 5883	68
NGC 5718	56	NGC 5885	68
NGC 5719	56	NGC 5888	20
NGC 5722	20	NGC 5890	68
NGC 5725	56	NGC 5892	68
NGC 5726	68	NGC 5893	20
NGC 5728	68	NGC 5898	80
NGC 5729	56, 68	NGC 5899	20
NGC 5732	20, 32	NGC 5900	20
NGC 5734	68, 80	NGC 5902	10, 20
NGC 5735	32	NGC 5903	80
NGC 5739	20	NGC 5905	10, 11
NGC 5740	56	NGC 5907	10, 11
NGC 5741	68	NGC 5908	10, 11
NGC 5742	56	NGC 5910-1	32, 44
NGC 5743	68, 80	NGC 5911	56
NGC 5744	68	NGC 5915	68
NGC 5745-2	68	NGC 5916	68
NGC 5746	56	NGC 5917	56, 68
NGC 5747	44	NGC 5920	44, 56
NGC 5750	56	NGC 5921	56
NGC 5751	10, 11, 20	NGC 5923	20
NGC 5752	20, 32	NGC 5926	44
NGC 5755	20, 32	NGC 5928	44
NGC 5756	56	NGC 5929	20
NGC 5757	68	NGC 5930	20
NGC 5759	44	NGC 5936	44
NGC 5760	44	NGC 5937	56
NGC 5762	44	NGC 5938	102, 109, 110
NGC 5763	44	NGC 5939	3, 4, 10
NGC 5766	68, 80	NGC 5940	44, 56
NGC 5768	56	NGC 5941	44, 56
NGC 5769	44, 56	NGC 5942	44, 56
		NGC 5947	20
		NGC 5949	3, 4, 10, 11

Object	Pages	Object	Pages
NGC 5951	44	NGC 6137A	19, 31
NGC 5952	56	NGC 6138	19
NGC 5953	44	NGC 6140	3, 4, 10
NGC 5954	44	NGC 6141	19, 20
NGC 5956	44	NGC 6143	10
NGC 5957	44	NGC 6146	19, 20
NGC 5958	32	NGC 6149	43
NGC 5961	32	NGC 6154	19, 20
NGC 5962	44	NGC 6155	19, 20
NGC 5963	10	NGC 6156	102
NGC 5965-1	10	NGC 6158	19
NGC 5966	20	NGC 6160	19
NGC 5967	109, 110	NGC 6162	31
NGC 5967A	109, 110	NGC 6166	19
NGC 5968	80	NGC 6166C	19
NGC 5970	44	NGC 6170	10
NGC 5972	44	NGC 6172	55
NGC 5974	32	NGC 6173	19
NGC 5978	68	NGC 6174	19
NGC 5980	44	NGC 6175-2	19
NGC 5981	10, 11	NGC 6181	43
NGC 5982	10, 11	NGC 6183	109, 110
NGC 5983	44, 56	NGC 6185	31
NGC 5984	44	NGC 6186	31, 43
NGC 5985	10, 11	NGC 6189	10
NGC 5987	10	NGC 6190	10
NGC 5989	10, 11	NGC 6194	19, 31
NGC 5990	56	NGC 6195	19, 31
NGC 5992	19, 20	NGC 6196	19, 31
NGC 5993	19, 20	NGC 6198	10
NGC 5995	68	NGC 6201	31, 43
NGC 5996	44	NGC 6203	31, 43
NGC 5997	44, 56	NGC 6206	10
NGC 6000	79, 80	NGC 6207	19, 31
NGC 6001	31, 32	NGC 6209	109, 110
NGC 6003	44	NGC 6211	10
NGC 6004	44	NGC 6212	19
NGC 6006	44	NGC 6214	3, 4, 10
NGC 6007	44	NGC 6215	102
NGC 6008A	31, 32, 43, 44	NGC 6215A	102
NGC 6010	56	NGC 6217	3, 4
NGC 6011	3, 4	NGC 6219	43, 55
NGC 6012	43, 44	NGC 6221	102
NGC 6014	44, 56	NGC 6223	10
NGC 6015	3, 10, 11	NGC 6224	43, 55
NGC 6017	43, 44, 55, 56	NGC 6225	43, 55
NGC 6018	43, 44	NGC 6226	10
NGC 6019	3, 4, 10, 11	NGC 6232	3, 4
NGC 6020	31, 32, 43, 44	NGC 6234	55
NGC 6021	43, 44	NGC 6238	3, 4
NGC 6023	44	NGC 6238	10
NGC 6027A	31, 32, 43, 44	NGC 6239	19
NGC 6027B	31, 32, 43, 44	NGC 6240	55
NGC 6027E	31, 32, 43, 44	NGC 6247	10
NGC 6030	43, 44	NGC 6251	1, 3, 4
NGC 6034	43, 44	NGC 6255	19, 31
NGC 6035	31, 32, 43, 44	NGC 6258	10
NGC 6036	55	NGC 6260	10
NGC 6037	55	NGC 6262	10
NGC 6038	19, 20, 31, 32	NGC 6267	31, 43
NGC 6041A	43, 44	NGC 6269	31
NGC 6042	43, 44	NGC 6270	31
NGC 6044	43, 44	NGC 6274-1	31
NGC 6046	43, 44	NGC 6275	10
NGC 6047	43	NGC 6276	31, 43
NGC 6048	3, 4	NGC 6278	31, 43
NGC 6051	31, 32, 43	NGC 6280-2	43, 55
NGC 6052-1	31, 32, 43, 44	NGC 6283	19
NGC 6052-2	31, 32, 43, 44	NGC 6285	10
NGC 6061	43, 44	NGC 6286	10
NGC 6062	43, 44	NGC 6290	10
NGC 6063	43, 55	NGC 6291	10
NGC 6065	43	NGC 6296	55
NGC 6066	43	NGC 6297	10
NGC 6068	3, 4	NGC 6299	9, 10
NGC 6070	55	NGC 6300	101, 102
NGC 6073	43	NGC 6305	102
NGC 6074-1	43	NGC 6307	10
NGC 6076-1	31, 32	NGC 6308	31, 43
NGC 6076-2	31	NGC 6311	19
NGC 6079	3, 4	NGC 6314	31, 43
NGC 6080	55	NGC 6315	31, 43
NGC 6086	31, 32	NGC 6319	9, 10
NGC 6089-2	31, 32	NGC 6321	43
NGC 6095	10	NGC 6324	3, 4
NGC 6098	43	NGC 6328	101, 102
NGC 6103	31	NGC 6329	19
NGC 6104	19, 20, 31, 32	NGC 6336	19
NGC 6106	43, 55	NGC 6338	10
NGC 6107	31, 32	NGC 6340	3, 4
NGC 6109	20, 31, 32	NGC 6343	19
NGC 6111	4, 10	NGC 6347	43
NGC 6117	19, 20, 31, 32	NGC 6350	19
NGC 6117B	19, 20, 31, 32	NGC 6359	9, 10
NGC 6118	55	NGC 6361	9, 10
NGC 6120	19, 20, 31, 32	NGC 6364	31
NGC 6123	4, 10	NGC 6365	9, 10
NGC 6125	10	NGC 6365A	9, 10
NGC 6126	19, 31	NGC 6370	10
NGC 6129	19, 31	NGC 6372	31
NGC 6130	10	NGC 6373	9, 10
NGC 6131	19, 20, 31		

Object	Pages	Object	Pages
NGC 6375	43	NGC 6671	30
NGC 6379	43	NGC 6672	18
NGC 6381	9, 10	NGC 6673	101, 102
NGC 6384	43, 55	NGC 6674	30
NGC 6385	9, 10	NGC 6675	18
NGC 6389	43	NGC 6677	3, 9
NGC 6392	109	NGC 6684	101, 102, 109
NGC 6395	3, 4	NGC 6684A	101, 102
NGC 6398	101, 102	NGC 6685	18
NGC 6403	101, 102	NGC 6688	18, 30
NGC 6407	101, 102	NGC 6689	2, 3
NGC 6408	43	NGC 6691	9
NGC 6409	10, 18, 19	NGC 6692	30
NGC 6411	9, 10	NGC 6695	18
NGC 6412	2, 3, 4	NGC 6697	30
NGC 6417	31, 43	NGC 6699	101
NGC 6418	9, 10	NGC 6700	30
NGC 6434	3, 4	NGC 6701	9, 10
NGC 6435	9, 10	NGC 6702	18
NGC 6438	114	NGC 6703	18
NGC 6438A	114	NGC 6706	101, 102
NGC 6447	18, 19, 30, 31	NGC 6707	90, 101
NGC 6449	10	NGC 6708	90, 101
NGC 6452	31, 43	NGC 6710	30
NGC 6454	9, 10	NGC 6713	30
NGC 6462	9, 10	NGC 6718	101, 109
NGC 6463	3, 10	NGC 6719	101, 108, 109
NGC 6466	9, 10, 18, 19	NGC 6721	101
NGC 6478	9, 10, 18, 19	NGC 6725	90, 101
NGC 6479	9, 10	NGC 6730	101, 108, 109
NGC 6482	30, 31, 42, 43	NGC 6732-1	9, 18
NGC 6483	101, 102	NGC 6732-2	9, 18
NGC 6484	30, 31	NGC 6733	101
NGC 6485	30, 31	NGC 6734	101, 109
NGC 6487	30, 31	NGC 6736	101, 109
NGC 6490	42, 43	NGC 6739	101
NGC 6492	101, 102, 109	NGC 6744	101
NGC 6495	42, 43	NGC 6745-2	18
NGC 6497	9, 10	NGC 6746	101
NGC 6500	42, 43	NGC 6747	2, 3
NGC 6501	42, 43	NGC 6750	9
NGC 6502	101, 102	NGC 6753	101
NGC 6503	3	NGC 6754	90, 101
NGC 6504	30, 31	NGC 6757	9
NGC 6508	10	NGC 6758	101
NGC 6509	42, 43, 54, 55	NGC 6761	90, 101
NGC 6511	9, 10	NGC 6764	9, 18
NGC 6512	9, 10	NGC 6768-1	90
NGC 6513	30, 31	NGC 6768-2	90
NGC 6515	9, 10, 18, 19	NGC 6769	101
NGC 6516	30, 31	NGC 6770	101
NGC 6521	9, 10	NGC 6771	101
NGC 6524	18, 19	NGC 6776	101, 109
NGC 6536	9, 10	NGC 6780	101
NGC 6538	2, 3, 4	NGC 6782	101
NGC 6542	9, 10	NGC 6783	18
NGC 6545	101, 102	NGC 6784	101, 108, 109
NGC 6547	30, 31	NGC 6784A	101, 108, 109
NGC 6548	42, 43	NGC 6786	2, 3
NGC 6552	3, 9, 10	NGC 6788	101
NGC 6555	42	NGC 6789	9
NGC 6557	108, 109	NGC 6792	18
NGC 6560	18, 19	NGC 6794	78, 90
NGC 6562	9, 10	NGC 6796	9
NGC 6570	42	NGC 6798	9, 18
NGC 6571	30, 42	NGC 6799	101
NGC 6574	42	NGC 6805	78, 90
NGC 6575	30, 31	NGC 6806	89, 90
NGC 6577	30, 42	NGC 6808	108, 109
NGC 6579	30, 42	NGC 6810	101
NGC 6580	30, 42	NGC 6812	101
NGC 6581	30	NGC 6814	66
NGC 6582-1	9, 18, 19	NGC 6816	68
NGC 6585	18, 19	NGC 6821	54, 66
NGC 6586	30, 42	NGC 6822	66
NGC 6587	42	NGC 6824	66
NGC 6598	3	NGC 6825	2, 3, 9
NGC 6600	30	NGC 6831	9
NGC 6602	30	NGC 6835	66
NGC 6606	18, 19	NGC 6836	65, 66
NGC 6614	101, 102	NGC 6841	77, 78
NGC 6615	42	NGC 6844	101, 108, 109
NGC 6619	30, 42	NGC 6845	89, 90
NGC 6623-1	30, 42	NGC 6848	101
NGC 6623-2	30, 42	NGC 6849	89, 90
NGC 6627	42	NGC 6850	101
NGC 6630	101, 102	NGC 6851	89, 90
NGC 6632	30	NGC 6854	101
NGC 6635	42	NGC 6855	101
NGC 6640	30	NGC 6860	101
NGC 6641	30, 42	NGC 6861	89, 90
NGC 6643	2, 3, 4	NGC 6861D	89, 90
NGC 6646	18	NGC 6862	101
NGC 6650	3, 9	NGC 6867	101
NGC 6651	2, 3	NGC 6868	89, 90
NGC 6653	108, 109	NGC 6869	2, 3, 9
NGC 6654	2, 3, 4	NGC 6870	89, 90
NGC 6657	30	NGC 6872	108, 109
NGC 6658	30, 42	NGC 6875	89, 90
NGC 6661	30, 42	NGC 6876	108, 109
NGC 6663	18	NGC 6877	108, 109
NGC 6667	3, 9		

Object	Pages	Object	Pages
NGC 6878	89, 90	NGC 7053	29, 41
NGC 6878A	89, 90	NGC 7056	41
NGC 6880	108, 109	NGC 7057	89
NGC 6887	89, 101	NGC 7059	100, 101
NGC 6889	101	NGC 7060	89
NGC 6890	89, 90	NGC 7061	88, 89
NGC 6893	89, 90	NGC 7064	89, 100
NGC 6898	65	NGC 7065	53, 65
NGC 6899	89, 90, 101	NGC 7065A	53, 65
NGC 6900	53	NGC 7068	41
NGC 6902	89, 90	NGC 7069	53
NGC 6902B	89, 90	NGC 7070	89
NGC 6903	65	NGC 7070A	89
NGC 6906	41, 53	NGC 7072	89
NGC 6907	77	NGC 7072A	89
NGC 6909	89, 90	NGC 7073	65
NGC 6912	65	NGC 7075	77, 89
NGC 6915	53	NGC 7077	53
NGC 6917	41, 53	NGC 7079	88, 89
NGC 6918	89, 90	NGC 7080	29
NGC 6919	89	NGC 7081	53
NGC 6920	108, 109, 114	NGC 7083	100, 101
NGC 6921	29	NGC 7087	89
NGC 6922	53	NGC 7090	100
NGC 6923	77	NGC 7091	77, 89
NGC 6924	77	NGC 7095	108, 114
NGC 6925	77	NGC 7096	100, 101
NGC 6926	53	NGC 7097	88, 89
NGC 6928	41	NGC 7097A	88, 89
NGC 6929	53	NGC 7098	108, 109, 113
NGC 6930	41	NGC 7101	41, 53
NGC 6931	65	NGC 7102	41, 53
NGC 6932	108, 109	NGC 7103	65, 77
NGC 6935	89, 101	NGC 7104	65, 77
NGC 6936	77	NGC 7105	65
NGC 6937	89, 101	NGC 7106	89, 100
NGC 6941	89	NGC 7107	88, 89
NGC 6942	100, 101	NGC 7109	77
NGC 6943	108, 109	NGC 7110	77
NGC 6944	41, 53	NGC 7115	77
NGC 6944A	41, 53	NGC 7116	29
NGC 6945	53	NGC 7117	88, 89
NGC 6946	8, 9	NGC 7118	88, 89
NGC 6948	89, 100, 101	NGC 7119-1	88, 89
NGC 6949	2, 3, 8, 9	NGC 7119-2	88, 89
NGC 6951	2, 3, 8, 9	NGC 7123	108
NGC 6954	53	NGC 7124	88, 89, 100
NGC 6956	41	NGC 7125	100
NGC 6957	53	NGC 7126	100
NGC 6958	77, 89	NGC 7130	76, 77, 88, 89
NGC 6959	53	NGC 7135	76, 77, 88, 89
NGC 6961	53	NGC 7137	29, 41
NGC 6962	53	NGC 7140	100
NGC 6964	53	NGC 7144	88, 89
NGC 6965	53	NGC 7145	88, 89
NGC 6967	53	NGC 7147	53
NGC 6968	53	NGC 7149	53
NGC 6970	89, 100, 101	NGC 7152	76, 77
NGC 6971	41, 53	NGC 7154	76, 77, 88, 89
NGC 6972	41	NGC 7155	88, 89
NGC 6976	53, 65	NGC 7156	53
NGC 6977	53, 65	NGC 7159	40, 41
NGC 6978	53, 65	NGC 7162	88, 89
NGC 6982	89, 100, 101	NGC 7162A	88, 89
NGC 6983	89	NGC 7163	76, 77
NGC 6984	89, 100, 101	NGC 7165	64, 65
NGC 6986	65	NGC 7166	88, 89
NGC 6987	89, 100, 101	NGC 7167	76, 77
NGC 6988	41	NGC 7168	88, 89, 100
NGC 6990	100, 101	NGC 7169	88, 89
NGC 6993	77	NGC 7170	52, 53, 64, 65
NGC 6998	77	NGC 7171	64, 65
NGC 6999	77	NGC 7172	76, 77
NGC 7001	77	NGC 7173	76, 77
NGC 7002	89, 100, 101	NGC 7176	76, 77
NGC 7003	41	NGC 7177	40, 41
NGC 7004	89, 100, 101	NGC 7179	100
NGC 7007	89, 100, 101	NGC 7180	64, 65, 76, 77
NGC 7010	65	NGC 7183	64, 65
NGC 7012	89	NGC 7184	64, 65, 76, 77
NGC 7013	29	NGC 7185	64, 65, 76, 77
NGC 7014	89	NGC 7187	76, 77
NGC 7015	41	NGC 7188	64, 65, 76, 77
NGC 7016	77	NGC 7189	52, 53
NGC 7017	77	NGC 7190	40, 41
NGC 7018	77	NGC 7191	100
NGC 7019	77	NGC 7192	100
NGC 7021	100, 101	NGC 7194	40, 41
NGC 7022	89, 100	NGC 7196	88, 89
NGC 7025	41	NGC 7197	16, 17
NGC 7029	89, 100	NGC 7199	100
NGC 7030	65, 77	NGC 7200	88, 89
NGC 7032	108	NGC 7201	76, 77
NGC 7038	89	NGC 7203	76, 77
NGC 7040	41, 53	NGC 7205	100
NGC 7041	89	NGC 7206	40, 41
NGC 7042	41	NGC 7208	76, 77
NGC 7046	53	NGC 7213	88, 89
NGC 7047	53	NGC 7214	76, 77
NGC 7049	89	NGC 7216	100, 108
NGC 7051	53, 65	NGC 7217	28, 29
NGC 7052	29	NGC 7218	64

Object	Pages	Object	Pages
NGC 7219	100	NGC 7386	40
NGC 7220	64, 76	NGC 7391	52
NGC 7221	76, 77	NGC 7392	64, 76
NGC 7223	16, 17	NGC 7393	52, 64
NGC 7225	76	NGC 7398	52
NGC 7229	76	NGC 7399	64
NGC 7231	16, 17	NGC 7404	88
NGC 7232	88, 89	NGC 7408	100
NGC 7232B	88, 89	NGC 7410	88
NGC 7233	88, 89	NGC 7411	40
NGC 7236	40	NGC 7412	88
NGC 7237	40	NGC 7416	52, 64
NGC 7240	16, 17, 28, 29	NGC 7417	100, 108
NGC 7242	16, 17, 28, 29	NGC 7418	76, 88
NGC 7244	40	NGC 7421	76, 88
NGC 7247	64, 76	NGC 7422	52
NGC 7248	16, 17	NGC 7424	88
NGC 7249	100	NGC 7426	16, 28
NGC 7250	16, 17	NGC 7428	52
NGC 7251	64	NGC 7436	28
NGC 7252	76	NGC 7440	28
NGC 7256	64, 76	NGC 7442	40
NGC 7257	52	NGC 7448	40
NGC 7259	76	NGC 7450	64
NGC 7262	76	NGC 7454	40
NGC 7265	16, 28	NGC 7456	88
NGC 7266	52	NGC 7457	28
NGC 7267	76	NGC 7458	52
NGC 7268	76	NGC 7460	52
NGC 7272	40	NGC 7461	40
NGC 7273	16, 28	NGC 7462	88
NGC 7274	16, 28	NGC 7463	40
NGC 7276	16, 28	NGC 7464	40
NGC 7277	76	NGC 7465	40
NGC 7280	40	NGC 7467	40
NGC 7284	76	NGC 7468	40
NGC 7286	28	NGC 7469	40, 52
NGC 7289	76, 88	NGC 7470	88, 100
NGC 7290	40	NGC 7473	40
NGC 7292	28	NGC 7474	40
NGC 7294	76	NGC 7476	88
NGC 7297	76, 88	NGC 7479	40
NGC 7298	64	NGC 7482	52
NGC 7299	76, 88	NGC 7483	52
NGC 7300	64	NGC 7484	76, 88
NGC 7301	64	NGC 7485	28
NGC 7302	64	NGC 7488	52
NGC 7303	28	NGC 7490	28
NGC 7305	40	NGC 7491	52, 64
NGC 7306	76	NGC 7495	40
NGC 7307	88	NGC 7496	88
NGC 7308	64	NGC 7499	40, 52
NGC 7309	64	NGC 7501	40, 52
NGC 7310	64, 76	NGC 7503	40, 52
NGC 7311	52	NGC 7506	52
NGC 7313	76	NGC 7507	76
NGC 7314	76	NGC 7509	40
NGC 7315	28, D13	NGC 7512	28
NGC 7316	40	NGC 7513	76
NGC 7317	D13	NGC 7514	28
NGC 7318-1	D13	NGC 7515	40
NGC 7318-2	D13	NGC 7516	40
NGC 7319	D13	NGC 7518	40, 52
NGC 7320	D13	NGC 7520	64, 76
NGC 7321	28, 40	NGC 7521	52
NGC 7322	76, 88	NGC 7525-1	40
NGC 7323	40	NGC 7527	28
NGC 7329	100, 108	NGC 7529	40, 52
NGC 7330	16, 28	NGC 7531	88
NGC 7331	28, D13	NGC 7534	52
NGC 7332	28, 40	NGC 7537	52
NGC 7335	D13	NGC 7539	28, 40
NGC 7336	D13	NGC 7541	52
NGC 7337	D13	NGC 7543	28
NGC 7339	28, 40	NGC 7545	76, 88
NGC 7340	D13	NGC 7547	40
NGC 7341	64, 76	NGC 7548	28
NGC 7343	D13	NGC 7550	40
NGC 7351	52	NGC 7552	88
NGC 7358	100, 108	NGC 7553	40
NGC 7359	64, 76	NGC 7557	40, 52
NGC 7360	52	NGC 7559-1	40
NGC 7361	76	NGC 7562	40, 52
NGC 7362	40, 52	NGC 7563	40
NGC 7363	28	NGC 7569	40, 52
NGC 7364	52	NGC 7570	40
NGC 7365	64	NGC 7573	64, 76
NGC 7366	40	NGC 7574	28
NGC 7368	88	NGC 7575	52
NGC 7371	64	NGC 7576	52
NGC 7372	40	NGC 7578	40
NGC 7374A	40	NGC 7578-2	40
NGC 7375	28, 40	NGC 7579	40, 52
NGC 7377	64, 76	NGC 7580	40
NGC 7378	64	NGC 7582	88
NGC 7379	16	NGC 7583	40, 52
NGC 7383	40	NGC 7584	40, 52
NGC 7385	40	NGC 7585	52
		NGC 7590	88

Object	Pages	Object	Pages
NGC 7591	40, 52	NGC 7745	28
NGC 7592	52	NGC 7746	52
NGC 7593	40	NGC 7749	76
NGC 7597	40	NGC 7750	52
NGC 7599	88	NGC 7751	40, 52
NGC 7600	52, 64	NGC 7752	28, 39
NGC 7601	40, 52	NGC 7753	28, 39
NGC 7602	40	NGC 7755	76, 87
NGC 7603	52	NGC 7757	52
NGC 7604	40, 52	NGC 7759	64
NGC 7606	52, 64	NGC 7760	28, 39
NGC 7609	40	NGC 7761	64
NGC 7610	40	NGC 7764	88, 99
NGC 7611	40, 52	NGC 7768	28, 39
NGC 7612	40, 52	NGC 7769	40
NGC 7617	40, 52	NGC 7770	40
NGC 7619	40, 52	NGC 7771	40
NGC 7620	28, 40	NGC 7773	28, 39
NGC 7622	100, 107	NGC 7774	40
NGC 7623	40, 52	NGC 7775	28, 39
NGC 7624	28	NGC 7777	28, 39
NGC 7625	40	NGC 7778	40, 52
NGC 7626	40, 52	NGC 7779	40, 52
NGC 7628	28	NGC 7782	40, 52
NGC 7629	52	NGC 7783A	52
NGC 7631	40, 52	NGC 7783B	52
NGC 7632	88	NGC 7784	28, 39, 40, 51
NGC 7633	100, 108, 113	NGC 7785	40, 52
NGC 7634	40, 52	NGC 7786	28, 39, 40, 51
NGC 7636	28	NGC 7793	76, 87
NGC 7637	108, 113, 114	NGC 7794	40, 51
NGC 7640	16	NGC 7796	100, 107
NGC 7642	52	NGC 7797	52, 63
NGC 7643	40	NGC 7798	28, 39, 40, 51
NGC 7645	76	NGC 7800	40, 51
NGC 7646	64	NGC 7802	40, 51, 52, 63
NGC 7648	40	NGC 7803	40, 51
NGC 7650	100	NGC 7805	28, 39
NGC 7652	100, 107	NGC 7806	28, 39
NGC 7653	40	NGC 7808	64, 75
NGC 7655	100, 108, 113	NGC 7810	40, 51
NGC 7658-2	88	NGC 7811	52, 63
NGC 7660	28	NGC 7812	76, 87
NGC 7664	28	NGC 7814	40, 51
NGC 7665	64	NGC 7816	40, 51, 52, 63
NGC 7671	40	NGC 7817	28, 39, 40, 51
NGC 7672	40	NGC 7819	28, 39
NGC 7673	28, 40	NGC 7820	52
NGC 7674	40, 52	NGC 7821	64, 75
NGC 7674A	40, 52	NGC 7823	100, 107, 108
NGC 7676	100, 107	NGC 7829	75
NGC 7677	28, 40	NGC 7831	28, 39
NGC 7678	28, 40	NGC 7832	52
NGC 7679	52	NGC 7836	28, 39
NGC 7680	52	NPM1G-04.01.34	62
NGC 7680-1	28	NPM1G+26.0311	33
NGC 7682	52	Per I	15
NGC 7683	40	Per II	14, 15
NGC 7687	52	PGC 2121	27, 39
NGC 7688	28, 40	PGC 2544	27
NGC 7689	100	PGC 2666	27, 39
NGC 7690	88, 99, 100	PGC 3792	39, 51
NGC 7691	40	PGC 4601	39
NGC 7693	52	PGC 4728	51
NGC 7694	52	PGC 6101	63, 75
NGC 7698	28	PGC 16573	61
NGC 7702	100, 107	PGC 20125	105
NGC 7704	52	PGC 29194	82, 83
NGC 7705	52	PGC 35345	11, 12
NGC 7706	52	PGC 42102	72
NGC 7707	16, 27	PGC 53047	44, 56
NGC 7709	64	PGC 54559	32, 44
NGC 7711	40	PGC 69519	100
NGC 7712	28, 40	PGC 74824	74
NGC 7713	76, 88	PGC 83014	D21
NGC 7713A	76, 88	PGC 84039	81, 93
NGC 7714	52	PGC 85232	76
NGC 7716	52	PGC 86298	D16
NGC 7717	64	PGC 86310	D25
NGC 7720-1	D27	PGC 86311	D25
NGC 7720-2	D27	PGC 86312	80, 81
NGC 7721	52, 64	PGC 86318	D17
NGC 7722	40	PGC 86320	D17
NGC 7723	64	PGC 87324	64
NGC 7724	64	PGC 87346	94, 104
NGC 7725	52	PGC 87350	93, 94, 104
NGC 7727	64	PGC 87351	93, 94
NGC 7728	D27	PGC 87352	93, 94
NGC 7730	64, 76	PGC 87362	93, 94
NGC 7731	52	PGC 87372	92, 93
NGC 7732	52	PGC 87382	94
NGC 7733	100, 107, 108, 113	PGC 87416	74
NGC 7734	100, 107, 108, 113	PGC 87671	33
NGC 7736	64	PGC 87900	75
NGC 7737	28	PGC 88253	106
NGC 7740	28	PGC 88648	81, 93
NGC 7741	28	PGC 88961	80, 81
NGC 7742	40	PGC 89806	D17
NGC 7743	40	PGC 89857	D17
NGC 7744	88, 99	PGC 93407	73
		PGC 93845	46

PGC 93963 ... 107, 113
PGC 94045 ... 33
PGC 94053 ... 33
PGC 94064 ... 63
PGC 94648 ... 32, 33
PGC 94860 ... 100, 107, 108
PGC 94872 ... 100, 107
PGC 94961 ... 98, 106
PGC 94963 ... 106
PGC 94977 ... 97, 98, 106
PGC 94982 ... 89, 100, 101
PGC 94993 ... 100
PGC 94997 ... 88, 100
PGC 95006 ... 100, 107
PGC 95053 ... 88, 100
PGC 95057 ... 88, 99
PGC 95058 ... 88, 99
PGC 95063 ... 88, 99
PGC 95147 ... 98
PGC 95212 ... 87, 99
PGC 95261 ... 76
PGC 95264 ... 76
PGC 95267 ... 76, 87, 88, 99
PGC 95318 ... 76, 77
PGC 95380 ... 100
PGC 95408 ... 100
PGC 95420 ... 88, 99
PGC 95431 ... 99
PGC 95455 ... 76, 87, 88, 99
PGC 95464 ... 87
PGC 95470 ... 86, 87
PGC 95495 ... 76, 77
PGC 100170 ... 14, 15
PGC 101218 ... 88, 89
PGC 101304 ... 14, 15
PGC 127188 ... 112, 113
PGC 127689 ... 100, 108
PGC 127971 ... 106, 107
PGC 127986 ... 106, 107
PGC 127992 ... 106, 107
PGC 127996 ... 106
PGC 128167 ... 100, 101
PGC 128214 ... 100, 101
PGC 128256 ... 100
PGC 128348 ... 100, 107
PGC 129313 ... 98, 99
PGC 129350 ... 98, 99, 107
PGC 129443 ... 98, 106, 107
PGC 129660 ... 97, 106
PGC 130281 ... 97, 98
PGC 130497 ... 97
PGC 130498 ... 97
PGC 130643 ... 88, 89
PGC 130710 ... 88, 89
PGC 131020 ... 99
PGC 131382 ... 97
PGC 131440 ... 97
PGC 132071 ... 86
PGC 132293 ... 85
PGC 132357 ... 87
PGC 132388 ... 77, 89
PGC 132499 ... 76, 77, 88, 89
PGC 132788 ... 87
PGC 132822 ... 87
PGC 132827 ... 87
PGC 132862 ... 87
PGC 132875 ... 87
PGC 134188 ... 85
PGC 134548 ... 76
PGC 134589 ... 76
PGC 134702 ... 75, 87
PGC 134803 ... 75
PGC 143000 ... 32
PGC 154807 ... 58, 70
PGC 157225 ... 69, 70, 81, 82
PGC 165940 ... 102
PGC 165942 ... 102
PGC 165950 ... 102
PGC 165961 ... 101, 102
PGC 165966 ... 101, 102
PGC 165974 ... 102
PGC 165979 ... 102, 109, 110
PGC 165984 ... 102, 109, 110
PGC 165986 ... 102, 109, 110
PGC 165993 ... 102, 109, 110
PGC 165994 ... 102, 109, 110
PGC 165995 ... 102, 109, 110
PGC 1762846 ... 33
PGC 2807155 ... 8, 16, 27
PGC 3097691 ... 75
UGC 46 ... 40, 51
UGC 68 ... 28, 39
UGC 130 ... 28, 39
UGC 148 ... 51
UGC 183 ... 16, 27
UGC 212 ... 63
UGC 215 ... 39
UGC 221 ... 39
UGC 224A ... 63
UGC 224B ... 63
UGC 233 ... 51
UGC 242 ... 51

UGC 248A ... 39
UGC 260 ... 51
UGC 295 ... 63
UGC 312 ... 51, 63
UGC 364 ... 39, 51
UGC 375 ... 39
UGC 411 ... 39
UGC 425 ... 39, 51
UGC 439 ... 63
UGC 444 ... 27, 39
UGC 480 ... 27, 39
UGC 486 ... 15, 27
UGC 492 ... 63
UGC 496 ... 63
UGC 540 ... 39
UGC 545 ... 51
UGC 579 ... 63
UGC 583 ... 63
UGC 588 ... 63
UGC 599 ... 63
UGC 612 ... 39, 51
UGC 615 ... 51
UGC 622 ... 27
UGC 644 ... 51
UGC 717 ... 51
UGC 724 ... 39, D11
UGC 838 ... 61
UGC 849 ... 51
UGC 878 ... D14
UGC 901 ... 39
UGC 913 ... 39
UGC 937 ... 39
UGC 959 ... 39
UGC 1032 ... 51
UGC 1041 ... 51
UGC 1062 ... 63
UGC 1068 ... 26, 27
UGC 1095 ... 39
UGC 1125 ... 39
UGC 1154 ... 39
UGC 1155 ... 63
UGC 1166 ... 39
UGC 1169 ... 63
UGC 1212 ... 26, 38, 39
UGC 1219 ... 51
UGC 1272 ... 26, 38, 39
UGC 1281 ... 38, 39
UGC 1308 ... D18
UGC 1319 ... D18
UGC 1344 ... D18
UGC 1347 ... D18
UGC 1353 ... D18
UGC 1359 ... 38, 39
UGC 1385 ... D18
UGC 1400 ... D18
UGC 1418 ... 26, 27
UGC 1422 ... 38, 39
UGC 1427 ... 50, 51, 62, 63
UGC 1432 ... 50, 51
UGC 1451 ... 38, 39
UGC 1478 ... 38, 39
UGC 1490 ... 38, 39, 50, 51
UGC 1493A ... 26, 27
UGC 1503 ... 38, 39
UGC 1510 ... 38, 39
UGC 1518 ... 50, 51
UGC 1546 ... 50, 51
UGC 1552 ... 26, 27
UGC 1577 ... 38, 39
UGC 1590 ... 38, 39
UGC 1617 ... 62
UGC 1618 ... 62
UGC 1620 ... 62
UGC 1624 ... 62
UGC 1630 ... 50
UGC 1648 ... 38, 39
UGC 1669 ... 50, 62
UGC 1716 ... 62
UGC 1735 ... 26, 27, 38, 39
UGC 1757 ... 26, 27, 38
UGC 1767 ... 26, 27, 38
UGC 1769 ... 26, 27, 38, 39
UGC 1772 ... 26, 27, 38, 39
UGC 1775 ... 50, 62
UGC 1810 ... 26, 27
UGC 1813 ... 26, 27
UGC 1840 ... 26, 27
UGC 1841 ... 26, 27
UGC 1862 ... 62
UGC 1881 ... 38
UGC 1980 ... 38
UGC 2010 ... 62
UGC 2019 ... 62
UGC 2023 ... 38
UGC 2024 ... 62
UGC 2082 ... 38
UGC 2122 ... 38
UGC 2140 ... 50
UGC 2143 ... 26, 38
UGC 2180 ... 51
UGC 2255 ... 50, 62
UGC 2259 ... 26, 38

UGC 2292 ... 62
UGC 2295 ... 62
UGC 2296 ... 50
UGC 2311 ... 62
UGC 2324 ... 62
UGC 2328 ... 26, 38
UGC 2430 ... 50
UGC 2441 ... 62
UGC 2446 ... 62
UGC 2456 ... 26, 38
UGC 2486 ... 50
UGC 2494 ... 26, 38
UGC 2585 ... 62
UGC 2594 ... 62
UGC 2608 ... 26
UGC 2688B ... D20
UGC 2692 ... 62
UGC 2698 ... 26
UGC 2704 ... 62
UGC 2783 ... 26
UGC 2812 ... 62
UGC 2818 ... 25, 26
UGC 2836 ... 25, 26
UGC 2883 ... 62
UGC 2908 ... 13
UGC 2998 ... 61
UGC 3008 ... 61
UGC 3014 ... 61
UGC 3053 ... 37, 49
UGC 3070 ... 61
UGC 3087 ... 61
UGC 3134 ... 61
UGC 3137 ... 6, 7
UGC 3192 ... 61
UGC 3223 ... 61
UGC 3230 ... 6, 7
UGC 3253 ... 1, 6
UGC 3258 ... 61
UGC 3271 ... 61
UGC 3302 ... 6, 7
UGC 3307 ... 13, 14
UGC 3349 ... 6
UGC 3373 ... 5, 6, 7
UGC 3374 ... 24, 25
UGC 3379 ... 6
UGC 3386 ... 13, 14
UGC 3414 ... 13, 14
UGC 3426 ... 5, 6
UGC 3431 ... 5, 6, 7
UGC 3445 ... 13, 14
UGC 3446 ... 13, 14
UGC 3471 ... 5, 6, 7
UGC 3478 ... 13, 14
UGC 3506 ... 24, 25
UGC 3511 ... 13, 14
UGC 3528A ... 1
UGC 3536 ... 36
UGC 3549 ... 5, 6
UGC 3554 ... 24
UGC 3561 ... 24
UGC 3567 ... 24
UGC 3580 ... 5, 6
UGC 3581 ... 13, 23, 24
UGC 3596 ... 24
UGC 3599 ... 36, 48
UGC 3601 ... 24
UGC 3604 ... 5, 6
UGC 3608 ... 24
UGC 3612 ... 24, 36
UGC 3634 ... 48
UGC 3638 ... 24
UGC 3642 ... 13, 14
UGC 3655 ... 24
UGC 3660 ... 13
UGC 3683 ... 59
UGC 3691 ... 48
UGC 3696 ... 24
UGC 3697 ... 5, 6
UGC 3706B ... 24
UGC 3714 ... 5, 6
UGC 3725 ... D15
UGC 3730 ... 24
UGC 3752 ... 36
UGC 3758 ... D15
UGC 3764 ... 5, 6, 13
UGC 3765 ... 13
UGC 3789 ... 13
UGC 3793 ... 13
UGC 3804 ... 5, 6
UGC 3812 ... 23, 24
UGC 3816 ... 13
UGC 3824 ... 36, 48
UGC 3828 ... 13
UGC 3829 ... 36
UGC 3831 ... 23, 24
UGC 3840 ... 48
UGC 3841 ... 36
UGC 3845 ... 23, 24
UGC 3849 ... 24, 36
UGC 3850 ... 13
UGC 3858 ... 5, 6
UGC 3859 ... 5, 6

UGC 3863 ... 23, 24
UGC 3885 ... 13
UGC 3894 ... 5, 6, 13
UGC 3897 ... 13
UGC 3905 ... 5, 13
UGC 3933 ... 23, 24
UGC 3936 ... 48
UGC 3957 ... 13
UGC 3972 ... 5, 6
UGC 3973 ... 23, 24
UGC 3981 ... 13
UGC 3993 ... 1
UGC 3995 ... 36
UGC 4001 ... 5, 13
UGC 4013 ... 13
UGC 4028 ... 5, 6
UGC 4030 ... 35, 36
UGC 4035 ... 13
UGC 4041 ... 5, 6
UGC 4050 ... 5, 6
UGC 4051 ... 23, 24
UGC 4052 ... 23, 24
UGC 4057 ... 5, 6
UGC 4060 ... 48
UGC 4074 ... 13
UGC 4079 ... 13
UGC 4080 ... 5, 6
UGC 4085 ... 13, 23, 24
UGC 4090 ... 47, 48
UGC 4095 ... 5, 6, 13
UGC 4107 ... 23, 24
UGC 4128 ... 13
UGC 4132 ... 35, 36
UGC 4145 ... 47, 48
UGC 4151 ... 5, 6
UGC 4159 ... 13
UGC 4169 ... 13
UGC 4170 ... 47, 48
UGC 4200 ... 23, 24
UGC 4203 ... 59
UGC 4228 ... 59
UGC 4229 ... 23, 24
UGC 4238 ... 5, 6
UGC 4263 ... 5, 6
UGC 4267 ... 13
UGC 4289 ... 13
UGC 4292 ... 5, 6
UGC 4305 ... 5, 6
UGC 4308 ... 35, 47
UGC 4326 ... 5, 6, 13
UGC 4346 ... 35
UGC 4375 ... 35, 47
UGC 4393 ... 23, 24
UGC 4414 ... 35, 47
UGC 4417 ... 13
UGC 4438 ... 13, 23
UGC 4448 ... 5, 6
UGC 4457 ... 47
UGC 4468 ... 23
UGC 4480A ... 59
UGC 4480B ... 59
UGC 4499 ... 13, 23, 24
UGC 4508 ... 59
UGC 4514 ... 13, 23
UGC 4539 ... 5, 6, 12, 13
UGC 4549 ... 12, 13
UGC 4551 ... 13, 23
UGC 4572 ... 23, 35
UGC 4580 ... 23
UGC 4587 ... 13, 23
UGC 4593 ... 5, 6
UGC 4614 ... 23, 35
UGC 4621 ... 35
UGC 4638B ... 59
UGC 4642 ... 23
UGC 4649 ... 23
UGC 4653 ... 23
UGC 4671 ... 12, 13, 23
UGC 4685 ... 47
UGC 4699 ... 23, 35
UGC 4703 ... 47, 59
UGC 4709 ... 23
UGC 4713 ... 12, 13, 23
UGC 4714 ... 1, 5, 6
UGC 4729 ... 47
UGC 4730 ... 12, 13
UGC 4749 ... 12, 13, 23
UGC 4761 ... 47
UGC 4765 ... 23
UGC 4767 ... 23, 35
UGC 4775 ... 5, 12, 13
UGC 4778 ... 12, 13, 23
UGC 4807 ... 12, 13
UGC 4829 ... 23
UGC 4841 ... 5, 6
UGC 4851 ... 12, 13, 23
UGC 4870 ... 23
UGC 4873 ... 47
UGC 4879 ... 12, 13, 23
UGC 4883 ... 4, 5, 6
UGC 4884 ... 47

UGC 4912 ... 35
UGC 4927 ... 12, 23
UGC 4940 ... 35
UGC 4950 ... 23, 35
UGC 4956 ... 59
UGC 4972 ... 35
UGC 4974 ... 35
UGC 4982 ... 23
UGC 4991A ... 35, 47
UGC 5023 ... 47
UGC 5026 ... 23
UGC 5028 ... 5, 12
UGC 5045 ... 23
UGC 5046 ... 47
UGC 5050 ... 5, 6
UGC 5055 ... 12
UGC 5068 ... 1, 5
UGC 5097 ... 59
UGC 5119 ... 23, 35
UGC 5123 ... 47
UGC 5139 ... 5, 6
UGC 5146A ... 35
UGC 5146B ... 35
UGC 5151 ... 22, 23
UGC 5187 ... 22, 23
UGC 5188 ... 5, 12, 13
UGC 5189A ... 47
UGC 5204 ... 47
UGC 5213 ... 47
UGC 5225 ... 22, 23
UGC 5232 ... 47
UGC 5270 ... 47, 59
UGC 5273A ... 22, 23
UGC 5273C ... 22, 23
UGC 5288 ... 47, 59
UGC 5336 ... 5, 12
UGC 5339A ... 34, 35, 46, 47
UGC 5342 ... 46, 47
UGC 5364 ... 34, 35
UGC 5373 ... 58, 59
UGC 5378 ... 58, 59
UGC 5382 ... 22, 23, 34, 35
UGC 5383 ... 58, 59
UGC 5400 ... 46, 47
UGC 5408 ... 12
UGC 5420 ... 34, 35, 46, 47
UGC 5423 ... 5
UGC 5435 ... 47
UGC 5436 ... 46, 47
UGC 5460 ... 12, 22, 23
UGC 5467 ... 46
UGC 5470 ... 46
UGC 5476 ... 22, 23
UGC 5477 ... 46
UGC 5501 ... 58
UGC 5515 ... 58
UGC 5545 ... 22, 23
UGC 5576 ... 12
UGC 5588 ... 34
UGC 5600 ... 4, 5
UGC 5612 ... 4, 5
UGC 5615A ... 12, 22
UGC 5615B ... 12, 22
UGC 5667A ... 58
UGC 5690 ... 46
UGC 5715 ... 58
UGC 5720 ... 12
UGC 5735 ... 46
UGC 5738 ... 34
UGC 5739 ... 46
UGC 5744 ... 22
UGC 5745 ... 58
UGC 5746 ... 22
UGC 5749 ... 34
UGC 5764 ... 34
UGC 5776 ... 12
UGC 5814 ... 4, 5
UGC 5829 ... 34
UGC 5832 ... 46
UGC 5835 ... 4, 5
UGC 5838 ... 22
UGC 5870 ... 34
UGC 5884 ... 22
UGC 5892 ... 46, 58
UGC 5893 ... 22, 34
UGC 5912 ... 34
UGC 5913 ... 58
UGC 5923 ... 46, 58
UGC 5926 ... 4, 5
UGC 5936 ... 22, 34
UGC 5941 ... 22
UGC 5943 ... 58
UGC 5946A ... 4, 5
UGC 5953 ... 22
UGC 5984 ... 34
UGC 5984A ... 34
UGC 5991 ... 22
UGC 6003 ... 58
UGC 6013 ... 22
UGC 6062 ... 46, 58
UGC 6070 ... 34
UGC 6071 ... 22

UGC 6073 ... 46
UGC 6074 ... 12, 22
UGC 6100 ... 22
UGC 6103 ... 22
UGC 6107 ... 22, 34
UGC 6117 ... 22
UGC 6119 ... 58
UGC 6127 ... 22
UGC 6135 ... 22
UGC 6137 ... 46
UGC 6142 ... 58
UGC 6142A ... 58
UGC 6160 ... 34
UGC 6173 ... 34, 46
UGC 6175A ... 46
UGC 6175B ... 46
UGC 6182 ... 12, 22
UGC 6187 ... 22
UGC 6198 ... 34
UGC 6201 ... 22
UGC 6204 ... 34, 46
UGC 6206 ... 46
UGC 6212 ... 58
UGC 6224A ... D26
UGC 6227 ... 22
UGC 6233 ... 46, 58
UGC 6253 ... 34, 46
UGC 6255 ... 22
UGC 6274 ... 34
UGC 6289 ... 58
UGC 6296 ... 46
UGC 6309 ... 12, 21, 22
UGC 6316 ... 4, 11, 12
UGC 6320 ... 46
UGC 6332 ... 34, 46
UGC 6388A ... 34, 46
UGC 6393 ... 34
UGC 6394 ... 34
UGC 6452 ... 11, 12
UGC 6465 ... 34, 46
UGC 6469 ... 58
UGC 6479 ... 34, 46
UGC 6496 ... 34
UGC 6510 ... 58
UGC 6514A ... 4, 5
UGC 6514C ... 4, 5
UGC 6517 ... 22, 34
UGC 6520 ... 11, 12
UGC 6527 ... 12, 22
UGC 6527B ... 12, 22
UGC 6528 ... 11, 12
UGC 6534 ... 4, 11, 12
UGC 6552 ... 4, 5
UGC 6568 ... 58
UGC 6570 ... 34
UGC 6583 ... 46
UGC 6593 ... 34
UGC 6617 ... 46
UGC 6631 ... 46
UGC 6637 ... 34
UGC 6655 ... 46
UGC 6665 ... 46
UGC 6666 ... 46
UGC 6678 ... 34
UGC 6711 ... 4, 5
UGC 6728 ... 4, 5
UGC 6732 ... 11, 12
UGC 6758 ... 46
UGC 6854 ... 58
UGC 6861 ... 33, 34
UGC 6865 ... 21, 22
UGC 6871 ... 46
UGC 6876 ... 33, 34, 45, 46
UGC 6886 ... 46, 58
UGC 6887 ... 33, 34, 45, 46
UGC 6901 ... 21, 22
UGC 6930 ... 11, 12, 21, 22
UGC 6939 ... 11, 12
UGC 6959 ... 57, 58
UGC 7000 ... 57, 58
UGC 7032 ... 45, 46
UGC 7064 ... 33, 34
UGC 7073 ... 45, 46
UGC 7115 ... 33, 34
UGC 7129 ... 21, 22
UGC 7132 ... 33, 34
UGC 7144 ... 11, 12
UGC 7157 ... 33, 34
UGC 7170 ... 45
UGC 7179 ... 4, 5, 11, 12
UGC 7187 ... 21, 22, 33, 34
UGC 7190 ... 33, 34
UGC 7257 ... 21, 22, 33, 34
UGC 7321 ... 33, 45
UGC 7340 ... 21, 22
UGC 7354 ... D3
UGC 7383 ... 11, 21, 22
UGC 7387 ... D3
UGC 7395 ... 46, 58
UGC 7406 ... 11, 12
UGC 7416 ... 21, 22

UGC 7487 ... 57
UGC 7577 ... 21, 22
UGC 7580 ... D3
UGC 7593A ... 21, 22
UGC 7593B ... 21, 22
UGC 7635 ... 11
UGC 7678 ... 21
UGC 7690 ... 21
UGC 7691 ... 11, 12
UGC 7739 ... D3
UGC 7755 ... 57
UGC 7761 ... 4, 5
UGC 7767 ... 4, 5
UGC 7798 ... 57
UGC 7812 ... 33
UGC 7813 ... 57
UGC 7841 ... 57
UGC 7890 ... 33
UGC 7905B ... 11
UGC 7909B ... 57
UGC 7912 ... 57
UGC 7934 ... 33
UGC 7999 ... 32
UGC 8012 ... 11, 21
UGC 8041 ... 57
UGC 8069 ... 33
UGC 8111B ... 21, 33
UGC 8225 ... 21
UGC 8234 ... 11
UGC 8237 ... 11
UGC 8255 ... 45
UGC 8262 ... 57
UGC 8303 ... 21, 33
UGC 8323 ... 33
UGC 8327A ... 21
UGC 8335 ... 11
UGC 8335A ... 11
UGC 8399 ... 33
UGC 8452 ... 57
UGC 8454 ... 1
UGC 8498 ... 33
UGC 8521 ... 57
UGC 8526 ... 57
UGC 8548 ... 33
UGC 8560 ... 33
UGC 8561 ... 33
UGC 8610 ... 45, 57
UGC 8613 ... 45, 57
UGC 8658 ... 11
UGC 8663 ... 57
UGC 8671 ... 11
UGC 8685 ... 33
UGC 8714 ... 11
UGC 8736 ... 20, 21
UGC 8740 ... 57
UGC 8754 ... 20, 32, 33
UGC 8788 ... 32, 33
UGC 8817 ... 32, 33
UGC 8823 ... 4, 11
UGC 8825 ... 32, 33
UGC 8827 ... 44, 45
UGC 8837 ... 11
UGC 8850 ... 44, 45
UGC 8872 ... 44, 45
UGC 8876 ... 20, 21
UGC 8878 ... 44, 45
UGC 8883 ... 44, 45
UGC 8975 ... 20, 21, 32, 33
UGC 8980 ... 20, 21
UGC 8984 ... 20, 21, 32, 33
UGC 9044 ... 44
UGC 9081 ... 20, 21
UGC 9084 ... 44, 56
UGC 9098B ... 20, 21
UGC 9104 ... 44
UGC 9128 ... 32, 44
UGC 9130 ... 32, 44
UGC 9169 ... 44, 56
UGC 9203 ... 20, 21
UGC 9206 ... 44
UGC 9215 ... 56
UGC 9216 ... 20, 21
UGC 9221 ... 32
UGC 9229 ... 56
UGC 9240 ... 20, 21
UGC 9241 ... 32
UGC 9295 ... 4
UGC 9371 ... 56
UGC 9412 ... 10, 11
UGC 9425 ... 32
UGC 9476 ... 20
UGC 9518 ... 32
UGC 9519 ... 32
UGC 9521 ... 44
UGC 9523 ... 44
UGC 9532A ... 44
UGC 9532F ... 44
UGC 9560 ... 32
UGC 9562 ... 32

UGC 9603A ... 32
UGC 9618A ... 32
UGC 9623 ... 20, 32
UGC 9640 ... 44
UGC 9650 ... 1, 4
UGC 9660 ... 20
UGC 9668 ... 1, 4
UGC 9696 ... 44, 56
UGC 9705 ... 32
UGC 9737 ... 10, 11
UGC 9749 ... 3, 4, 10, 11
UGC 9761 ... 32
UGC 9796 ... 20
UGC 9837 ... 10, 11
UGC 9874 ... 3, 4
UGC 9896 ... 3, 4, 10
UGC 9897 ... 44
UGC 9924 ... 19, 20
UGC 9945 ... 56
UGC 9959 ... 19, 20
UGC 9977 ... 56
UGC 9999 ... 32
UGC 10012 ... 19, 20, 31, 32
UGC 10046 ... 56
UGC 10053 ... 3, 4
UGC 10054 ... 1, 3, 4
UGC 10115 ... 3, 4, 10, 11
UGC 10144 ... 43, 44
UGC 10151 ... 31, 32
UGC 10152B ... 19, 20
UGC 10187A ... 43, 44
UGC 10200 ... 19, 20
UGC 10204 ... 43
UGC 10214 ... 10
UGC 10285A ... 31, 32
UGC 10287 ... 43
UGC 10288 ... 55
UGC 10310 ... 19, 20
UGC 10325 ... 19, 20
UGC 10339 ... 55
UGC 10367 ... 19, 20
UGC 10396 ... 10, 19, 20
UGC 10407 ... 44
UGC 10418 ... 3, 4
UGC 10445 ... 31
UGC 10486 ... 19, 20
UGC 10493 ... 10
UGC 10510 ... 10
UGC 10528 ... 31, 43
UGC 10566 ... 19, 31
UGC 10567 ... 19, 31
UGC 10579 ... 10, 19
UGC 10590 ... 10
UGC 10602 ... 19
UGC 10639 ... 31
UGC 10644 ... 10
UGC 10677 ... 19, 31
UGC 10693 ... 19
UGC 10695 ... 19
UGC 10699 ... 43
UGC 10731 ... 9, 10
UGC 10759 ... 19
UGC 10770 ... 10
UGC 10778 ... 43, 55
UGC 10787 ... 31, 43
UGC 10803 ... 2, 3, 4
UGC 10813 ... 31, 43
UGC 10814 ... 19
UGC 10820 ... 19
UGC 10822 ... 10
UGC 10845 ... 19
UGC 10864 ... 43
UGC 10869B ... 9, 10
UGC 10879 ... 31
UGC 10919 ... 43
UGC 10976 ... 30, 31
UGC 10985 ... 43
UGC 10987 ... 43
UGC 11025 ... 30, 31
UGC 11035 ... 30, 31
UGC 11041 ... 18, 30, 31
UGC 11046 ... 30, 31
UGC 11055 ... 42, 43
UGC 11064 ... 30, 31
UGC 11082 ... 30, 31
UGC 11087 ... 30, 31
UGC 11093 ... 42, 43, 54, 55
UGC 11149 ... 9, 18, 19
UGC 11172 ... 3
UGC 11186 ... 18, 19
UGC 11195 ... 30
UGC 11202 ... 9, 18, 19
UGC 11217 ... 18, 19
UGC 11228 ... 18, 19
UGC 11265 ... 30
UGC 11292 ... 9, 18
UGC 11294 ... 42
UGC 11298 ... 9, 18, 19
UGC 11376 ... 18
UGC 11380 ... 18, 30

UGC 11397 ... 30
UGC 11404 ... 30
UGC 11411 ... 2, 3
UGC 11426 ... 30
UGC 11428 ... 30
UGC 11453 ... 9, 18
UGC 11455 ... 2, 3
UGC 11460 ... 17, 18
UGC 11465 ... 17, 18
UGC 11503 ... 17, 18
UGC 11512 ... 41, 42
UGC 11524 ... 41, 53
UGC 11566 ... 53
UGC 11639 ... 41, 53
UGC 11657 ... 53
UGC 11658 ... 53
UGC 11671 ... 41
UGC 11680B ... 53
UGC 11698 ... 41
UGC 11700 ... 41
UGC 11761 ... 29
UGC 11762 ... 29
UGC 11775 ... 29
UGC 11781 ... 17, 29
UGC 11814 ... 53
UGC 11834 ... 28, 29
UGC 11865 ... 40, 41
UGC 11892 ... 16, 17, 28, 29
UGC 11908 ... 40
UGC 11909 ... 16, 17
UGC 11929 ... 16, 17
UGC 11946 ... 16, 17
UGC 11950 ... 16, 17, 28
UGC 12009 ... 16, 28
UGC 120011B ... 28
UGC 12016 ... 16, 17
UGC 12066A ... 40
UGC 12074 ... 40, 52
UGC 12127 ... 16, 28
UGC 12137 ... 16, 28
UGC 12138 ... 40, 52
UGC 12163 ... 28
UGC 12173 ... 16, 28
UGC 12178 ... 28
UGC 12179 ... 40, 52
UGC 12181 ... 16, 28
UGC 12188 ... 16
UGC 12200 ... 40
UGC 12214 ... 28
UGC 12238 ... 28
UGC 12242 ... 28
UGC 12245 ... 40
UGC 12310 ... 28
UGC 12342 ... 40
UGC 12363 ... 52
UGC 12372 ... 28
UGC 12376 ... 40
UGC 12394 ... 28
UGC 12423 ... 40, 52
UGC 12444 ... 28
UGC 12446 ... 52
UGC 12474 ... 28
UGC 12476 ... 28
UGC 12482 ... 28
UGC 12508 ... 52
UGC 12515 ... 28
UGC 12525 ... 52
UGC 12570 ... 28
UGC 12573 ... 16
UGC 12584A ... 52
UGC 12588 ... 16
UGC 12591 ... 28
UGC 12613 ... 40
UGC 12632 ... 16
UGC 12655 ... 28, 40
UGC 12665 ... 28
UGC 12667 ... 28
UGC 12711 ... 28
UGC 12733 ... D27
UGC 12739 ... 52
UGC 12774 ... 28
UGC 12835 ... 28, 39
UGC 12843 ... 40, 51
UGC 12854 ... 40, 51
UGC 12856 ... 39
UGC 12889 ... 16, 27
UGC 12896 ... 28, 39
UGC 12899 ... 28, 39
UGC 12914 ... 28, 39, 40, 51
UGC 12915 ... 28, 39, 40, 51
UGCA 32 ... 14, 15
UGCA 39 ... 14, 15
UGCA 86 ... 6, 7, 14
UGCA 90 ... 73, 85
UGCA 92 ... 7, 14

UGCA 102 ... 61
UGCA 104 ... 73
UGCA 105 ... 13, 14
UGCA 112 ... 73, 85
UGCA 114 ... 73
UGCA 128 ... 72
UGCA 150 ... 59, 71
UGCA 154 ... 12, 13, 23
UGCA 167 ... 71
UGCA 173 ... 59, 71
UGCA 196 ... 82, 83
UGCA 201 ... 34, 35
UGCA 205 ... 35
UGCA 208 ... 22, 23
UGCA 241 ... 70
UGCA 244 ... 21, 22, 33, 34
UGCA 247 ... 81, 82
UGCA 272 ... 4, 5, 11, 12
UGCA 281 ... 21, 22
UGCA 284 ... D3
UGCA 290 ... 21, 33
UGCA 294 ... 33
UGCA 296 ... 4, 5
UGCA 320 ... 69
UGCA 324 ... 81
UGCA 332 ... 69
UGCA 334 ... 81
UGCA 348 ... 69, 81
UGCA 378 ... 80, 81
UGCA 382 ... 80, 81
UGCA 410 ... 10
UGCA 412 ... 10, 19, 20
UGCA 432 ... 52, 64
UGCA 441 ... 28
UGCA 444 ... 64, 75
Willman 1 ... 12, 22

GxG

8Zw 388 ... 56
Arp 1 ... 22, 23
Arp 2 ... 19, 20
Arp 3 ... 52
Arp 4 ... 75
Arp 5 ... 58
Arp 6 ... 23, 24
Arp 7 ... 71
Arp 8 ... 63
Arp 9 ... 5, 6
Arp 10 ... 62
Arp 11 ... 51
Arp 12 ... 35
Arp 13 ... 40
Arp 14 ... 76
Arp 15 ... 52, 64
Arp 16 ... 46
Arp 17 ... 5
Arp 18 ... 11, 12, 21, 22
Arp 19 ... 63
Arp 20 ... 61
Arp 21 ... 34
Arp 22 ... 69, 70
Arp 23 ... 21
Arp 24 ... 12
Arp 25 ... 1
Arp 26 ... 11
Arp 27 ... 12, 22
Arp 28 ... 28, 40
Arp 29 ... 8, 9
Arp 30 ... 9, 10
Arp 31 ... 39, 51
Arp 32 ... 10
Arp 33 ... 45, 57
Arp 34 ... 33
Arp 35 ... 63
Arp 36 ... 33
Arp 37 ... 38
Arp 38 ... 2, 3, 4
Arp 39 ... 74, 86
Arp 40 ... 21, 33
Arp 41 ... 74, 86
Arp 42 ... 32, 44
Arp 43 ... 46
Arp 44 ... 58
Arp 45 ... 11, 20, 21
Arp 46 ... 28
Arp 47 ... 44
Arp 48 ... 51
Arp 49 ... 44, 56
Arp 50 ... 64, 75
Arp 51 ... 75
Arp 52 ... 61
Arp 53 ... 70
Arp 54 ... 62
Arp 55 ... 50, 51
Arp 56 ... 50, 51
Arp 57 ... 45
Arp 58 ... 47
Arp 59 ... 75
Arp 60 ... 33

Object	Page(s)
Arp 61	61
Arp 62	21, 22
Arp 63	35
Arp 64	44
Arp 65	39, 51
Arp 66	10, 19, 20
Arp 67	63
Arp 68	52
Arp 69	32
Arp 70	39
Arp 71	43, 44
Arp 72	44
Arp 73	19
Arp 74	26, 27
Arp 75	63
Arp 76	45, D2
Arp 77	86
Arp 78	50, 51
Arp 79	44
Arp 80	5, 6
Arp 81	3, 9
Arp 82	35
Arp 83	46
Arp 84	20, 21, 32, 33
Arp 85	20, 21
Arp 86	28, 39
Arp 87	34, 46
Arp 88	51
Arp 89	47
Arp 90	20
Arp 91	44
Arp 92	52
Arp 93	76
Arp 94	46
Arp 95	32
Arp 96	1
Arp 97	33, 34
Arp 98	39
Arp 99	40
Arp 100	75
Arp 101	43, 44
Arp 102	19
Arp 103	19
Arp 104	11
Arp 105	34, D26
Arp 106	33
Arp 107	34
Arp 108	74, 86
Arp 109	3, 4
Arp 110	64
Arp 111	32, 33
Arp 112	28, 39
Arp 113	39
Arp 114	1
Arp 115	34
Arp 116	45
Arp 117	44
Arp 118	62
Arp 119	51
Arp 120	45, D2
Arp 121	63
Arp 122	31, 32
Arp 123	73
Arp 124	9, 10
Arp 125	19
Arp 126	62, 63
Arp 127	63, 75
Arp 128	51
Arp 129	35
Arp 130	40, 51
Arp 131	74
Arp 132	58
Arp 133	D16
Arp 134	45, 57, D3
Arp 135	26, 38
Arp 136	10, 11, 20
Arp 137	47
Arp 138	33, 34
Arp 139	33
Arp 140	63, 75
Arp 141	5, 6
Arp 142	59
Arp 143	23, 24
Arp 144	75
Arp 145	26, 27
Arp 146	63, 75
Arp 147	62
Arp 148	59
Arp 149	45, D2
Arp 150	40
Arp 151	52
Arp 152	45, D2
Arp 153	93
Arp 154	86, 98, D10
Arp 155	12, 22
Arp 156	4, 5
Arp 157	63
Arp 158	39, D14
Arp 159	33
Arp 160	11, 12
Arp 161	58
Arp 162	34
Arp 163	33
Arp 164	63
Arp 165	48
Arp 166	38, 39
Arp 167	47
Arp 168	27
Arp 169	40
Arp 170	40
Arp 171	56
Arp 172	43
Arp 173	44, 56
Arp 174	34, 35
Arp 175	45, D2
Arp 176	69
Arp 177	32
Arp 178	32
Arp 179	62
Arp 180	61
Arp 181	4, 5
Arp 182	40, 52
Arp 183	33
Arp 184	6
Arp 185	3, 4
Arp 186	61, 73
Arp 187	73
Arp 188	10
Arp 189	45
Arp 190	50
Arp 191	46
Arp 192	46
Arp 193	33
Arp 194	21, 32, 33, 34
Arp 195	35
Arp 196	33
Arp 197	46
Arp 198	46
Arp 199	20, 21, 32, 33
Arp 200	50
Arp 201	63
Arp 202	35
Arp 203	36
Arp 204	1
Arp 205	12, 22
Arp 206	22, 34
Arp 207	5, 6
Arp 208	19
Arp 209	31, 32, 43, 44
Arp 210	6, 7, 14
Arp 211	21, 33
Arp 212	40
Arp 213	6, 7
Arp 214	12, 22
Arp 215	23
Arp 216	52
Arp 217	12, 22
Arp 218	43, 44
Arp 219	62
Arp 220	32
Arp 221	71
Arp 222	64
Arp 223	52
Arp 224	11, 12
Arp 225	5, 6
Arp 226	76
Arp 227	63
Arp 228	51
Arp 229	39, D14
Arp 230	75
Arp 231	63
Arp 232	47
Arp 233	12
Arp 234	12
Arp 235	51
Arp 236	75
Arp 237	47
Arp 238	11
Arp 239	11
Arp 240	57
Arp 241	32
Arp 242	33
Arp 243	35
Arp 244	69, 70
Arp 245	71
Arp 246	52, 63
Arp 247	35, 47
Arp 248	58
Arp 249	28, 39, 40, 51
Arp 250	36
Arp 251	75
Arp 252	71
Arp 253	59, 71
Arp 254	56, 68
Arp 255	47, 59
Arp 256	75
Arp 257	59
Arp 258	50
Arp 259	61
Arp 260	45, D2
Arp 261	68
Arp 262	40, 51
Arp 263	46
Arp 264	22, 23
Arp 265	21, 33
Arp 266	33
Arp 267	34
Arp 268	5, 6
Arp 269	21
Arp 270	34
Arp 271	56, 57, 68, 69
Arp 272	43, 44
Arp 273	26, 27
Arp 274	56
Arp 275	71
Arp 276	50
Arp 277	57
Arp 278	28
Arp 279	62
Arp 280	21, 22
Arp 281	33
Arp 282	39, 51
Arp 283	23
Arp 284	52
Arp 285	22, 23
Arp 286	56
Arp 287	35
Arp 288	45
Arp 289	69, 70, 81, 82
Arp 290	50, 51
Arp 291	46
Arp 292	59, 71
Arp 293	10
Arp 294	34
Arp 295	52
Arp 296	11, 12
Arp 297	20, 32
Arp 298	40, 52
Arp 299	11, 12
Arp 300	5, 12
Arp 301	34, 46
Arp 302	32
Arp 303	59
Arp 304	62, 74
Arp 305	33, 34
Arp 306	63
Arp 307	47
Arp 308	63, D16
Arp 309	74
Arp 310	9, 10
Arp 311	9, 10
Arp 312	19
Arp 313	33, 34
Arp 314	52
Arp 315	46
Arp 316	34, 46
Arp 317	46
Arp 318	31
Arp 319	28, D13
Arp 320	34, 46
Arp 321	59
Arp 322	12, 22
Arp 323	59
Arp 324	43, 44
Arp 325	64, 65, 76, 77
Arp 326	45, 57
Arp 327	49, 61
Arp 328	44
Arp 329	46
Arp 330	10, 19
Arp 331	39, D11
Arp 332	74, 86
Arp 333	50
Arp 334	33
Arp 335	36
Arp 336	12, 13
Arp 337	5
Arp 338	58, 70

Object	Page(s)
Klemola 3	86
Klemola 9	85
Klemola 10	83
Klemola 11	94, 95
Klemola 14	94
Klemola 16	82, 94
Klemola 18	82, 94
Klemola 26	69, 81
Klemola 28	80, 81
Klemola 30	89, 90
Klemola 31	77, 89
Klemola 34	76, 77
Klemola 36	76, 77
Klemola 37	76, 77

Object	Page(s)
HCG 1	39
HCG 2	51, 63
HCG 3	63, 75
HCG 4	75, 87
HCG 5	51, 63
HCG 6	63, 75
HCG 7	63
HCG 8	39, 51
HCG 9	75, 87
HCG 10	39
HCG 11	75, 87
HCG 12	63
HCG 13	63, 75
HCG 14	62, 63, 74, 75
HCG 15	62
HCG 16	74
HCG 17	50
HCG 18	50
HCG 19	74
HCG 20	38
HCG 21	74
HCG 22	74
HCG 23	74
HCG 24	74
HCG 25	62
HCG 26	74
HCG 27	73
HCG 28	73
HCG 29	85
HCG 30	61
HCG 31	61
HCG 32	73
HCG 33	49
HCG 34	49, 61
HCG 35	23
HCG 36	47
HCG 37	35
HCG 38	47
HCG 39	59
HCG 40	59
HCG 41	22, 23
HCG 42	70, 71, 83
HCG 43	58
HCG 44	34, 46
HCG 45	12
HCG 46	46
HCG 47	46
HCG 48	82
HCG 49	5, 12
HCG 50	12
HCG 51	34, 46
HCG 52	34, 46
HCG 53	34, 46
HCG 54	46
HCG 55	4, 5
HCG 56	12, 22
HCG 57	34, 46
HCG 58	46
HCG 59	46
HCG 60	11, 12, 21, 22
HCG 61	33, 34
HCG 62	69
HCG 63	81
HCG 64	57
HCG 65	81
HCG 66	11
HCG 67	57, 69
HCG 68	20, 21
HCG 69	32, 33
HCG 70	32, 33
HCG 71	32
HCG 72	44
HCG 73	32, 44
HCG 74	32, 44
HCG 75	32, 44
HCG 76	44, 56
HCG 77	32, 44
HCG 78	3, 4, 10
HCG 79	31, 32, 43, 44
HCG 80	3, 4, 10
HCG 81	43
HCG 82	31
HCG 83	43, 55
HCG 84	3, 4
HCG 85	2, 3
HCG 86	77, 78
HCG 87	65
HCG 88	53, 65
HCG 89	53
HCG 90	76, 77
HCG 91	76, 77
HCG 92	28, D13
HCG 93	40
HCG 94	40
HCG 95	40, 52
HCG 96	40, 52
HCG 97	52
HCG 98	52
HCG 99	28, 39
HCG 100	40, 51

GxC

Object	Page(s)
AGC 71	39
AGC 76	51, 63
AGC 147	63
AGC 151	75
AGC 189	63
AGC 193	51, 63
AGC 194	63, D16
AGC 195	51
AGC 260	38, 39
AGC 262	26, 27, 38, 39, D18
AGC 347	26, 27
AGC 400	50, 62
AGC 407	26, 38
AGC 426	26
AGC 539	49, 61
AGC 548	85
AGC 568	36
AGC 569	24
AGC 576	13
AGC 671	35
AGC 779	35
AGC 1060	82, D22
AGC 1185	34, D26
AGC 1213	34
AGC 1228	34
AGC 1314	21, 22
AGC 1367	34, 46, D23
AGC 1656	33
AGC 1736	81
AGC 2065	32
AGC 2079	32
AGC 2147	43, 44
AGC 2149	10
AGC 2151	43, 44
AGC 2152	43, 44
AGC 2162	31, 32
AGC 2197	19, 20
AGC 2199	19
AGC 2247	1, 3, 4
AGC 2256	3, 4
AGC 2572	40
AGC 2589	40
AGC 2593	40
AGC 2626	28, 40
AGC 2634	28, D27
AGC 2657	40, 52
AGC 2666	28, 39
AGC 2806	107
AGC 2870	99
AGC 2877	99
AGC 3341	85
AGC 3354	85
AGC 3381	84, 85
AGC 3389	105, 106
AGC 3390	84, 96
AGC 3526	93, D19
AGC 3537	81
AGC 3556	81
AGC 3558	81
AGC 3560	81
AGC 3564	81, 93
AGC 3565	81
AGC 3571	80, 81
AGC 3574	80, 81, D25
AGC 3581	80, 81
AGC 3627	102, 110
AGC 3656	77, 78, 89, 90
AGC 3698	77
AGC 3744	77
AGC 3747	77
AGC 4038	76, 87
AGC 4049	76, 87
AGC 4059	76, 87, 88, 99
AGCS 6	76, 87
AGCS 116	99, 107
AGCS 141	86
AGCS 274	106, 107
AGCS 301	86
AGCS 373	85, 86, 97, 98, D10
AGCS 463	97, 98, 106
AGCS 465	85
AGCS 521	85, 97
AGCS 524	105, 106
AGCS 535	85, 97
AGCS 536	85
AGCS 540	96, 97
AGCS 591	84
AGCS 617	71, 83
AGCS 636	82, 94, D21
AGCS 639	94
AGCS 707	93
AGCS 714	81
AGCS 740	81, 92, 93
AGCS 753	80, 81, 93, D17
AGCS 754	92, 93
AGCS 761	80
AGCS 775	80, 92
AGCS 778	80, 92
AGCS 801	90, 91, 101
AGCS 805	101, 102
AGCS 836	77, 78
AGCS 840	101
AGCS 851	89, 90
AGCS 866	89, 90, 101
AGCS 897	77, 89
AGCS 900	77, 89
AGCS 919	89
AGCS 924	89
AGCS 971	88, 89
AGCS 981	100
AGCS 997	76, 77, 88, 89
AGCS 1157	76, 87, 99
AGCS 1171	76, 87
AGCS 3193	97, 98, 106
Klemola 42	76
Snow 6	87
Snow 9	75, 87
Snow 20	85

Object	Page(s)
Shk 1	22
Shk 2	12, 21, 22
Shk 3	12, 22
Shk 4	4, 10
Shk 6	12, 21, 22
Shk 7	22
Shk 9	45
Shk 11	20, 21
Shk 14	20, 21
Shk 15	20, 21
Shk 16	10, 19
Shk 17	5, 6
Shk 18	1, 5, 6
Shk 19	45
Shk 20	10
Shk 21	52
Shk 22	10
Shk 26	22
Shk 27	52
Shk 32	63
Shk 34	51, 63
Shk 35	63
Shk 38	51, 63
Shk 39	51
Shk 43	51, 63
Shk 44	63
Shk 49	22, 23, 34
Shk 50	22, 23
Shk 51	22, 34
Shk 54	22
Shk 60	22
Shk 63	22
Shk 66	21, 22, 34
Shk 67	21, 22
Shk 78	20
Shk 82	52
Shk 83	52
Shk 84	40, 52
Shk 90	13
Shk 95	13, 23, 24
Shk 98	12, 13, 23
Shk 105	12, 13
Shk 111	34
Shk 113	12
Shk 120	34
Shk 123	11, 12
Shk 124	11, 12
Shk 131	10, 11
Shk 135	3, 4, 10
Shk 138	9, 10
Shk 154	58
Shk 202	33
Shk 317	62, 74
Shk 322	58

Qs

Object	Page(s)
1ES 0806+524	13, 23, 24
1ES 1959+650	2, 3, 9
1ES 2344+514	8, 15, 16, 27
1RXS J055229.5+592842	13, 14
1WGA J0816.0-0736	59, 71
2MASSI J1516+1900	44
3C 48	39
3C 66A	26, 27
3C 110	61, 73
3C 273	57
3C 279	57, 69
3C 351	10
3C 371	21
3C 382	30
5Zw 331	26
7Zw 118	13
87GB 01540+4105	26, 27
8C 0149+710	6, 7
8C 1803+784	2, 3, 4
AO 0235+164	50
AP Lib	80
B2 0017+257	39
B2 0912+29	35
BL Lac	16, 17
FBS 0732+396	24
FBS 0959+685	5, 12
GQ Com	33, 34
H 1413+117	46
HE 1029-1401	70
HE 1106-2321	70, 82
HS 0624+6907	4
HS 1046+8027	4, 5
HS 2154+2228	28, 29, 40, 41
IO And	27
IRAS 04505-2958	85
IRAS 13349+2438	33
IRAS 17490+2659	30, 31
IRAS 17500+5046	9, 10, 18, 19
IRAS 19130+6005	9
KUG 1226+285	33
KUV 18217+6419	9, 10
MCG +0-1-36	63
MG 0509+0541	61
MR 2251-178	64
Mrk 180	4, 5
Mrk 205	4, 5
Mrk 304	40
Mrk 478	32
Mrk 501	19
Mrk 509	65
Mrk 586	62
Mrk 668	32, 33
Mrk 813	44
Mrk 876	3, 4, 10
Mrk 1014	62, 63
Mrk 1383	56
MS 03180-1937	74
MS 07007+6338	13
MS 07546+3928	23, 24
NPM1G -09.0688	64
NPM1G +27.0587	30
NPM1G +40.0388	20
NPM1G +42.0131	24
OF +038 (PKS 0422+004)	61
OF -109 (PKS 0405-123)	73
OJ 131 (PKS 0818-128)	71
OJ 287	47
PC 0013+0213	63
PDS 456	67
PG 0026+129	51
PG 0052+251	39
PG 0804+761	5, 6
PG 0953+415	22, 23
PG 1114+445	22
PG 1116+215	34, 46
PG 1211+143	D2
PG 1247+268	33
PG 1259+533	11
PG 1302-102	69
PG 1351+640	11
PG 1402+261	32, 33
PG 1411+442	20, 21
PG 1448+273	32
PG 1553+11	43, 44
PG 1630+377	19, 31
PG 1634+706	3, 4
PG 1700+518	10, 19
PG 1718+481	19
PG 2130+099	41
PGC 20607	24
PGC 61965	2, 3, 4
PHL 1811	65
PHL 2525	64, 75
PHL 3953	86, 87
PKS 0352-686	106, 112, 113
PKS 0548-322	84, 85
PKS 0735+17	48
PKS 0754+100	47, 48
PKS 0829+046	59
PKS 0959-443	94, 95
PKS 1004+13	46
PKS 1424+240	32, 44
PKS 2005-489	89, 90
PKS 2155-304	76, 77
Q0957+561	12
Q2237+0305	52
RX J12308+0115	57
RX J23273+1524	40
RXS J00066+4342	16, 27
RXS J02282-4057	98
S2 0109+224	39, 51
S5 0716+71	5, 6
S5 2043+749	2, 3
S5 2116+81	1, 2
SDSS J150807.25-000940.0	56
TON 599	33, 34
TON 951	35
TON S210 (HE 0119-2836)	87
UGC 842	63
US 1329	23
W Com	33
WAS 26	34, 46

List of constellations

Abbr.	Name
And	Andromeda
Ant	Antlia
Aps	Apus
Aqr	Aquarius
Aql	Aquila
Ara	Ara
Ari	Aries
Aur	Auriga
Boo	Bootes
Cae	Caelum
Cam	Camelopardalis
Cnc	Cancer
CVn	Canes Venatici
CMa	Canis Major
CMi	Canis Minor
Cap	Capricornus
Car	Carina
Cas	Cassiopeia
Cen	Centaurus
Cep	Cepheus
Cet	Cetus
Cha	Chamaeleon
Cir	Circinus
Col	Columba
Com	Coma Berenices
CrA	Corona Australis
CrB	Corona Borealis
Crv	Corvus
Crt	Crater
Cru	Crux
Cyg	Cygnus
Del	Delphinus
Dor	Dorado
Dra	Draco
Equ	Equuleus
Eri	Eridanus
For	Fornax
Gem	Gemini
Gru	Grus
Her	Hercules
Hor	Horologium
Hya	Hydra
Hyi	Hydrus
Ind	Indus
Lac	Lacerta
Leo	Leo
LMi	Leo Minor
Lep	Lepus
Lib	Libra
Lup	Lupus
Lyn	Lynx
Lyr	Lyra
Men	Mensa
Mic	Microscopium
Mon	Monoceros
Mus	Musca
Nor	Norma
Oct	Octans
Oph	Ophiuchus
Ori	Orion
Pav	Pavo
Peg	Pegasus
Per	Perseus
Phe	Phoenix
Pic	Pictor
Psc	Pisces
PsA	Piscis Austrinus
Pup	Puppis
Pyx	Pyxis
Ret	Reticulum
Sge	Sagitta
Sgr	Sagittarius
Sco	Scorpius
Scl	Sculptor
Sct	Scutum
Ser	Serpens
Sex	Sextans
Tau	Taurus
Tel	Telescopium
Tri	Triangulum
TrA	Triangulum Australe
Tuc	Tucana
UMa	Ursa Major
UMi	Ursa Minor
Vel	Vela
Vir	Virgo
Vol	Volans
Vul	Vulpecula